U0287438

国家科学技术学术著作出版基金资助出版

永磁容错电机及其控制

赵文祥　陈　前　著

科学出版社

北　京

内 容 简 介

本书作者团队深耕永磁容错电机系统研究十余年，率先开展永磁电机容错设计理论、分析方法和容错控制的工作，取得了一系列创新性成果，并实现了在航空航天等领域的工程应用，综合性能达到国际先进水平。本书全面阐述了永磁容错电机系统的设计及驱动控制思想。全书共10章，围绕永磁容错电机系统这一主题，详细阐述了提升永磁电机容错能力的设计理论和方法。利用磁齿轮效应，提升永磁容错电机的低速大转矩能力。最后，针对该类新型电机系统，从容错运行原理、变流器结构、驱动控制技术等方面构建多种高性能容错控制策略，突破了电机系统容错能力差的瓶颈。

本书适合具有电机和控制基础的研究生、科研人员和工程技术人员阅读。

图书在版编目(CIP)数据

永磁容错电机及其控制/赵文祥，陈前著. —北京：科学出版社，2025. 2

ISBN 978-7-03-077793-5

Ⅰ. ①永… Ⅱ. ①赵… ②陈… Ⅲ. ①永磁式电机 Ⅳ. ①TM351

中国国家版本馆 CIP 数据核字(2024)第 021143 号

责任编辑：惠 雪 曾佳佳 高慧元／责任校对：郝璐璐

责任印制：张 伟／封面设计：许 瑞

科学出版社 出版

北京东黄城根北街 16 号

邮政编码：100717

http://www.sciencep.com

北京中科印刷有限公司印刷

科学出版社发行 各地新华书店经销

*

2025 年 2 月第 一 版 开本：720 × 1000 1/16

2025 年 2 月第一次印刷 印张：16 3/4

字数：335 000

定价：149.00 元

(如有印装质量问题，我社负责调换)

前　　言

永磁电机系统凭借其高转矩密度、高功率因数和高效率的优势，已成为航空航天、国防军工等高端领域的优选对象，其性能的优劣直接影响到装备的运行品质。相较于传统电励磁电机，永磁电机取消了励磁绕组，代之以永磁磁极，具有结构简单、高效轻质的特点。然而，永磁磁极在故障后不能主动灭磁，导致短路电流大、容错能力差，数倍于额定值的短路电流会使电机因过热而烧毁，直接威胁高端重大装备的安全。因此，开展永磁容错电机系统研究，以满足我国高端领域的重大需求，具有重要的科学、经济和社会实用价值。

本书围绕永磁容错电机系统这一主题，首先介绍了容错电机及其驱动技术的发展与现状。其次，阐明了永磁电机的容错设计理论和方法。然后，利用磁齿轮效应，提升了永磁容错电机的低速大转矩能力。此外，为了突破旋转永磁体的散热难题，提出了磁通切换式永磁容错电机并阐述其工作原理。最后，针对永磁电机故障后的容错运行难题，遵循由易到难、循序渐进的原则，从容错运行原理、变流器结构、驱动控制技术等方面，构建了多种高性能容错控制策略。本书内容安排合理、理论分析详尽、仿真分析和实验验证扎实，具有较高的学术价值。此外，本书也为永磁电机行业的工程技术和科研人员提供了一个新视角和一些新思路，将有力推动永磁容错电机系统方面的研究。

本书撰写过程中得到了多项科研基金和项目的资助，主要包括：国家杰出青年科学基金项目“永磁容错电机系统”(52025073)，国家优秀青年科学基金项目“永磁容错电机及其控制系统”(51422702)，国家自然科学基金面上项目“交流励磁永磁容错电机及其多区间高效控制”(52077097)、“高推力密度容错式轨道交通永磁直线电机及其协调控制”(51277194)，国家自然科学基金青年科学基金项目“永磁容错电机磁阻转矩的提升机理与容错控制”(51707083)，江苏省杰出青年基金项目“高转矩密度永磁容错游标电机及其高效容错控制”(BK20130011)。本书的出版得到国家科学技术学术著作出版基金的资助，在此表示感谢。

本书是在梳理、总结十余年永磁容错电机系统研究工作的基础上撰写完成的。本书撰写分工如下：第 1、3、4、5、8 章由赵文祥撰写；第 2、6、7、9、10 章由陈前撰写；全书由赵文祥统稿。感谢每一位曾经和正在研究团队中勤奋工作的博士研究生和硕士研究生。此外，本书的完成离不开广大同行的研究内容分享，对书中参考学术著作、期刊论文、会议论文等内容的原作者表示感谢。

由于作者学识有限，且永磁容错电机系统仍在发展中，书中难免会有疏漏之处，恳请读者批评指正！

作　者

2024 年 10 月

目 录

第 1 章　容错电机系统概述

1.1　电机系统可靠性问题的提出

可靠性理论是第二次世界大战时从航天工业和电子工业中发展起来的，并于 20 世纪 60 年代渗透到电力工业、电力设备制造等行业，得到了迅速发展 [1]。随着社会经济和科学技术的迅猛发展，系统的高可靠运行越来越成为各国政府以及科研人员追逐的目标，它对国民经济的发展起着至关重要的作用。1998 年 8 月 12 日，美国空军的“大力神” 4A 火箭在发射美国侦察办公室的一颗间谍卫星时，因电路短路故障导致制导系统失灵，火箭起飞不久即发生爆炸，经济损失估计达 10 亿美元。反之，也有比较成功的例子。俄罗斯“和平号”轨道空间站于 1986 年被送入太空，原计划运行 5 年，但直到 2001 年才结束历史使命。尽管其间发生了 1400 余次故障，但系统仍能保持良好的运行状态，创造了一个又一个的航天奇迹。各国政府以及科研人员在取得了诸多科研成果的同时，也带来了巨大的经济效益，而这不得不归功于系统的高可靠性设计以及超强的带故障运行能力。

众所周知，电机是能量转换与动能传递的直接执行者，起着“设备心脏”的作用。随着电机驱动控制系统在军事、民用等领域的广泛应用 [2]，尤其是在一些特殊应用场合，如航空航天、军事装备、矿井、交通等，不仅要求电机驱动系统效率高、体积小、重量轻，更希望系统在有效寿命内不出故障或少出故障，即可靠性要高。但是，电机及其控制系统的电力电子器件不可避免地存在着一定的故障率 [3-5]，这也使得电机驱动系统的可靠性问题逐渐凸现出来，系统的连续运行显得尤为重要。电机驱动系统的可靠性问题也成为现代技术领域的重大课题，引起国内外学者的重视。因此，对电机驱动系统的可靠性技术进行研究，提高系统的带故障运行能力，具有非常重大的理论和现实意义 [6]。

1.2　电机系统可靠性技术研究现状

20 世纪 70 年代以来，国内外学者逐步开展了对电机系统可靠性技术的研究。从现有文献来看，方法主要有两种：采用冗余结构和提高系统容错性能。在电机本体方面，对具有容错性能的电机结构进行研究是一种有效的手段。而对于在工农业生产、生活领域应用较为广泛的其他大多数电机结构而言，其本体并不具备容错性能。因此，要提高系统的可靠性，在对电机本体结构运用冗余技术以提高其可靠性的基础上，研究的重点更多地放在了针对电机本体以外的故障源，通过开发高可靠性驱动电路的拓扑结构、智能控制策略以及传感器集成技术等来提高系统可靠性。

1.2.1　可靠性基本理论

可靠性是指产品在规定的条件下和规定的时间内完成规定功能的能力，或者说是产品保持其功能的时间 [1]。这里需要指出的是，电机系统作为一种非常普及的电力设备，其应用领域是多样化的，而对于不同的应用场合，则“完成规定功能的能力”具有各自特定的含义。例如，高射炮的功能包括射速、射程和命中精度等性能指标，如果由于发生故障使得其发射系统只有射速和射程达到要求，而命中精度达不到要求，则不能说它完成了规定的功能。再如，对于电动汽车而言，虽然其电机或者驱动系统的某一部分发生了故障，但该系统具有一定的容错能力，可以带故障运行，这样，即使电动汽车的输出转矩或者转速在一定程度上有所下降，但是并不影响其运行，可以保证电动汽车开到附近的修理厂，则可以认为，该电机驱动系统在发生故障的情况下仍然完成了规定的功能，不能算作失效。因此，要判断产品是否具有“完成规定功能的能力”，就必须规定明确的失效判据或者故障判据。不同的工况，其失效的判定标准是不同的，必须根据具体条件给出相应的失效判据。

通过对大量现场运行设备的故障数据分析发现，系统的失效率 λ 与时间 t 的关系近似为浴盆曲线，如图 1.1 所示。由图可知，一个产品的寿命周期可分为三个阶段。

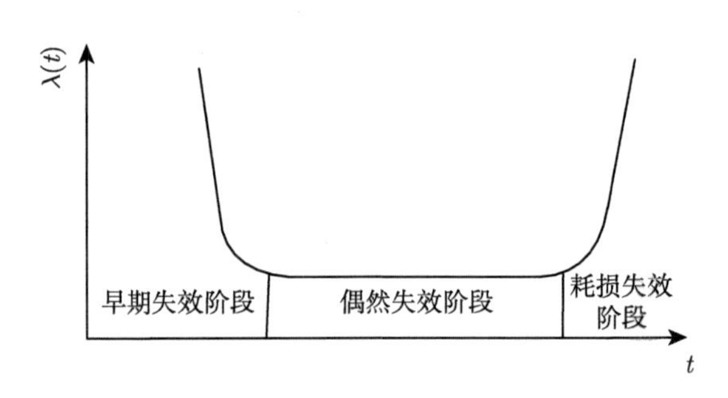

图 1.1　系统失效浴盆曲线

(1) 早期失效阶段。在这一阶段，主要表现为产品在设计、制造和安装过程中的缺陷导致故障发生。

(2) 偶然失效阶段。某产品经过一定时间的磨合以后，在这一阶段表现出来的失效率趋于稳定，其可靠性大幅度提高，这主要取决于产品设计制造水平，而这正是可靠性问题研究的目的和对象。

(3) 耗损失效阶段。产品经过一定时间的使用，元器件已经趋于老化，在这一阶段表现为失效率的急速增大。

对于发生早期故障的产品，一般工厂可以通过试验予以剔除，因而可以近似认为现场使用的产品基本都运行于偶然失效阶段。

设 T 是某电机驱动系统的寿命，定义可靠性 $R(t) = P(T > t)$，P 为概率。易知，$R(t)$ 是 t 的非递增函数，且有 $R(0) = 1, R(\infty) = 0$。用 $\lambda(t)$ 表示失效率，这里指的是瞬时失效率，也就是电机工作到 t 时间后在单位时间内发生失效事件的概率，则有

$$\lambda(t) = \lim_{\Delta t \to \infty} \frac{P(t < T \leqslant \Delta t \,|T > t)}{\Delta t} \tag{1.1}$$

若将某电机系统视为主要由以下几个部分组成——转子、轴承、绕组、驱动电路、控制芯片和信号检测，则其中任何一个单元发生故障都将影响系统正常工作。因此，这是一个可靠性串联系统。图 1.2(a) 为这一电机驱动系统可靠性框图。其中，$R_1(t) \sim R_6(t)$ 是这几个单元对应的可靠性，且都可以表示为时间的函数。假设只存在正常和故障两种状态，且每个部件的可靠性都是相互独立的，则可以求出该电机的可靠性：

$$R_{\mathrm{D}}(t) = \prod_{i=1}^{6} R_i(t) \tag{1.2}$$

若每个单元的寿命都呈指数分布 [1,3-5]，则可以求得

$$R_{\mathrm{D}}(t) = \prod_{i=1}^{6} \exp(-\lambda_i t) = \exp\left(-\sum_{i=1}^{6} \lambda_i t\right) = \exp\left(-\lambda_{\mathrm{D}} t\right) \tag{1.3}$$

即如果每个单元的寿命服从指数分布，则该电机驱动系统的寿命仍服从指数分布，其失效率也为各部件失效率之和。

冗余技术是提高电机驱动系统可靠性、降低其失效率的有效方法。在部件的设计和制造水平一定的前提下，电机或者驱动系统的单元可靠性是很难大幅度提高的。但是，通过并联某个或多个器件可以达到提高系统可靠性的目的。如果将图 1.2(a) 中的串联结构通过冗余技术转换为并联结构，如图 1.2(b) 所示，则其可靠性计算公式变为

$$R(t) = 1 - \prod_{j=1}^{2} (1 - R_{sj}(t)) = 1 - \prod_{j=1}^{2} \left(1 - \prod_{i=1}^{6} R_i(t)\right) \tag{1.4}$$

式中，R_{sj} 为并联支路数的可靠性；j 为并联支路数。假设该系统原来的可靠性 $R(t) = 0.9$，则通过并联结构，其可靠性 $R(t)$ 可以提高到 0.99，可见提高幅度较

大。因此，通过冗余技术可以很好地提高系统的可靠性。而通常的冗余技术中，主要采用的有两种：储备冗余和工作冗余。前者是工作元件处于运行状态，而其他元件处于备用状态；后者则是系统并非只有一个元件运行，实际上其他储备元件也处于运行状态。

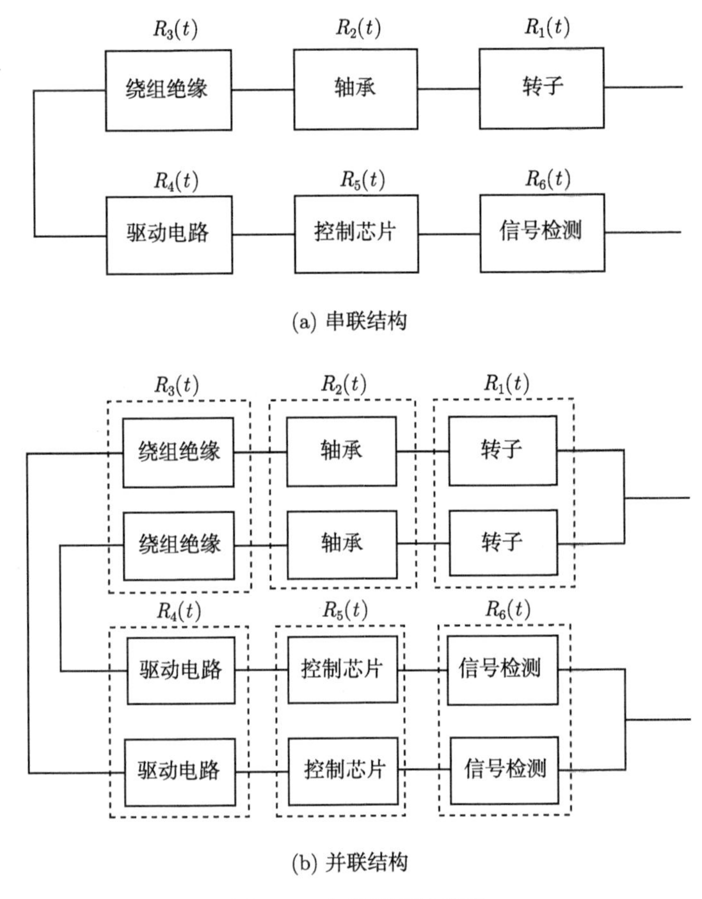

图 1.2　电机可靠性模型

1.2.2　电机系统主要故障

电机系统主要存在着两类故障：机械故障和电气故障。本书将主要对电气故障进行研究。通常情况下，对于不同类型的电机，其主要故障表现是不同的。由于普通电机内通常存在两套绕组，即励磁绕组和电枢绕组，因此，电机本体内的主要故障就表现为这两套绕组的短路以及断路故障。相比较而言，由于永磁电机内的励磁磁场由永磁体提供，所以该种电机只存在电枢绕组，而没有励磁绕组，因此在同等条件下发生绕组故障的可能性有所降低。当然，永磁电机在可靠性方面也有其自身缺点。通常，永磁体被安置在转子上，不易冷却，因而存在永磁体高温退磁故障的可能，且易引发机械故障。总而言之，永磁电机本体故障可分为绕组断路、绕组相间短路、绕组出线端短路、绕组匝间短路、绕组接地短路以及永磁体退磁故障等。此外，电机驱动系统的故障还表现为驱动电路的功率变换器故障，主要有以下几类：输入电源对地短路、直流母线接地、功率开关器件断路、功率开关器件短路和功率开关器件的误操作等。

因此，一个高可靠性的电机驱动系统应具备如下基本特点：电机的结构设计以及驱动控制电路相间的电耦合、磁耦合、热耦合达到最小，使得以上故障发生时能够对故障部分进行有效的电、磁、热和物理隔离；把故障相对其他工作相的影响程度降到最低，即一个或多个故障发生时，电机仍可以在满足某些具体技术指标的前提下带故障运行，具有较高的可靠性。

1.3 容错电机拓扑结构

就电机本体固有特性而言，与其他结构的电机相比，开关磁阻电机在容错性方面的优势较为明显，备受关注 [7-9]。开关磁阻电机的定转子均采用凸极结构，且转子上没有永磁体、绕组、电刷，使其结构简单，也降低了在高速运行时温度和机械等方面故障的发生率。同时，开关磁阻电机定子采用集中绕组，空间上径向相对的定子极串联形成一相，因此相与相之间是独立的 (这种独立包括电路和磁路的独立)。当某一相发生故障 (短路或者断路) 时，并不影响其他非故障相的正常工作，在检测到故障源并将其从系统中切除后，电机仍然可以运行。当然，若保持电机非故障相电流不变，则此时电机输出的平均转矩会有所下降，转矩脉动也会相应增加。

为了更大程度地提高故障状态下开关磁阻电机的电磁性能，Miller 对定子绕组结构进行了优化 [10]。如图 1.3(a) 所示，传统的开关磁阻电机将空间上径向相对的两个定子绕组相串联形成一相，当某一极下绕组发生断路故障时，该相电流变为零，即这一相将不会产生转矩输出。为了提高开关磁阻电机的带故障运行特性，在如图 1.3(b) 所示的独立绕组结构中，每个极下的绕组分别与驱动电路连接，而不是串联。当某一极绕组发生断路故障时，该极下绕组电压为零，此时电机的转矩由该相另外一极的绕组产生。但是，这种结构的开关磁阻电机在故障状态下所产生的不平衡电磁力也不容忽视。双绕组结构的开关磁阻电机布局解决了这一问题，如图 1.3(c) 所示，每个定子极上面有两套绕组，它们分别与空间上径向相对的另外一个定子极上的两套绕组相串联，形成双余度结构的绕组。当其中一套定子绕组发生故障时，可以由另外一套绕组来工作。

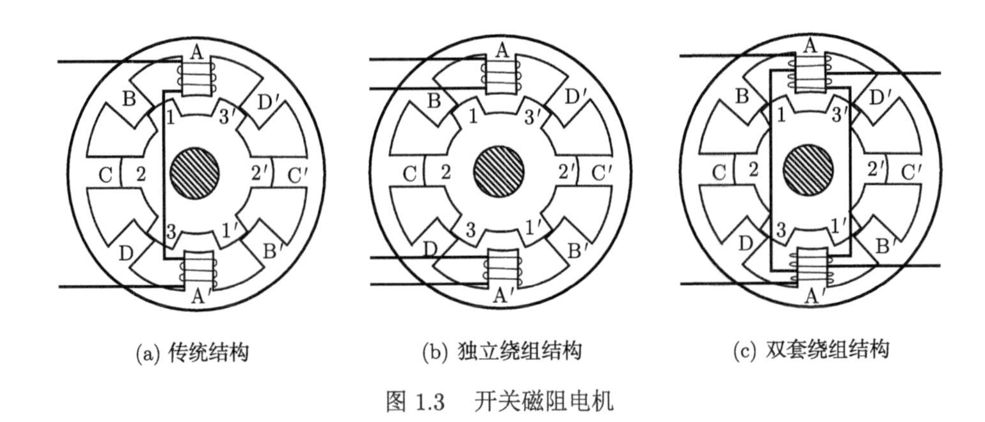

(a) 传统结构　　(b) 独立绕组结构　　(c) 双套绕组结构

图 1.3　开关磁阻电机

与开关磁阻电机相比，永磁电机具有更高的转矩密度、功率密度和效率。因此，将容错概念引入永磁电机，研究开发具有高功率密度、高容错性能的永磁容错电机，成为十分迫切的研究课题，国内外学者逐步取得了一些有价值的研究成果。Mecrow 等于 1996 年首次提出表贴式永磁型容错电机 [11]。从图 1.4(a) 可以看出，该电机的永磁体采用表面贴装的形式，电机每个定子槽中只有一套绕组，没有绕组的定子齿作为容错齿，起隔离作用，相与相之间实现电路、磁路以及温度的隔离，使得相与相之间的独立性增强。已有研究表明，该类电机在有效抑制电机短路电流的同时，电机的功率密度较传统绕组结构的永磁电机并没有降低，成为当前国际电机领域的研究热点 [12]。在此基础上，Abolhassani 设计制作一台如图 1.4(b) 所示的采用双层分数槽集中绕组的永磁容错电机 [13]，由于该电机相间互感与自感比仅为 4%，实现了相间的磁隔离，容错性能较好。为了改善表贴式电机的气隙谐波，提出 Halbach 永磁体阵列的永磁容错电机 [14](图 1.4(c))。将磁性齿轮的结构特点引入永磁容错电机中，提出既利用气隙主谐波，又利用气隙特定次数谐波的永磁容错游标电机 [15](图 1.4(d))。如图 1.4(e) 所示，Lipo 等 [16] 和 Bianchi 等 [17] 对模块化永磁容错电机进行研究。该电机每个定子齿形成一个单独的单元使得电机结构紧凑、绕组装配简单，最主要的是模块化定子使得槽满率得到很大的提升。Wang 等提出针对 4 相到 6 相模块化电机的槽极配合选取原则，同时对每种极数的单元电机进行设计，并比较了不同相数电机的反电势和齿槽转矩，结果表明，增加电机的相数可降低电机齿槽转矩 [18]。国内学者也开始对这种表贴式永磁容错电机进行研究 [19]。这些永磁容错电机的永磁体采用表面贴装的形式，而已有研究表明，采用内嵌式永磁体的电机具有更好的弱磁性能，更能满足电动汽车宽调速范围这一要求。正是出于此目的，Chau 等提出永磁体表嵌式的永磁容错电机 [20]。Toliyat 等提出如图 1.4(f) 所示的可用于电动汽车领域的五相永磁体内嵌式永磁容错电机，该电机结构中将 q 轴部分磁路切除，进一步增大电机的凸极率。然而，由于采用每槽两套绕组，相间物理隔离不好 [21]。而为解决

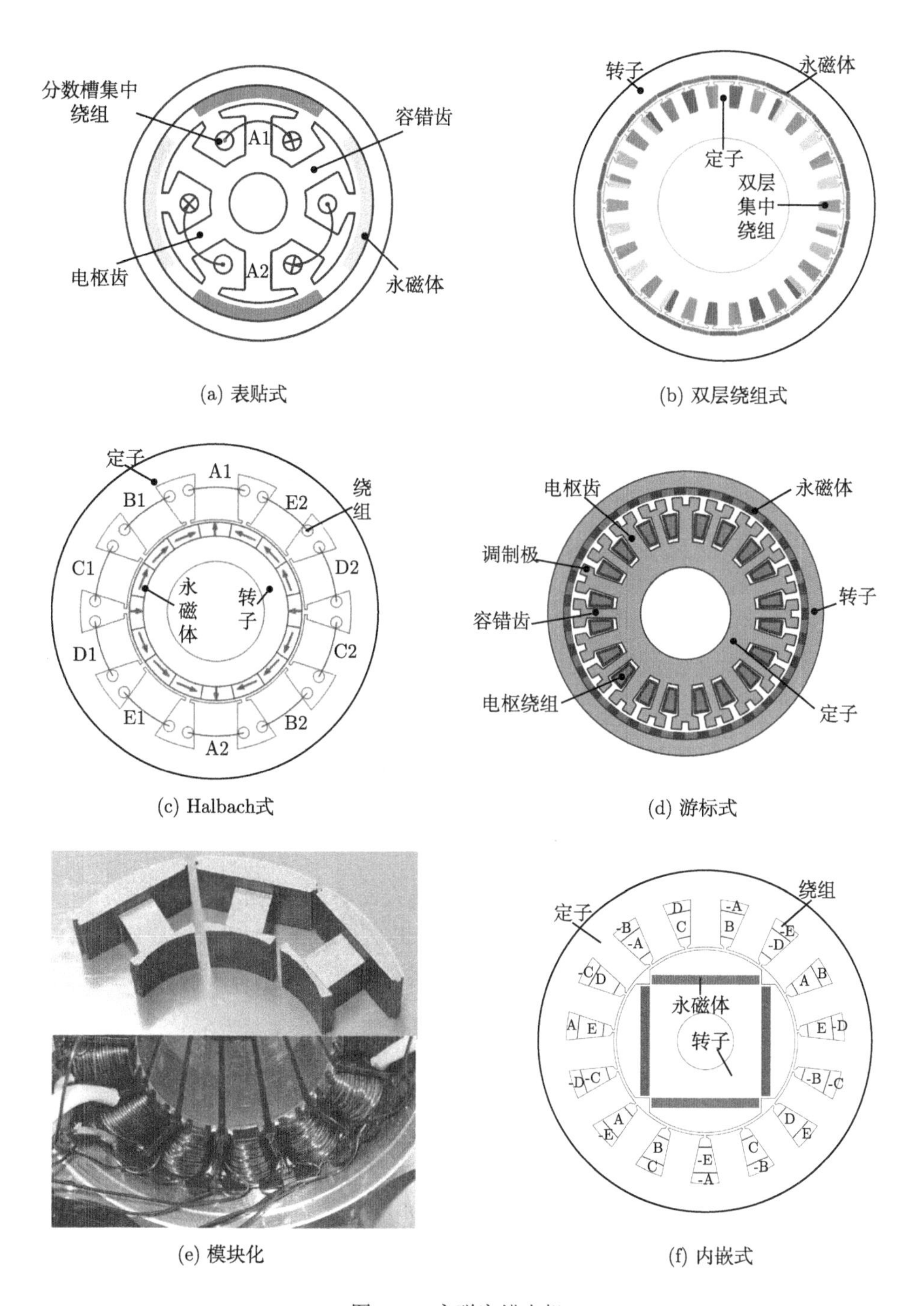

分数槽集中绕组
A1
容错齿
电枢齿
A2
永磁体
(a) 表贴式
转子
永磁体
定子
双层集中绕组
(b) 双层绕组式
定子
A1
B1
E2
绕组
C1
D2
永磁体
转子
D1
C2
E1
B2
A2
(c) Halbach式
电枢齿
永磁体
调制极
转子
容错齿
电枢绕组
定子
(d) 游标式
(e) 模块化
绕组
定子
永磁体
转子
(f) 内嵌式

图 1.4 永磁容错电机

容错电机的永磁体散热等问题，东南大学、南京航空航天大学、江苏大学等科研单位开展了磁通切换式永磁容错电机的相关研究 [22,23]。为了深入研究该类电机的结构特征，图 1.5 给出偶数极和奇数极转子结构。通过比较分析可以发现，在磁通切换式永磁容错电机中，奇数极有助于降低反电势谐波，但是其存在不平衡拉力 [24]。

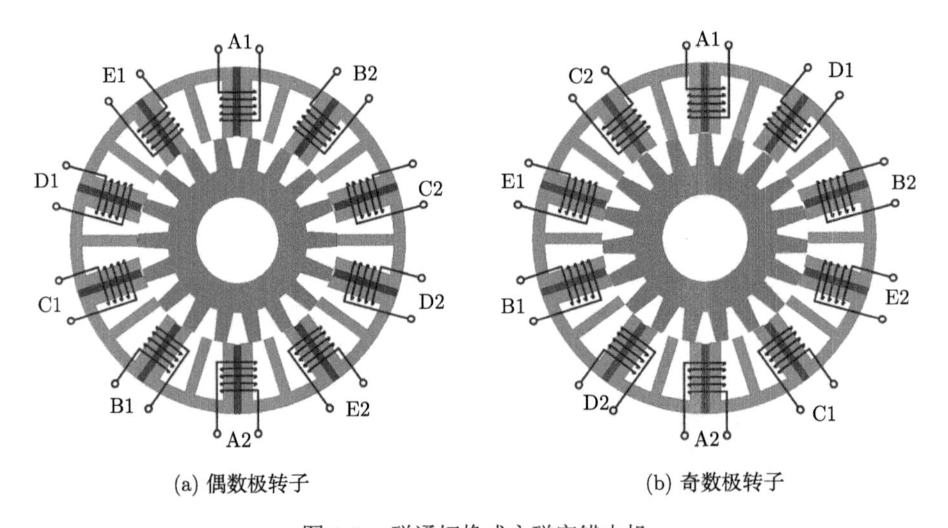

(a) 偶数极转子　(b) 奇数极转子

图 1.5　磁通切换式永磁容错电机

综上所述，容错电机的定子多采用多相电机结构、分数槽集中绕组和容错齿结构。相比于传统三相永磁电机，多相结构的选择使永磁容错电机具有以下优点：

(1) 可采用低电压等级的功率器件实现低压大功率驱动；

(2) 随着电机相数的增加，转矩脉动频率提高、幅值下降，进而降低电机的噪声与振动，改善低速运行性能，减小转子损耗，非常适合直接驱动场合；

(3) 相冗余特性保证多相电机具有很高的容错能力；

(4) 在相同的电流有效值情况下，可以通过谐波电流注入来提高转矩输出，同时提高直流母线电压利用率。

1.4　容错驱动控制系统

与传统三相永磁电机相比，永磁容错电机采用多相结构，具有更多的控制自由度，可以在电机发生单相或双相开路故障以及短路故障时，在不改变硬件电路的情况下实现电机的容错运行 [25]。针对永磁容错电机的容错控制策略研究，主要包括容错控制方法，以及最优容错电流的生成和参考容错电流的精确跟踪。

1.4.1 容错控制方法

目前的控制策略主要基于矢量控制 (field oriented control，FOC)、直接转矩控制 (direct torque control，DTC) 和模型预测控制 (model predictive control，MPC) 三类控制方法。

1. FOC 控制

以五相永磁容错电机为例，其基于 FOC 的控制策略思想为：通过控制 d_1-q_1 子空间的电流实现电机转矩输出，同时抑制 d_3-q_3 子空间的谐波电流以减小电机转矩脉动和损耗。该方法的系统控制框图如图 1.6 所示。

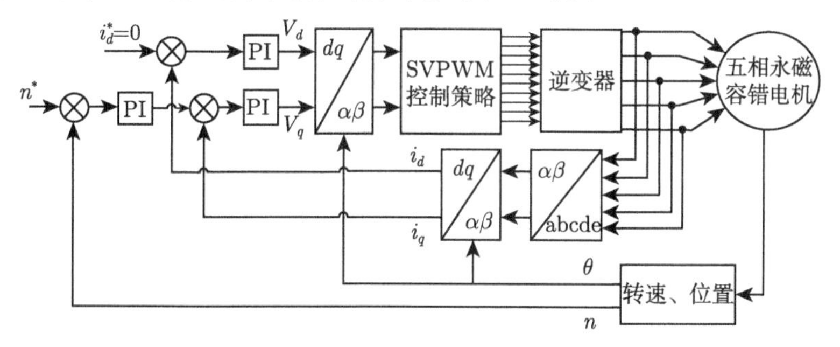

图 1.6 基于 FOC 的控制框图

2. DTC 控制

直接转矩控制是从感应电机推广至永磁电机中的。在一个采样周期内，选择最优的空间矢量，最终得到定子磁链和转矩。由于五相永磁容错系统维数增加，空间电压矢量也增加到 32 个，控制能够更加灵活。其控制框图如图 1.7 所示。

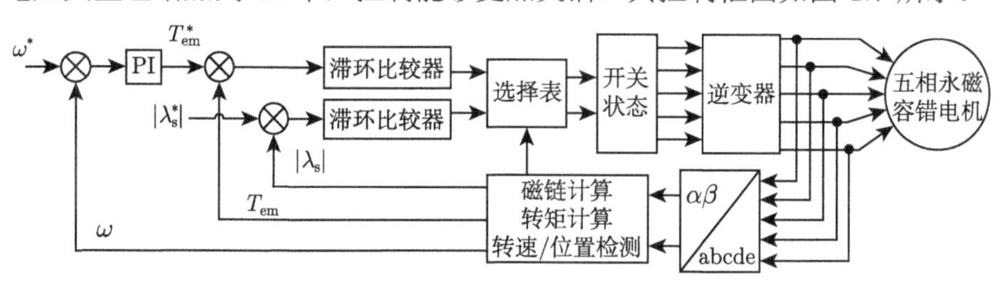

图 1.7 五相永磁容错电机直接转矩控制框图

3. MPC 控制

随着预测电流控制在三相电机控制系统的应用日渐成熟，这种方法也被逐渐拓展到五相永磁容错电机系统中。预测电流控制的原理如图 1.8 所示，通过预测模型得到下一个采样周期的电流值，利用前一时刻的电流值求得当前的电流值，并与参考电流值一起通过最优函数进行计算，得到该时刻的最优开关状态。

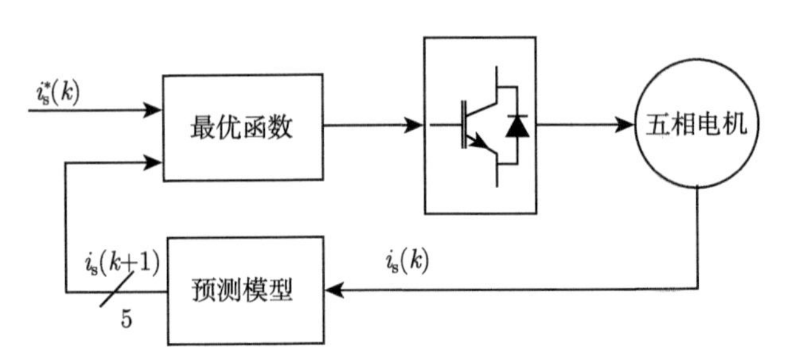

图 1.8　五相永磁容错电机模型预测电流控制框图

1.4.2　最优容错电流的生成

开路故障是电机驱动系统中常见的故障类型，国内外学者对于五相永磁容错电机开路故障下的容错控制也进行了深入的研究。当电机发生开路故障时，永磁容错电机不再是一个对称系统，需要调整剩余相中的电流来使电机实现容错运行。根据故障前后磁动势不变原理，结合铜耗最小、铜耗相等或者转矩脉动最小等约束条件可以求解出永磁容错电机各类开路故障下的最优容错电流 [26,27]。此外，根据故障后永磁容错的数学模型，重新构造五相永磁同步电机开路故障下的降阶 Clarke 和 Park 变换矩阵，可以实现永磁容错开路故障下的磁场定向容错控制 [28-31]。文献 [28] ~ [30] 分别给出了永磁容错电机单相开路故障时的降阶矩阵构造方法，文献 [31] 中给出了当电机发生相邻两相开路故障时和非相邻两相开路故障时的降阶矩阵构造方法及容错控制策略。文献 [28] 和 [29] 中降阶矩阵构造方法类似，仅修正因子选择的约束条件不同，文献 [28] 中通过使构造的降阶矩阵的各行向量相互正交来求解修正因子，文献 [29] 中通过保证故障前后 d-q 轴的反电势保持不变来求解修正因子。文献 [30] 从参考容错电流表达式中推导出了新的降阶 Clarke 矩阵，并构造一个新的广义零序电流，通过约束广义零序电流为零可以消除转矩脉动。

上述容错控制算法都仅考虑了基波空间的磁动势，仅适用于正弦反电势的五相永磁容错电机。当梯形反电势五相永磁容错电机发生开路故障时，各谐波平面不再解耦，磁动势中的谐波分量会与基波容错电流相互作用产生转矩脉动。谐波注入式容错控制算法通过注入谐波电流与基波磁动势相互作用，产生幅值相等、相位相反的转矩脉动来抵消由谐波磁动势产生的转矩脉动。针对梯形反电势的五相永磁容错电机，文献 [32] 根据剩余相电流关于故障相镜像对称的原理，结合瞬时功率守恒的约束条件，引入三次谐波容错电流，求解出含有三次谐波分量的容错电流，不仅消除了反电势谐波引起的转矩脉动，还充分利用了三次谐波磁动势提高了容错运行时的输出转矩。文献 [33] ~ [35] 将文献 [32] 中所提的方法扩展到不同绕组结构的永磁容错电机中，并且给出了短路故障下的容错控制策略。文献 [36] 对文献 [31] 中的算法进行改进，提出了一种基于向量法的在线电流计算方法，简化了容错电流的计算过程。文献 [33] ~

[36] 中的方法都是利用拉格朗日乘数法来进行最优容错电流的求解。然而，利用拉格朗日乘数法求解得到的可能是局部最优解，并不一定能达到全局最优。

上述容错控制算法采用的都是 $i_d=0$ 的容错控制策略，仅考虑电机的永磁转矩，没有考虑电机的磁阻转矩，因此，只适用于表贴式永磁容错电机，无法在容错运行时充分发挥内嵌式永磁电机的输出转矩能力。为此，文献 [37] ~ [39] 将正常状态下的最大转矩电流比 (MTPA) 算法拓展至容错运行状态，准确获取容错运行下的电机最大转矩点，降低了电机的铜耗，显著提升了电机系统效率。

1.4.3 参考容错电流的精确跟踪

参考容错电流的精确跟踪也是容错控制中的难点。电流滞环控制法是常用的容错电流跟踪方法 [33-36]，电流滞环跟踪脉宽调制 (current hysteresis band pulse width modulation, HBPWM) 技术可用来实现对复杂参考电流的跟踪，但是其开关频率不固定会带来额外的开关损耗和电磁干扰 [40]。基于载波的脉宽调制 (carrier-based pulse width modulation，CPWM) 技术可以实现固定开关频率，被广泛应用于 FOC 的容错控制中 [29-31]。然而，与 CPWM 技术相比，空间矢量脉宽调制 (space vector pulse width modulation，SVPWM) 技术具有更高的调制比，逆变器的电压利用率高。因此，文献 [41] 和 [42] 根据最优参考电流重新构建了五相永磁同步电机单相开路故障时的电压矢量，将 SVPWM 技术引入容错控制中，实现了固定开关频率下的五相永磁容错电机开路故障下的 FOC 控制。除了 PWM 调制方式，由于故障后电机的不平衡，电机故障后给定电流可能为交流量，传统比例积分 (PI) 控制器不一定能准确追踪给定电流。为此，比例谐振 (PR) 控制器由于能跟踪时变的参考电流，也被引入五相永磁容错电机的容错控制中 [43,44]。但比例谐振控制器适合应用在具有固定频率的场合 [45]。

1.5 本 章 小 结

本章阐述了国内外电机驱动系统的可靠性问题、永磁容错电机的发展趋势、现有容错控制策略的主要研究方向等，较为全面地介绍了永磁容错电机及其控制这一新型电机系统的特点、关键和优势。

参 考 文 献

[1] 郭永基. 可靠性工程原理 [M]. 北京: 清华大学出版社, 2002.

[2] Zhu Z Q, Howe D. Electrical machines and drives for electric, hybrid, and fuel cell vehicles[J]. Proceedings of the IEEE, 2007, 95(4): 746-765.

[3] IEEE Motor Reliability Work Group. Report of large motor reliability survey of industrial

and commercial installations, part I[J]. IEEE Transactions on Industry Applications, 1985, IA-21(4): 853-864.

[4] IEEE Motor Reliability Work Group. Report of large motor reliability survey of industrial and commercial installations, part Ⅱ[J]. IEEE Transactions on Industry Applications, 1985, IA-21(4): 865-872.

[5] IEEE Motor Reliability Work Group. Report of large motor reliability survey of industrial and commercial installations, part Ⅲ[J]. IEEE Transactions on Industry Applications, 1987, IA-23(1): 153-158.

[6] 赵文祥, 程明, 朱孝勇, 等. 驱动用微特电机及其控制系统的可靠性技术研究综述 [J]. 电工技术学报, 2007, 22(4): 38-46.

[7] Stephens C M. Fault detection and management system for fault-tolerant switched reluctance motor drives[J]. IEEE Transactions on Industry Applications, 1991, 27(6): 1098-1102.

[8] Arkadan A A, Kielgas B W. Switched reluctance motor drive systems dynamic performance prediction under internal and external fault conditions[J]. IEEE Transactions on Energy Conversion, 1994, 9(1): 45-52.

[9] Arkadan A A, Kielgas B W. The coupled problem in switched reluctance motor drive systems during fault conditions[J]. IEEE Transactions on Magnetics, 1994, 30(5): 3256-3259.

[10] Miller T J E. Faults and unbalance forces in the switched reluctance machine[J]. IEEE Transactions on Industry Applications, 1995, 31(2): 319-328.

[11] Mecrow B C, Jack A G, Haylock J A, et al. Fault-tolerant permanent magnet machine drives[J]. IEE Proceedings-Electric Power Applications, 1996, 143(6): 437-442.

[12] El-Refaie A M. Fault-tolerant permanent magnet machines: a review[J]. IET Electric Power Applications, 2011, 5(1): 59-74.

[13] Abolhassani M T. A novel multiphase fault tolerant high torque density permanent magnet motor drive for traction application[C]. IEEE International Conference on Electric Machines and Drives, San Antonio, 2005: 728-734.

[14] Sadeghi S, Parsa L. Multiobjective design optimization of five-phase Halbach array permanent-magnet machine[J]. IEEE Transactions on Magnetics, 2011, 47(6): 1658-1666.

[15] Liu G H, Yang J Q, Zhao W X, et al. Design and analysis of a new fault-tolerant permanent-magnet vernier machine for electric vehicles[J]. IEEE Transactions on Magnetics, 2012, 48(11): 4176-4179.

[16] Ouyang W, Lipo T A. Modular permanent magnet machine with fault tolerant capability[C]. 2009 Twenty-Fourth Annual IEEE on Applied Power Electronics Conference and Exposition, Washington, 2009: 930-937.

[17] Bianchi N, Bolognani S, PrÉDai Pre M D. Impact of stator winding of a five-phase permanent-magnet motor on postfault operations[J]. IEEE Transactions on Industrial Electronics, 2008, 55(5): 1978-1987.

[18] Atallah K, Wang J B, Howe D. Torque-ripple minimization in modular permanent-magnet

brushless machines[J]. IEEE Transactions on Industry Applications, 2003, 39(6): 1689-1695.

[19] 郝振洋, 胡育文, 黄文新, 等. 具有高精度的永磁容错电机非线性电感分析及其解析式求取[J]. 航空学报, 2009, 30(11): 2156-2164.

[20] Jian L, Chau K T, Gong Y, et al. Analytical calculation of magnetic field in surface-Inset permanent magnet motors[J]. IEEE Transactions on Magnetics, 2009, 45(10): 4688-4691.

[21] Parsa L, Toliyat H A. Fault-tolerant interior-permanent-magnet machines for hybrid electric vehicle applications[J]. IEEE Transactions on Vehicular Technology, 2007, 56(4): 1546-1552.

[22] Zhao W X, Cheng M, Zhu X Y, et al. Analysis of fault-tolerant performance of a doubly salient permanent-magnet motor drive using transient cosimulation method[J]. IEEE Transactions on Industrial Electronics, 2008, 55(4): 1739-1748.

[23] 马长山, 周波. 双凸极电机位置信号的故障诊断与容错控制[J]. 中国电机工程学报, 2008, 28(18): 73-78.

[24] Xue X H, Zhao W X, Zhu J H, et al. Design of five-phase modular flux-switching permanent-magnet machines for high reliability applications[J]. IEEE Transactions on Magnetics, 2013, 49(7): 3941-3944.

[25] Bermudez M, Gonzalez-Prieto I, Barrero F, et al. Open-phase fault-tolerant direct torque control technique for five-phase induction motor drives[J]. IEEE Transactions on Industrial Electronics, 2017, 64(2): 902-911.

[26] 赵品志, 杨贵杰, 李勇. 五相永磁同步电动机单相开路故障的容错控制策略 [J]. 中国电机工程学报, 2011, 31(24): 68-76.

[27] Bianchi N, Bolognani S, Dai Pre M. Strategies for the fault-tolerant current control of a five-phase permanent-magnet motor[J]. IEEE Transactions on Industry Applications, 2007, 43(4): 960-970.

[28] Ryu H M, Kim J W, Sul S K. Synchronous-frame current control of multiphase synchronous motor under asymmetric fault condition due to open phases[J]. IEEE Transactions on Industry Applications, 2006, 42(4): 1062-1070.

[29] Tian B, An Q T, Duan J D, et al. Decoupled modeling and nonlinear speed control for five-phase PM motor under single-phase open fault[J]. IEEE Transactions on Power Electronics, 2017, 32(7): 5473-5486.

[30] Zhou H W, Zhao W X, Liu G H, et al. Remedial field-oriented control of five-phase fault-tolerant permanent-magnet motor by using reduced-order transformation matrices[J]. IEEE Transactions on Industrial Electronics, 2017, 64(1): 169-178.

[31] Tian B, An Q T, Duan J D, et al. Cancellation of torque ripples with FOC strategy under two-phase failures of the five-phase PM motor[J]. IEEE Transactions on Power Electronics, 2017, 32(7): 5459-5472.

[32] Dwari S, Parsa L. Fault-tolerant control of five-phase permanent-magnet motors with trapezoidal back EMF[J]. IEEE Transactions on Industrial Electronics, 2011, 58(2): 476-485.

[33] Mohammadpour A, Parsa L. A unified fault-tolerant current control approach for five-phase PM motors with trapezoidal back EMF under different stator winding connections[J]. IEEE Transactions on Power Electronics, 2013, 28(7): 3517-3527.

[34] Mohammadpour A, Sadeghi S, Parsa L. A generalized fault-tolerant control strategy for five-phase PM motor drives considering star, pentagon, and pentacle connections of stator windings[J]. IEEE Transactions on Industrial Electronics, 2014, 61(1): 63-75.

[35] Mohammadpour A, Parsa L. Global fault-tolerant control technique for multiphase permanent-magnet machines[J]. IEEE Transactions on Industry Applications, 2015, 51(1): 178-186.

[36] Kestelyn X, Semail E. A vectorial approach for generation of optimal current references for multiphase permanent-magnet synchronous machines in real time[J]. IEEE Transactions on Industrial Electronics, 2011, 58(11): 5057-5065.

[37] Chen Q, Zhao W X, Liu G H, et al. Extension of virtual-signal-injection-based MTPA control for five-phase IPMSM into fault-tolerant operation[J]. IEEE Transactions on Industrial Electronics, 2019, 66(2): 944-955.

[38] Chen Q, Gu L C, Lin Z P, et al. Extension of space-vector-signal-injection based MTPA control into SVPWM fault-tolerant operation for five-phase IPMSM [J]. IEEE Transactions on Industrial Electronics, 2020, 67(9): 7321-7333.

[39] Liu G H, Song C Y, Chen Q. FCS-MPC-based fault-tolerant control of five-phase IPMSM for MTPA operation [J]. IEEE Transactions on Power Electronics, 2020, 35(3): 2882-2894.

[40] Sen B, Wang J B. Stationary frame fault-tolerant current control of polyphase permanent-magnet machines under open-circuit and short-circuit faults[J]. IEEE Transactions on Power Electronics, 2016, 31(7): 4684-4696.

[41] Liu G H, Qu L, Zhao W X, et al. Comparison of two SVPWM control strategies of five-phase fault-tolerant permanent-magnet motor[J]. IEEE Transactions on Power Electronics, 2016, 31(9): 6621-6630.

[42] Chen Q, Liu G H, Zhao W X, et al. Asymmetrical SVPWM fault-tolerant control of five-phase PM brushless motors[J]. IEEE Transactions on Energy Conversion, 2017, 32(1): 12-22.

[43] Salehifar M, Salehì Arashloo R, Moreno-Eguilaz M, et al. Observer-based open transistor fault diagnosis and fault-tolerant control of five-phase permanent magnet motor drive for application in electric vehicles[J]. IET Power Electronics, 2015, 8(1): 76-87.

[44] Salehifar M, Salehì Arashloo R, Moreno-Equilaz J M, et al. Fault detection and fault tolerant operation of a five phase PM motor drive using adaptive model identification approach[J]. IEEE Journal of Emerging and Selected Topics in Power Electronics, 2014, 2(2): 212-223.

[45] Yepes A G, Vidal A, Freijedo F D, et al. Transient response evaluation of resonant controllers for AC drives[C]. 2012 IEEE Energy Conversion Congress and Exposition, Raleigh, 2012: 471-478.

第 2 章　永磁电机容错设计理论

2.1　引　　言

传统永磁电机短路电流大、相间耦合高、电机容错能力差。为此，本章将研究影响短路电流和相间耦合的关键参数及其变化规律；提出永磁容错电机尺寸参数计算和优化流程；构建永磁电机容错能力的评估方法和测试手段。

2.2　永磁容错电机关键参数

2.2.1　绕组因数

在永磁电机中，每极每相槽数 q 可表示为

$$q = \frac{Q_{\mathrm{S}}}{2mp} \tag{2.1}$$

式中，Q_{S} 表示定子槽数；p 表示转子极对数；m 表示电机相数。

当 q 为整数时，即整数槽绕组；当 q 为分数时，即分数槽绕组。因此，通过电机每极每相槽数 q，可以判断其为分数槽绕组还是整数槽绕组。图 2.1(a) 和 (b) 分别为整数槽分布绕组与分数槽集中绕组的端部结构，可以看出，分数槽集中绕组端部无重叠且其绕组长度明显小于整数槽分布绕组，有利于电机散热并且节约绕组材料。此外，分数槽集中绕组电机的槽数量较少、槽面积较大，有利于提升槽满率。更为重要的是，分数槽集中绕组有利于增强相间的磁、热和物理隔离。因此，永磁容错电机通常采用分数槽集中绕组结构。

永磁电机的转矩性能与电机的绕组因数密切相关。不同槽极配合下的分数槽集中绕组永磁容错电机的绕组因数 [1-4] 可表示为

$$k_{\mathrm{w}v} = k_{\mathrm{p}v} k_{\mathrm{d}v} \tag{2.2}$$

式中，$k_{\mathrm{w}v}$ 是 v 次谐波绕组因数；$k_{\mathrm{p}v}$ 是 v 次谐波的节距因数；$k_{\mathrm{d}v}$ 是 v 次谐波的分布因数。在分数槽集中绕组永磁电机中，节距因数 $k_{\mathrm{p}v}$ 的表达式为

$$k_{\mathrm{p}v} = \sin\frac{2\pi v}{Q_{\mathrm{S}}} \tag{2.3}$$

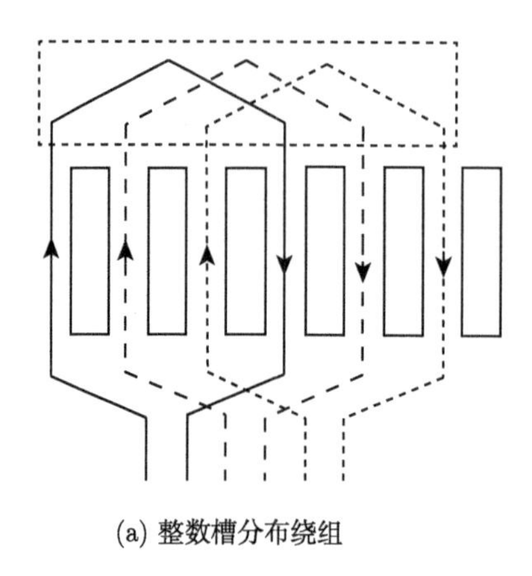

(a) 整数槽分布绕组

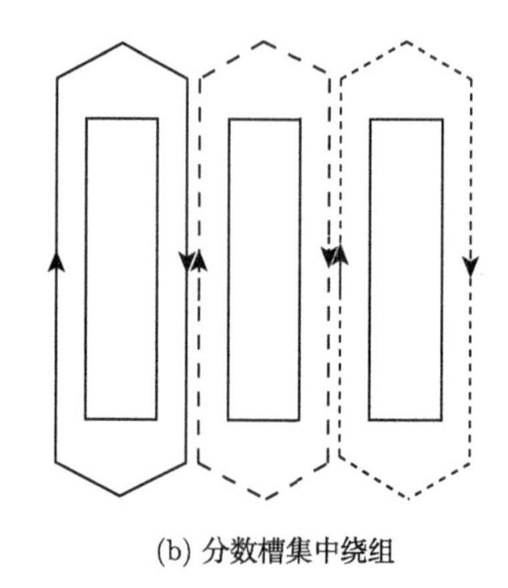

(b) 分数槽集中绕组

图 2.1　绕组端部的比较

根据槽电势星形图可计算绕组分布因数，其具体表达式为

$$k_{\mathrm{dv}} = \begin{cases} \dfrac{\sin\left(q_{\mathrm{ph}}\dfrac{\alpha_{\mathrm{ph}}}{4}\right)}{\dfrac{q_{\mathrm{ph}}}{2}\sin\left(\dfrac{\alpha_{\mathrm{ph}}}{2}\right)}, & Q_{\mathrm{S}}/(mt)\text{为偶数} \\ \dfrac{\sin\left(q_{\mathrm{ph}}\dfrac{\alpha_{\mathrm{ph}}}{4}\right)}{q_{\mathrm{ph}}\sin\left(\dfrac{\alpha_{\mathrm{ph}}}{4}\right)}, & Q_{\mathrm{S}}/(mt)\text{为奇数} \end{cases} \tag{2.4}$$

式中，q_{ph} 是电机每相辐条数；α_{ph} 是电机两相邻辐条之间的电角度；t 为电机槽数与电机极对数的最大公约数。当 v 次谐波次数与电机极对数相等时，计算出的绕组因数即基波绕组因数。以上计算方法由于需要用到电机两相邻相量辐条之间的角度，因此需要构建槽电势星形图。

以五相 20 槽 12 极永磁电机为例，绘制该槽极配合的槽电势星形图如图 2.2 所示。20 槽电机每相邻两槽应该用 360° 除以 20 槽即相差 18° 机械角度，电机的电角度为机械角度与极对数的乘积。因此，20 槽 12 极电机的每两个相邻辐条之间的电角度应为 108°，正如图 2.2 中 1 号辐条与 2 号辐条之间标注处的位置与角度。

根据式 (2.1) ∼ 式 (2.4)，计算出五相分数槽集中绕组永磁电机常用的槽极配合的绕组因数，如表 2.1 所示。表 2.1 中灰色部分的绕组因数均低于 0.5878，而永磁电机中过低的绕组因数代表着较差的转矩输出能力。因此，这些槽极配合一般不予采用，表格中也未给出其绕组因数大小。在设计五相永磁容错电机时，根据表 2.1 可快速选取绕组因数较高的槽极配合，以获得高转矩性能。

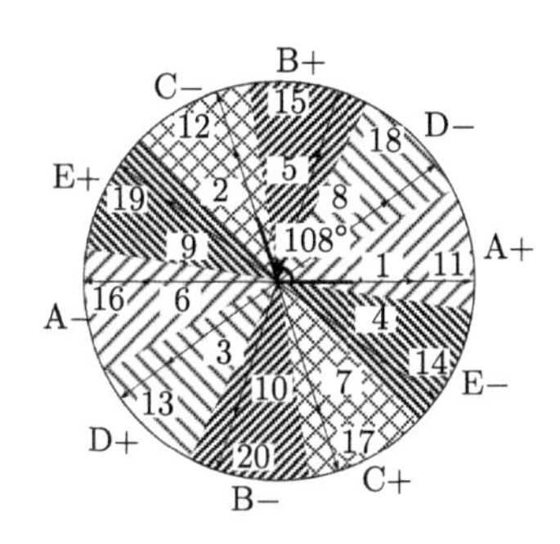

图 2.2　五相 20 槽 12 极永磁电机的槽电势星形图

表 2.1　五相永磁电机槽极配合的绕组因数表

Q_S	p									
	2	4	6	8	10	12	14	16	18	20
5	0.5878	0.9511	0.9511	0.5878	—	0.5878	0.9511	0.9511	0.5878	—
10		0.5878	0.8090	0.9511	—	0.9511	0.8090	0.5878	0.3090	—
15			0.5878	0.7323	—	0.9511	0.9800	0.9800	0.9511	—
20				0.5878	—	0.8090	0.8800	0.9511	0.9755	—
25					0.5878	0.6738	0.7584	0.8311	0.8906	0.9511
30					—	0.5878	0.6594	0.7323	0.8090	—
35					—		0.5878	0.6474		—
40					—			0.5875		—

2.2.2　耦合因子

相较于传统永磁电机，永磁容错电机需具备短路电流抑制能力和故障隔离能力，即电机应设计成高自感、低互感的形式。这是因为，当发生短路故障时，高自感可以有效抑制电机的短路电流；而低互感可以使其降低故障相对非故障相的影响。永磁电机各相自感、互感主要与电流所产生的磁链相关。根据绕组函数理论可推导电机的电感参数性能 [5-7]。首先，电机绕组函数可以定义为

$$N(\theta_{\mathrm{m}}) = n(\theta_{\mathrm{m}}) - \mathrm{avg}(n(\theta_{\mathrm{m}})) \tag{2.5}$$

式中，θ_{m} 是沿气隙的角度；$n(\theta_{\mathrm{m}})$ 是绕组函数；$\mathrm{avg}(n(\theta_{\mathrm{m}}))$ 是绕组函数沿一个圆周的平均值。将 A 相绕组函数 $N_{\mathrm{A}}(\theta_{\mathrm{m}})$ 进行傅里叶级数分解，可以得到

$$N_{\mathrm{A}}(\theta_{\mathrm{m}}) = a_0 + \sum_{k=1}^{\infty} a_k \cos(k\theta_{\mathrm{m}}) \tag{2.6}$$

式中，

$$a_0 = \frac{1}{2\pi}\int_{-\pi}^{\pi} N_{\mathrm{A}}(\theta_{\mathrm{m}})\mathrm{d}\theta_{\mathrm{m}} = 0 \tag{2.7}$$

$$a_k = \frac{2}{2\pi}\int_{-\pi}^{\pi} N_{\mathrm{A}}(\theta_{\mathrm{m}})\cos(k\theta_{\mathrm{m}})\mathrm{d}\theta_{\mathrm{m}} = \frac{4N_{\mathrm{S}}}{k\pi}\sin\frac{k\pi}{20} \tag{2.8}$$

根据绕组函数理论，电机其中一相的自感可以表示为 (以 A 相为例)：

$$L_{\mathrm{AA}} = \frac{\mu_0 r l}{g}\int_{-\pi}^{\pi} N_{\mathrm{A}}(\theta_{\mathrm{m}})N_{\mathrm{A}}(\theta_{\mathrm{m}})\mathrm{d}\theta_{\mathrm{m}} \tag{2.9}$$

式中，μ_0 是空气的磁导率；r 是气隙中心半径；l 是定子铁心的轴向长度；g 是气隙长度。则相邻两相间的互感可表达为 (下标以 A、B 两相间互感为例)：

$$L_{\mathrm{AB}} = \frac{\mu_0 r l}{g}\int_{-\pi}^{\pi} N_{\mathrm{A}}(\theta_{\mathrm{m}})N_{\mathrm{B}}(\theta_{\mathrm{m}})\mathrm{d}\theta_{\mathrm{m}} \tag{2.10}$$

不相邻两相间的互感可表示为 (下标以 A、C 两相间互感为例)：

$$L_{\mathrm{AC}} = \frac{\mu_0 r l}{g}\int_{-\pi}^{\pi} N_{\mathrm{A}}(\theta_{\mathrm{m}})N_{\mathrm{C}}(\theta_{\mathrm{m}})\mathrm{d}\theta_{\mathrm{m}} \tag{2.11}$$

为了表征相间耦合的大小，引入耦合因子 m_{c}，该参数由相间互感和自感比得到，表示为

$$m_{\mathrm{c}} = \frac{L_{\mathrm{AB}}}{L_{\mathrm{AA}}} = \frac{\displaystyle\int_{-\pi}^{\pi} N_{\mathrm{A}}(\theta_{\mathrm{m}})N_{\mathrm{B}}(\theta_{\mathrm{m}})\mathrm{d}\theta_{\mathrm{m}}}{\displaystyle\int_{-\pi}^{\pi} N_{\mathrm{A}}(\theta_{\mathrm{m}})N_{\mathrm{A}}(\theta_{\mathrm{m}})\mathrm{d}\theta_{\mathrm{m}}} \tag{2.12}$$

根据式 (2.5) ~ 式 (2.12) 可计算出电机的耦合因子。需要注意的是，由于相邻相耦合因子和非相邻相耦合因子计算方法相同，此处及后面内容所计算的耦合因子均为电机相邻两相的耦合因子。根据式 (2.5) ~ 式 (2.12) 可得，如图 2.2 所示的五相 20 槽 12 极永磁电机的耦合因子为零。为了验证所构建耦合因子的正确性，根据图 2.2 所示的 20 槽 12 极电机的槽电势星形图，可以绘制出该槽极下的绕组函数，如图 2.3 所示。根据图 2.2 可以得到，A 相绕组位于 1、6、11、16 四槽中，其中 1、11 号槽对应的是正向绕组，则 6、16 号槽对应的是负向绕组。在图 2.3 中，360° 机械角度对应气隙的一个圆周，如图 2.3 中黑色填充部分表示 A 相绕组函数，由图 2.3 可以看出 A 相绕组函数在正负部分的面积相同，则绕一个气隙圆周后的平均绕组函数为 0。因此，各相绕组函数相互之间没有重叠部分，耦合因子为 0。因此，20 槽 12 极的永磁电机具有较好的容错能力。

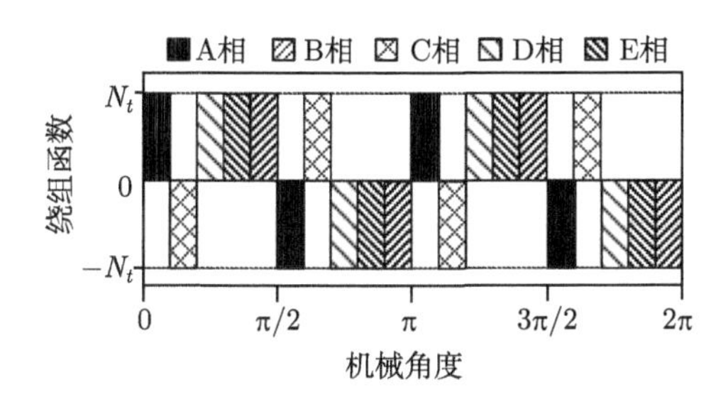

图 2.3 五相 20 槽 12 极电机的绕组函数

为了说明不同槽极配合下永磁电机的耦合因子不同，下面选取五相 20 槽 8 极电机的 A 相与 B 相绕组来佐证。五相 20 槽 8 极永磁电机的槽电势星形图与绕组函数分布如图 2.4 所示。由图 2.4(a) 可以看出，20 槽 8 极电机的每两个相邻辐条之间的电角度为 72°，正如图中 1 号辐条与 2 号辐条之间标注处的位置与角度。A 相绕组位于 1、6、11、16 四槽中，且均为正向绕组，根据该特点，对应定子槽数与气隙圆周的相对位置，可以绘制出 A 相绕组的绕组函数。由于该绕组函数均为正，其平均绕组函数不为 0，为了使该相绕组函数为 0，需要对绕组函数的轴线进行偏移。图 2.4(b) 所示为条纹填充部分即经过偏移后的 A 相绕组函数，从图中可以看出，在一个气隙圆周上将 A 相绕组向下偏移 0.2 个单位，这样原绕组函数变为 0.8 个单位，而其他剩余原本未有 A 相绕组函数的位置分别添加了 0.2 个单位。根据此方法，最终可以实现 A 相绕组函数在一个气隙圆周上正负平衡。同理，图中灰色填充部分即为经过偏移后产生的 B 相绕组函数。从图 2.4(b) 中可以看出，A 相绕组函数与 B 相绕组函数具有明显重叠部分，而耦合因子的定义为两相绕组间绕组函数的相互作用，因此，其耦合因子不为 0。根据式 (2.5) ~ 式 (2.12) 也可计算出 20 槽 8 极电机相邻两相的耦合因子为 0.077，并不为 0。因此，与 20 槽 12 极相比，该槽极配合的容错性能较差。

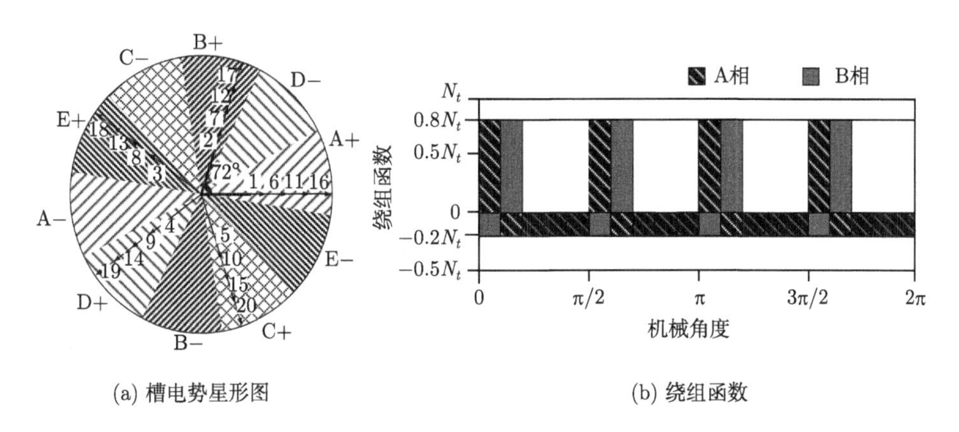

(a) 槽电势星形图 (b) 绕组函数

图 2.4 五相 20 槽 8 极永磁电机的绕组特性

通过上述分析可知，耦合因子可以直接体现出不同槽极配合电机的容错性能。因此，在设计五相永磁容错电机时，需要根据耦合因子的大小选取容错能力强的槽极配合。

2.2.3 漏感系数

分数槽集中绕组永磁电机的气隙磁动势中包含丰富的谐波 [8-10]。除了基波磁通，还伴随着其他高次谐波分量的漏磁通。这些漏磁通虽不会产生有效转矩，但会增强绕组中的电枢反应产生的漏电感。由气隙谐波产生的漏电感可表示为

$$L_{\mathrm{h}} = \sigma_{\delta} L_{\mathrm{m}} \tag{2.13}$$

式中，L_{h} 为气隙谐波漏电感；L_{m} 为磁化电感；σ_{δ} 为漏感系数。漏感系数 σ_{δ} 定义为

$$\sigma_{\delta} = \sum_{\substack{v=1 \\ v\neq p}}^{v=+\infty} \left(P \frac{k_{\mathrm{wv}}}{v k_{\mathrm{wp}}} \right)^2 \tag{2.14}$$

式中，k_{wv} 表示 v 次谐波绕组因数；k_{wp} 表示基波绕组因数。

永磁电机中漏感系数越高代表其具有更高的漏电感，高的漏电感可增强电机的自感，从而有效抑制电机的短路电流。因此，在永磁容错电机初期可先计算出不同槽极下的漏感系数，以便更快地选取电机的槽极配合。

2.2.4 槽极配合

当电机每极每相槽数 $q > 1$ 时，会导致绕组端部距离较长，增加电机的铜耗。此外，对于每极每相槽数 $q > 1$ 的情况，电机的节距因数计算公式为

$$k_p = \sin\left(p \frac{2\pi}{2Q_{\mathrm{S}}} \right) = \sin\left(\frac{\pi}{2mq} \right) \tag{2.15}$$

可以看出，在计算五相电机节距因数时 $m = 5$，此时若每极每相槽数 $q > 1$，会使三角函数内部值小于 18°。而在 $0° \sim 90°$，该函数为单调增，得出的节距因数将会小于 0.309，由于分布因数也不会大于 1，因此此种情况得到的绕组因数只会小于 0.309。过低的绕组因数会导致转矩输出性能太差，因此，结合之前的分析，选择分数槽集中绕组永磁电机的槽极配合时，应当保证电机的每极每相槽数 $q < 1$。

此外，在永磁电机中，齿槽转矩对电机的输出转矩特性具有重大影响。一般来说，齿槽转矩越大，输出的电磁转矩脉动就越大。对永磁电机来说，齿槽转矩与电机槽数和极数的最小公倍数有关，其脉动的周期数 β 可定义为

$$\beta = \frac{\mathrm{LCM}\left\{ Q_{\mathrm{S}}, 2p \right\}}{p} \tag{2.16}$$

式中，LCM 为槽数 Q_S 和极数 $2p$ 的最小公倍数。参数 β 的数值越大，表示电机的齿槽转矩脉动数越多、其峰峰值越小，此时电机的转矩脉动性能越好。

根据以上电机关键参数与槽极配合的关系，可计算出五相永磁电机的槽极配合与每极每相槽数、绕组因数、耦合因子、漏感系数及脉动周期数之间的关系，如表 2.2 所示。表 2.2 中横条纹单元格部分代表耦合因子为 0 的槽极配合，即具有较好容错性能的五相电机槽极配合。对于五相永磁容错电机，根据表 2.2，在综合评估各关键参数的前提下，可以选取 20 槽 18 极和 20 槽 22 极这两个优选槽极。

表 2.2 五相永磁电机槽极配合选取表

Q_S		$2p$									
		4	6	8	10	12	14	16	18	20	22
	q	1/2	1/3	1/4		1/6	1/7	1/8	1/9		1/11
	k_{wv}	0.5878	0.8090	0.9511		0.9511	0.8090	0.5878	0.3090		0.3090
10	m_c	−0.077	0	−0.077		−0.077	0	−0.077	0		0
	σ_δ	1.3	2.4	2.5		6.8	17.5	35.5	208		250
	β	10	10	10		10	10	10	10		10
	q		1/2	3/8		1/4	3/14	3/16	1/6		3/22
	k_{wv}		0.5878	0.7323		0.9511	0.9800	0.9800	0.9511		0.7323
15	m_c	3/4	−0.077	−0.007		−0.077	−0.007	−0.007	−0.077		−0.007
	σ_δ		1.3	2.2		4.9	4.3	5.9	11.8		21.4
	β		10	30		10	30	30	10		30
	q			1/2		1/3	2/7	1/4	2/9		2/11
	k_{wv}			0.5878		0.8090	0.8800	0.9511	0.9755		0.9755
20	m_c	1	2/3	−0.077		0	0	−0.077	0		0
	σ_δ			1.3		2.4	6.7	5.1	9.1		6.9
	β			10		10	20	10	20		10
	q				1/2	5/12	5/14	5/16	5/18	1/4	5/22
	k_{wv}				0.5878	0.6738	0.7584	0.8311	0.8906	0.9511	0.9668
25	m_c	5/4	5/6	5/8	−0.077	−0.002	−0.002	−0.002	−0.002	−0.077	−0.002
	σ_δ				1.3	2.1	2.3	2.6	3	2.5	3.2
	β				10	50	50	50	50	10	50
	q					1/2	3/7	3/8	1/3		3/11
	k_{wv}					0.5878	0.6594	0.7323	0.8090		0.9002
30	m_c	3/2	1	3/4	3/5	−0.077	0	−0.007	0		−0.007
	σ_δ					1.3	2.1	2.2	3.1		1.8
	β					10	30	30	10		30

2.3 电机尺寸参数计算与优化

2.3.1 电机尺寸计算

在电机设计之初，需确定其主要尺寸，包括电枢的直径、气隙和电枢的长度等。这些参数除了可以根据用户实际的使用安装尺寸要求或者参考类似规格电机的尺寸，还可以根据给定的额定数据来计算选择。本节以表 2.3 所示的永磁容错电机额定数据为例，详细给出在电机额定功率为 2 kW，额定电流为 10 A，电机效率为 0.93，电机额定转速为 1500 r/min，冷却方式为自然冷却情况下的轮毂式永磁容错电机尺寸参数计算流程。

表 2.3　永磁容错电机设计目标

参数	数值
额定功率	2 kW
额定相电压	60 V
额定电流	10 A
额定转速	1500 r/min
效率	0.93
冷却方式	自然冷却

由于所设计的电机为五相永磁容错电机，因此其输入功率方程 P_1 可表示如下：

$$
\begin{aligned}
P_1 &= \frac{m}{T}\int_0^T e(t)i(t)\mathrm{d}t \\
&= \frac{m}{T}\int_0^T E_{\mathrm{m}}\cos\left(\frac{2\pi}{T}t\right)I_{\mathrm{m}}\cos\left(\frac{2\pi}{T}t\right)\mathrm{d}t \\
&= \frac{m}{2}E_{\mathrm{m}}I_{\mathrm{m}}
\end{aligned} \tag{2.17}
$$

式中，m 为电机的相数；E_{m} 为空载反电势的幅值；I_{m} 为额定电流的幅值；T 为电机的反电势和电流电周期。假设电机的效率为 η，则其输出功率 P_2 为

$$
P_2 = \eta P_1 = \eta m E_{\mathrm{m}} I_{\mathrm{m}}/2 \tag{2.18}
$$

每相空载反电势 e_{ph} 与电机的极对数 p 以及电机的定子齿的磁链 ψ 变化有关，可表示为

$$
e_{\mathrm{ph}} = -\frac{\mathrm{d}\psi(t)}{\mathrm{d}t} = -N\frac{\mathrm{d}\Phi}{\mathrm{d}\theta_{\mathrm{r}}}\frac{\mathrm{d}\theta_{\mathrm{r}}}{\mathrm{d}t} = -N\frac{\mathrm{d}\Phi}{\mathrm{d}\theta_{\mathrm{r}}}\omega_{\mathrm{r}} \tag{2.19}
$$

式中，Φ 为每匝线圈中所通过的磁通；N 为每相绕组匝数；ω_{r} 为电机的电角速度。假设电机的每匝线圈磁通为正弦分布，则满足下面的表达式：

$$
\Phi = \Phi_{\mathrm{m}}\sin\left(\frac{2\pi}{\theta_{\mathrm{rp}}}\right) = \Phi_{\mathrm{m}}\sin(p\theta_{\mathrm{r}}) \tag{2.20}
$$

式中，Φ_{m} 为每匝绕组的磁通峰值；θ_{rp} 为转子极距。

将式 (2.20) 代入式 (2.19) 中可得

$$e_{\mathrm{ph}} = -N\omega_{\mathrm{r}}p\varPhi_{\mathrm{m}}\sin(p\theta_{\mathrm{r}}) = -E_{\mathrm{m}}\sin(p\theta_{\mathrm{r}}) \tag{2.21}$$

式中，E_{m} 满足式 (2.22)：

$$E_{\mathrm{m}} = N\omega_{\mathrm{r}}p\varPhi_{\mathrm{m}} = N\omega_{\mathrm{r}}pk_{\mathrm{d}}B_{\mathrm{gmax}}l_{\mathrm{a}}\frac{\pi D_{\mathrm{so}}}{Q_{\mathrm{S}}}c_{\mathrm{s}} \tag{2.22}$$

式中，D_{so} 为电机定子的外径；k_{d} 为气隙漏磁系数，定义为绕组中匝链的磁通与气隙磁通的比值；B_{gmax} 为气隙磁通的最大值；c_{s} 为定子齿宽的极弧系数；l_{a} 为电机的轴向长度；Q_{S} 为定子槽数。所设计的电机采用轮毂式结构。

当通入电机的电流以正弦计算时，其峰值为

$$I_{\mathrm{m}} = \sqrt{2}I_{\mathrm{rms}} = \sqrt{2}\frac{A_{\mathrm{s}}\pi D_{\mathrm{so}}}{2mN} = \sqrt{2}J_{\mathrm{s}}A_{\mathrm{slot}}k_{\mathrm{p}}/N \tag{2.23}$$

式中，I_{rms} 为电机的相电流有效值；A_{s} 为电机的线负荷；J_{s} 为额定电流密度；A_{slot} 为槽面积；k_{p} 为槽满率。对于小型电机，电负荷一般取 $100 \sim 300$ A/cm。

将式 (2.22) 和式 (2.23) 代入式 (2.18) 可得

$$P_2 = \frac{\sqrt{2}\pi^3}{120}\frac{p}{Q_{\mathrm{S}}}k_{\mathrm{d}}A_{\mathrm{s}}B_{\mathrm{gmax}}D_{\mathrm{so}}^2 l_{\mathrm{a}}n_{\mathrm{b}}c_{\mathrm{s}}\eta \tag{2.24}$$

式中，n_{b} 为电机的额定转速。将式 (2.24) 中的电机尺寸参数整理到一边后，可表示为

$$D_{\mathrm{so}}^2 l_{\mathrm{a}} = \frac{P_2}{\dfrac{\sqrt{2}\pi^3}{120}\dfrac{p}{Q_{\mathrm{S}}}k_{\mathrm{d}}A_{\mathrm{s}}B_{\mathrm{gmax}}n_{\mathrm{b}}c_{\mathrm{s}}\eta} \tag{2.25}$$

2.3.2 电机拓扑结构

在获得电机尺寸参数与电机额定参数关系的前提下，拟设计如图 2.5 所示的两种轮毂式永磁容错电机结构。两种电机结构具备以下共同特征。

(1) 电机结构均为轮毂式结构。相较于传统的驱动方式和传动结构，省略离合器、变速箱、主减速器及差速器等部件，与车轮无缝连接，简化整车结构，具有传动效率高、节约空间、控制灵活等优点。

(2) 电机绕组均采用分数槽集中式绕组。绕组的跨距为 1，端部较短，以节约铜的用量、降低铜耗。

(3) 均具有容错齿结构。容错齿和集中绕组使各相绕组之间的电、磁、热的耦合几乎为零。电机一相出现故障时，正常相不受故障相的影响，具备较强的容错性。

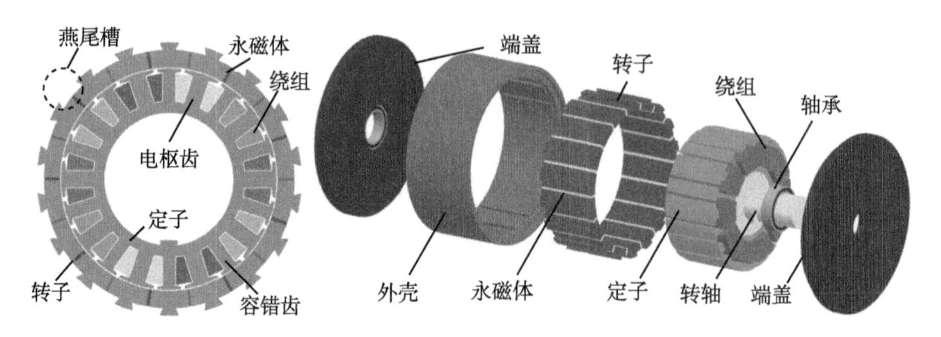

(a) Spoke-type 永磁容错电机

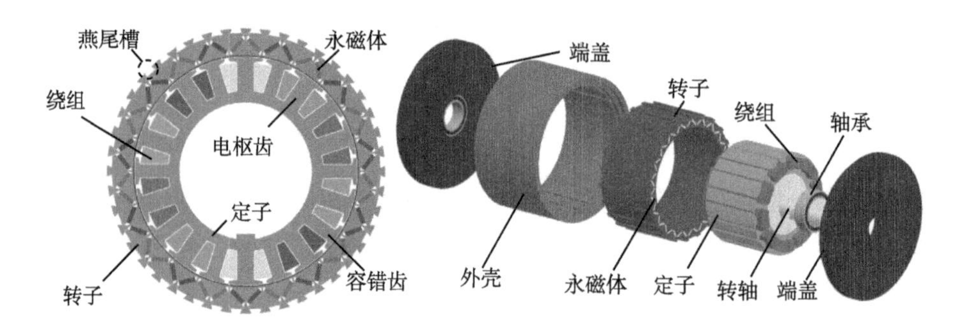

(b) V-type 永磁容错电机

图 2.5　轮毂式永磁容错电机

(4) 电枢齿和容错齿均采用不等齿距。电枢齿的宽度大于容错齿，增大电机的槽面积，提高电机的功率密度。

与此同时，两种拓扑结构的电机也各具特色。

(1) Spoke-type 永磁容错电机，转子为断裂转子，须采用燕尾槽结构来固定电机转子。永磁体径向嵌入外转子，具有聚磁作用，节约永磁体的用量。

(2) V-type 永磁容错电机，同一极性的两块永磁体构成电机磁极中的 N 极或 S 极。转子通过厚度仅有 1 mm 的隔磁桥相连，须采用燕尾槽结构来增强其机械鲁棒性。

在所设计的两种轮毂式永磁容错电机中，电机气隙为 0.5 mm，预设的气隙最大磁密取 0.87 T，电机的电流密度取 6.55 A/mm^2，此时结合式 (2.23) 和式 (2.25) 可得

$$D_{\mathrm{so}}^2 l_{\mathrm{a}} = 8.64 \times 10^{-4} \tag{2.26}$$

再将 $l_{\mathrm{a}} = 60$ mm 代入式 (2.26)，可得 $D_{\mathrm{so}} = 120$ mm。

可根据式 (2.21) 的每极气隙磁通与式 (2.22)，以及预设的永磁体空载工作点，计算获得永磁体的磁通面积 A_{m}，由 A_{m} 获得 Spoke-type 电机的永磁体长度。通

过永磁体的长度与气隙，可计算获得轮毂式电机的转子外径为 145 mm。至此获得电机的基本尺寸参数如表 2.4 所示。

表 2.4 两电机基本尺寸参数对比

参数	V-type 电机	Spoke-type 电机
极数	22	18
槽数	20	20
轴长，l_a/mm	60	60
定子外径，D_{so}/mm	120	120
定子内径，D_{si}/mm	72	72
气隙长度，g/mm	0.5	0.5
转子外径，D_{ro}/mm	145	145
转子内径，D_{ri}/mm	121	121
永磁体宽度，w_{pm}/mm	9	9
永磁体厚度，h_{pm}/mm	2	2

2.3.3 电机参数优化

利用前面的计算方程，虽然能够得到一个满足基本性能要求的电机设计方案，但是该方案仍需优化。这是因为输出功率方程中的很多参数，如气隙漏磁系数、定子极弧等，在电机设计时都是根据经验数值选取的。同时，为了使 V-type 与 Spoke-type 永磁容错电机具有各自的特色，本节中将 V-type 永磁容错电机的反电势设计为正弦波，而把 Spoke-type 永磁容错电机的反电势设计成梯形波。以上设计为内嵌式永磁容错电机在无刷交流 (BLAC) 与无刷直流 (BLDC) 场合的应用奠定了良好的基础。在 V-type 永磁容错电机中，主要分为两步来正弦化电机的反电势，首先优化同极永磁体的夹角来降低电机的反电势谐波。在此基础上，再利用不等气隙的方法进一步降低反电势中的谐波成分。而对于五相 Spoke-type 永磁容错电机，只有保证电机反电势的平顶宽度达到 144° 才能保证该电机适合 BLDC 运行。144° 平顶宽度的反电势对电机的永磁体宽度和定子极靴弧长提出极高的要求。因此，针对 Spoke-type 永磁容错电机，首先优化了电机的永磁体宽度，进而优化电机的定子极靴弧长，最后调整电机的电枢齿和容错齿的宽度来实现电机的反电势幅值最大。

如图 2.6 所示，在保持隔磁桥宽度 w_{b1}、w_{b2} 和 w_{b3} 以及永磁体用量不变的情况下，通过改变同极永磁体夹角 θ_{pm}，永磁体的厚度 h_{pm}、宽度 w_{pm} 和极弧系数 α_p 来实现电机的反电势的正弦化。在调整某些参数的同时，其他参数也会随之变化：当 θ_{pm} 和 h_{pm} 越大时，w_{pm} 和 α_p 越小；当 θ_{pm} 和 h_{pm} 越小时，w_{pm} 和 α_p 越大；但是当 θ_{pm} 过小时，在限定了转子的内外径的情况下，极弧系数 α_p 反而会减小。为了归纳出电机电磁性能随同极永磁体夹角 θ_{pm} 的变化规律，以图 2.7 所示的同极永磁体夹角分别为 60°、88° 和 116° 的情况来阐述。在永磁体用量不变的情况下，在 V-type 电机中，随着同极永磁体夹角 θ_{pm} 变小，永磁体的厚度 h_{pm} 变大，永磁体的抗去磁能力也就增强。

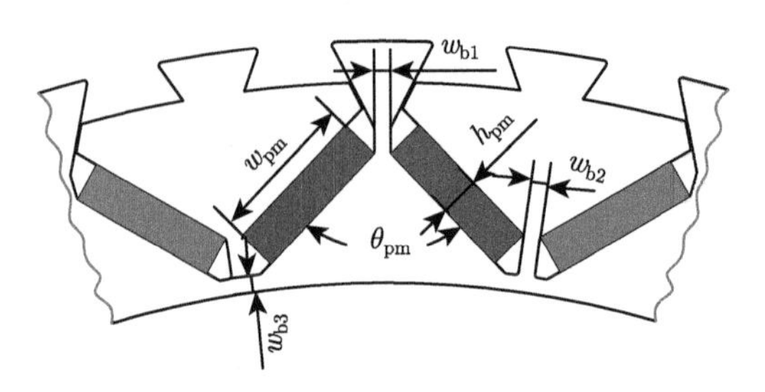

图 2.6　转子中的永磁体参数

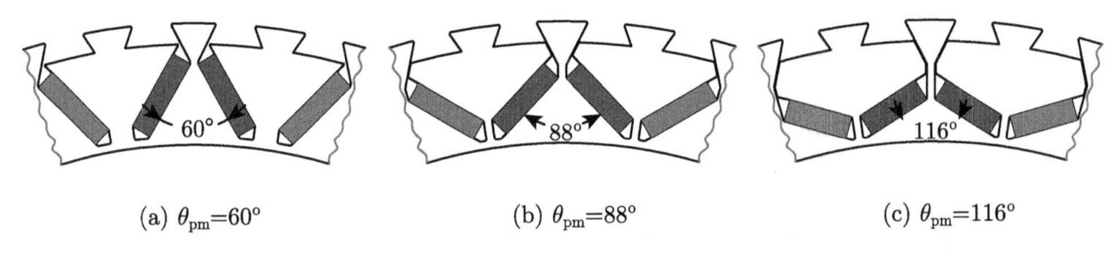

(a) θ_{pm}=60°　(b) θ_{pm}=88°　(c) θ_{pm}=116°

图 2.7　不同永磁体结构

可以从 V-type 永磁容错电机的空载气隙磁密、反电势、齿槽转矩等来比较 V-type 电机同极永磁体夹角 θ_{pm} 分别为 60°、88° 和 116° 时的电机电磁性能差异。在不同角度下气隙磁密分布如图 2.8 所示。从图中可以看出，随着同极永磁体夹角的增大，气隙径向磁密的峰值却降低，那是因为在改变永磁体尺寸的同时也改变了永磁体的工作点，永磁体越长，对外所提供的励磁磁通越高。θ_{pm} 为 88° 和 116° 时的气隙径向磁密峰值宽度比 60° 时的要宽，这是因为 θ_{pm} 为 88° 和 116° 时电机的极弧系数较高 (图 2.7)。

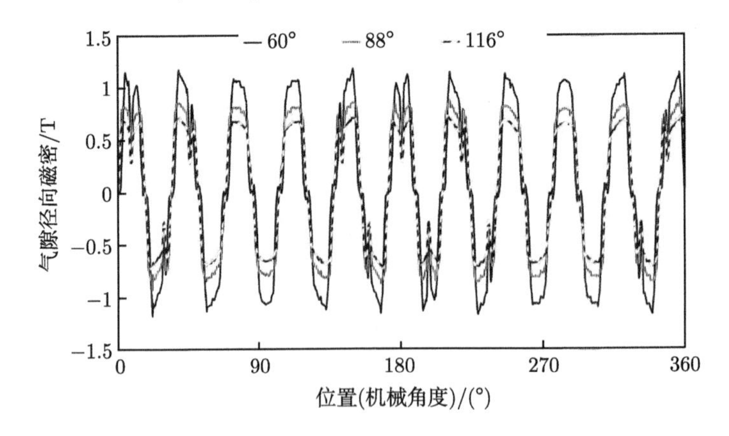

图 2.8　同极永磁体夹角不同时的气隙磁密

同极永磁体夹角不同时所对应的电机反电势如图 2.9 所示，可以看出同极永磁体夹角越小，空载反电势波峰值越高，反电势波形越正弦化。这是因为，当同极永磁体夹角越小时，其产生的气隙磁密越高，同时反电势幅值正比于气隙径向磁密的大小，从而得到较高的反电势。其谐波含量低是由于此时形成的气隙磁密的峰值宽度较窄。

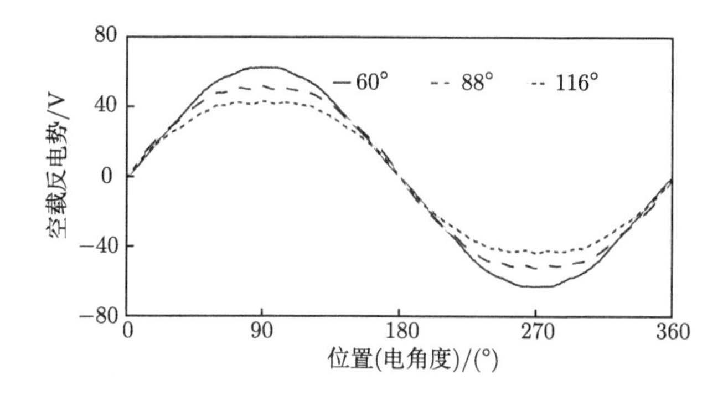

图 2.9　同极永磁体夹角不同时的反电势

图 2.10 给出同极永磁体夹角不同时所对应的齿槽转矩，从图中可以看出，同极永磁体夹角 $\theta_{\rm pm}=60°$ 时的齿槽转矩最大，116° 时变小，88° 时最小。齿槽转矩的产生，是由于电机空载转动时气隙中的磁场储能发生变化。当 $\theta_{\rm pm}=60°$ 时电机的极弧系数较小，导致电机转动时磁场储能的变化比较快，也就导致电机的齿槽转矩较大。而 $\theta_{\rm pm}=88°$ 时电机的齿槽转矩比 $\theta_{\rm pm}=116°$ 时小，是由于 $\theta_{\rm pm}=88°$ 时的电机气隙中导致转矩脉动的磁密谐波被有效抑制。

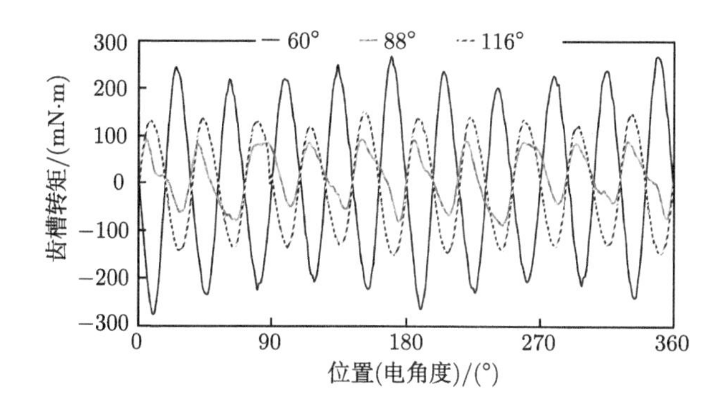

图 2.10　同极永磁体夹角不同时的齿槽转矩

在上面优化同极永磁体夹角的基础上已获得了较为正弦的反电势，但其谐波成分还是较高的。下面将通过对气隙长度进行修型从而使得电机的不同位置的气隙长度不等来达到进一步正弦化电机反电势的目的。在本书的 V-type 永磁容错电机中对定子齿结构进行偏心设计，使得气隙长度沿定子齿周向不等，如图 2.11 所示。从图中可以看出，气隙长度在电枢齿的两端最长，在电枢齿中心位置最短，此时所对应电枢齿中间部分气隙磁阻最小，两边最大。在永磁电机中气隙磁阻大于定转子磁阻，永磁体的磁动势大多都消耗在气隙上。在气隙磁阻越小的地方所通过的磁力线越多，磁阻越大的地方所通过的磁力线越少，也就使得电枢齿中部所对应位置上的气隙径向磁密最大，两边所对应的磁密最小。因此，通过充分优化沿电机定子齿周向的气隙长度，可以使得电机气隙磁密呈正弦化分布，如图 2.11 所示。

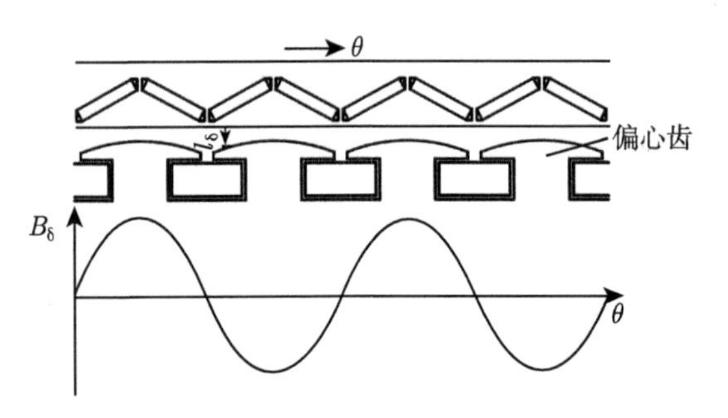

图 2.11　不对称气隙及其磁密分布

为了验证以上结论，建立了两个模型：一个电机的电枢齿设计为不偏心，另一电机的电枢齿偏心 ($h = 10$ mm)，两电机其他尺寸相同。通过有限元分析，可以得到图 2.12 所示的各自气隙磁密分布。此时对应的空载反电势波形如图 2.13 所示。结果表明，电枢齿偏心能够有效地降低反电势中的谐波成分。

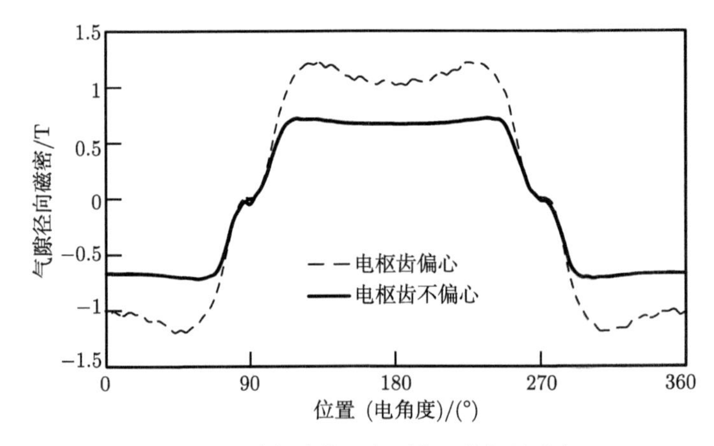

图 2.12　电枢齿偏心与不偏心的气隙磁密

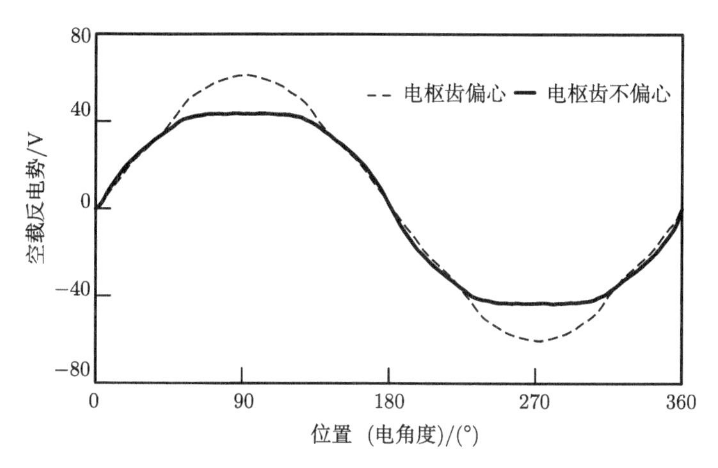

图 2.13　电枢齿偏心与不偏心的反电势

图 2.14 给出 Spoke-type 永磁容错电机的定、转子参数，图中 h 表示定子的偏心距离，V-type 永磁容错电机采用偏心设计来正弦化反电势，Spoke-type 电机 h 为 0 表示不采用偏心设计。为了使 Spoke-type 永磁容错电机的反电势达到 144° 的平顶，须首先优化电机的永磁体厚度 h_{pm}，其次优化电机的定子极弧 β，最后为了保证定子极靴的机械强度和定子槽的导体槽满率，优化设计电枢齿宽度与容错齿宽度的比值 $(w_{\mathrm{at}}/w_{\mathrm{ft}})$。

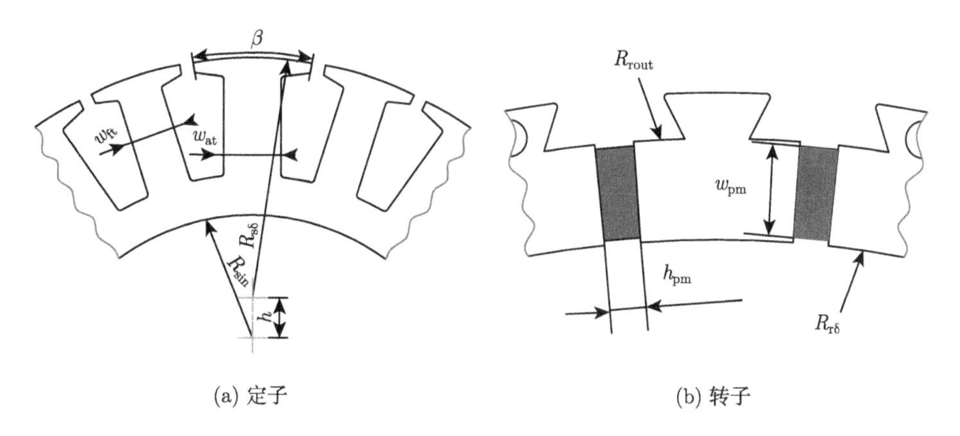

(a) 定子　　(b) 转子

图 2.14　Spoke-type 电机定、转子参数

从图 2.15 中可以看出，随着永磁体厚度 h_{pm} 的变大，电机的反电势幅值逐步提升，但是其幅值递增的速率下降。另外，反电势的平顶宽度随着 h_{pm} 增大而减小，在 $h_{\mathrm{pm}} = 1$ mm 和 $h_{\mathrm{pm}} = 2$ mm 时，电机的反电势平顶宽度能够接近 144°。考虑到预设气隙磁密的大小，最终取永磁体厚度的 h_{pm} 为 2 mm。

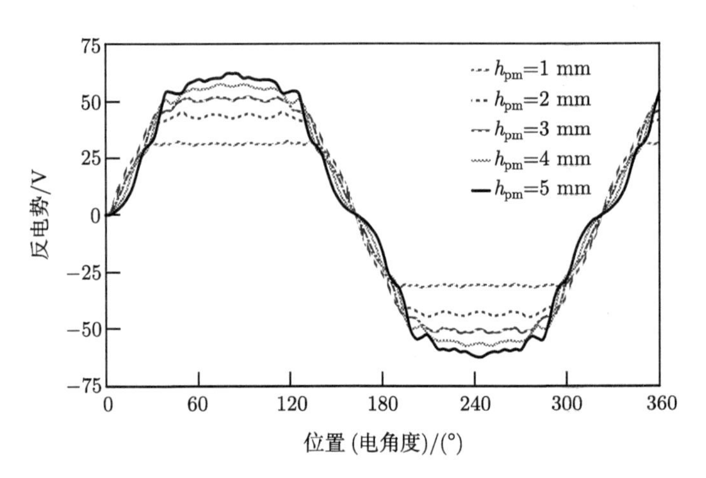

图 2.15　永磁体厚度 h_{pm} 的优化结果

图 2.16 给出随着定子极弧 β 的变化，反电势平顶宽度的变化情况。从图中可知，定子极弧 β 越大，反电势的平顶宽度越宽。当 β 从 21.4° 到 19.4° 变化时，反电势的平顶宽度变化较小；当 β 从 19.4° 变到 18.4° 时，反电势的平顶宽度变化较为剧烈；而当 β 小于 18.4° 后，反电势的平顶宽度明显变窄，且幅值远达不到 144°。但当 β 取 21.4° 时，槽口之间的距离已小于 2 mm，不利于绕组的嵌入。综合考虑加工可行性和反电势平顶的要求，最终 β 取值为 19°。

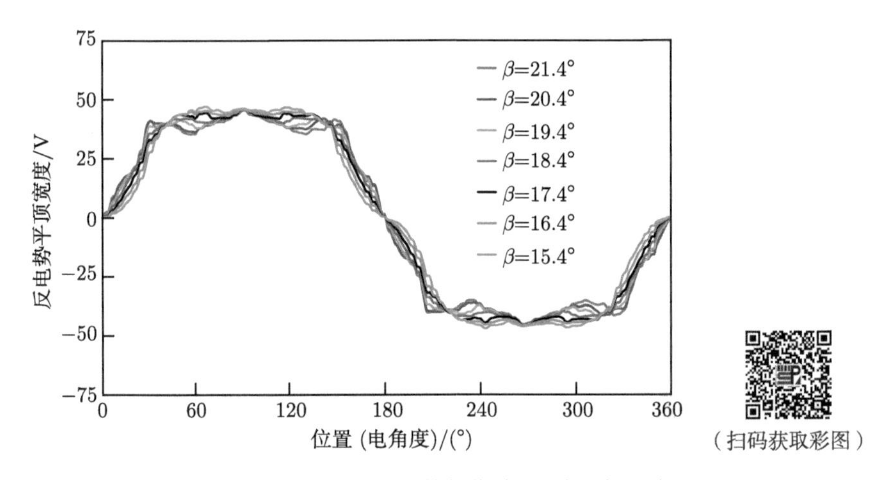

图 2.16　定子极弧 β 的优化结果 (彩图扫二维码)

从图 2.17 中可以看出，在 β 为 19° 时，如果其电枢齿的宽度和容错齿的宽度相等，即 $w_{at}/w_{ft}=1$ 时，反电势可分为上、下两个部分，上、下部分的斜率不等，显著约束了反电势平顶的宽度。当采用不等齿宽设计时，上、下部分的斜率基本能保持一致，提升了反电势平顶的宽度。综合考虑定子槽的槽满率与定子极靴的应力强度以及反电势平顶的宽度，电枢齿宽度和容错齿宽度的比值 w_{at}/w_{ft} 最终取为 1.3。至此电机反电势的平顶宽度得到了有效的提升。

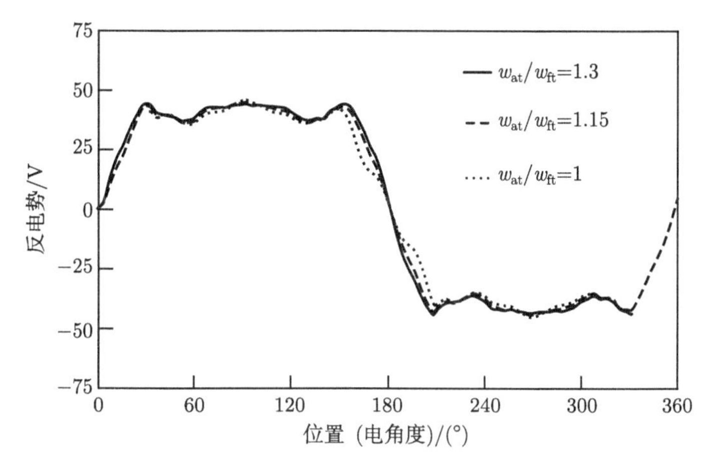

图 2.17　电枢齿宽度与容错齿宽度比值的优化结果

两电机的最终优化参数如表 2.5 所示。

表 2.5　两电机最终优化参数

参数	V-type 电机	Spoke-type 电机
极数，$2p$	22	18
槽数，S	20	20
额定转速，n_b/(r/min)	1500	1500
轴长，l_a/mm	60	60
定子外径，D_{so}/mm	120	120
定子内径，D_{si}/mm	72	72
β/(°)	18	19
w_{at}/w_{ft}	1.2	1.3
h/mm	10	0
气隙长度，g/mm	0.5	0.5
转子外径，D_{ro}/mm	145	145
转子内径，D_{ri}/mm	121	121
定子轭宽，w_{sy}/mm	6	6
永磁体宽度，w_{pm}/mm	9	9
永磁体厚度，h_{pm}/mm	2.3	2
隔磁桥厚度，w_{b1}/mm	1	—
w_{b2}/mm	1	—
w_{b3}/mm	1	—
槽面积，A_{slot}/mm^2	113.38	115.59
每槽绕组匝数，N_{tpc}	27	27
每相串联支路数，N_{scpp}	2	2
硅钢片型号	DW540_50	DW540_50

续表

参数	V-type 电机	Spoke-type 电机
叠片系数	0.95	0.95
永磁体材料	NdFe35	NdFe35
B_r/T	1.23	1.23
H_c/(A/m)	890000	890000

2.4 电机性能分析

2.4.1 电磁性能分析

图 2.18 给出 V-type 和 Spoke-type 永磁容错电机的剖分、空载磁链和空载磁密云图。从图中可以看出，相比于 Spoke-type 永磁容错电机，V-type 永磁容错电机的转子更容易接近饱和。Spoke-type 永磁容错电机的径向嵌入的两个永磁体同时对一个转子单元励磁，因此在定子磁密几乎相等的情况下，V-type 永磁容错电机的永磁体用量明显多于 Spoke-type 永磁容错电机。

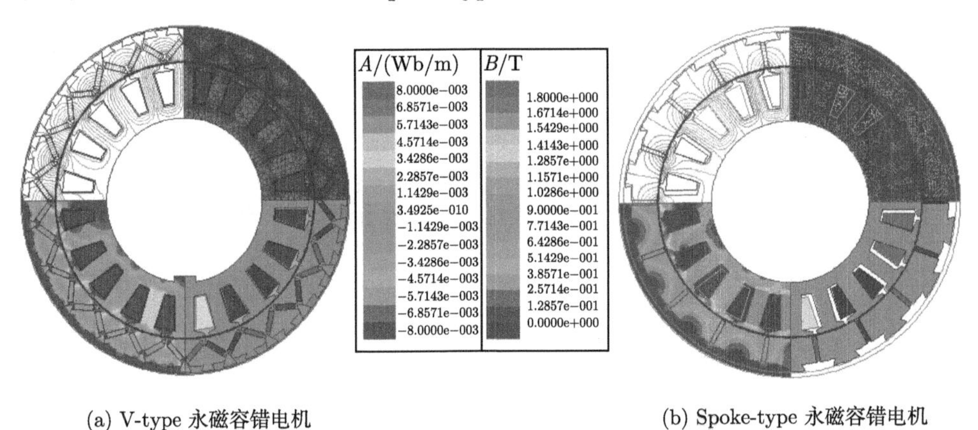

(a) V-type 永磁容错电机　　(b) Spoke-type 永磁容错电机

图 2.18　电机空载磁场分布 (彩图扫二维码)

（扫码获取彩图）

为了充分比较 V-type 和 Spoke-type 永磁容错电机的永磁体用量，研究了气隙磁密与永磁体用量在两电机中的情况。由图 2.19 所示的两电机气隙磁密分布可以看出，在两电机的气隙磁密峰值几乎相等的条件下，Spoke-type 永磁容错电机的永磁体用量为 23.76 cm^3，而 V-type 永磁容错电机的永磁体用量为 54.64 cm^3。由此表明，Spoke-type 永磁容错电机具有较强的聚磁效应，永磁体用量小，电机的制造成本比 V-type 永磁容错电机低。

由图 2.20 可知，V-type 永磁容错电机的空载反电势为正弦波，Spoke-type 永磁容错电机的空载反电势是梯形波。同时，Spoke-type 永磁容错电机反电势的平顶宽度接近 144°(电角度)。由于该电机是五相电机，平顶宽度达到 144° 的反电势更利于采用简单的 BLDC 控制方式。V-type 永磁容错电机的空载反电势波形较为正弦，其更适宜于 BLAC 的控制方式。由空载反电势的谐波分析 (图 2.20(c)) 可知，两电机的主谐波幅值一致，V-type 永磁容错电机其他次数的谐波几乎为零，而 Spoke-type 永磁容错电机具有较高的 3 次和 5 次谐波。

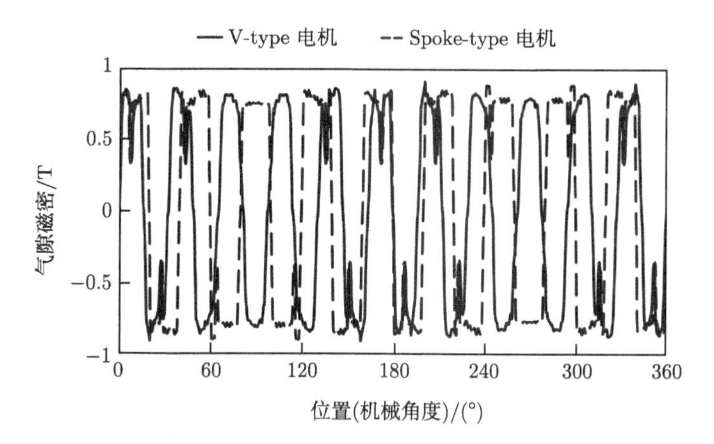

图 2.19　两电机气隙磁密比较

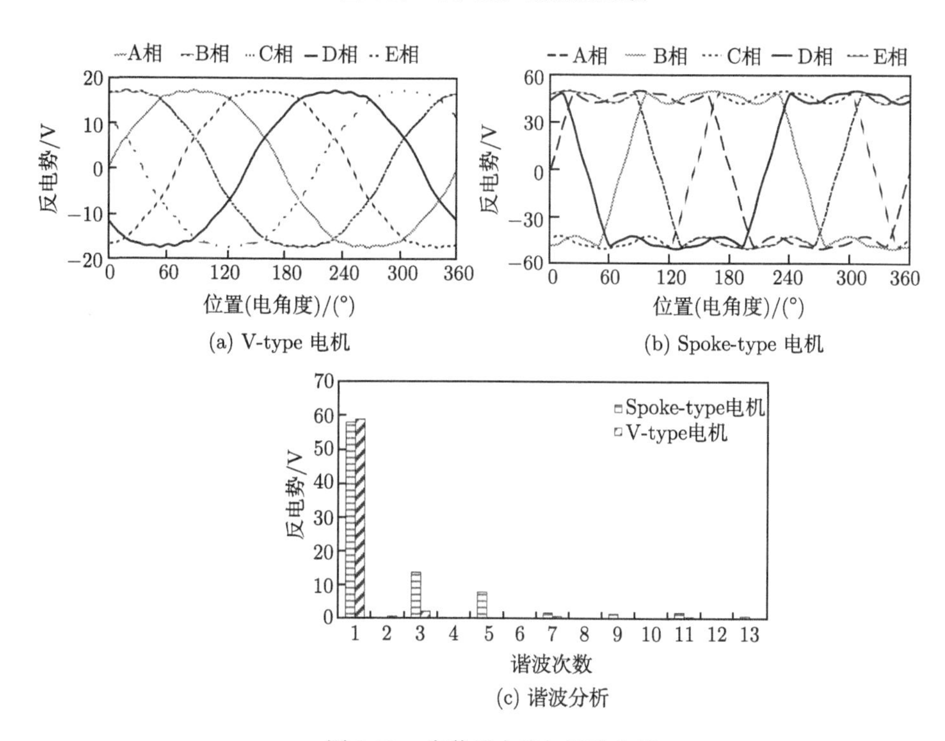

(a) V-type 电机　　(b) Spoke-type 电机

(c) 谐波分析

图 2.20　空载反电势与谐波分析

由图 2.21 可知，Spoke-type 永磁容错电机的齿槽转矩明显远大于 V-type 永磁容错电机。这是因为，当 Spoke-type 永磁容错电机定、转子存在相对运动时，处于永磁体极弧部分的电枢齿和永磁体间的磁导几乎不变，电枢齿周围的磁场变化也不大，而与永磁体的两侧面相应的由一个或两个电枢齿所组成的一小段区域内的磁导变化较大，Spoke-type 永磁容错电机的断裂转子加大了这段区域的磁场储能变化，因而产生较大齿槽转矩。

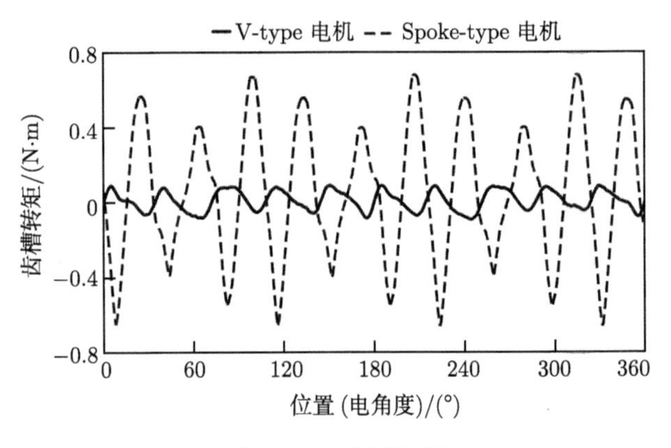

图 2.21　齿槽转矩

当通入有效值为 10 A 的正弦电流后，两种拓扑结构电机的静态转矩如图 2.22 所示，从图中可以看出，Spoke-type 永磁容错电机的转矩输出略高于 V-type 永磁容错电机，但是其转矩脉动远大于 V-type 永磁容错电机。表 2.6 给出电机的输出转矩、体积以及永磁体用量。可以看出，V-type 和 Spoke-type 永磁容错电机的转矩密度几乎一样，但是 V-type 永磁容错电机的永磁体用量却是 Spoke-type 永磁容错电机的 2 倍左右，因此 Spoke-type 永磁容错电机具有较高的永磁利用率。

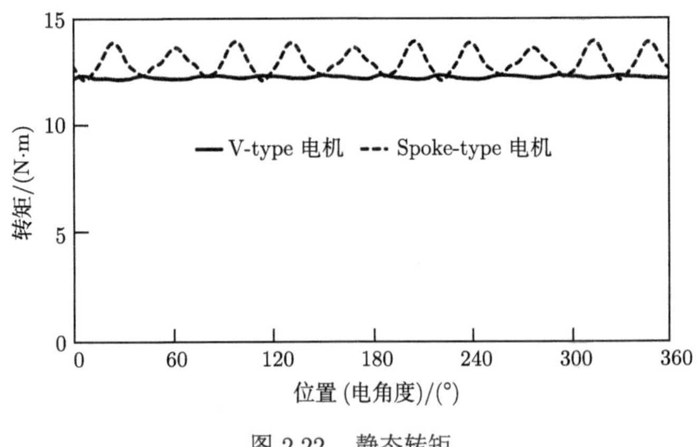

图 2.22　静态转矩

表 2.6 转矩密度比较

参数	Spoke-type 永磁容错电机	V-type 永磁容错电机
永磁体用量/cm^3	23.76	54.64
输出转矩/(N·m)	12.8	12.65
电机体积/L	0.99	0.99
转矩密度/(N·m/L)	12.9	12.8

内嵌式永磁容错电机内存在局部饱和以及电机的 d-q 轴的交叉耦合，为了分离出电机中永磁体的作用和电枢的作用，须采用冻结磁导率 (FP) 的方法，其原理如图 2.23 所示。在永磁体和电枢同时作用时，电机的工作点在 A 点。当只有永磁体工作时，电机的工作点在 B 点，仅有电枢作用时，电机的工作点在 C 点。此时磁导率 $\mu_{\text{pm}} > \mu_{\text{a}}$ 且 $\mu_{\text{am}} > \mu_{\text{a}}$，尽管此时的磁场强度 $H_{\text{a}} = H_{\text{pm}} + H_{\text{am}}$，但电机内 $B_{\text{a}} < B_{\text{pm}} + B_{\text{am}}$。

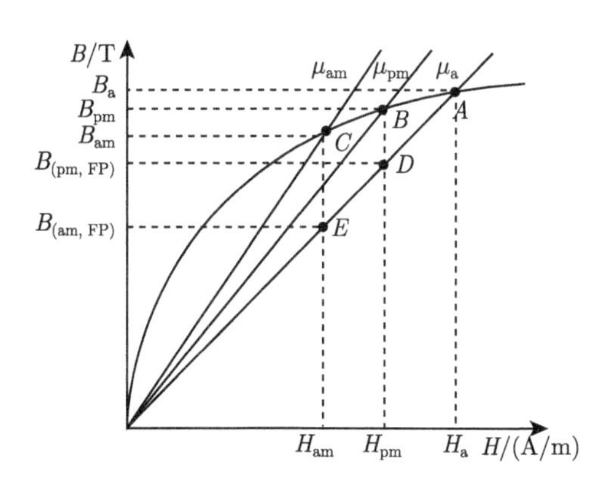

图 2.23 冻结磁导率原理

当采用冻结磁导率时，由于磁导率被冻结，在单独永磁激励时，电机的工作点将从 B 点转移到 D 点。同理，在只有电枢作用时，电机的工作点将从 C 点转移到 E 点。此时既能保证 $H_{\text{a}} = H_{\text{pm}}+H_{\text{am}}$，同时能使电机内的 $B_{\text{a}} = B_{(\text{pm,FP})}+B_{(\text{am,FP})}$。

在有限元软件中，冻结磁导率的实现主要分为 4 步。

步骤 1：建立该电机的三个相同二维模型。

步骤 2：在第一个模型中同时加入电枢和永磁激励 (电机工作于 A 点)，并冻结此时的电机磁导率。

步骤 3：将步骤 1 模型中的磁导率连接到第二个模型中，此时只采用永磁体激励 (电机工作于 D 点)。

步骤 4：将步骤 1 模型中的磁导率连接到第二个模型中，将永磁体的 H 设为 0，仅进行电枢电流激励 (电机工作于 E 点)。

图 2.24(a) 给出 Spoke-type 电机工作于 B 点和 D 点的气隙磁密。图 2.24(b) 给出 Spoke-type 电机工作于 C 点和 E 点的气隙磁密。图 2.25(a) 给出 Spoke-type 电机工作于 A 点、B 点、C 点之和及 D 点、E 点之和的气隙磁密。图 2.25(b) 给出 V-type 电机工作于 A 点、B 点、C 点之和及 D 点、E 点之和的气隙磁密。从图 2.25 中可以看出，无论 Spoke-type 电机还是 V-type 电机，不采用冻结磁导率时，永磁和电枢单独激励时的气隙磁密之和大于电枢和永磁同时激励时的气隙磁密。采用冻结磁导率时，永磁和电枢单独激励时的气隙磁密之和与电枢和永磁同时激励时的气隙磁密完全一致，这充分验证了冻结磁导率的原理。

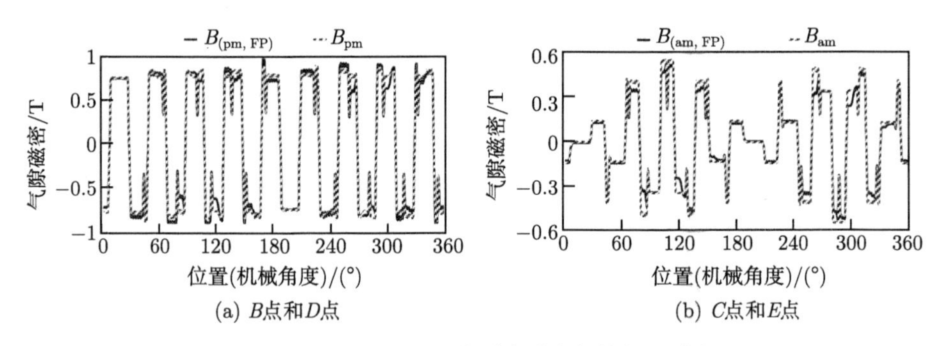

(a) B点和D点 (b) C点和E点

图 2.24 Spoke-type 永磁容错电机的气隙磁密

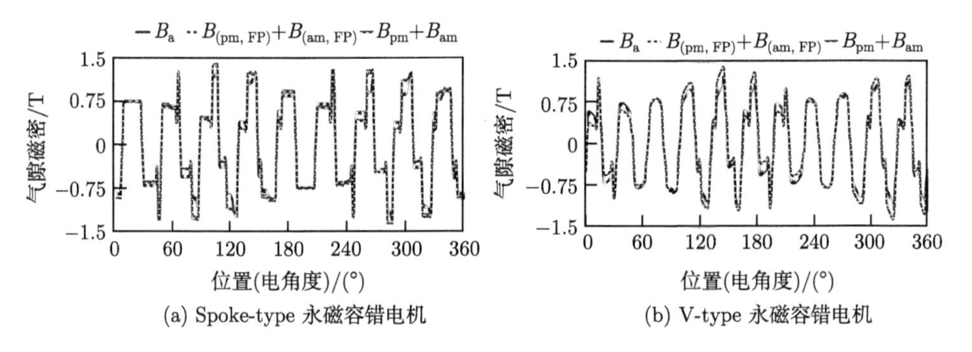

(a) Spoke-type 永磁容错电机 (b) V-type 永磁容错电机

图 2.25 冻结磁导率验证

考虑电机内饱和及永磁与电枢的相互耦合，电机内 d-q 轴的磁链分量分别由两部分组成。

$$\begin{cases} \varPsi_d = \varPsi_{\text{pm}d} + \varPsi_{\text{am}d} \\ \varPsi_q = \varPsi_{\text{pm}q} + \varPsi_{\text{am}q} \end{cases} \tag{2.27}$$

式中，$\varPsi_d$、$\varPsi_q$ 为电机 d-q 轴磁链；$\varPsi_{\text{pm}d}$、$\varPsi_{\text{am}d}$ 分别为永磁体和电枢在 d 轴上的磁链分量；$\varPsi_{\text{pm}q}$、$\varPsi_{\text{am}q}$ 分别为永磁体和电枢在 q 轴上的磁链分量。则此时电机的

d-q 轴电感表示为

$$\begin{cases} L_d = \dfrac{\Psi_{\mathrm{am}d}}{I_d} \\ L_q = \dfrac{\Psi_{\mathrm{am}q}}{I_q} \end{cases} \tag{2.28}$$

冻结磁导率可以实现永磁体和电枢单独激励下的 d-q 轴磁链计算。为充分探究永磁体和电枢的相互耦合，电枢通入的电流随图 2.26 中的 β 的变化而变化。图 2.27 和图 2.28 给出电枢电流有效值为 10 A 时的 Spoke-type 和 V-type 永磁容错电机 d-q 轴磁链。

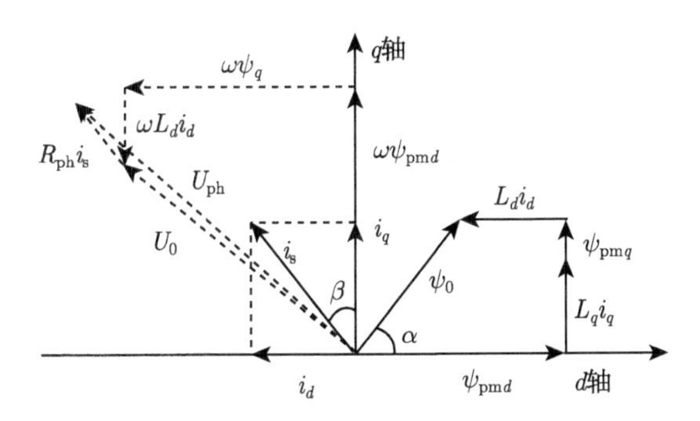

图 2.26 电机在 d-q 轴的矢量图

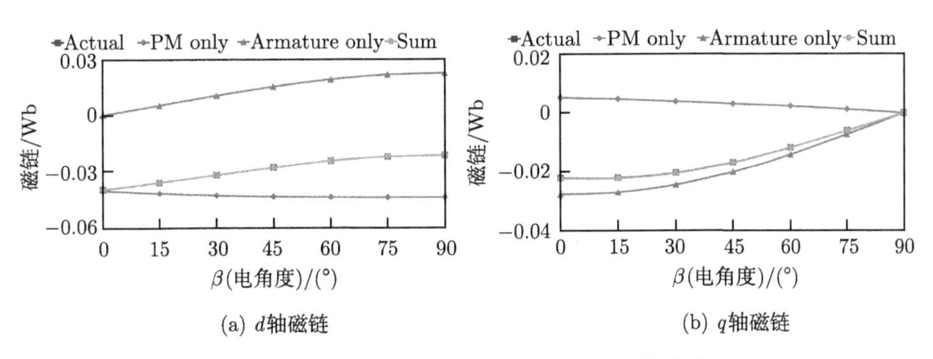

图 2.27 Spoke-type 永磁容错电机 d-q 轴磁链

在图 2.27 和图 2.28 中，Actual 表示电机工作于永磁体和电枢共同作用时的 d-q 轴磁链；PM only 表示采用冻结磁导率时电机在只有永磁体激励下的 d-q 轴磁链；Armature only 表示采用冻结磁导率时电机在只有电枢激励下的 d-q 轴磁链；Sum 表示 PM only 和 Armature only 得到的电机 d-q 轴磁链之和。从图中可以看出，采用冻结磁导率得到的永磁和电枢单独作用下的 d-q 轴磁链之和与永磁体和电枢共同作用时的 d-q 轴磁链完全吻合，进一步说明了冻结磁导率的正确性。

同时，永磁体在 d 轴上的分量不是恒定的，且永磁体能够产生 q 轴上的磁链，说明了永磁体和电枢是相互耦合的。通过以上现象可以说明，在精确求解电机 d-q 轴电感时，采用冻结磁导率的必要性和可行性。

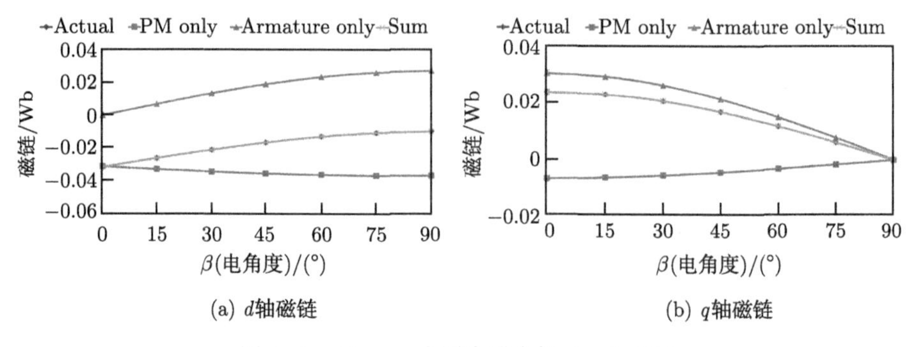

图 2.28　V-type 永磁容错电机 d-q 轴磁链

图 2.29 给出了电机的 d-q 轴电感计算值。其中 L_{d1} 和 L_{q1} 是 Spoke-type 永磁容错电机的 d-q 轴电感。L_{d2} 和 L_{q2} 是 V-type 永磁容错电机的 d-q 轴电感。从图中可以看出，V-type 永磁容错电机的 d-q 轴电感大于 Spoke-type 永磁容错电机的 d-q 轴电感。

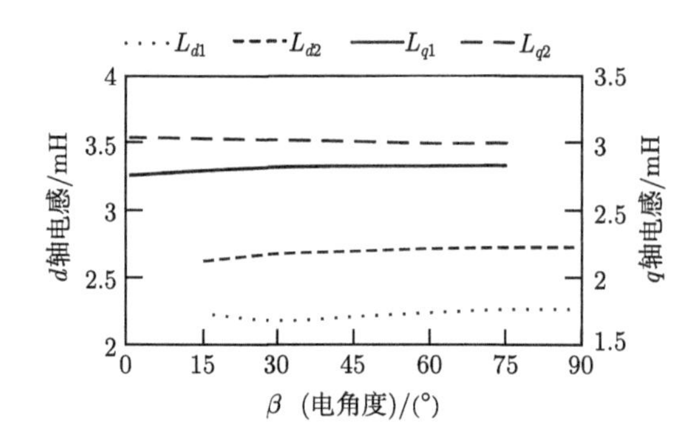

图 2.29　Spoke-type 和 V-type 永磁容错电机的 d-q 轴电感

内嵌式永磁电机的转矩可以分为永磁转矩 T_{pm} 和磁阻转矩 T_{r}，永磁转矩由电枢的 q 轴电流与永磁磁链相互作用产生，而磁阻转矩是在没有永磁激励情况下产生的，其大小取决于电机的凸极率，即 d-q 轴电感的比值 [11-13]。在内嵌式永磁电机中，转矩可表示为

$$\begin{cases} T_{\mathrm{e}} = T_{\mathrm{pm}} + T_{\mathrm{r}} \\ T_{\mathrm{e}} = \dfrac{5}{2} P_{\mathrm{r}} (\varPsi_d i_q - \varPsi_q i_d) \end{cases} \tag{2.29}$$

将式 (2.27) 代入式 (2.29) 可得

$$T_{\mathrm{e}}=\frac{5}{2}P_{\mathrm{r}}\left(\left(\Psi_{\mathrm{pm}d}i_q-\Psi_{\mathrm{pm}q}i_d\right)+(L_d-L_q)i_di_q\right) \tag{2.30}$$

此时电机内的永磁转矩和磁阻转矩可表示为

$$\begin{cases} T_{\mathrm{pm}}=\dfrac{5}{2}P_{\mathrm{r}}(\Psi_{\mathrm{pm}d}i_q-\Psi_{\mathrm{pm}q}i_d) \\ T_{\mathrm{r}}=\dfrac{5}{2}P_{\mathrm{r}}(L_d-L_q)i_di_q \end{cases} \tag{2.31}$$

在分离电机的永磁转矩和磁阻转矩时需要 3 个相同的电机模型，分 3 步实现。

步骤 1：在第一个模型中同时进行永磁和电枢的激励，并冻结此时的电机各处磁导率。

步骤 2：连接步骤 1 的电机磁导率到第二个模型中，保留永磁体的激励，但此时加入的激励电流只包含输入电流的 q 轴分量。

步骤 3：连接步骤 1 的电机磁导率到第三个模型中，将永磁的 H 设为 0，此时加入的激励电流和步骤 1 一致，即既包含 d 轴分量又包含 q 轴分量。

通过冻结磁导率得到的两电机的矩角特性如图 2.30 所示，图中 T_{rc} 为通过式 (2.31) 计算的磁阻转矩。仿真和计算的磁阻转矩基本吻合，由于磁阻转矩只与电机 d-q 轴电感有关，因此可以确定计算的电机 d-q 轴电感的精确性。同时，可以看出虽然两种电机采用内嵌式永磁体结构，但是磁阻转矩占电机总转矩的分量很小。

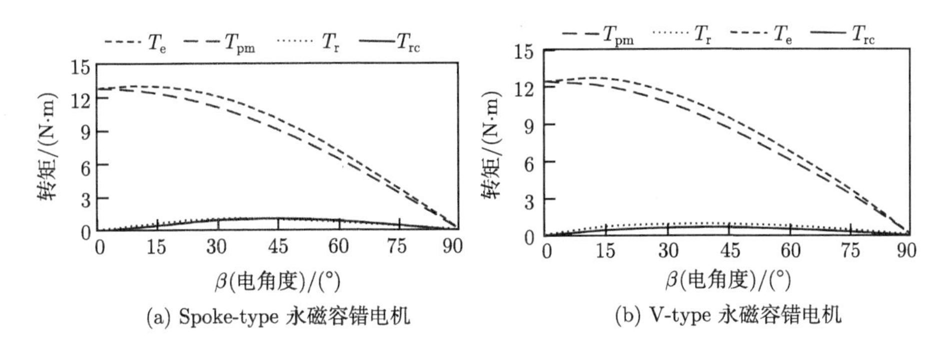

(a) Spoke-type 永磁容错电机　　(b) V-type 永磁容错电机

图 2.30　矩角特性

永磁电机的 d-q 轴电压可以表示为

$$\begin{cases} U_d=I_dR_{\mathrm{ph}}-\omega\Psi_q \\ U_q=I_qR_{\mathrm{ph}}+\omega\Psi_d \end{cases} \tag{2.32}$$

式中，U_d、U_q 分别为电机的 d-q 轴电压；ω 为电机的旋转电角速度。如果忽略相电阻影响，电机的相电压 $U_{\rm ph}$ 可以表示为

$$U_{\rm ph}=\sqrt{U_d^2+U_q^2}=\omega\varPsi_0 \tag{2.33}$$

式中，$\varPsi_0$ 为电机的相磁链。电机功率可以表示为

$$P=T_{\rm e}\varOmega \tag{2.34}$$

式中，$\varOmega$ 为电机的机械旋转速度。电机转速 n、电气旋转速度及机械旋转速度关系为

$$\begin{cases}\omega=p\varOmega\\ \varOmega=\dfrac{n}{9.55}\end{cases} \tag{2.35}$$

弱磁调速的本质就是找到最大电流注入时的最佳 β，使得此时电机满足式 (2.36)：

$$\begin{cases}U_{\rm ph}\leqslant U_{\max}\\ P_{\rm e}=C\end{cases} \tag{2.36}$$

式中，C 表示常数，即恒功率区的电机功率。由图 2.31 可知 Spoke-type 和 V-type 永磁容错电机的相磁链和转矩随着 β 的变化而变化，则设磁链随 β 的变化方程为 $\varPsi_0(\beta)$，转矩随 β 的变化方程为 $T_{\rm e}(\beta)$。由式 (2.30) ~ 式 (2.33) 可建立方程 $F(\beta)$：

$$F(\beta)=\frac{T_{\rm e}(\beta)}{p\varPsi_0(\beta)}-\frac{P_{\rm e}}{U_{\max}} \tag{2.37}$$

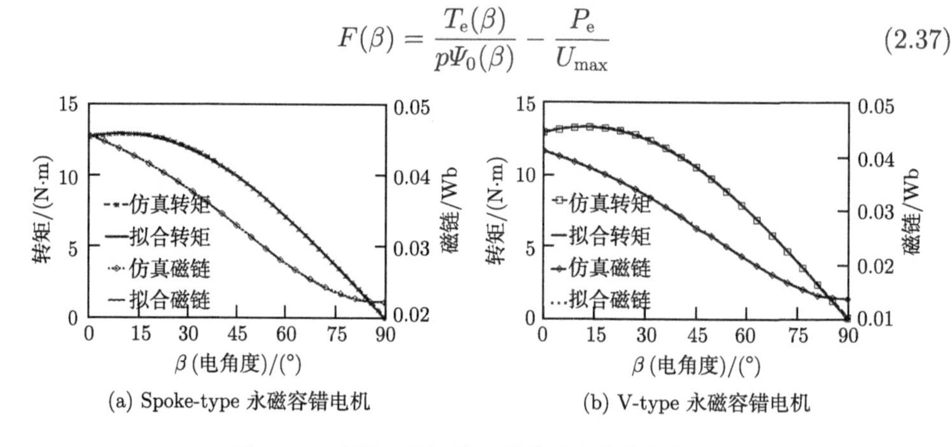

图 2.31　磁链和转矩随 β 的仿真和曲线拟合图

当 $F(\beta)=0$ 时即可求得该电机的最大弱磁转速。Spoke-type 永磁容错电机的恒功率区的功率 $P_{\rm e}$ 为 2021 W，最大相电压为 63.9 V。V-type 永磁容错电机的恒功率区的功率 $P_{\rm e}$ 为 2038 W，最大相电压为 70.5 V。图 2.31 给出了 Spoke-type 和 V-type 永磁容错电机磁链和转矩随 β 的仿真和曲线拟合图。通过曲线拟

合可知 Spoke-type 和 V-type 永磁容错电机转矩和磁链曲线可分别用式 (2.38) 和式 (2.39) 表示：

$$\begin{cases} T_{\mathrm{e}}(\beta) = 12.97\sin(0.019548\beta + 1.387) \\ \Psi_0(\beta) = 4.16 \times 10^{-10}\beta^4 - 2.513 \times 10^{-8}\beta^3 \\ \qquad\qquad - 1.985 \times 10^{-6}\beta^2 - 0.0001794\beta + 0.04567 \end{cases} \tag{2.38}$$

$$\begin{cases} T_{\mathrm{e}}(\beta) = 13.39\sin(0.02024\beta + 1.323) \\ \Psi_0(\beta) = 4.901 \times 10^{-10}\beta^4 - 3.741 \times 10^{-8}\beta^3 \\ \qquad\qquad - 1.775 \times 10^{-6}\beta^2 - 0.0002013\beta + 0.0412 \end{cases} \tag{2.39}$$

将式 (2.38) 和式 (2.39) 代入式 (2.37) 可得 $F(\beta)$ 随 β 的变化曲线 (图 2.32)。在 Spoke-type 永磁容错电机中当 $F(\beta) = 0$ 时，$\beta = 52.7°$，在此角度下的电机转速为 2247 r/min，转矩为 8.59 N·m。在 V-type 永磁容错电机中当 $F(\beta) = 0$ 时，$\beta = 67.9°$，在此角度下的电机转速为 3382 r/min，转矩为 5.75 N·m。为了验证计算的正确性，在 Spoke-type 永磁容错电机有限元模型中设电机转速为 2247 r/min，通入电流的角度 β 在 $52° \sim 53°$；在 V-type 永磁容错电机有限元模型中设电机转速为 3382 r/min，通入电流的角度 β 在 67°~68°，得到的结果如图 2.33 所示。从图 2.33(a) 中可以看出，Spoke-type 永磁容错电机在 52.7° 时，电机的输出转矩为 8.78 N·m，此时的相电压为 63.2 V，仿真值和计算值基本一致，可以看出该计算方法的正确性，从而得到 Spoke-type 永磁容错电机的转速范围为 1500 ~ 2247 r/min。从图 2.33(b) 中可以看出，V-type 永磁容错电机在 67.9° 时，电机的输出转矩为 5.7 N·m，此时的相电压为 69.7 V，仿真值和计算值基本一致，同样可以验证该计算方法的正确性，从而得到 V-type 永磁容错电机的转速范围为 1500 ~ 3382 r/min。

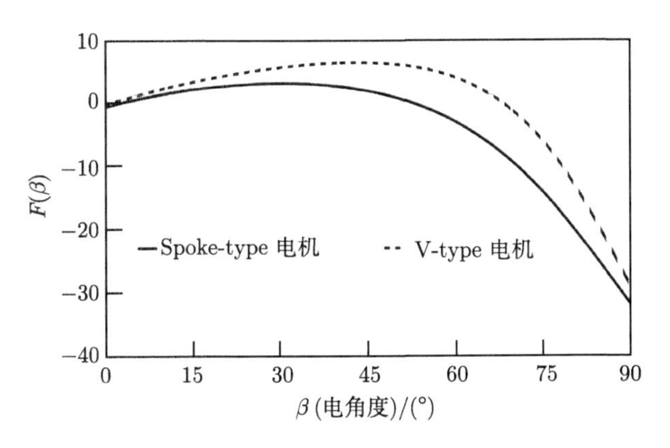

图 2.32　$F(\beta)$ 随 β 的变化

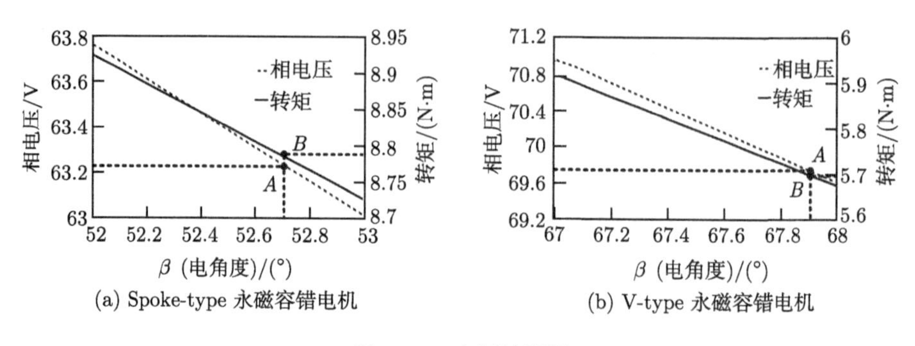

(a) Spoke-type 永磁容错电机　　(b) V-type 永磁容错电机

图 2.33　电压转矩图

2.4.2　容错性能分析

高容错性电机驱动系统要求电机的相间电耦合、磁耦合和热耦合达到最小，使得故障发生时能够对故障部分进行及时有效的故障隔离或故障移除，把故障相对其他非故障相的影响降到最低，即一个或多个故障发生时，电机仍可以在一定技术指标的前提下带故障运行。高的容错性能可用动、静态结合的方法来判断。在静态情况下，比较电机的自感、互感的比值来确定电机的容错性能；在动态情况下，观察短路故障状态时，短路相的电流对相邻相反电势的影响。从图 2.34 可以看出，在 Spoke-type 永磁容错电机中，互感与自感的比为 8.63%，在 V-type 永磁容错电机中，互感与自感的比为 10.3%，表明所设计的两种电机结构均具有较高的容错性能。

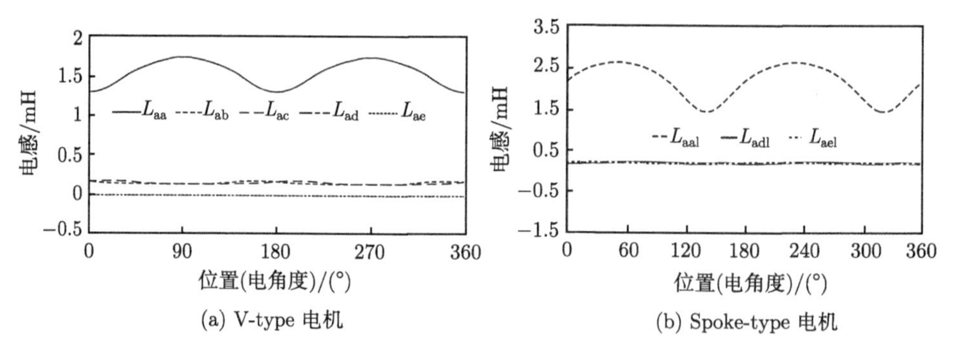

(a) V-type 电机　　(b) Spoke-type 电机

图 2.34　自感和互感

图 2.35 给出了两电机在 D 相故障状态时，对相邻 C 相和 E 相反电势的影响。从图中可以看出，无论 V-type 还是 Spoke-type 永磁容错电机，D 相短路时，C 相和 E 相产生的反电势与正常状态的反电势几乎重合，因此短路故障相对非故障相的影响甚微，即电机具有较高的容错性能。

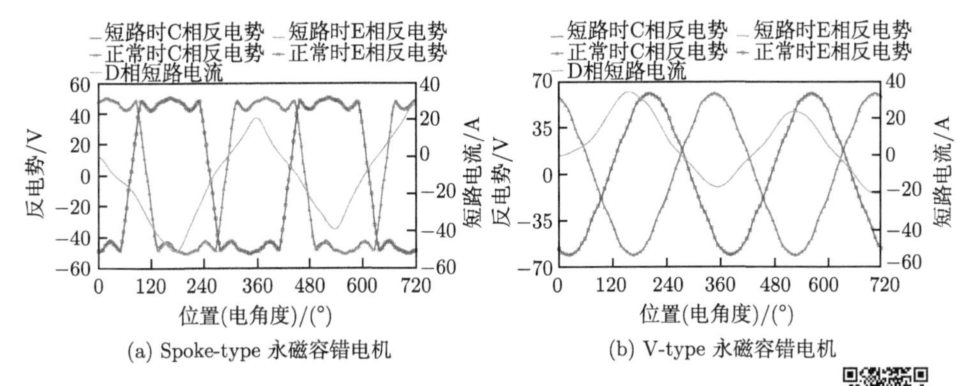

(a) Spoke-type 永磁容错电机　　(b) V-type 永磁容错电机

图 2.35　短路电流对相邻相的影响 (彩图扫二维码)

(扫码获取彩图)

2.5 实验验证

试验加工的 Spoke-type 永磁容错电机和 V-type 永磁容错电机如图 2.36 所示。由图可知，与 V-type 永磁容错电机相比，Spoke-type 永磁容错电机所需固定转子的燕尾槽数目明显较少；且两电机的定子基本相似，定子转轴部分被加工成空心，既有利于绕组绕线，也有利于电机的散热。

(a) Spoke-type 永磁容错电机

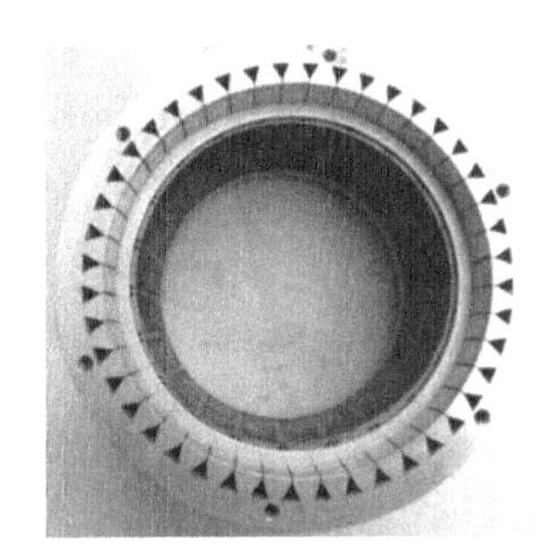

(b) V-type 永磁容错电机

图 2.36　轮毂式永磁容错电机试验样机

图 2.37 给出了实测的两种永磁容错电机样机的空载反电势，对比图 2.20 可以看出各电机的反电势仿真值和实测值吻合，且 Spoke-type 永磁容错电机的反电势平顶宽度达到了 144°，V-type 永磁容错电机的反电势和正弦的形状比较接近。反电势各相间的相位差为 72°。

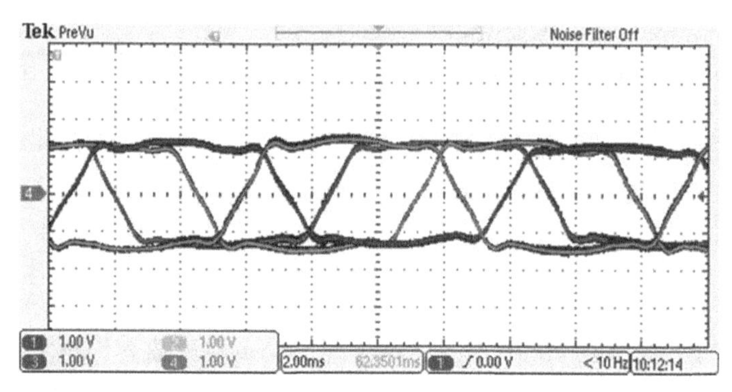

(a) Spoke-type 永磁容错电机

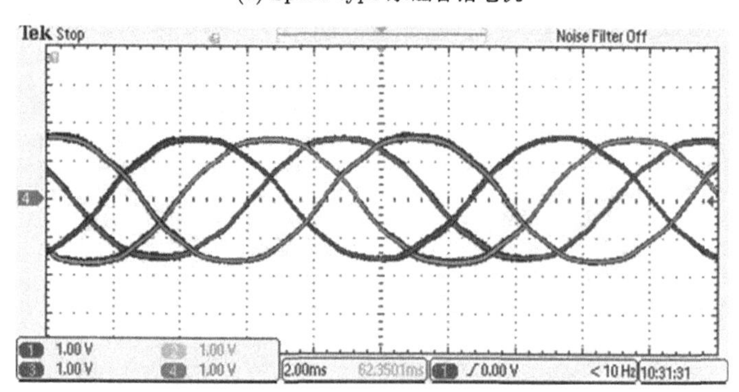

(b) V-type 永磁容错电机

图 2.37　实测反电势

为了验证电机的容错性能，采用实测电机的自感和互感，并求两者的比值，通过判定自感互感比值的大小来判定容错性能的高低。同时，测试短路故障时，通过判定电机的短路电流对相邻相的反电势影响大小来判定容错性能的高低。图 2.38 给出 Spoke-type 永磁容错电机和 V-type 永磁容错电机的相自感和互感。对比图 2.34 可以看出，两种电机的电感的仿真值和实测值基本吻合，且形状和走势一致。图 2.39 给出两电机短路故障时，实测短路电流与仿真短路电流的比较。由于采用 Tektronix A622 实测短路电流，选用 0.01 V 表示 1 A 的挡位。图中 ER 表示实测结果，SR 表示仿真结果，可以看出稳态后两电机的测试短路电流与仿真短路电流一致。暂态时仿真与实测不一致是由于不同转子位置短路时，初始短路电流的大小不一，实际中很难准确使得测试和仿真时电机转子的初始位置一致。Spoke-type 电机的反电势为梯形波，而 V-type 永磁容错电机的反电势是正弦波，导致 Spoke-type 永磁容错电机短路电流为锯齿状，而 V-type 永磁容错电机的短路电流为余弦状。

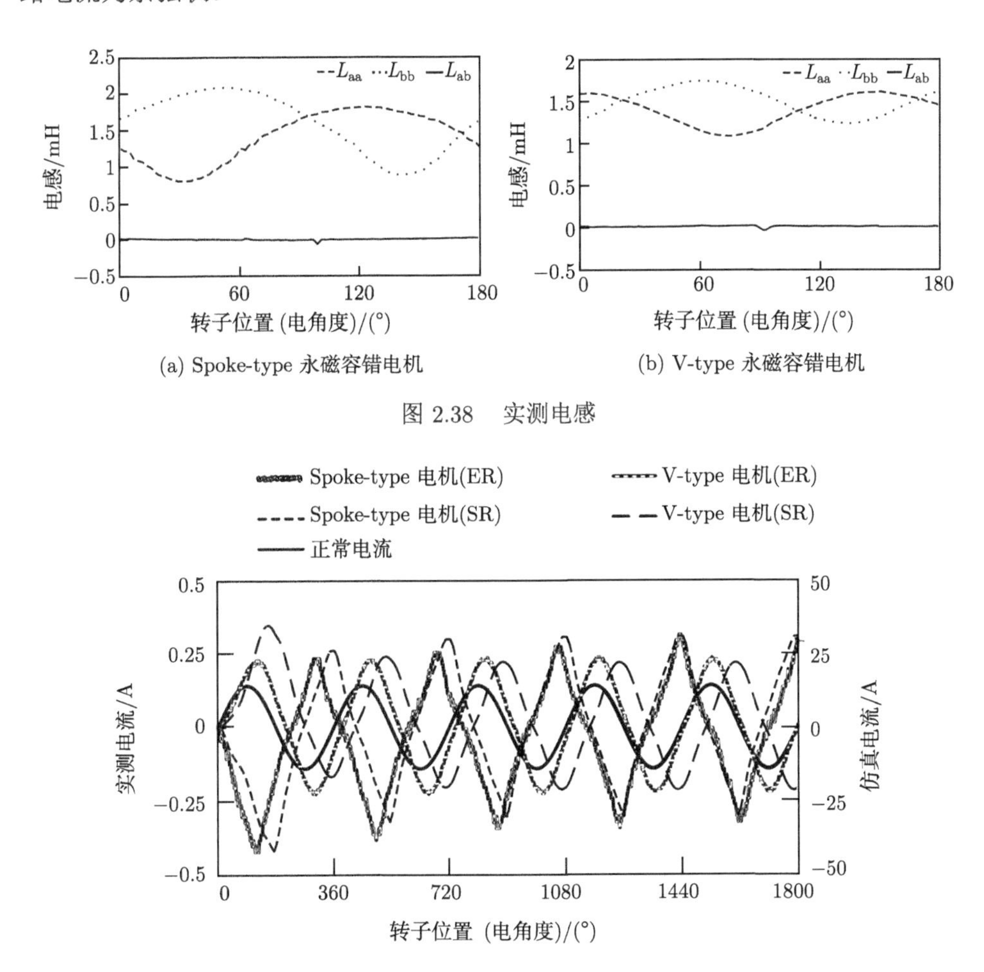

图 2.38 实测电感

图 2.39 实测短路电流与仿真短路电流对比

图 2.40 给出两电机在短路故障时，电机短路电流对相邻相的反电势的影响。其中 1 通道为故障相短路电流，4 通道和 2 通道为相邻相反电势。从图中可以很明显地观察到除了短路瞬间引起的毛刺，电机短路前后的相邻相的反电势几乎没有任何变化，可以判定两种电机的相间磁路几乎完全解耦，即两种样机具有极高的容错性能。同时，验证了所提出的容错性能动、静态判定方法。

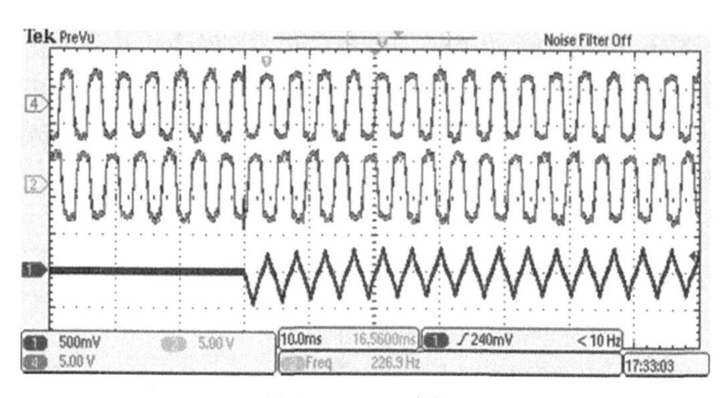

(a) Spoke-type 电机

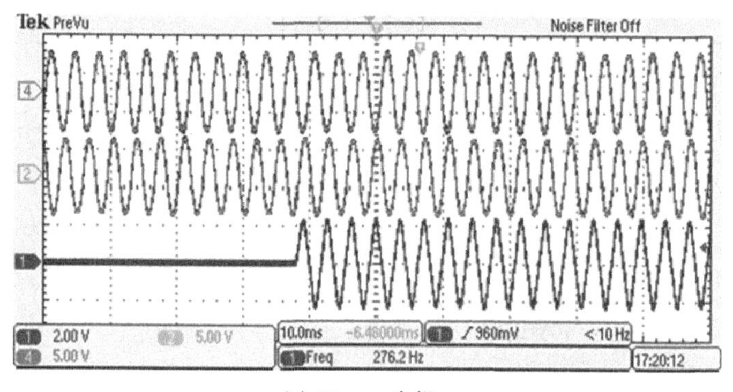

(b) V-type 电机

图 2.40　短路电流对相邻相反电势的影响

2.6　本章小结

本章系统分析绕组因数、耦合因子、漏感系数等关键参数对永磁电机电磁性能和容错性能的影响规律，形成永磁容错电机槽极配合选取和绕组设计原则。以五相轮毂式永磁容错电机为例，详细阐述了永磁容错电机的设计流程和优化方法。针对永磁容错电机磁路集中引起的凸极率低、弱磁电压高的难题，提出磁阻转矩和凸极率增强方法。最后，仿真和实验验证了永磁电机的电磁性能和容错能力。

参考文献

[1] Bianchi N, Bolognani S, Pre M D, et al. Design considerations for fractional-slot winding configurations of synchronous machines[J]. IEEE Transactions on Industry Applications, 2006, 42(4): 997-1006.

[2] Chen Q, Liu G H, Zhao W X, et al. Design and comparison of two fault-tolerant interior-permanent-magnet motors[J]. IEEE Transactions on Industrial Electronics, 2014, 61(12):

6615-6623.

[3] Zhang L, Fan Y, Li C, et al. Design and analysis of a new six-phase fault-tolerant hybrid-excitation motor for electric vehicle[C]. 2015 IEEE International Magnetics Conference, Beijing, 2015.

[4] Sui Y, Zheng P, Yin Z S, et al. Open-circuit fault-tolerant control of five-phase PM machine based on reconfiguring maximum round magnetomotive force[J]. IEEE Transactions on Industrial Electronics, 2019, 66(1): 48-59.

[5] Ponomarev P, Alexandrova Y, Petrov I, et al. Inductance calculation of tooth-coil permanent-magnet synchronous machines[J]. IEEE Transactions on Industrial Electronics, 2014, 61(11): 5966-5973.

[6] Daniar A, Nasiri-Gheidari Z, Tootoonchian F. Performance analysis of linear variable reluctance resolvers based on an improved winding function approach[J]. IEEE Transactions on Energy Conversion, 2018, 33(3): 1422-1430.

[7] Lipo T A. Transient Analysis of Synchronous Machines[M]. 2nd ed. Boca Raton: CRC Press, 2017: 265-313.

[8] Ponomarev P, Lindh P, Pyrhönen J. Effect of slot-and-pole combination on the leakage inductance and the performance of tooth-coil permanent-magnet synchronous machines[J]. IEEE Transactions on Industrial Electronics, 2013, 60(10): 4310-4317.

[9] Fornasiero E, Bianchi N, Bolognani S. Slot harmonic impact on rotor losses in fractional-slot permanent-magnet machines[J]. IEEE Transactions on Industrial Electronics, 2012, 59(6): 2557-2564.

[10] Dutta R, Rahman M F, Chong L. Winding inductances of an interior permanent magnet (IPM) machine with fractional slot concentrated winding[J]. IEEE Transactions on Magnetics, 2012, 48(12): 4842-4849.

[11] Bianchi N, Bolognani S. Design techniques for reducing the cogging torque in surface-mounted PM motors[J]. IEEE Transactions on Industry Applications, 2002, 38(5): 1259-1265.

[12] Kalimov A, Shimansky S. Optimal design of the synchronous motor with the permanent magnets on the rotor surface[J]. IEEE Transactions on Magnetics, 2015, 51(3): 8101704.

[13] Li Y, Zhu Z Q, Howe D, et al. Modeling of cross-coupling magnetic saturation in signal-injection-based sensorless control of permanent-magnet brushless AC motors[J]. IEEE Transactions on Magnetics, 2007, 43(6): 2552-2554.

第 3 章　永磁容错电机磁场调制设计方法

3.1　引　　言

为了提升永磁容错电机低速、大转矩场合的应用能力，本章首先将磁齿轮引入永磁容错电机中，提出复合磁齿轮永磁容错电机。进一步地，在详细分析其磁场调制工作原理的基础上，提出永磁容错电机磁场调制设计方法，提升磁场调制型永磁容错电机转矩密度并降低其加工制造难度。

3.2　磁齿轮效应

3.2.1　磁齿轮结构

英国谢菲尔德大学的 Howe 等 [1] 和 Atallah 等 [2] 提出了一种新型磁性齿轮的传动装置——磁场调制式磁齿轮传动装置。磁场调制式磁齿轮的结构图如图 3.1 所示，相比于传统的磁齿轮结构 (转矩密度较低)，这种基于磁场调制的磁齿轮具有非常高的转矩密度。在图 3.1 中，磁齿轮内转子上的永磁体的极对数为 2，调制环上齿形定子的个数为 24，外转子上的永磁体极对数为 22，而其传动比为 11 : 1。文献 [1] 中除了对这种磁场调制式磁齿轮的气隙谐波磁场进行傅里叶级数分析，还将实验样机的输出情况与几

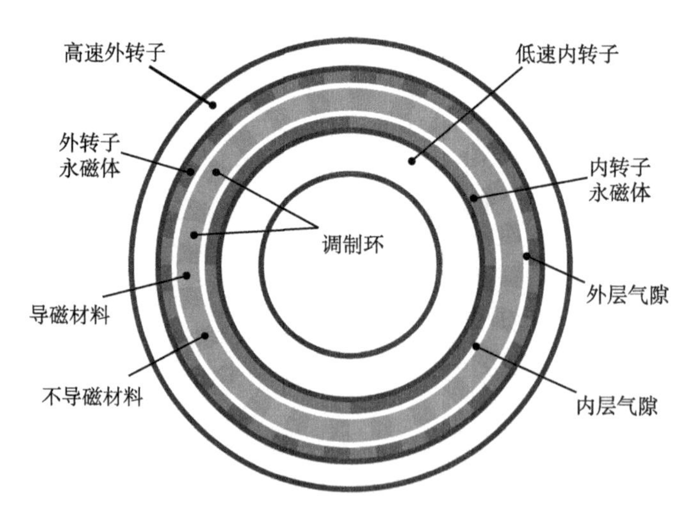

图 3.1　Atallah 等和 Howe 等所设计的磁齿轮结构图

种传统的机械齿轮进行了详细的对比分析，分析表明新型磁场调制式磁齿轮的运行性能要超过传统机械齿轮。

3.2.2 磁齿轮运行原理

磁齿轮运作的基本原理在于引入导致气隙磁导变化的齿形定子 (调磁环)[3-6]，通过调磁环对两边转子上永磁体磁场的调制作用，使在各层气隙内都能具有相对应的谐波与该层气隙邻近转子上的永磁体相互作用产生恒定有效的输出转矩。下面将采用磁场傅里叶级数分解的方法进行具体分析。

在调磁环没有放入磁齿轮时，两边转子上永磁体在分别邻近气隙中的径向磁密 (B_{r}^0) 分布都可表达为

$$B_{\mathrm{r}}^0(r,\theta)=\sum_{m=1,3,5,\cdots} b_{\mathrm{rm}}(r)\cos\left(mp\left(\theta-\Omega_{\mathrm{r}}t\right)+mp\theta_0\right) \tag{3.1}$$

在调磁环放入磁齿轮之后，假设调磁环的径向调制函数 (磁导分布函数) 为

$$\lambda_{\mathrm{r}}(r,\theta)=\lambda_{\mathrm{r0}}(r)+\sum_{j=1,2,3,\cdots}\lambda_{\mathrm{rj}}(r)\cos\left(jn_{\mathrm{s}}\left(\theta-\Omega_{\mathrm{s}}t\right)\right) \tag{3.2}$$

式中，p 是永磁体的极对数；n_{s} 是调磁环的导磁部分铁心齿极个数；Ω_{r} 和 Ω_{s} 分别是永磁体转子和调磁环的旋转角速度；b_{rm} 是径向磁密分布的傅里叶系数；λ_{rj} 是径向调制函数的傅里叶系数。

结合式 (3.1) 和式 (3.2)，可以得出经过调磁环调制的径向气隙磁密为

$$\begin{aligned}
&B_{\mathrm{r}}(r,\theta)\\
&=B_{\mathrm{r}}^0(r,\theta)\cdot\lambda_{\mathrm{r}}(r,\theta)\\
&=\lambda_{\mathrm{r0}}(r)\sum_{m=1,3,5,\cdots}b_{\mathrm{rm}}(r)\cos(mp(\theta-\Omega_{\mathrm{r}}t)+mp\theta_0)\\
&\quad+\frac{1}{2}\sum_{m=1,3,5,\cdots}\sum_{j=1,3,5,\cdots}\lambda_{\mathrm{rj}}(r)b_{\mathrm{rm}}(r)\cos\left((mp+jn_{\mathrm{s}})\left(\theta-\frac{(mp\Omega_{\mathrm{r}}+jn_{\mathrm{s}}\Omega_{\mathrm{s}})}{(mp+jn_{\mathrm{s}})}t\right)+mp\theta_0\right)\\
&\quad+\frac{1}{2}\sum_{m=1,3,5,\cdots}\sum_{j=1,3,5,\cdots}\lambda_{\mathrm{rj}}(r)b_{\mathrm{rm}}(r)\cos\left((mp-jn_{\mathrm{s}})\left(\theta-\frac{(mp\Omega_{\mathrm{r}}-jn_{\mathrm{s}}\Omega_{\mathrm{s}})}{(mp-jn_{\mathrm{s}})}t\right)+mp\theta_0\right)
\end{aligned} \tag{3.3}$$

用符号 k 表示 $\pm j$，$k=0$ 表示未加入调磁环，从式 (3.3) 可以得出磁密分布空间谐波的极对数：

$$p_{m,k}=|mp+kn_{\mathrm{s}}|$$

$$m = 1, 3, 5, \cdots, \infty \tag{3.4}$$

$$k = 0, \pm 1, \pm 2, \pm 3, \cdots, \pm\infty$$

而且可以得出磁密空间谐波的旋转角速度为

$$\Omega_{m,k} = \frac{mp}{mp + kn_{\mathrm{s}}}\Omega_{\mathrm{r}} + \frac{kn_{\mathrm{s}}}{mp + kn_{\mathrm{s}}}\Omega_{\mathrm{s}} \tag{3.5}$$

从式 (3.5) 可得出磁齿轮的传动速比，以此作为磁齿轮设计的理论基础。此外，需要注意的是在讨论磁场谐波极对数时，只需要考虑无调磁环作用 $k = 0$ 和加入调磁环 $k = \pm 1$ 下的情况，因为 k 等于其他值下得到的谐波含量微乎其微 (可近似为零)，本节所讨论的磁齿轮为 k 取 -1 的情况。下面将举例进行具体讨论。

以图 3.1 所示的内转子永磁体 (高速转子) 为 2 对极，调磁环铁心齿个数为 24，外转子永磁体 (低速旋转转子) 为 22 对极的磁齿轮为例，即 $p_{内} = 2$，$p_{外} = 22$，$n_{\mathrm{s}} = 24$。根据式 (3.4) 可知当 $p_{内} = 2$ 时：

(1) 未加入调磁环时 ($k = 0$)，主要的谐波为 $m = 1$ 时的 $p_{1,0} = 2$ 次以及 $2m$ 次谐波 (含量远小于基波 $p_{1,0}$，$m = 3, 5, 7, \cdots$)，该 2 次谐波主要存在于邻近 $p_{内}$ 的内层气隙当中，这是永磁磁场的本身特性，即具有 x 对永磁体所产生的空间磁场基波极对数为 x，且基波含量占磁场总量最大，远大于其他谐波含量；

(2) 加入调磁环后 ($k = -1$)，产生的谐波次数除其本身固有存在的 2 次基波以及其他含量很小的 $2m$ 次谐波外，根据公式可知 $m = 1$，$k = -1$ 时的 $p_{1,-1} = 22$ 次谐波将会明显增大，这是调磁环对原有含量最高的 2 次基波进行调制后产生的结果，故主要存在于邻近 $p_{外}$ 的外层气隙当中，这也就是磁齿轮引入调磁环的关键所在。

同理可知，当 $p_{外} = 22$ 时：

(1) 未加入调磁环时 ($k = 0$)，主要的谐波为 $m = 1$ 时的 $p_{1,0} = 22$ 次以及 $22m$ 次 (谐波含量远小于基波，$m = 3, 5, 7, \cdots$)，第 22 次谐波主要存在于邻近 $p_{外}$ 的外层气隙当中；

(2) 加入调磁环后 ($k = -1$)，产生的谐波次数除其本身固有存在的 22 次基波以及其他含量很小的 $22m$ 次谐波外，还新增了 $m = 1$，$k = -1$ 时的 $p_{1,-1} = 2$ 次，第 2 次谐波完全是由调磁环对原有含量最高的 22 次基波进行调制后产生的结果，故存在于邻近 $p_{内}$ 的内层气隙当中。

进一步地，从式 (3.5) 可以看出，由于调磁环的引入，经过调制后的气隙磁密空间谐波的旋转角速度，是不同于永磁体所在的转子的转动速度的。因此，在不同的转速下传递转矩，另一个永磁体转子的极对数就必须等于 $k \neq 0$ 时的一个空间谐波的极对数。也就是说，当 $p_{内} = 2$ 的内转子和 $n_{\mathrm{s}} = 24$ 的调磁环已知时，

因为 $m=1$，$k-1$ 的组合，可以产生除基波外幅值最大的磁密空间谐波分量第 22 次谐波。那么，外转子永磁体的极对数 $p_{外}$ 就必须等于 22，即 $n_s-p_{内}$。同理，当 $p_{外}=22$ 的外转子和 $n_s=24$ 的调磁环已知时，内转子永磁体的极对数 $p_{内}$ 必须等于 2，即 $n_s-p_{外}$。最终可以得到磁场调制式磁齿轮的传动比，当 $\Omega_s=0$(通常情况下，调磁环为静止状态) 时，内转子对外转子的速比为

$$G_r=-\frac{n_s-p_{内}}{p_{内}}=-\frac{p_{外}}{p_{内}} \tag{3.6}$$

需要注意的是，取 $k=-1$ 时得到的磁齿轮结构，内外转子正常工况下磁场是朝相反方向旋转的，即内外转子的正常工况是以满足传动速比的转速来进行相对反转的。

3.2.3　磁齿轮运行原理验证

对图 3.1 中的磁齿轮内转子永磁体单独励磁，外转子永磁体单独励磁和内外转子永磁体共同励磁的情况下，分别在内层气隙和外层气隙得到的空间磁密径向分布进行有限元仿真分析，并对磁场谐波进行频谱分析，波形分别如图 3.2 ~ 图 3.6 所示。

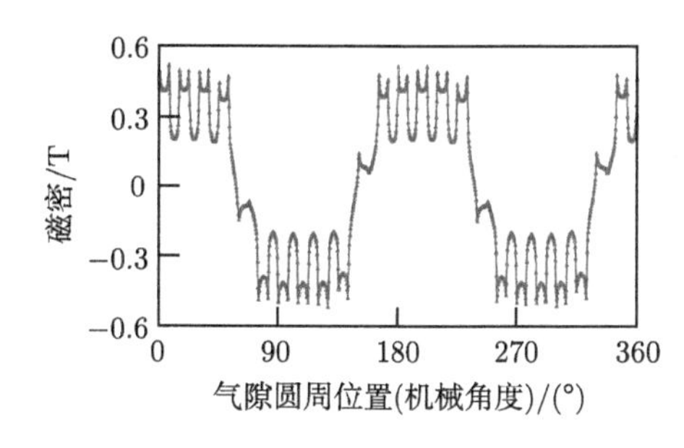

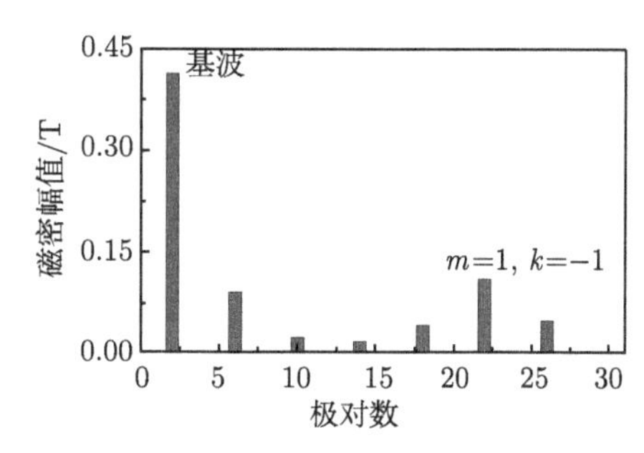

图 3.2　内转子永磁体单独励磁，外层气隙径向磁密和对应的空间磁场谐波分析

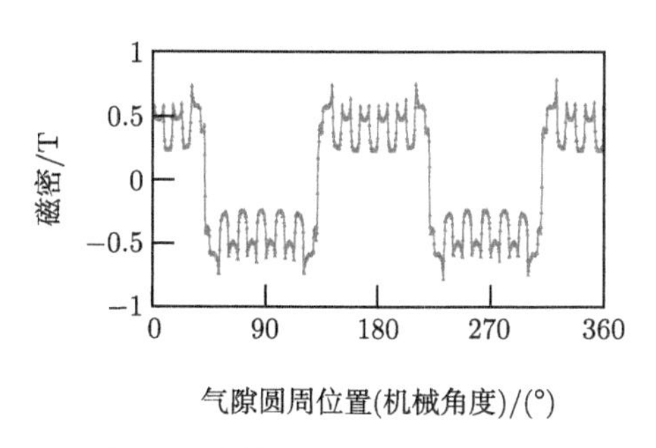

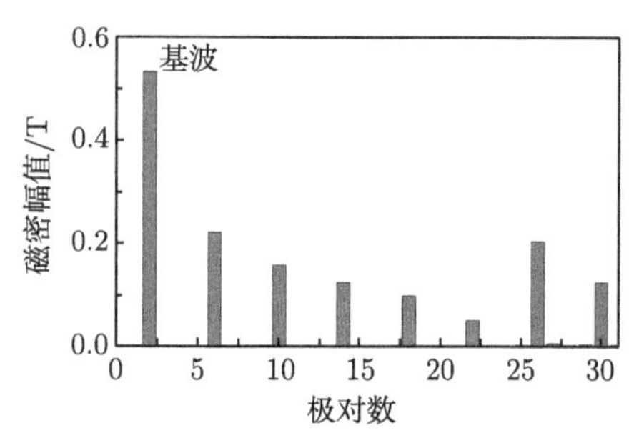

图 3.3　内转子永磁体单独励磁，内层气隙径向磁密和对应的空间磁场谐波分析

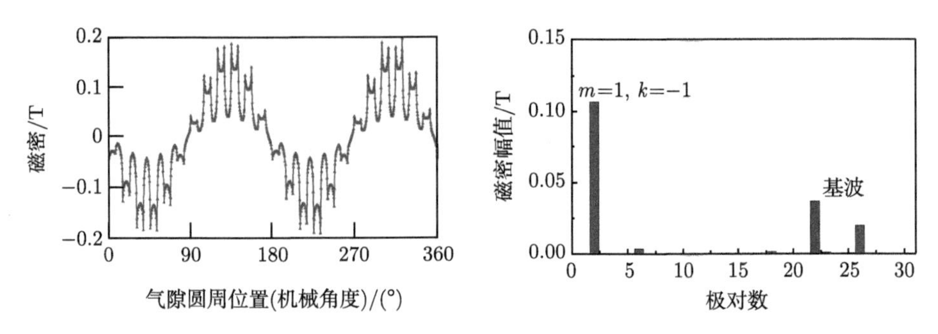

图 3.4　外转子永磁体单独励磁，内层气隙径向磁密和对应的空间磁场谐波分析

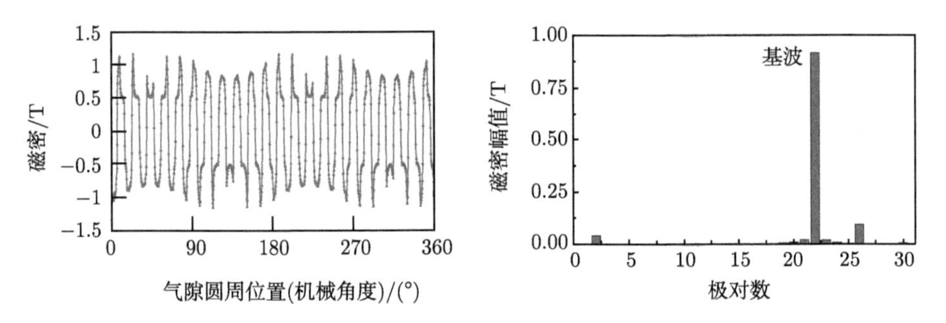

图 3.5　外转子永磁体单独励磁，外层气隙径向磁密和对应的空间磁场谐波分析

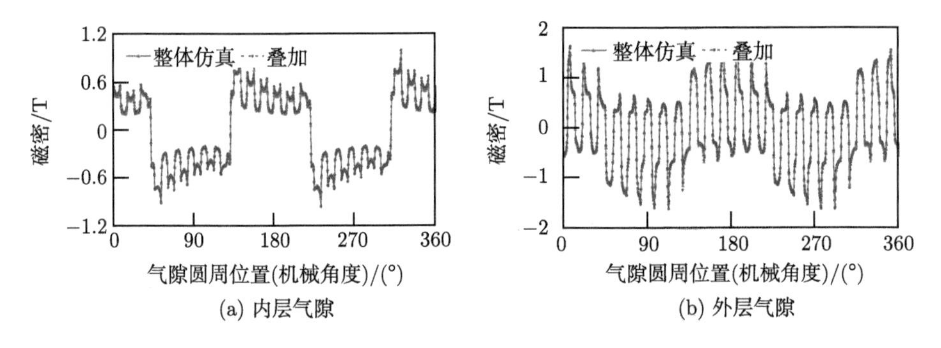

图 3.6　内外转子永磁体共同励磁气隙径向磁密分布

比较图 3.2 和图 3.3 的谐波分析可见，在内转子永磁体磁场单独作用下，内层气隙磁场含量最大的谐波次数为 2($p_{内}$)，即基波。经过调制后在外层气隙得到的幅值明显大于第 22 次谐波 ($m = 1$，$k = -1$)，继而 22 次谐波可与拥有 $p_{外}$ 对的外转子永磁体产生的磁场共同作用产生转矩。比较图 3.4 和图 3.5 的谐波分析可见，在外转子永磁体磁场单独作用下，外层气隙磁场含量最大的谐波次数为 22($p_{外}$)，即基波。经过调制后在内层气隙产生幅值最大谐波次数为 2($m = 1$，

$k = -1$)，继而可与拥有 $p_{内}$ 对的内转子永磁体产生的磁场共同作用产生转矩。由此可见，仿真分析的结果完全对应于 3.2.2 节中对空间谐波极对数分布的讨论，从而验证了调制原理的正确性。事实上，对于主要谐波次数的观察也可进行粗略的视觉估计。例如，图 3.2 的磁密分布，可以看出一个机械周期内大致呈 2 对极的空间分布 (2 个明显波峰和波谷)，然后波峰波谷内又出现小的波峰呈 22 对极。此外，通过纵向对比图 3.2 ～ 图 3.5，注意到内转子永磁体经过调制后，在外层气隙基波含量减少不大，磁密波形仍主要呈两对极分布。然而，外转子永磁体经过调制后，在内层气隙基波含量明显大幅度减少，磁密波形已趋向于两对极分布。

图 3.6 所示为对比内外转子永磁体共同作用时，两层气隙内直接通过仿真与采用各转子永磁体单独作用再磁场叠加得到的结果。内层气隙中，直接仿真得到的磁密分布与图 3.3 和图 3.4 磁密分布叠加得到的结果几乎完全重合。同理，外层气隙中，直接仿真得到的磁密分布与图 3.2 和图 3.5 磁密分布叠加得到的结果也几乎完全重合。从而解释了正常工况下各层气隙中谐波成分的来源。

为直观展现磁场调制式磁齿轮的调制作用效果以及工况下的运转情况，图 3.7 给出不同时刻下的磁力线分布图，图 3.7(a) 为初始时刻下，图 3.7(b) 为外转子旋转 1/4 个调磁环导磁铁心齿距下。通过观察空间磁场分布，可明显观察到磁齿轮总磁场分布旋转了 1/8 个机械周期，即机械角度为 45°，对应于内转子转过 1/4 电周期。外转子在只变化 3.75°(机械角度) 的情况下，其空间磁场变化了 45°(机械角度)，也就是说低速运转的转子能产生高速变化的空间磁场，从而能够传递大转矩，这就是“磁齿轮效应”。

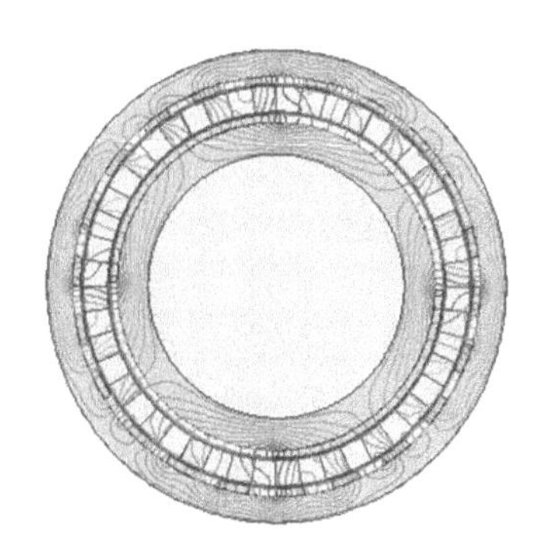

(a) 零时刻，初始位置

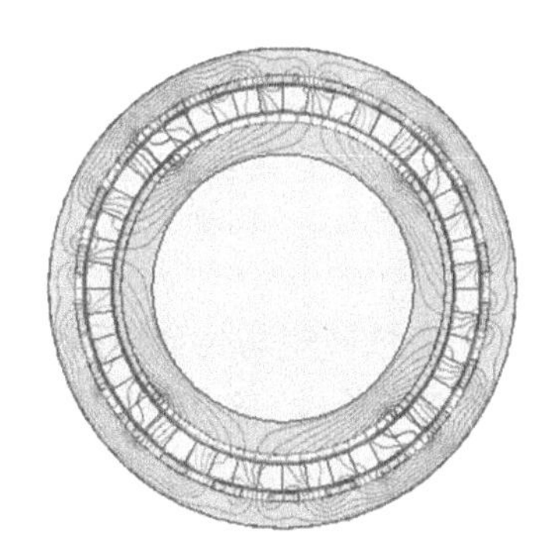

(b) 转过1/4调磁环导磁铁心齿距

图 3.7　不同时刻空间磁力线分布

3.3　复合磁齿轮永磁容错电机

3.3.1　电机拓扑结构设计

磁齿轮通过调节内外两个转子之间的气隙磁场来实现转矩的传递，因此磁齿轮内外转子上的永磁体极对数是影响磁齿轮性能的一个重要因素。它影响磁齿轮的输出转矩、齿槽转矩等因素。所以，对于磁齿轮的设计来说，选择合适的配比是至关重要的 (有些配比组合先天就处于劣势)。下面分别以 3/27、3/28 和 3/29 三组配比来阐述不同配比对磁齿轮性能的影响。

图 3.8 为上述三组参数输出转矩对比图。从图中可以看出，3/27 的输出转矩最小且转矩脉动最大。3/28 与 3/29 的转矩比较接近且转矩脉动比较小。同时可以看出，3/29 组合虽然传动比增大了，但是输出转矩没有大幅度地提升，这是因为永磁体极数的增加，每极永磁体的表面积却减小，所以转矩随永磁体极数增加而增加的幅度会越来越小。因此，并不是传动比越大，转矩密度就越高，两者的影响导致转矩与永磁体极对数有一定的优化关系。

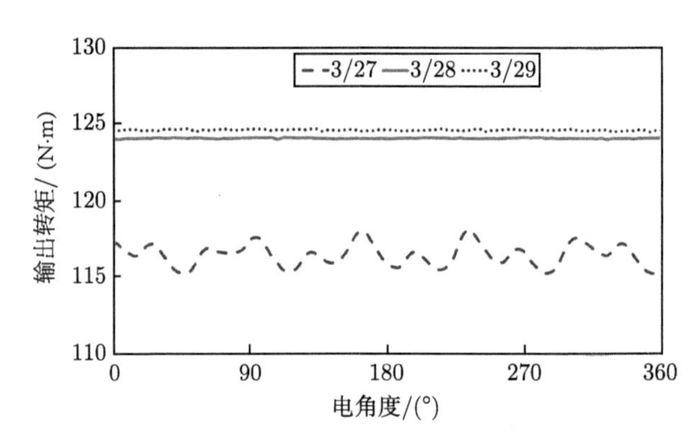

图 3.8　三组配比输出转矩的对比

磁齿轮的齿槽转矩与传统电机的不同，磁齿轮除了存在一个转子上永磁磁场对调制齿 (类似定子齿) 的相互作用产生的转矩，还存在另一个转子上的永磁磁场经调制齿的调制作用对现有永磁磁场的作用而引起的转矩。图 3.9(a) 为三组配比内转子上齿槽转矩的对比图。从图中可以看出，3/27 这种配比的齿槽转矩很大。由于磁齿轮内外转子上转矩输出都依据传动比的大小，因此可以推测出 3/27 的外转子上齿槽转矩也很大，与图 3.8 相符。而另外两个配比的齿槽转矩很小，为了更好地进行对比，将这两组的齿槽转矩放大，如图 3.9(b) 所示，可以看出，3/28 的齿槽转矩更小。综合分析上述仿真结果，发现它们都满足以下规律：内转子上的永磁体极数 ($2p_{内}$) 与调制环上齿形定子的个数 (N_s) 的最小公倍数 (N) 越大，磁齿轮的齿槽转矩越小。那么对于上述三种配比的 N 分别为 30、186 和 96。那么选择配比为 3/28 较好。

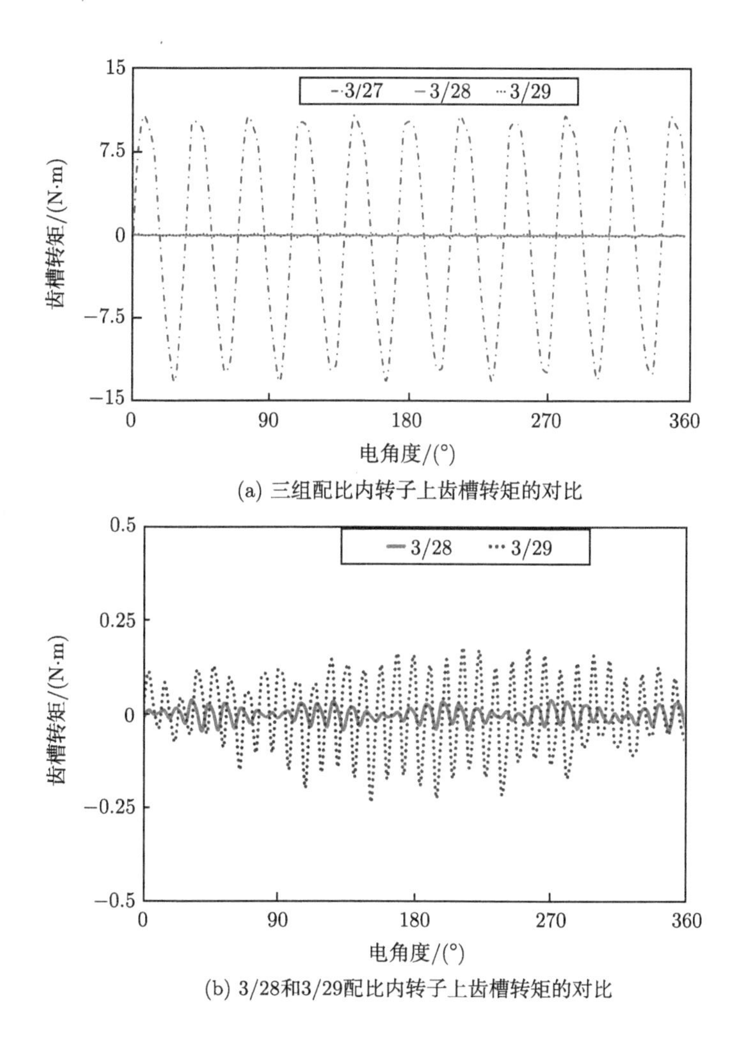

(a) 三组配比内转子上齿槽转矩的对比

(b) 3/28和3/29配比内转子上齿槽转矩的对比

图 3.9　不同配比下的齿槽转矩

磁齿轮调制环上齿形定子的厚度也是影响磁齿轮性能的一个重要因素。选择合适的数值能有效增大磁齿轮的输出转矩。在保证外转子上永磁体的体积不变的前提下，图 3.10 给出 3/28 磁齿轮的最大输出转矩随调制环上齿形定子的厚度变化的波形图。可以看出磁齿轮的最大输出转矩随调制环厚度的增大而增大，当厚度超过 9 mm 时，输出转矩不再增加，可见 9 mm 的厚度为磁齿轮输出转矩的极限值。因此，在这个电机设计中，选择调制环上齿形定子的厚度为 9 mm。与此同时，我们可以看出，当调制环齿形定子的厚度为永磁体厚度 (3 mm) 的 3 倍以上时，磁齿轮的输出转矩较高。图 3.11 为 3/29 配比下的磁齿轮的最大输出转矩随调制环上齿形定子的厚度变化的波形图。从图中可以看出，当调制环齿形定子的厚度为永磁体厚度 (3 mm) 的 3 倍以上时，磁齿轮的输出转矩基本不再增加，很好地证明了上面推测的结论。

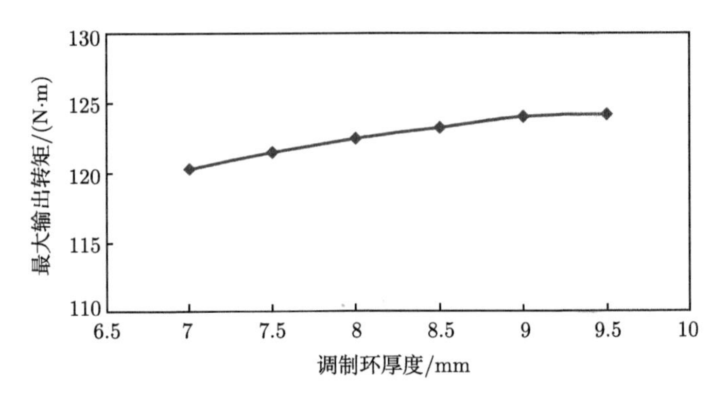

图 3.10　3/28 磁齿轮输出转矩随调制环厚度的变化

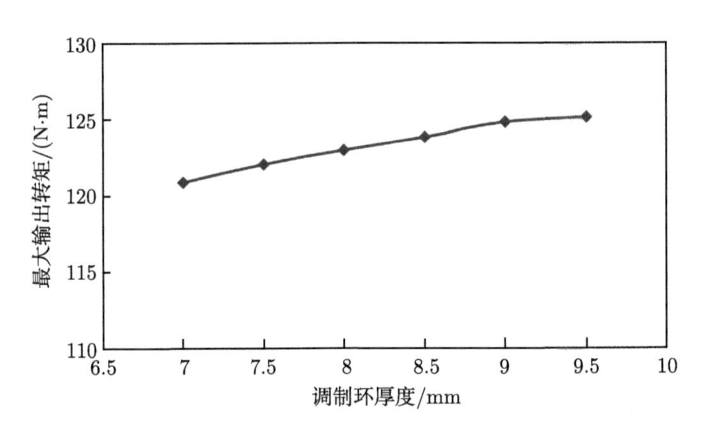

图 3.11　3/29 磁齿轮输出转矩随调制环厚度的变化

传统的磁齿轮复合电机内转子内外两侧的永磁体励磁方向是一致的，那么在内转子会形成一种串联的磁路。有学者认为这种结构使得内部磁路共享，磁齿轮的气隙谐波磁场进入永磁电机主磁路，导致损耗增加，效率降低，并使电机空载反电势变差，电机难以获得较优的运行性能。针对这个问题，可以采用磁通解耦式磁齿轮复合电机，即磁齿轮复合电机内转子磁路为并联的，将气隙谐波磁场的负面影响减小到最低，在磁通解耦效果良好的情况下，实现磁齿轮复合电机的良好运行。

图 3.12 给出了串联型磁路的磁齿轮复合电机与并联型磁路的复合电机的磁力线图。可以看出，在图 3.12(a) 内转子上磁力线都是串联的，而图 3.12(b) 是完全并联的。从图中可以明显地看出，并联型磁路的电机内转子外径大于串联型的，这是因为要形成并联型磁路所需的磁路空间要远大于串联型的，这是磁路本身的特性决定的。由于磁齿轮复合电机的优势在于将传动机的转子与磁齿轮的内转子合二为一，通过减小传动系统的体积来增大转矩密度，虽然并联型磁路的电机较串联型大一点，但是不会影响磁齿轮复合电机的优势。

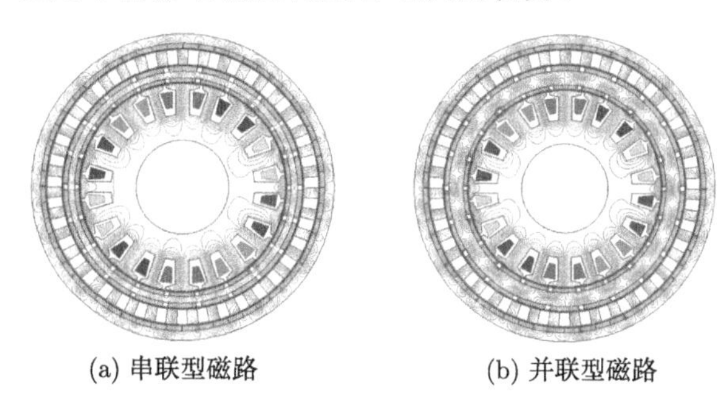

(a) 串联型磁路　　(b) 并联型磁路

图 3.12　串联型磁路的磁齿轮复合电机与并联型磁路的磁齿轮复合电机的磁力线图

为了更好地证明上述结论，图 3.13 比较了两个电机内层气隙的气隙磁密。从图中可以看出两者的波形基本一致，那么可以认为两个波形的基波含量都较高，无关谐波含量较低。为了直观地说明这个问题，对两个波形进行谐波分析，图 3.14 为两个波形的谐波分析图。可以看出并联型磁路的电机所含无关谐波确实较串联型磁路更小。但是就此电机而言，串联型磁路的无关谐波含量也不高，可能是因为磁齿轮内转子外侧的永磁体极对数一样为 11 对极，并且外转子永磁体磁场通过调制环调制在中层气隙产生的无关谐波含量较低，才没有影响里面表贴电机的气隙磁密。但是，就磁路对反电势的影响而言并联型磁路更具优势，这是不争的事实。

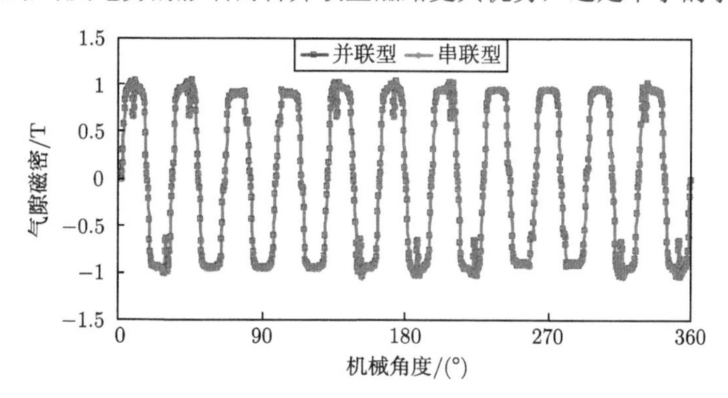

图 3.13　串联型磁路与并联型磁路的复合电机的内层气隙磁密图

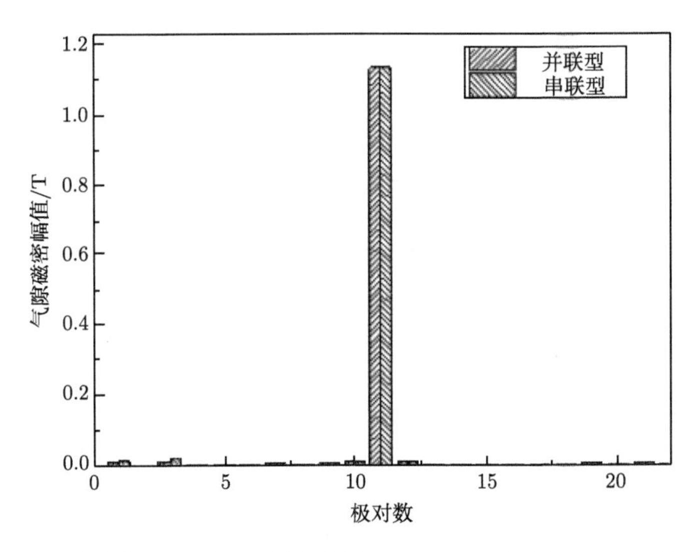

图 3.14　串联型磁路与并联型磁路的复合电机的内层气隙磁密谐波分析图

由于上面比较的两种电机外径不等，为了更公平地比较两种磁路的优缺点，将通过比较两种电机的铁耗和转矩密度来说明。图 3.15 为串联型磁路磁齿轮电机与并联型磁路磁齿轮电机的输出转矩图。从图中可以看出，并联型磁路的磁齿轮电机的输出转矩较大，这主要是因为并联型磁路磁齿轮电机的体积较串联型磁路要大一点。计算得出串联型磁路磁齿轮电机和并联型磁路磁齿轮电机的体积分别为 1.48 L 和 1.64 L。那么两者的转矩密度分别为 101.87 N·m/L 和 104.7 N·m/L。可以看出，就转矩密度而言，两者的转矩密度相差不多，都比较高。

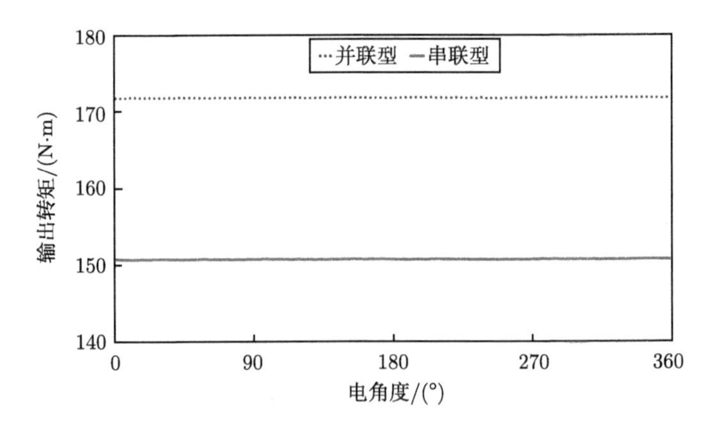

图 3.15　串联型磁路与并联型磁路的复合电机的输出转矩图

当电机正常工作时，内部磁场是旋转的，这样对硅钢片存在旋转磁化，故会引起铁耗。就两种电机来说由于并联型磁路磁齿轮电机内转子的厚度比串联型要大，因此比较两者的铁耗是必要的。在两电机中都通 10 A 的额定电流后，两电机的铁耗如图 3.16 所示，两者相差不大。可以看出并联型磁路电机的内转子虽然较串联型大一点，但是在空载反电势和转矩密度上均优于串联型磁路磁齿轮电机，因此在容错磁齿轮复合电机的设计中在内转子上采用并联型磁路将是更好的选择。

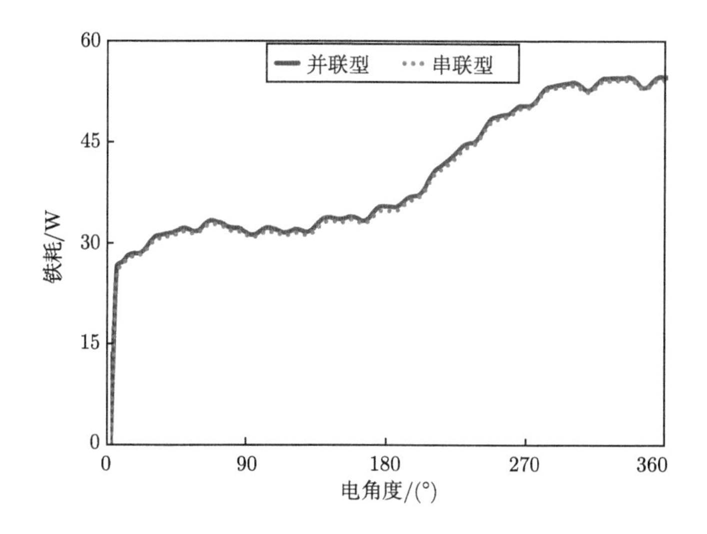

图 3.16 串联型磁路与并联型磁路的复合电机的铁耗图

在永磁容错电机中，为了获得较高的电磁性能和容错性能，电机的极数通常较高。为了保证磁齿轮的传动性能，会使磁齿轮外转子的永磁体极对数更高。但是，由于外层永磁体的体积一定，通过增加永磁体极对数并不一定会提高转矩，并且过高的永磁体极对数会使得控制电路的开关频率过大，不利于电机的控制运行。另外，如果保证磁齿轮的传动性能，那么必然使电机的容错性能下降。以上述的两个容错磁齿轮复合电机为例，考虑上述电机的容错性能，内转子上的永磁体极对数可选择为 11，那么若外转子的极对数为 28，则磁齿轮复合电机的传动比为 28/11，即 2.55，传动效率非常差，但是一味地增加外转子的极对数已被证明是不可取的。针对上述问题，提出了一种新型复合磁齿轮永磁容错电机，使永磁容错电机与磁齿轮内转子两侧永磁体数目不等，这样既可以满足磁齿轮传动性能的要求，又能保证复合电机的容错性能。采用该结构可以使电机同时具备较高的转矩密度和可靠性。最终设计电机的结构剖面图和三维图如图 3.17 所示。前面内容已详细阐述了永磁容错电机和磁齿轮的参数计算和优化，其最终参数如表 3.1 所示。

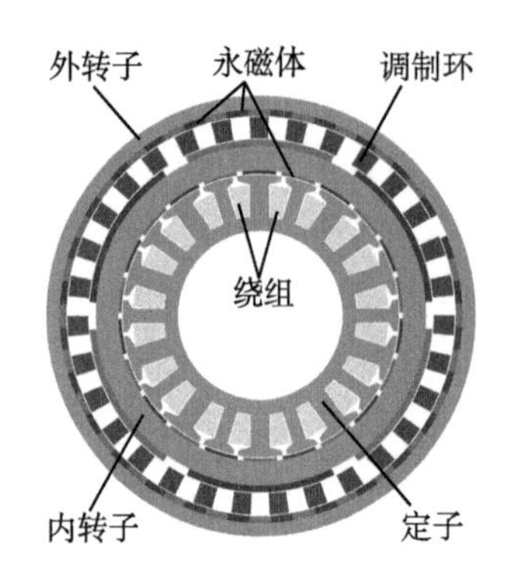

(a) 剖面图

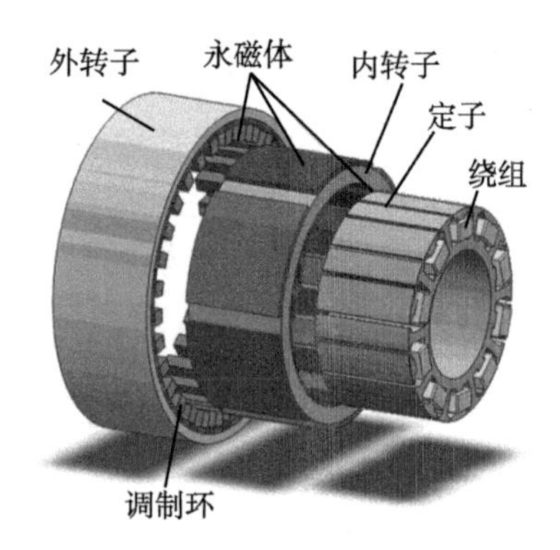

(b) 三维图

图 3.17 复合磁齿轮永磁容错电机的剖面图和三维图

表 3.1 复合磁齿轮永磁容错电机设计参数

参数	数值	参数	数值
槽数，S	20	内层气隙厚度，R_{g1}/mm	0.8
内转子内层转子永磁体极对数，p_1	11	中层气隙厚度，R_{g2} /mm	0.5
内转子外层转子永磁体极对数，p_2	3	外层气隙厚度，R_{g3}/mm	0.5
外转子永磁体极对数，p_3	28	内转子内层永磁体厚度，H_{pm1} /mm	2.5
调制极数，n_s	31	内转子外层永磁体厚度，H_{pm2}/mm	3
传动比，G_r	−28 : 3	外转子永磁体厚度，H_{pm3}/mm	3
额定频率/Hz	275	容错齿宽，L_1/mm	6
电流密度，J_a/(A/mm^2)	5	电枢齿宽，L_2/mm	8.4
定子外半径，R_1/mm	60	内转子内层永磁体极弧系数，α_1	0.85
内转子外半径，R_2/mm	76.2	内转子外层永磁体极弧系数，α_2	0.85
调制齿外半径，R_3/mm	86.2	外转子永磁体极弧系数，α_3	1
转子外半径，R_4/mm	94.7	每槽槽面积，A_{slot}/mm^2	114.6
轴长，L_s /mm	60	每槽线圈匝数，N_c	27

3.3.2 复合磁齿轮永磁容错电机仿真分析与实验验证

复合磁齿轮永磁容错电机空载和负载的磁力线分布如图 3.18 所示。从图 3.18(a) 中可以看出，磁力线能通过三层气隙，这些磁力线代表着转矩的传递和功率的转换，并且内转子上的磁路既有串联又有并联，根据前面内容的分析，这种磁路可以减小磁齿轮磁场对表贴电机气隙磁场的影响。图 3.18(b) 为容错磁齿轮复合电机负载时的磁力线分布图。从图中可以看出，复合磁齿轮永磁容错电机磁力线走势没有太大变化。因此可以推测复合磁齿轮永磁容错电机的电枢反应没有引起磁齿轮磁路的变化。

图 3.19 是当高速转子外侧永磁体 (磁齿轮内转子) 单独作用时，外层气隙的磁密波形图和对应的谐波频谱图。从图中可以看出，除基波外，最高的谐波分量

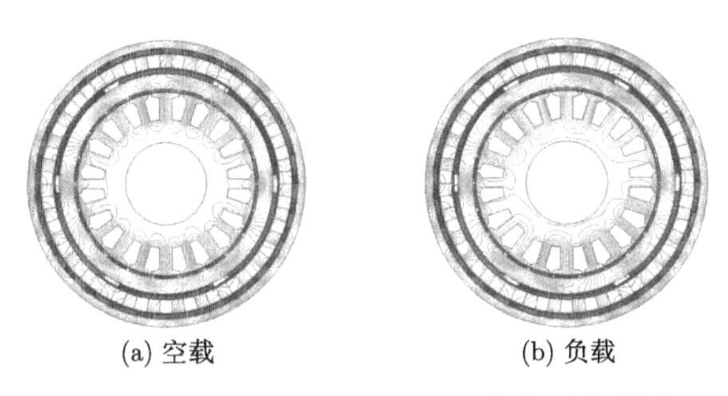

(a) 空载 (b) 负载

图 3.18 复合磁齿轮永磁容错电机的磁力线图

是 28 对极的。图 3.20 是当低速转子永磁体 (磁齿轮外转子) 单独作用时，中层气隙的磁密波形图和对应的谐波频谱图。从图中可以看出，除基波外，最高的谐波分量是 3 对极的。因此，可以证明磁齿轮的调制作用是有效的，并且调制齿可以将 3 对极调制成 28 对极，符合前面的理论分析。与此同时，当低速转子永磁体 (磁齿轮外转子) 单独作用时，中层气隙磁密的幅值较低，这也解释了为什么串联型磁路的复合磁齿轮电机中磁齿轮磁场对里面永磁容错电机的影响较小。

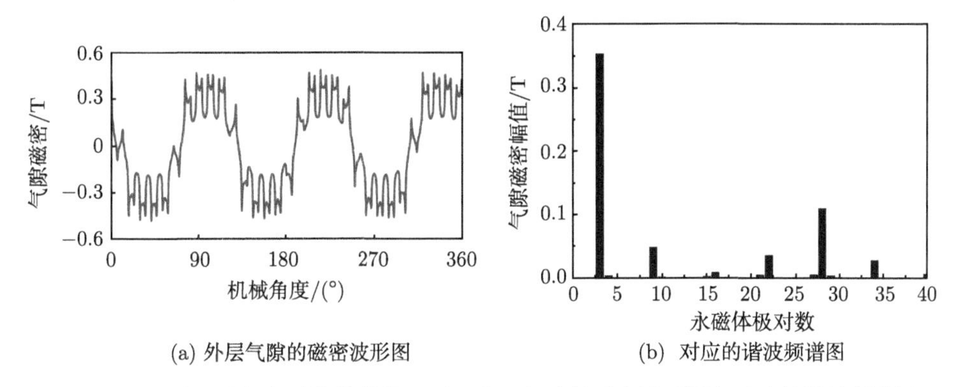

(a) 外层气隙的磁密波形图 (b) 对应的谐波频谱图

图 3.19 内转子外侧永磁体单独作用时，外层气隙的磁密波形图和对应的谐波频谱图

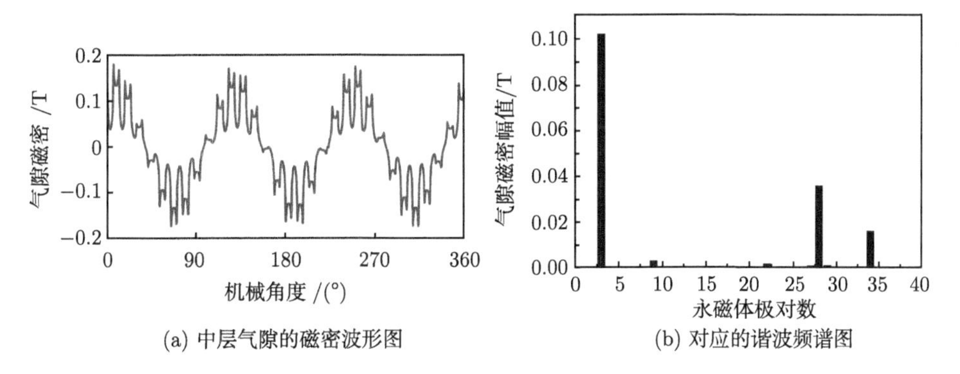

(a) 中层气隙的磁密波形图 (b) 对应的谐波频谱图

图 3.20 外转子永磁体单独作用时，中层气隙的磁密波形图和对应的谐波频谱图

为了判断磁齿轮与内部的表贴式永磁容错电机性能是否相互影响 [7-11]，图 3.21 给出了复合磁齿轮永磁容错电机与仅有内部永磁容错电机两种情况下额定转速时的空载反电势图。从图中可以看出，两者的幅值都是 60 V 左右并且两者的波形几乎是重合的。为了详细地说明这个问题，比较了两个波形的谐波畸变率。图 3.22 为两者的反电势的谐波畸变率图，两者主要的谐波都是 3 次和 5 次，含量约为 6%。因此，磁齿轮的磁场对表贴式永磁容错电机几乎不产生影响。此外，复合磁齿轮永磁容错电机的空载反电势的正弦度较高，那么电机在通入电流后，产生的电磁转矩的脉动会比较小，有利于电机的平稳运行。

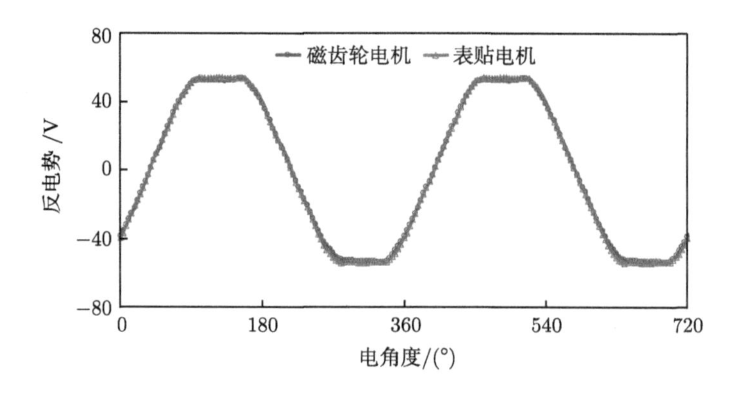

图 3.21　磁齿轮电机和表贴电机的空载反电势

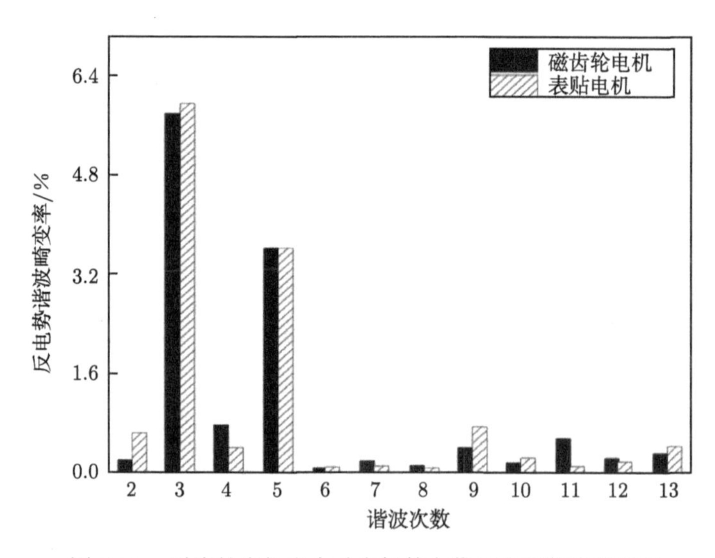

图 3.22　磁齿轮电机和表贴电机的空载反电势谐波畸变率

为了更直观地说明这个问题，图 3.23 给出两者的气隙磁密谐波图。从图中可以看出，两者气隙中各成分的含量几乎相同，且作为工作谐波的 11 次谐波含量比较高，无关谐波含量较少。那么基本可以说明磁齿轮对表贴式永磁容错电机的影响较小，两者磁路可认为是解耦的。

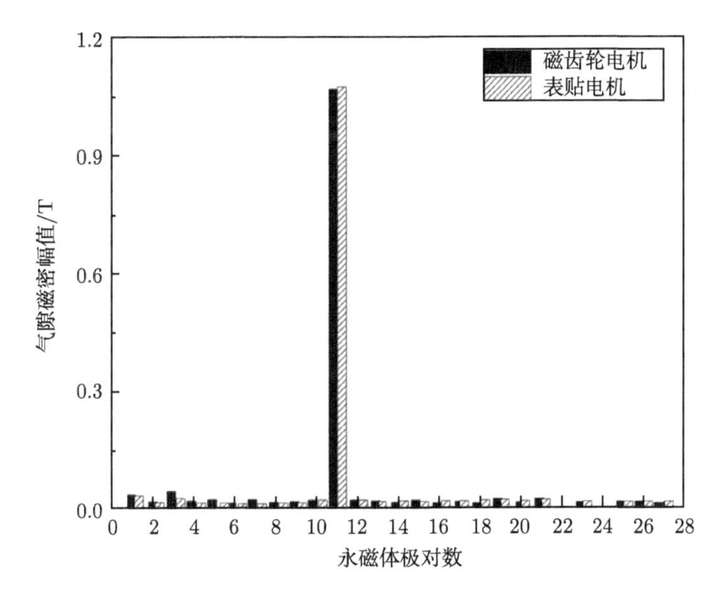

图 3.23 磁齿轮电机和表贴电机的气隙磁密谐波图

图 3.24 为复合磁齿轮永磁容错电机功角曲线图。从图中可以看出，外转子和内转子上最大转矩分别为 123.7 N·m 和 13.4 N·m，两者的比率为 9.23，与理论值 9.33 基本一致。

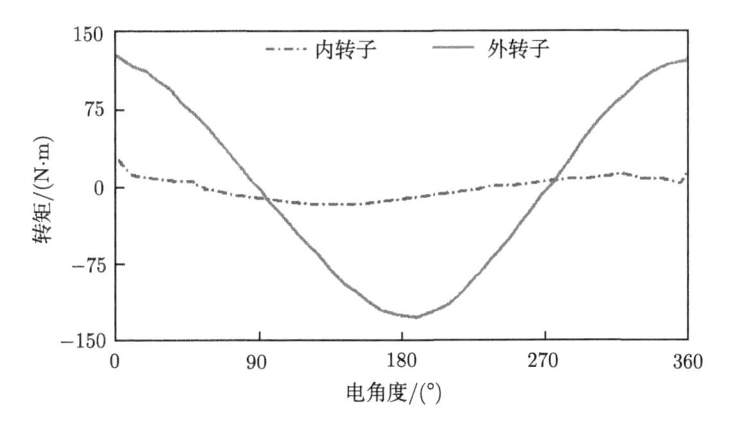

图 3.24 复合磁齿轮永磁容错电机的功角曲线图

图 3.25 为复合磁齿轮永磁容错电机的齿槽转矩图。从图中可以看出，复合磁齿轮永磁容错电机的齿槽转矩非常小。这有两方面的原因：第一，复合磁齿轮永磁容错电机中的表贴式永磁容错电机设计得比较好，所以表贴式永磁容错电机的齿槽转矩很小；第二，低速转子极对数和调制环上定子齿的个数的最小公倍数比较大，这样可以有效地减小磁齿轮内转子和调制环之间的齿槽转矩，从而达到减少传动系统转矩脉动的目的 [12,13]。

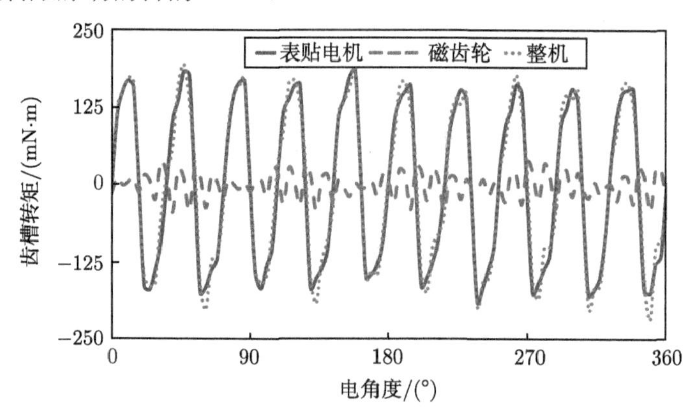

图 3.25 复合磁齿轮永磁容错电机的齿槽转矩图

图 3.26 为输入 10 A 电流时的复合磁齿轮永磁容错电机的输出转矩图。从图中可以看出，输出转矩脉动非常小，这是因为反电势畸变率比较低并且齿槽转矩比较小。与此同时，内转子上的合成转矩为零。可以看出，由表贴式永磁容错电机产生的转矩与由磁齿轮外转子调制到内转子侧的转矩相互抵消，使得电机可以平稳地运行。

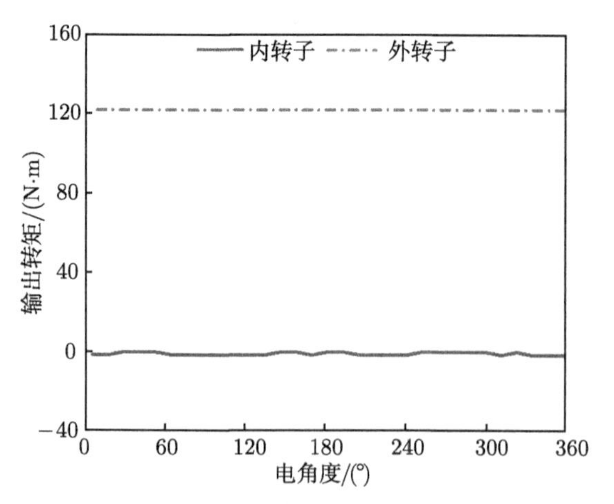

图 3.26 容错磁齿轮复合电机的输出转矩图

若忽略机械损耗，那么容错磁齿轮复合电机的效率可以表示为

$$\eta = \frac{P_{\mathrm{out}}}{P_{\mathrm{out}} + P_{\mathrm{core}} + P_{\mathrm{c}} + P_{\mathrm{e}}} \times 100\% \tag{3.7}$$

式中，P_{out} 为电机的输出功率；P_{core} 为电机的铁耗；P_{c} 为电机的铜耗；P_{e} 为电机的涡流损耗。当电机通入 10 A 的额定电流时，复合磁齿轮永磁容错电机的铁耗如图 3.27 所示。电机的铁耗为 65 W，主要产生于定子、高低速转子以及调制环。铜耗按 I^2R 计算，约为 87 W。

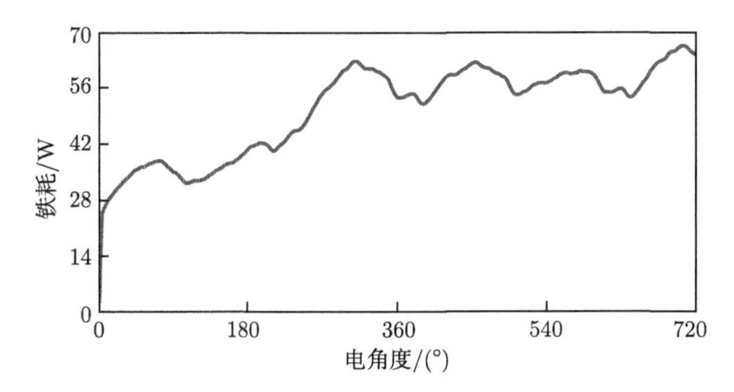

图 3.27 复合磁齿轮永磁容错电机的铁耗波形图

对于一般永磁电机来说，涡流损耗主要产生在永磁体上，主要是电机气隙磁场中存在大量的空间谐波，这些谐波主要产生于电机定子开槽、非正弦的定子磁动势以及非正弦的定子相电流等。而对于磁齿轮复合电机来说，涡流损耗除了产生于永磁体，在调制环中还有涡流损耗的产生。调制环由导磁材料和非导磁材料共同组成，而调制环内外两侧气隙中的磁通密度非常高，在调制环导通磁路时很容易在调制环的导磁材料中产生涡流损耗。因此，研究磁齿轮复合电机的涡流损耗对于提高磁齿轮复合电机的效率很有意义。图 3.28 为容错磁齿轮复合电机的涡流损耗波形图。从图中可以看出，调制环中非导磁材料产生的涡流损耗较永磁体中的小，主要是因为容错磁齿轮复合电机的永磁体有三层。电机的涡流损耗为 83 W，那么容错磁齿轮复合电机的效率为 90.5%，意味着复合磁齿轮永磁容错电机具有较高的效率。

为了验证所设计复合磁齿轮永磁容错电机能兼具磁齿轮和永磁容错电机的优点，将其与传统磁齿轮复合电机 [14-16] 和容错电机进行对比。两种电机的结构如图 3.29 所示。为了体现比较的公平性，所有的电机都采用相同的外径和相同的槽满率，主要是对电机的输出转矩密度以及电机容错性能进行对比，对比的结果如表 3.2 所示。从表中可以看出，复合磁齿轮永磁容错电机的转矩密度比普通永磁容错电机高，而容错性能比传统磁齿轮复合电机好。

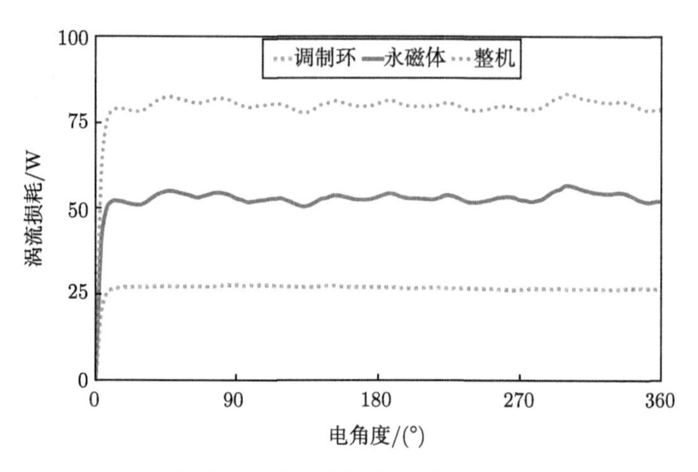

图 3.28　复合磁齿轮永磁容错电机的涡流损耗波形图

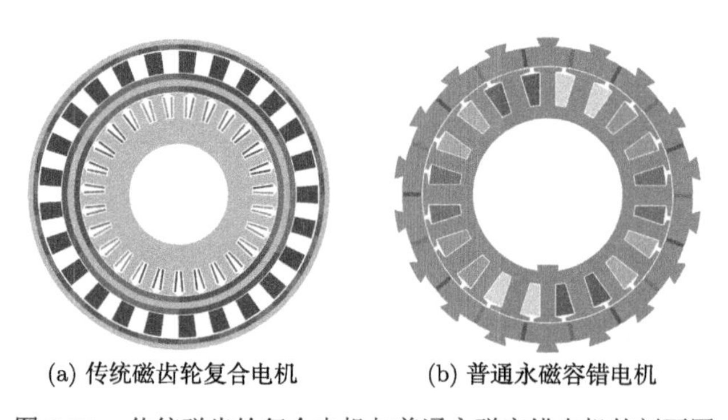

(a) 传统磁齿轮复合电机　　(b) 普通永磁容错电机

图 3.29　传统磁齿轮复合电机与普通永磁容错电机的剖面图

表 3.2　所设计电机与其他两种电机的对比

参数	普通永磁容错电机	传统磁齿轮复合电机	本节设计电机
转矩/(N·m)	23	125.7	123.7
电机体积/L	1.64	1.64	1.64
转矩密度/(N·m/L)	14	76.6	75.6
互感/mH	0.215	0.2104	0.0384
自感/mH	2.5	0.457	1.6
互感/自感/%	8.6	46	2.4

样机加工后的成品图如图 3.30 所示，在图 3.30(a) 中，定子上采用集中绕组，同时定子转轴部分被加工成空心的，这样既有利于绕组绕线，也有利于电机的散热；在图 3.30(b) 中，内转子两侧永磁体极对数不等，采用部分表嵌结构，能有效地固定永磁体，防止永磁体脱落；在图 3.30(c) 中，调制环的齿形定子与非导磁材料相嵌，增加了机械强度，与此同时在小孔中加入了长螺栓，能更好地固定调制环；在图 3.30(d) 中，外转子内贴满永磁体。

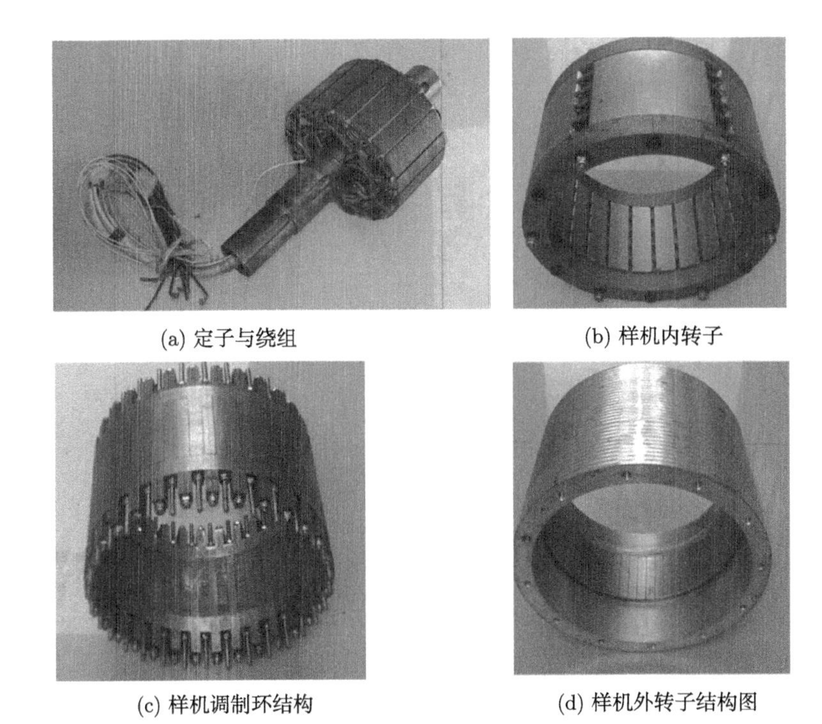

(a) 定子与绕组 (b) 样机内转子

(c) 样机调制环结构 (d) 样机外转子结构图

图 3.30 样机各部件分解图

样机在 13 r/min 下所得的反电势如图 3.31 所示，反电势的幅值为 4 V。通过示波器上频率的换算，则内转子的转速大约为 118 r/min，则传动比为 9.08，与理论值 9.33 基本一致。图 3.32 为电机在 118 r/min 下的空载反电势图。图中反电势的幅值为 4.3 V，与实测相比，高了 7.5%，这主要是由于仿真在二维环境下进行，忽略了端部效应，另外加上加工精度等原因，实测值略低于计算值是完全可以接受的。因此，所设计的复合磁齿轮永磁容错电机具有可行性。

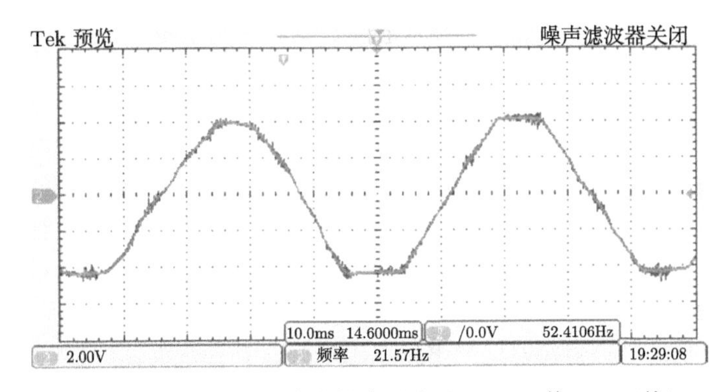

图 3.31 样机空载反电势的实测波形 (10 ms/格，2 V/格)

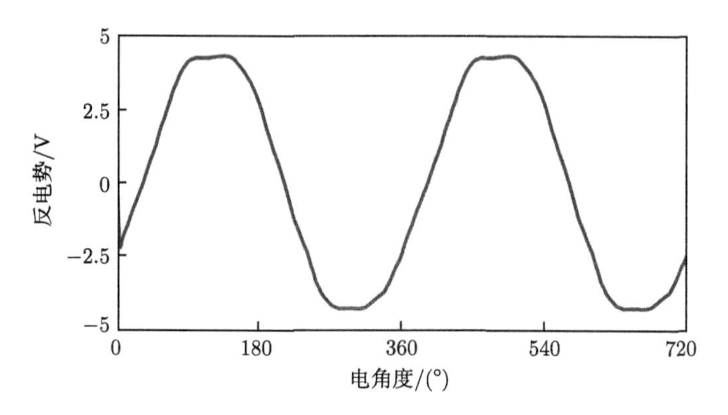

图 3.32　样机空载反电势的仿真波形

3.4　永磁容错游标电机

3.4.1　永磁游标电机结构特征与工作原理

虽然复合磁齿轮永磁容错电机有效地提升了永磁容错电机低速大转矩的能力，但是在该类电机中有 3 层气隙，极大地增加了电机的加工制造难度。为此，国内外学者开展了永磁游标电机的研究。图 3.33 给出了常规永磁电机到永磁游标电机的结构演变示意图。从常规永磁电机到磁齿轮复合电机，仍保留原有电机结构 (此时磁齿轮内转子极对数 p_{r} 仍客观存在)，只在一级外转子外复合磁齿轮，绕组通电频率仍为 $f = 60n/p_{\mathrm{r}}$。与常规永磁电机剖面结构对比可知，永磁游标电机定子齿部结构不同，这也就是永磁游标电机的关键所在。将常规永磁电机齿靴加厚，通过在齿靴开一定深度的小槽，形成圆周分布的等宽小齿，这些齿起到了磁齿轮中调磁环的作用，故称为调制极。调制极通过对定子电枢绕组通电产生的低极对数高转速磁场进行调制，在气隙内产生能与永磁体共同作用的高极对数低转速谐波磁场，从而达到低速大转矩的目的。从磁齿轮复合电机到永磁游标电机，只是舍去一级外转子及贴在上面的永磁体 (此时 p_{r} 消失)，再直接将调制极引入常规永磁电机定子齿靴。需要指出的是，由于 p_{r} 的消失，为满足转矩产生机制第二点，根据磁齿轮调制原理绕组通电频率应为 $f = 60n/p_2$(p_2 为外转子永磁体极对数)。很显然，任意永磁游标电机都能找到一个与其拥有完全相同绕组结构的常规永磁电机与之对应，故可称该电机为永磁游标电机的源电机。同时，该源电机的 p_{r} 称为永磁游标电机的“虚拟极对数 p_{r}'”。因此，当设计永磁游标电机时，如无特殊要求，可先根据常规永磁电机设计流程确定一个源电机的主框架，再根据图 3.33 的变换思路，得到最终永磁游标电机满足 $p_2 = n_{\mathrm{s}} - p_{\mathrm{r}}'$($n_{\mathrm{s}}$ 是调制极个数) 即可。可见，最终永磁游标电机的电枢绕组空间含量最大的谐波极对数 mp_1 就等价于源电机的 p_{r}。源电机的引入，不仅为永磁游标电机提出了一种方便简单的设计方法，同时也提出了一种更直观更容易理解的分析途径。值得注意的是，永磁游标电机中调制极进行调制的对象一方是永磁体磁场，另一方则是电枢磁场，调制结果体现在唯一的气隙当中。然而，磁齿轮中调磁环进行调制的对象双方皆是永磁体，且调制作用能分别在两层气隙中体现。众所周知，永磁电机的主磁场是由永磁体 (相当于励磁磁场) 提供的，其数值远大于电枢通电产生的磁场，电枢磁场中含量最大的谐波分量将与永磁体以相同转速共同作用产生转矩。而在永磁游标电机内，电枢磁场还要经过调制得到需要的高次谐波磁场，含量必会进一步减少，因此同体积下的永磁游标电机输出转矩的能力是无法与磁齿轮相比的。但对于永磁游标电机而言，其具有单层气隙的结构、永磁体用量的大幅减少以及显著优于常规永磁电机的转矩密度的优点，仍极具研究价值。

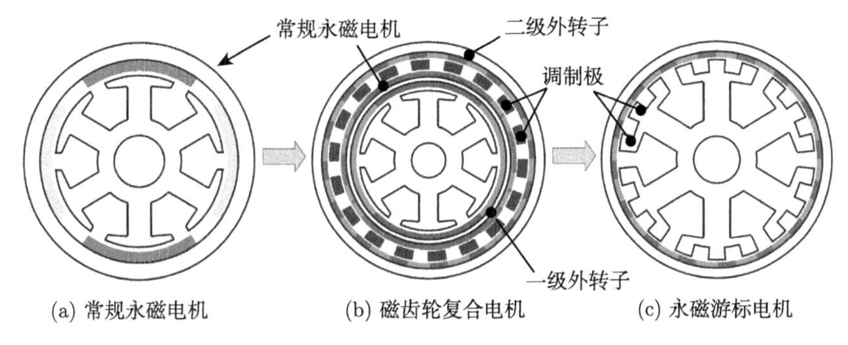

图 3.33　常规永磁电机到永磁游标电机结构演变图

永磁游标电机通过引入调制极来模拟磁齿轮进行磁场调制，需要注意的是，磁齿轮调磁环调制的对象都是永磁磁场，而永磁游标电机又略有不同，转子永磁磁场的调制原理仍可按照式 (3.1) ~ 式 (3.3) 的分析过程，最终得到式 (3.4) 的结果。但定子电枢磁场是一个“电生磁”的过程，首先需要通过磁动势 (MMF) 方程得到未引入调制极前的磁密分布函数，再进行式 (3.2) 和式 (3.3) 的过程。事实上，永磁磁场磁密分布函数式 (3.1) 也是通过永磁体磁动势方程乘以磁导方程得到的，但由于未引入调磁环时的气隙磁导近似为恒值且永磁体磁动势方程有简单的统一表达，故直接写出磁密分布函数。后面内容将进行电枢磁场调制原理分析，因前面内容已有详细过程分析，故在得到电枢磁动势方程后，此处将直接与调制极磁导方程相乘，得到最终调制结果。

以一类三相永磁电机为例，当通以三相对称理想正弦电流时将产生一个幅值不变的空间旋转磁场。单相 MMF 方程可以表达为

$$F_{\text{single}}=\frac{4\sqrt{2}NI}{\pi p_1}\sum_{m=1,3,5,\cdots}\left(\frac{1}{m}g(m)\sin(mp_1\theta)\sin(p_1\Omega_{\mathrm{r}}t)\right) \tag{3.8}$$

$$g(m)=\sin\left(\frac{m}{2}\pi\right)\sin\left(\frac{m}{6}\pi\right) \tag{3.9}$$

式中，N 是每相线圈匝数；I 是相电流有效值；p_1 是绕组极对数；θ 是机械角度。此处为方便推导，假定初始角度为零，即 $\theta_0=0$，故公式中不存在 θ_0。

三相合成 MMF 可计算如下：

$$F_{\text{total}}=\frac{6\sqrt{2}NI}{\pi p_1}\sum_{l}\left(\frac{1}{6l+1}g(l)\cos\left((6l+1)p_1\Omega_{\text{r}}t-(6l+1)p_1\theta\right)\right) \tag{3.10}$$

$$g(l)=\sin\left(\frac{6l+1}{2}\pi\right)\sin\left(\frac{6l+1}{6}\pi\right) \tag{3.11}$$

式中，l 取整数 ($l=0,\pm1,\pm2,\cdots$)。

定子齿靴调制极磁导方程可表示为

$$P=P_1+\sum_{j=1,2,3,\cdots}P_j\cos(jn_{\text{s}}\theta) \tag{3.12}$$

式中，P_j 是第 j 次谐波的幅值；n_{s} 是调制极个数。

结合式 (3.10) 和式 (3.12)，可以得出经过调制极调制后的径向气隙磁密：

$$\begin{aligned}
&B_{\text{r}}(r,\theta)=F_{\text{total}}P\\
&=P_1F_0\sum_{l}\left(\frac{1}{6l+1}g(l)\cos\left((6l+1)p_1\Omega_{\text{r}}t-(6l+1)p_1\theta\right)\right)\\
&\quad+F_0\sum_{j=1,2,3,\cdots}P_j\cos(jn_{\text{s}}\theta)\sum_{l}\left(\frac{1}{6l+1}g(l)\cos\left((6l+1)p_1\Omega_{\text{r}}t-(6l+1)p_1\theta\right)\right)\\
&=P_1F_0\sum_{l}\left(\frac{1}{6l+1}g(l)\cos\left((6l+1)p_1\Omega_{\text{r}}t-(6l+1)p_1\theta\right)\right)\\
&\quad+\frac{1}{2}\sum_{j=1,2,3,\cdots}\sum_{l}\frac{1}{6l+1}g(l)P_jF_0\cos\left((-(6l+1)p_1+jn_{\text{s}})\left(\theta-\frac{(6l+1)p_1\Omega_{\text{r}}}{(-(6l+1)p_1+jn_{\text{s}})}t\right)\right)\\
&\quad+\frac{1}{2}\sum_{j=1,2,3,\cdots}\sum_{l}\frac{1}{6l+1}g(l)P_jF_0\cos\left((-(6l+1)p_1-jn_{\text{s}})\left(\theta-\frac{(6l+1)p_1\Omega_{\text{r}}}{(-(6l+1)p_1-jn_{\text{s}})}t\right)\right)
\end{aligned} \tag{3.13}$$

$$F_0=\frac{6\sqrt{2}NI}{\pi p_1} \tag{3.14}$$

依然用符号 k 表示 $\pm j$，从式 (3.14) 可以得出电枢磁场磁密分布空间谐波的极对数如下：

$$p_{-(6l+1),k} = |-(6l+1)p_1 + kn_\mathrm{s}| \tag{3.15}$$

式中，$-(6l+1)$ 中 l 取整数，则得到所取值为 $-1, 5, -7, 11, -13, \cdots$，正负只代表谐波磁场的旋转方向，谐波次数不含 3 次及 3 的倍数次是因为三相绕组该次数的谐波空间合成为零。同时 k 取值为 $0, \pm1, \pm2, \cdots$。为对磁齿轮和永磁游标电机调制公式进行统一表达，将式 (3.4) 和式 (3.15) 整合为

$$p_{i,m,k} = |mp_i + kn_\mathrm{s}| \tag{3.16}$$

$$k = 0, \pm1, \pm2, \pm3, \cdots$$

且需满足如下条件。

(1) 对于磁齿轮，$i=1$ 表示磁场谐波分量由内转子永磁体产生，$i=2$ 表示磁场谐波分量由外转子永磁体产生。m 为奇数，即 $1, 3, 5, \cdots$。

(2) 对于永磁游标电机，$i=1$ 表示磁场谐波分量由定子电枢绕组产生，$i=2$ 表示磁场谐波分量由外转子永磁体产生。m 为从 -1 开始的正负相隔奇数且不能为 3 的倍数，即 $-1, 5, -7, 11, \cdots$。

本书设计与分析所用到的所有永磁游标电机均采用调制极数 n_s 是三者值最大的结构，且为了方便讨论，此后分析皆从绕组端开始也就是取 $i=1$。因此，式 (3.16) 可简化成

$$p_{1,m} = n_\mathrm{s} - |m|\, p_1 \tag{3.17}$$

为在不同磁场转速下传递转矩，外转子永磁体极对数 p_2 就必须等于 $p_{1,m}$。而为了传递出最大转矩，则需要确定调制后含有最大幅值的高次谐波分量 $p_{1,m}^{\mathrm{th}}$ 的值，即只需确定调制前含有最大幅值的低次谐波分量 mp_1^{th} 的值。对于磁齿轮，之前已讨论过由于永磁磁场的特性，$m=1$，最大幅值的低次谐波分量 mp_1^{th} 就是内转子永磁体的极对数。对于永磁游标电机，如何确定 p_1 和 m 的值，是一个很值得探讨的问题。

以电枢绕组基波极对数 $p_1=4$，调制极数 $n_\mathrm{s}=24$，外转子永磁体极对数 $p_2=20$ 的永磁游标电机为例，通入三相理想正弦电流，设 $B_\mathrm{r}=0$(即电枢磁场单独作用下)，气隙径向磁密和对应的空间谐波频谱调制前与调制后对比如图 3.34 所示。调制前后对比可知，除第 20 次谐波外，其他阶次谐波都明显变小，这是因为调制前与调制后磁密位置对应的磁导不同，气隙磁导远小于定子硅钢片磁导。尽管磁导的不同导致了这样不公平的对比结果，但这并不影响对调制作用的观察。调制后第 20 次谐波幅值 ($p_{1,1} = n_\mathrm{s} - mp_1$，$m=1$) 的不减反增更是强烈验证了调制理论的正确性，通过对幅值最大的基波 p_1 进行调制，得

到的第 20 次谐波再加上原有固有存在且幅值很小的本应因磁导变化而更减小的 20 次谐波，最终得到幅值最大的高次谐波，可与外转子永磁体共同作用产生转矩。

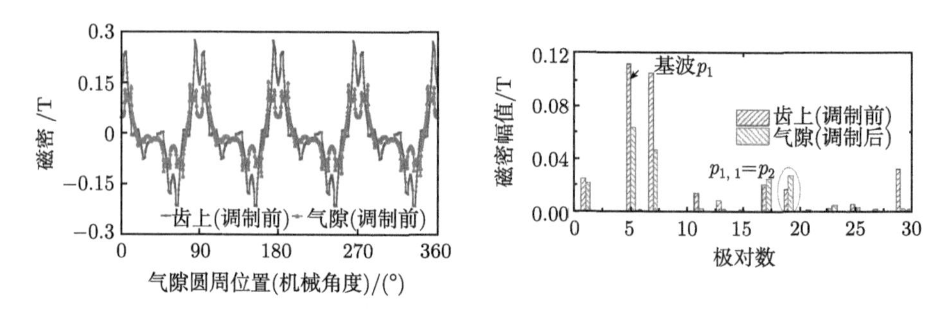

图 3.34　定子电枢磁场单独励磁，气隙径向磁密和对应的空间磁场谐波调制前与调制后对比

同理，图 3.35 给出了外转子永磁体单独励磁，气隙径向磁密和对应的空间磁场谐波分析，通过对幅值最大的基波 p_2 进行调制，得到的第 4 次谐波 ($p_{2,1} = n_s - mp_2$，$m = 1$)，最终得到幅值最大的低阶谐波可与电枢磁场共同作用产生转矩。如此便模拟了双层气隙磁齿轮的转矩传递，在外转子上最终体现低速大转矩的能力。

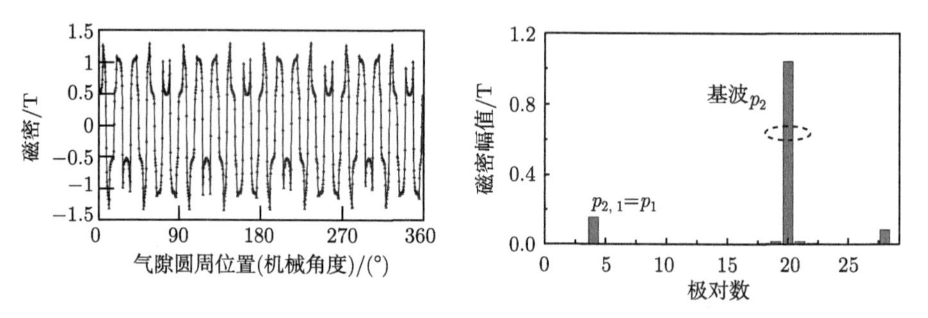

图 3.35　外转子永磁体单独励磁，气隙径向磁密和对应的空间磁场谐波频谱分析

3.4.2　永磁容错游标电机拓扑结构

高容错性能是设计的关键目标之一，也就是说应尽量降低相间电、磁和热的耦合，从而确保在某相故障情况下其他相的正常运行。通过合适的极槽配比以及选用单层分数槽集中绕组可以满足上述要求。此外，单层分数槽集中绕组的选择能消除各相间的端部绕组交叠，显著降低铜耗，尤其在电机轴长较小的时候更为明显。

在永磁电机中，对于任意单层分数槽集中绕组结构，单元绕组模块 (存在于最小可允许的极槽配比，即单元电机) 每相只有两个反相位的线圈。对于这样拥

有 $N_{\rm ph}$ 相和 S 槽的绕组，所需要的永磁体极对数 $p_{\rm r}$ 为

$$2p_{\rm r} = S\left(1 \pm \frac{n}{2N_{\rm ph}}\right) \tag{3.18}$$

式中，$n = 1$，或者 $n =$ 任意非零小于 $N_{\rm ph}$ 的奇数 (n 与 $N_{\rm ph}$ 并不共享任何因数，即两者之间不存在任何关系)。需要指出的是，良好的设计需要使永磁体与绕组间有一个较高的耦合，意味着 $n/N_{\rm ph}$ 不能大于 0.6。对于单层分数槽集中绕组永磁容错电机，槽数一般不能过大。因为槽数越多，相同体积情况下导致的每槽横截面积越小，同时通过调制后得到的过多极对数的永磁体进一步降低了永磁体利用率，并增加了工作频率。此外，为提高电机可靠性，一般会采用多相结构，这样根据式 (3.17) 和式 (3.18) 势必也会一定程度地增加槽数。因此，综合考虑槽数与相数的关系，选择了 $S = 20$ 和 $N_{\rm ph} = 5$。槽数与相数确定后，根据式 (3.18) 取 $n = 1$ 将得到两种源电机的基本框架，即 $S = 20$、$N_{\rm ph} = 5$、$p_{\rm r} = 9$ 以及 $S = 20$、$N_{\rm ph} = 5$、$p_{\rm r} = 11$。

$p_{\rm r} = 9$ 和 $p_{\rm r} = 11$ 的两种结构电机运用槽电势星形图方法可得到图 3.36 的绕组分相结果。很显然，$p_{\rm r} = 9$ 相比于 $p_{\rm r} = 11$ 的单层分数槽集中绕组结构，只存在磁场旋转方向上的不同。因为它们都是式 (3.18) 在所有参数相同情况下由正负号导致的结果，所以两种绕组结构单独励磁时气隙空间磁场谐波也是一样的，统一如图 3.37 所示。空间含量最大的谐波极对数 $mp_1 = p_{\rm r} = 9$ 或 11。

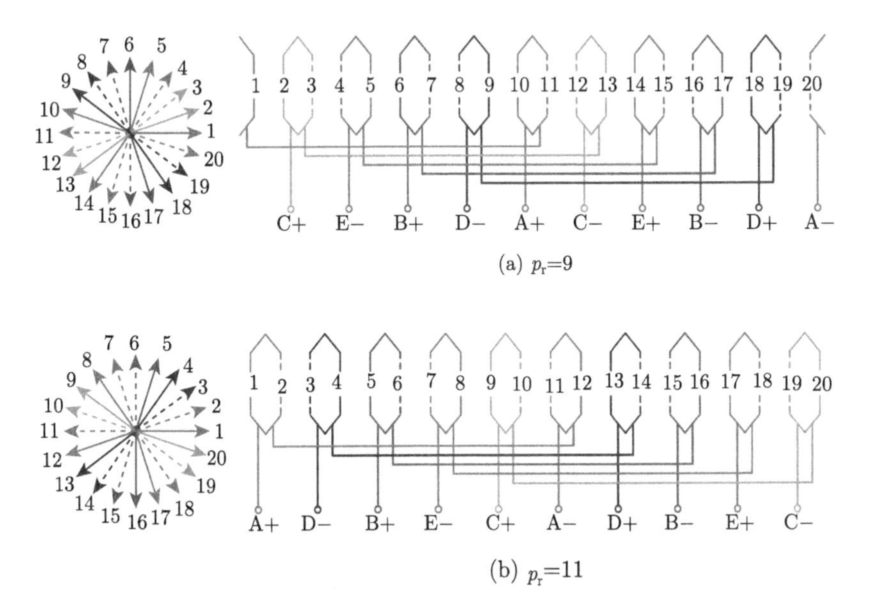

(a) $p_{\rm r}$=9

(b) $p_{\rm r}$=11

图 3.36　绕组分相方式

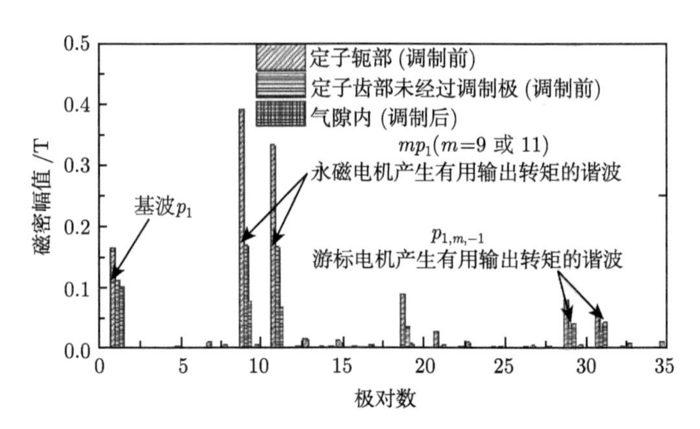

图 3.37　定子电枢绕组单独励磁，气隙径向磁密谐波分析频谱

当由源电机转换至对应的永磁容错游标电机时，只需要确定调制极 n_s 值就能得到永磁体极对数，从而确定了永磁容错游标电机主框架。图 3.38 以 $p_r = 9$ 的结构为源电机，给出了可能存在的四种合理 n_s 值对应的电机结构。主框架参数如表 3.3 所示，结构示意图如图 3.38 所示。需要指出的是，本节设计采用调制极均分气隙圆周的形式 (即调制极宽、齿靴开小槽宽、定子槽口宽三者相等)，因为其不仅能得到各方面较优性能而且方便加工。将表 3.3 的四种结构进行反电势对比如图 3.39

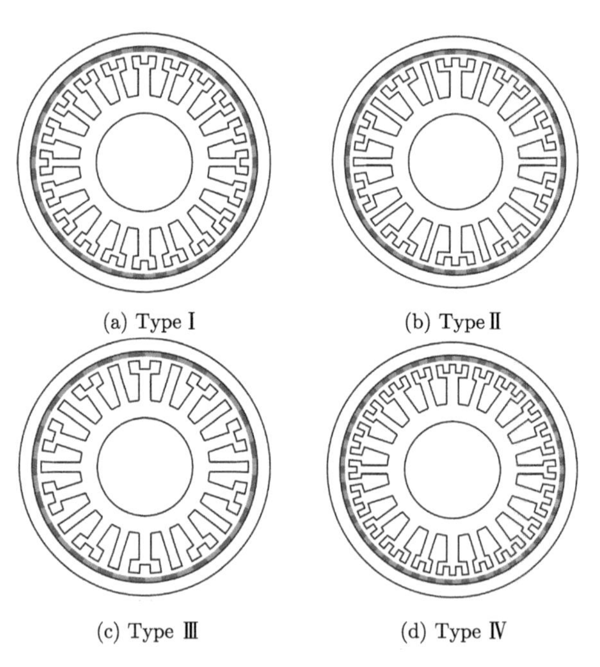

(a) Type Ⅰ　(b) Type Ⅱ

(c) Type Ⅲ　(d) Type Ⅳ

图 3.38　$p_r = 9$ 的不同 n_s 值对应永磁容错游标电机结构示意图

所示。很显然，Type I 的反电势最优 (幅值最大，波形正弦度最高)。此外，Type Ⅳ 反电势波形很接近 Type I，但由于调制极数和永磁体极数都过大，加大了加工难度以及工作频率。因此得到结论，n_s 取 40 且每电枢齿和每容错齿各均匀分布两个调制极能得到最优主框架。以 $p_r = 11$ 的结构为源电机将不做另行讨论。

表 3.3　$p_r = 9$ 的不同 n_s 值对应永磁容错游标电机主框架参数

参数	Type I	Type Ⅱ	Type Ⅲ	Type Ⅳ
调制极数 n_s	40	40	30	50
每电枢齿调制极数	2	3	2	3
每容错齿调制极数	2	1	1	2
永磁体极对数 p_2	31	31	21	41

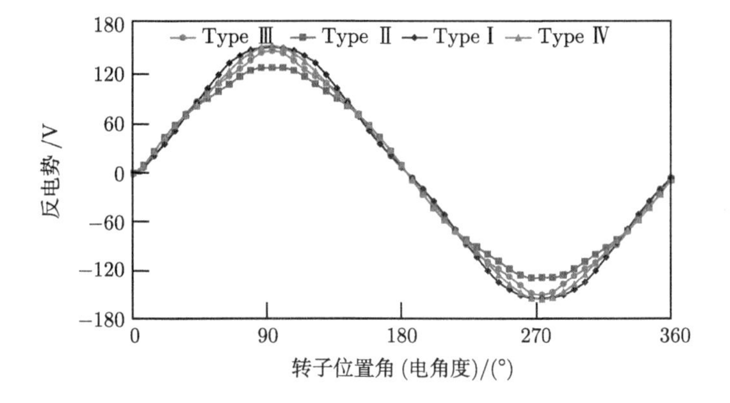

图 3.39　$p_r = 9$ 的不同 n_s 值对应永磁容错游标电机反电势对比

调制极数 n_s 确定后，两种样机的主框架已形成，如表 3.4 所示。图 3.40 给出了永磁体单独励磁时气隙内径向磁密分布的对比，对应的谐波分析频谱如图 3.41 所示。通过对含量最大的 p_2^{th} 谐波进行调制得到在气隙内明显增大的 $p_{2,m,-1}^{\mathrm{th}}$ 谐波，满足 $p_{2,m,-1} = mp_1 = p_r'$。至此，通过图 3.37 以及图 3.41 的分析，所需调制作用得到了实现和验证。

表 3.4　$n_s = 40$ 的两种样机主框架

	S	p_r	m	p_1	n_s	p_2
Prototype_1	20	9	9	1	40	31
Prototype_2	20	11	11	1	40	29

图 3.42 和图 3.43 分别比较了 $p_r = 9$ 和 $p_r = 11$ 永磁容错游标电机的反电势和输出转矩。可以看出，反电势波形几乎重合，通过放大才可观察到 Prototype_1 波形略为饱满 (正弦度较高)。而输出转矩图对比较为明显，但事实上平均转矩也只有 3.7%的差距，这正是由反电势正弦度所导致的。因此得到结论，电机确定为 Prototype_1 的结构。

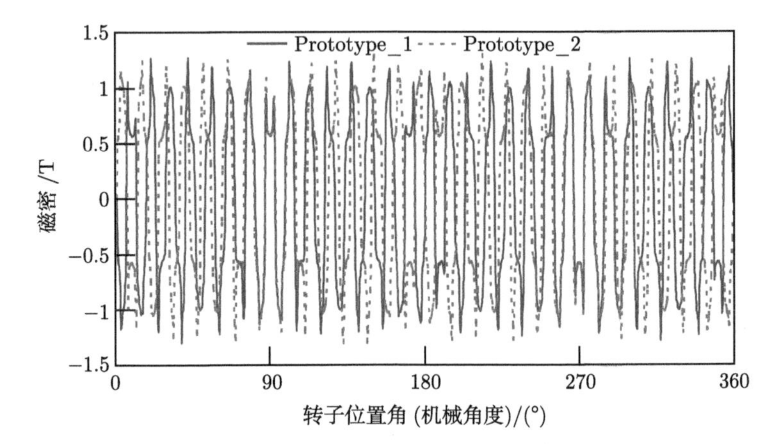

图 3.40　$n_s = 40$ 的两种样机气隙径向磁密分布

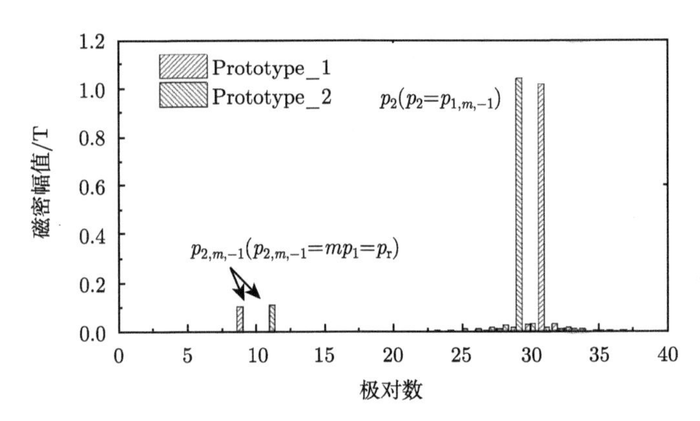

图 3.41　$n_s = 40$ 的两种样机永磁体单独励磁，气隙径向磁密谐波分析频谱

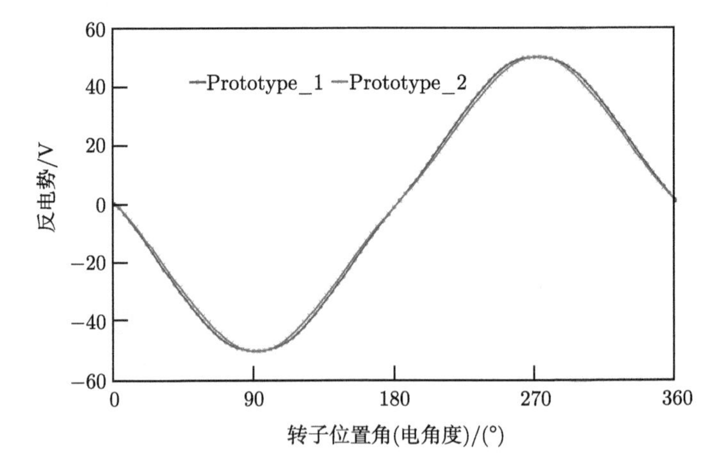

图 3.42　$n_s = 40$ 的两种样机反电势波形对比

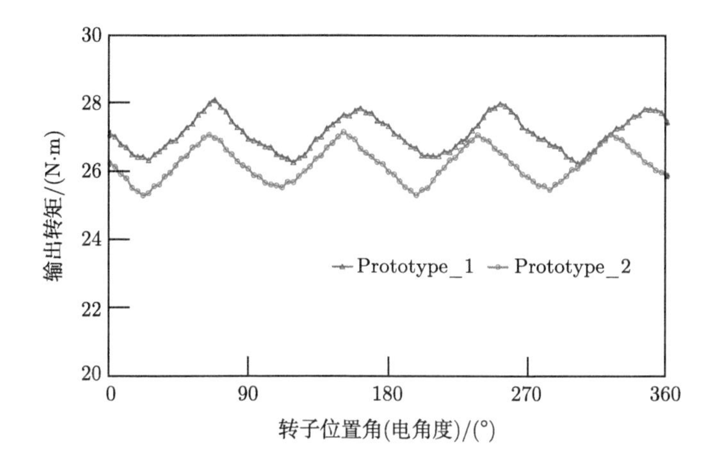

图 3.43 $n_s = 40$ 的两种样机输出转矩波形对比

至此，电机基本结构已经确定，图 3.44(a) 和 (b) 分别给出电机的剖面结构和 3D 立体结构图。对图 3.44(a) 的局部放大如图 3.44(c) 所示，图中标出一些重要参数，后面内容将对这些参数进行优化确定。需要指出的是，调制极形成的槽深 L_3 已确定为 4 mm，因为在优化过程中 L_3 在 $2 \sim 5$ mm 范围变化时电机性能基本不变。同时取 $\theta_1 = \theta_2 = \theta_3$，即前面内容所述调制极均分气隙圆周。

气隙厚度 R_g 对于任何电机的设计来说都是一个关键性参数，它不但对电机的电磁性能有所影响，而且对电机的制造成本也起着关键作用。R_g 越小，相邻磁极间的漏磁就越小，从而导致电枢之间的匝链越多，输出转矩随之增大。但是，气隙中的磁场谐波分量的幅值会随之变大，转矩脉动和损耗也会随之增加，电机的制造和装配成本也会随之增加。事实上，小气隙的关键问题在于制造精度能否跟得上，一旦精度未跟上而导致了偏差或气隙不均匀，对电机性能有非常大的负面影响。R_g 越大，永磁体与电枢之间的磁阻就越大，相邻磁极间的漏磁也就越大，与电枢匝链则会随之变少，导致输出转矩变低。但气隙中的磁场谐波分量的幅值会变小，电机损耗会随之变小，根据实验的总结，当 R_g 每增加 0.1 mm 时，杂散损耗减少 1.5%～1.7%。与此同时，气隙磁阻的变化将会影响电机 d-q 轴上的磁阻，从而间接影响电机的调速性能以及最优控制方式的选择。一般大功率电机，由于电机的各个机械结构尺寸较大，也就要求 R_g 较大。

图 3.45 给出随 R_g 变化的转矩特性图 (功角曲线)。很显然，最大输出转矩随 R_g 的减小而线性增大。此外，可以观察到当 R_g 很大的时候，最优 β 角 (能使输出转矩最大的空载反电势与注入电流间的夹角) 几乎为 0，并且 β 随着 R_g 减小而变大。这主要是由在调制极顶部的磁场集中导致饱和所引起的。当 β 接近 0 时也就暗示着此时 $L_d = L_q$，磁阻转矩几乎为 0，输出转矩完全由永磁转矩提供。事

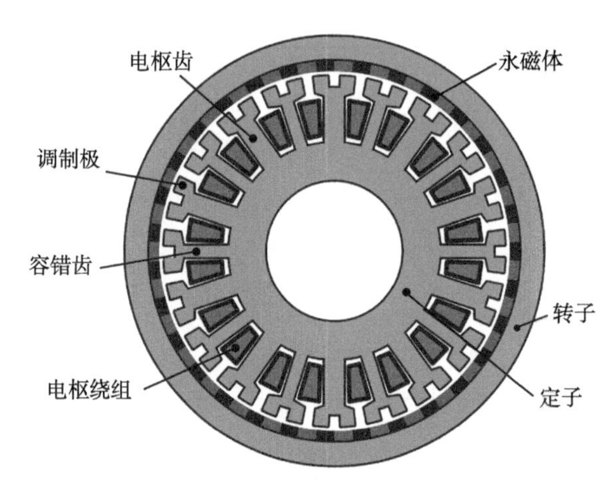

(a) 剖面结构图

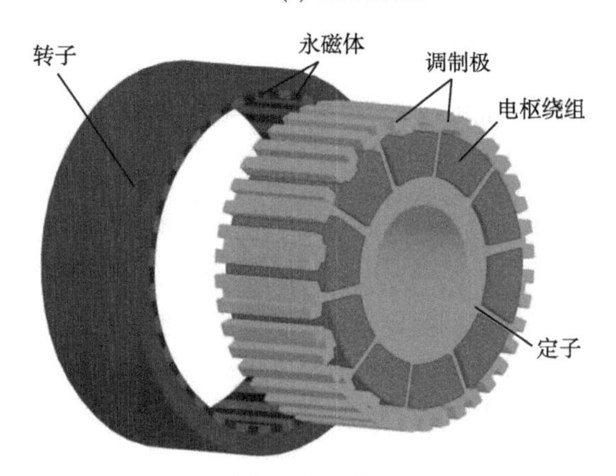

(b) 3D结构图

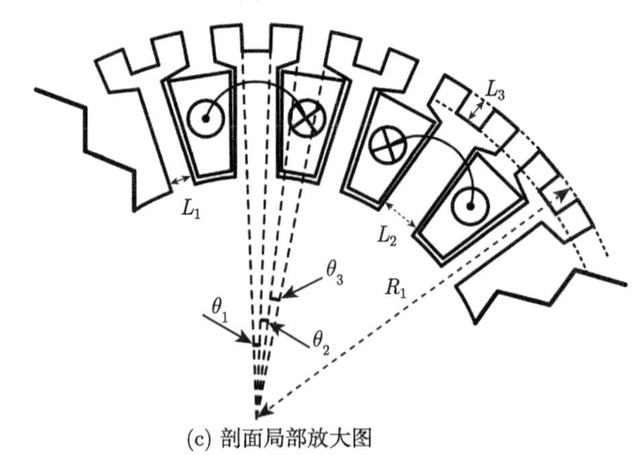

(c) 剖面局部放大图

图 3.44　样机结构

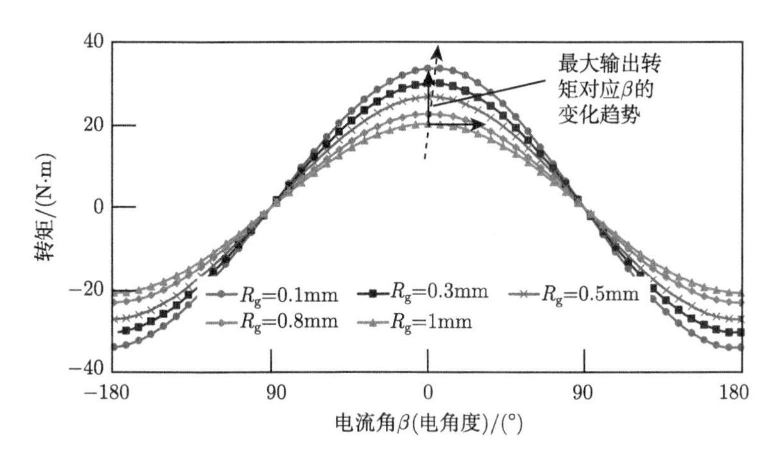

图 3.45 随气隙厚度 R_{g} 变化的转矩特性

实上，气隙厚度的确定还非常受加工精度的制约，综合考虑，最终选择 $R_{\text{g}} = 0.5$ mm。当 $R_{\text{g}} = 0.5$ mm 时，仍可近似认为 $L_d = L_q$，也就意味着只需采用简单的 $i_d = 0$ 控制方式便可实现最大转矩/电流比。

永磁容错游标电机目前均采用表贴式的径向励磁永磁体，故对永磁体的优化工作只存在厚度和极弧系数两点。永磁体的厚度 H_{pm} 是一个非常重要的参数，因为它很大程度上影响着气隙磁密、抗退磁能力以及电机总成本 (永磁体采用铷铁硼稀土永磁材料，目前价格高昂，占电机制造成本大部分) 等。常规表贴式永磁体电机中，一般能通过 H_{pm} 的增加来加大气隙中的永磁磁密，从而增大输出转矩。但对于表贴式永磁容错游标电机，这种方法并不适用，H_{pm} 的增加通常只会起到增加抗去磁能力的作用。图 3.46 给出了反电势和齿槽转矩幅值随 H_{pm} 变化的波形图。H_{pm} 对反电势幅值的影响存在一个最高点，大致在 $H_{\text{pm}} = 2$ mm 左右。当 $H_{\text{pm}} < 2$ mm 时，反电势幅值随永磁体厚度快速增大渐趋平缓。当 $H_{\text{pm}} > 2$ mm 时，反电势幅值不但不再增加，反而逐渐变小。这种现象的产生主要是由于随着永磁体厚度的增加，磁路上的磁阻也会增大 (永磁体磁阻可近似认为等于空气磁阻，远大于定转子材料硅钢片磁阻)，磁阻的增大导致了气隙内调制作用的减弱，而永磁容错游标电机是完全依靠调制作用而存在的，调制作用的减弱势必导致反电势幅值的减小，最终将会减小输出转矩。然而，齿槽转矩幅值是始终随永磁体厚度增大而增大的。因此根据图 3.46 的分析，永磁体厚度 H_{pm} 应取在能产生最大反电势幅值点的前后，事实上 H_{pm} 控制在 $1.5 \sim 3.5$ mm 都是可以接受的。

永磁体通常是工作在去磁状态下的，退磁曲线往往不是直线，而是具有一定程度的弯曲。退磁曲线上任何一点代表一个磁状态，而永磁体在其上的工作点取决于永磁体的特性和外磁路的特性。永磁体的特性可用回复线描述，回复线与外

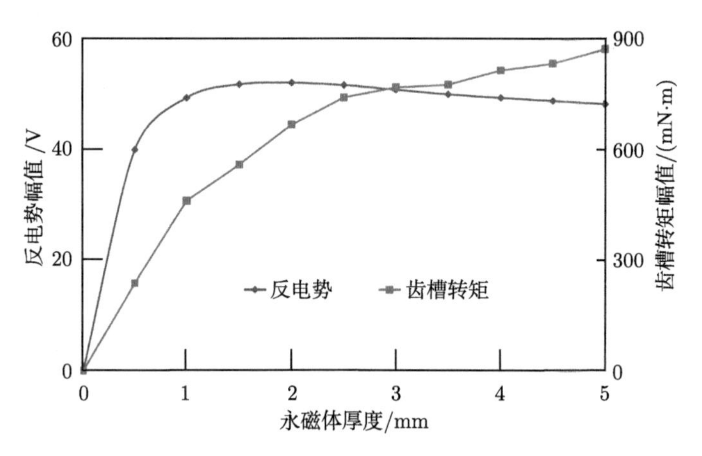

图 3.46　反电势幅值和齿槽转矩幅值随厚度 H_{pm} 的变化

磁路的特性线交点即工作点。图 3.47(a) 给出了永磁体退磁曲线和回复线示意图。永磁电机在运行时受到作用的退磁磁场强度是反复变化的，当对永磁体施加退磁磁场强度时，磁通密度沿退磁曲线 B_rP 下降。如果在下降到 P 点时消去外加退磁磁场强度 H_p，磁密将并不沿退磁曲线回复，而是沿另一曲线 PBR 上升。若再施加退磁磁场强度，则磁密沿新的曲线 $RB'P$ 下降。如此多次反复后形成一个局部的小回线，称为局部磁滞回线。由于该回线上升与下降曲线很接近，故可以近似用一条直线 PR 来代替，称为回复线。如果以后施加的退磁磁场强度 H_Q 不超过第一次的 H_p，则磁密沿回复线 PR 作可逆变化。如果 $H_Q > H_p$，则磁密下降到新的起始点 Q，沿新的回复线 QS 变化，不能再沿原来的 PR 变化。这种磁密的不可逆变化将造成电机性能的不稳定，应力求避免发生，对于永磁容错游标电机，合理设计永磁体厚度能避免此种情况。

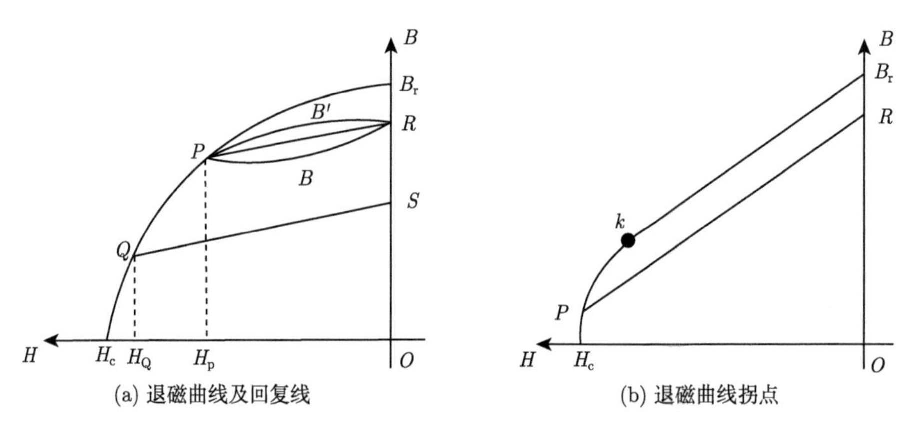

图 3.47　永磁体退磁曲线与回复线示意图

图 3.47(b) 给出了钕铁硼稀土永磁材料的退磁曲线示意图。曲线上半部分为直线，当退磁磁场强度超过一定值后，退磁曲线急剧下降，开始拐弯的点称为拐点 k。只要退磁磁场强度不超过拐点 k，回复线和退磁曲线直线段相重合，不会造成永磁体的不可逆退磁。钕铁硼稀土永磁材料的 k 点对应磁密值约为 0.2 T，也就是说电机任何工况下，永磁体只要存在有一点磁密低于 0.2 T 将会产生不可逆退磁，将严重影响电机性能及寿命。影响不可逆退磁的原因有很多，如发生短路时的短路电流、弱磁下通入的 d 轴去磁电流分量、工作温度等。对于表贴式电机来说，加大永磁体厚度是增强抗去磁能力一个主要的有效方法。因为增大厚度相当于增大了永磁体磁化方向上的长度，使永磁体工作点提高，削弱了电枢反应从而增强了抗去磁能力。

此处，将模拟一种较为极端的工作情况，对永磁体不可逆退磁情况进行分析。图 3.48 给出了所设计电机永磁体磁密值最小点的磁密随 H_{pm} 变化而变化的波形，电机工作在将额定电流全部加在负 d 轴上用于去磁的状态下。为保证永磁体在任何恶劣工况下都不会发生不可逆退磁，综合前面内容厚度 H_{pm} 对反电势幅值及输出性能的影响考虑，最终选定 $H_{\mathrm{pm}} = 3.2$ mm，既保证输出性能接近最大化，又留出余量避免不可逆退磁的发生。

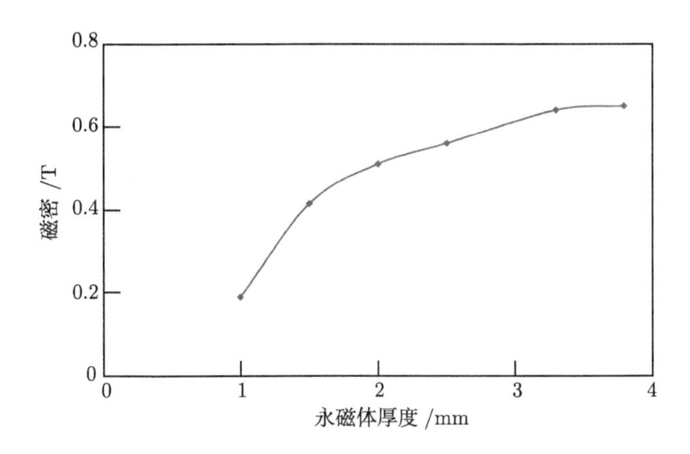

图 3.48 永磁体磁密最小值随厚度 H_{pm} 的变化

永磁体的极弧系数 α 对反电势和齿槽转矩也有很大的影响。选择合适的 α 能有效增大反电势或者减小齿槽转矩。在大多数情况下，反电势和齿槽转矩之间是要有一个折中考虑的，因为往往使反电势增大的 α 也会同时增大齿槽转矩。对于表贴式永磁容错游标电机，极弧系数同永磁体厚度一样，只会影响到反电势和齿槽转矩的幅值而不会影响波形。图 3.49 给出了反电势和齿槽转矩幅值随 α 变化的波形。可以看出，即使是最大的齿槽转矩幅值也没有超过额定转矩的 4%，是完全可以接受的。同时，反电势幅值随 α 的增大而显著增大。最终，再考虑到加工的精度与方便性，本节设计直接选择 $\alpha=1$，这也是目前很多文献所采用的极弧系数。

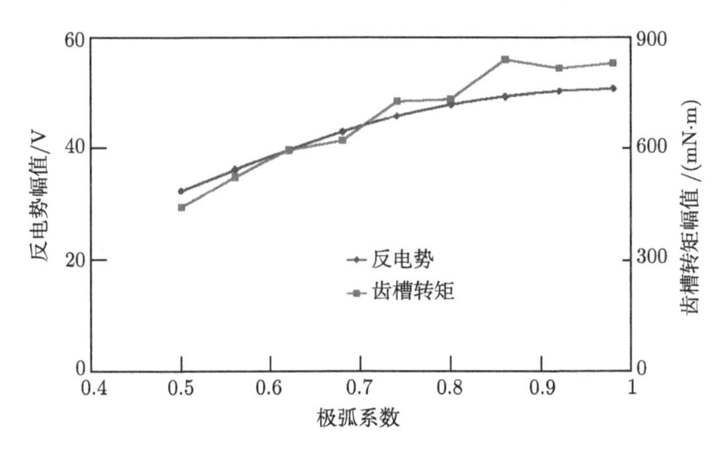

图 3.49　反电势幅值和齿槽转矩幅值随极弧系数 α 的变化

定子齿宽对输出转矩同样有着非常大的影响，因为槽面积以及齿上磁通饱和程度都很大程度地受齿宽制约。采用单层分数槽集中绕组结构，相当于引入了容错齿的概念。容错齿的作用是对各相绕组进行物理隔离，同时为各相产生的磁场提供了特殊的磁通路径，从而达到磁路隔离的目的。容错齿宽 L_1 可以做得不同于电枢齿宽 L_2，能有利于优化磁链和增大槽面积。

图 3.50 给出了输出转矩平均值随齿宽变化的波形。为确定电枢齿宽度，可先假定 $L_1=L_2$，即采用相等齿宽的设计。可以发现，输出转矩随齿宽的增加而增

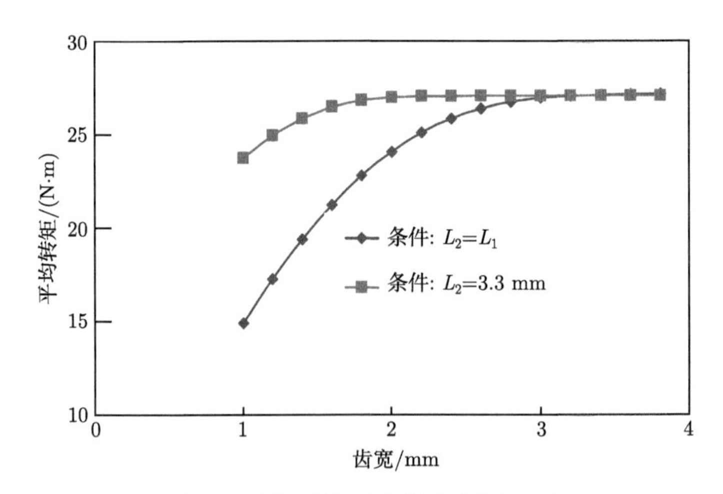

图 3.50　输出转矩平均值随齿宽的变化

加，到 $L_1 = L_2 = 3.3$ mm 后不再变化，也就是 3.3 mm 的电枢齿宽刚好能通过电机正常工作下的全部磁通。确定电枢齿宽后，固定 $L_2 = 3.3$ mm，对容错齿宽 L_1 进行参数化分析。同理，可以很明显地观察到，当 $L_1 = 1.9$ mm 以后，就能得到 $L_1 = L_2 = 3.3$ mm 时一样大的输出转矩，也就是说 $L_1 = 1.9$ mm 时磁通已可以完全通过，增加容错齿宽只会带来减小槽面积的副作用。最终，本节设计确定容错齿宽 $L_1 = 1.9$ mm，电枢齿宽 $L_2 = 3.3$ mm。

以上工作对样机的主框架以及部分重要参数进行了确定和优化，最终得到的电机设计参数列于表 3.5 中。

表 3.5 永磁容错游标电机尺寸参数 (以五相永磁容错游标电机为例)

参数	数值
槽数，S	20
永磁体极对数，p_2	31
调制极数，n_s	40
传动比，G_r	−31∶9
额定频率/Hz	310
电流密度，$J_a/(\mathrm{A/mm^2})$	6.57
定子外半径，R_1/mm	60
转子外半径，R_2/mm	70
轴长，L_s/mm	60
气隙厚度，R_g/mm	0.5
永磁体厚度，H_{pm}/mm	3.2
容错齿宽，L_1/mm	1.9
电枢齿宽，L_2/mm	3.3
永磁体极弧系数，α	1
每槽槽面积，$A_{slot}/\mathrm{mm^2}$	121.8
每槽线圈匝数，N_c	48

电机的尺寸可由额定功率、额定转速以及额定电流计算得到，永磁体采用稀土永磁材料 NdFe35，B_r 为 1.23 T，H_c 为 890000 A/m。事实上，所设计电机在体积上与文献 [14] 和文献 [15] 中的样机一致，主要目的是能更直观地进行无论计算还是实验上的各方面性能比较。

3.4.3 永磁容错游标电机仿真分析与实验验证

图 3.51 为五相永磁容错游标电机驱动系统的稳态场路联合仿真模型。驱动电路采用高可靠性的 H 桥电路，进一步提高了相间的独立性。需要注意的是，图中电机模型所接电阻代表电机相电阻，而电感只是代表电机漏感，电机的相电感已包含在 Maxwell 2D 的模型内无须再附加。为模拟稳态过程，直接给定恒值额定转速 600 r/min。图中给出 A 相的控制模块，采用电流滞环控制方式，通过给定额定正弦参考波形，再与 A 相反馈电流作差，经过滞环比较器得到信号①，用于控制 A 相上管如图 3.51 所示，同理信号①再进行逻辑取反就得到信号②，用于

控制 A 相下管，由于这是一个软件仿真过程，反应精度高，故无须设置死区，上下管是完美互补的工况。剩下四相可类似 A 相予以控制，不再赘述。

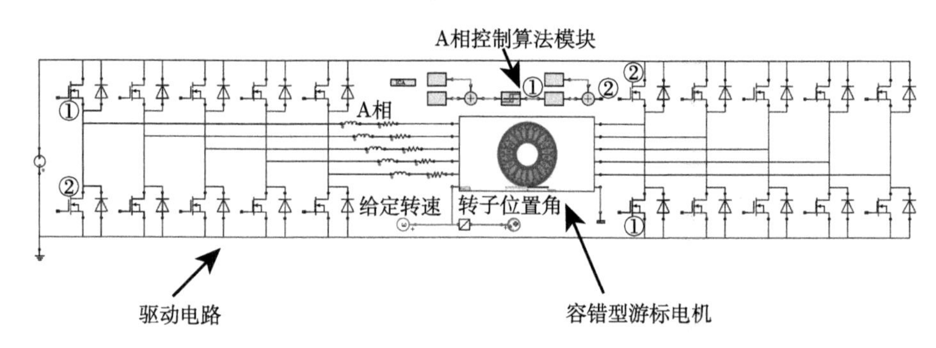

图 3.51　稳态联合仿真模型

图 3.52 和图 3.53 给出五相永磁容错游标电机基于稳态联合仿真模型下的电流和输出转矩波形。结果与 Maxwell 2D 单独仿真结果相吻合，电流和转矩体现一个滞环效果。可见，稳态的联合仿真只是作为 Maxwell 2D 与 Simplorer 可无缝连接的一个验证。图 3.54 给出了稳态下 A 相短路、其他相正常供电情况下，A 相的电流和输出转矩波形。可以明显看出，短路电流被限制得非常好，这与 Maxwell 2D 单独仿真结果相似。需要注意的是，短路时间点不同，也就是说在一个电周期内的各位置发生短路故障，得到的初始短路电流幅值也不同。若需要找到短路电流最大幅值，可通过短路电流精确计算方法找到对应的短路时间点。同时，从输出转矩的变化可知，如果发生单相短路故障，仍保持正常相电流波形不变将会产生一定幅度的转矩脉动，因此故障下的电流控制策略是需要有一定改进的 [16]。

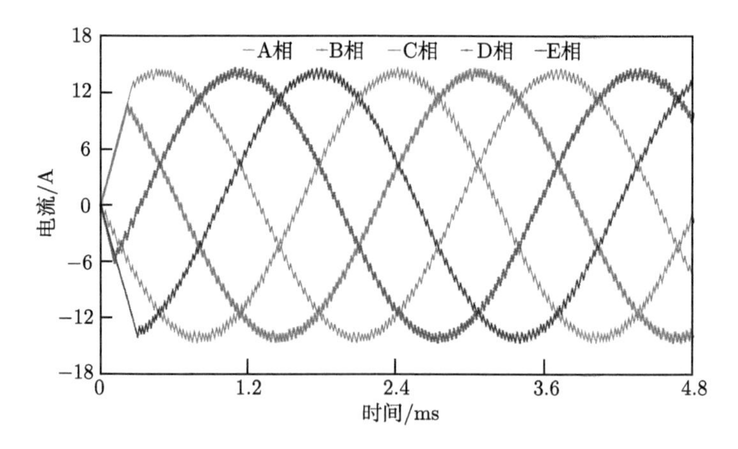

图 3.52　稳态联合仿真电流波形

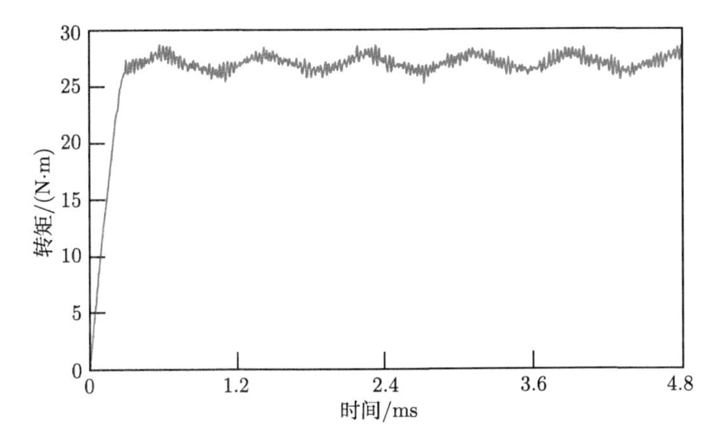

图 3.53 稳态联合仿真输出转矩波形

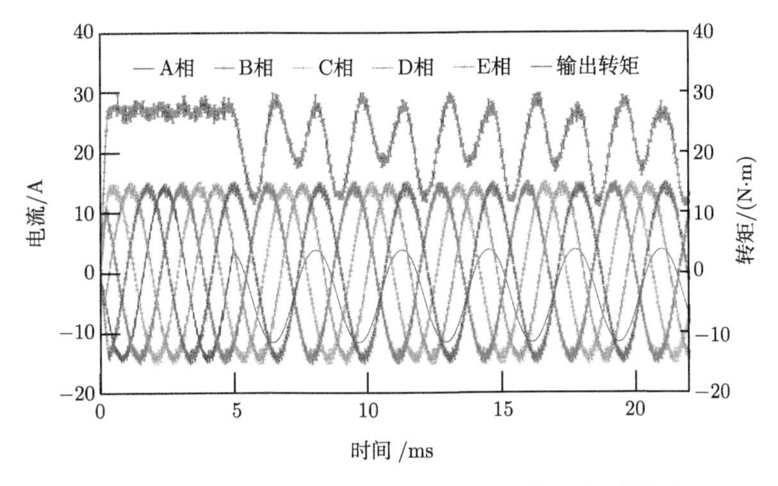

图 3.54 稳态联合仿真单相短路时，短路电流和输出转矩波形

永磁容错游标电机样机加工后的结构实物如图 3.55 所示。图中定子结构中能清晰地看到容错齿、不等齿宽、分数槽集中绕组以及调制极的设计 [17,18]。同时，图 3.55(a) 和 (b) 中的端盖起着限制电机各部件左右移动的作用，并且使电机处于一个封闭环境下，阻止灰尘等杂物进入电机内部，影响电机的正常运行。

一相两套绕组各自的空载反电势波形如图 3.56(a) 所示，两套绕组叠加后的空载反电势波形如图 3.56(b) 所示，转速恒定保持为 218 r/min，同时图 3.57 给出了样机工作在 300 r/min 下的四相空载反电势，依次互差 72°。此外，样机在不同转速下的空载反电势的计算值和实测值的对比如图 3.58 所示，从图中可以看出实测值和计算值相当接近，实测值相比于计算值低了 5.4%左右。这主要是由于仿真是在二维环境下进行的，忽略了端部效应，另外加上加工精度等原因，实测值略低于计算值是完全可以接受的。进一步地，图 3.59 给出样机实测与计算空载反电势的谐波分析对比。纵坐标表示反电势谐波幅值相对于基波幅值的百分比。实测反电势和计算反电势的谐波畸变率 (total harmonic distortion, THD) 分别为 4.265%和 6.059%。很显然，样机反电势正弦度较高，适用于 BLAC 工作方式 [19]。

(a) 定子、转子以及端盖

(b) 样机装配

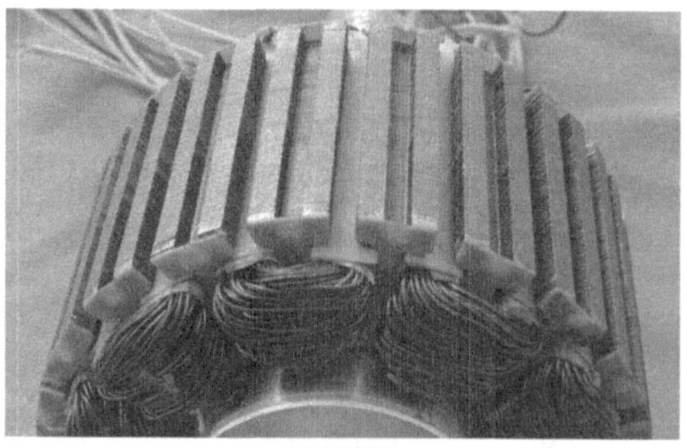

(c) 调制极

图 3.55 永磁容错游标电机样机加工成品结构图

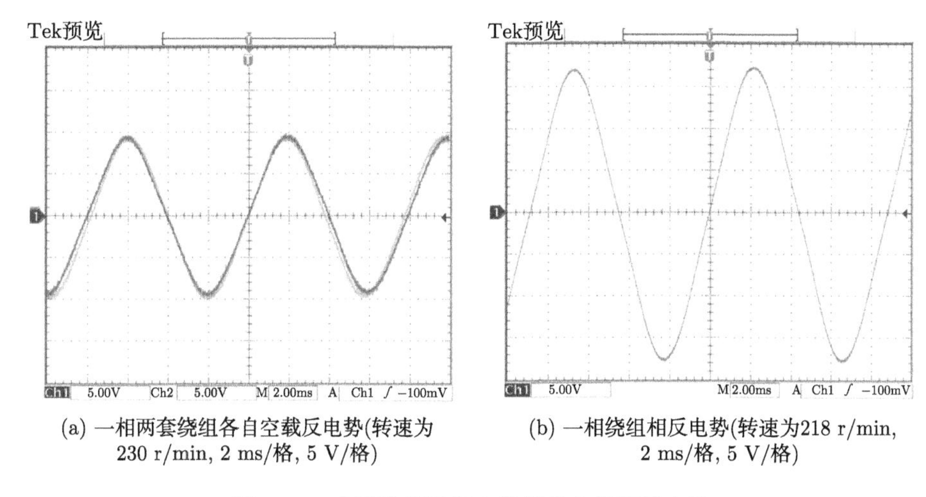

(a) 一相两套绕组各自空载反电势(转速为230 r/min, 2 ms/格, 5 V/格)

(b) 一相绕组相反电势(转速为218 r/min, 2 ms/格, 5 V/格)

图 3.56 永磁容错游标电机样机空载相反电势

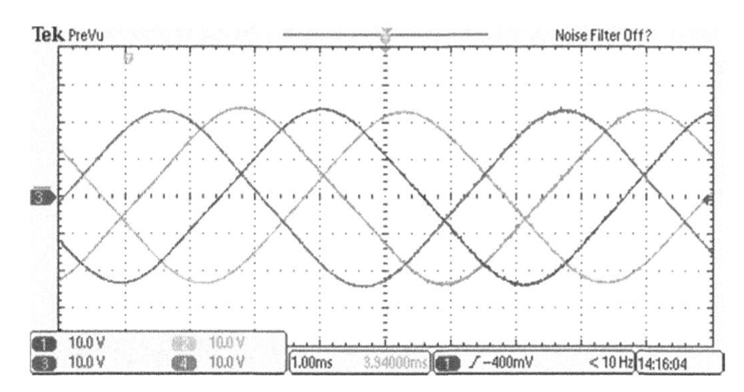

图 3.57 永磁容错游标电机样机四相绕组空载相反电势 (转速为 300 r/min，1 ms/格，10 V/格)

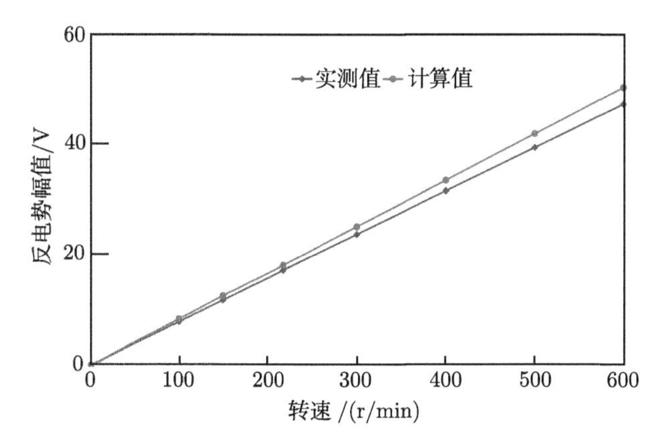

图 3.58 不同转速下的永磁容错游标电机样机空载相反电势计算值和实测值对比

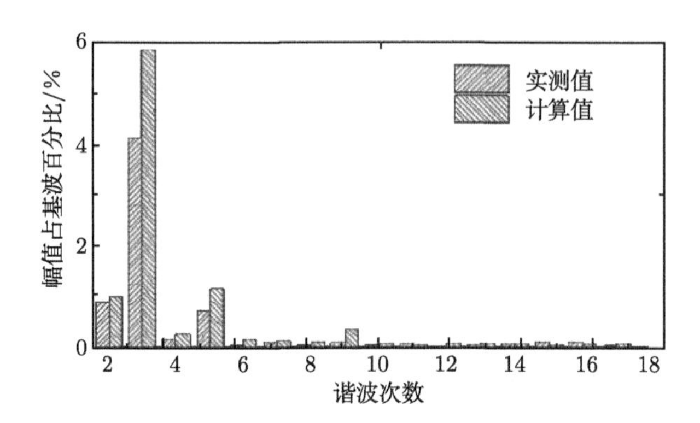

图 3.59 不同转速下永磁容错游标电机样机空载相反电势计算值和实测值的谐波分析对比

图 3.60 给出了 D 相短路情况下，其物理相邻相 A、B 相反电势的波形 (通道 1 和通道 2) 变化图。采用原动机恒定 300 r/min 转速拖动，直接短接 D 相 (通道 4) 的方法。很显然可以从图中观察到在发生短路瞬间，相邻相反电势没有任何变化，即相间磁路几乎完全解耦，该样机具有极高的容错性能 [20,21]。

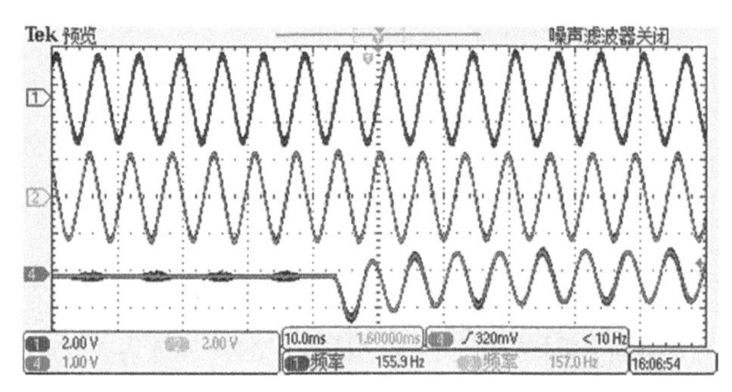

图 3.60 短路时相邻正常相反电势波形 (通道 1：2 V/格，通道 2：2 V/格，通道 2：1 V/格，10 ms/格)

3.5 本 章 小 结

本章详细分析了磁齿轮与永磁容错游标电机的磁场调制原理，给出统一的各极对数关系表达式。通过有限元仿真对气隙内空间磁场的径向磁密谐波分析频谱图验证了调制原理的正确性。以传统永磁容错电机分析方法为基础，设计了一种复合磁齿轮永磁容错电机与一种永磁容错游标电机。综合考虑电机的转矩密度和容错性的需求，对电机的参数进行合理的优化和选择，最后给出了电机的设计参数。所设计的复合磁齿轮永磁容错电机与永磁容错游标电机由于采用磁场调制原理，均能实现低速大转矩的目标，提升了永磁容错电机的转矩密度。

参 考 文 献

[1] Atallah K, Howe D. A novel high-performance magnetic gear[J]. IEEE Transactions on Magnetics, 2001, 37(4): 2844-2846.

[2] Atallah K, Calverley S D, Howe D. Design, analysis and realisation of a high-performance magnetic gear[J]. IEE Proceedings-Electric Power Application, 2004, 151(2): 135-143.

[3] Jian L N, Chau K T, Jiang J Z. An integrated magnetic-geared permanent-magnet in-wheel motor drive for electric vehicles[C]. 2008 IEEE Vehicle Power and Propulsion Conference, Harbin, 2008: 1-6.

[4] Chau K T, Zhang D, Jiang J Z, et al. Design of a magnetic-geared outer-rotor permanent-magnet brushless motor for electric vehicles[J]. IEEE Transactions on Magnetics, 2007, 43(6): 2504-2506.

[5] Jian L N, Chau K T, jiang J Z. A magnetic-geared outer-rotor permanent-magnet brushless machine for wind power generation[J]. IEEE Transactions on Industry Applications, 2009, 45(3): 954-962.

[6] Cheng M, Han P, Hua W. General airgap field modulation theory for electrical machines[J]. IEEE Transactions on Industrial Electronics, 2017, 64(8): 6063-6074.

[7] Islam M S, Islam R, Sebastian T, et al. Cogging torque minimization in pm motors using robust design approach[J]. IEEE Transactions on Industry Applications, 2011, 47(4): 1661-1669.

[8] Choi J S, Izui K, Nishiwaki S, et al. Topology optimization of the stator for minimizing cogging torque of IPM motors[J]. IEEE Transactions on Magnetics, 2011, 47(10): 3024-3027.

[9] Jahns T M, Soong W L. Pulsating torque minimization techniques for permanent magnet AC motor drives-a review[J]. IEEE Transactions on Industrial Electronics, 1996, 43(2): 321-330.

[10] 周鹗. 电机学 [M]. 3 版. 北京: 中国电力出版社, 1995.

[11] Chang L C. An improved FE inductance calculation for electrical machines[J]. IEEE Transactions on Magnetics, 1996, 32(4): 3237-3245.

[12] Atallah K, Zhu Z Q, Howe D. Armature reaction field and winding inductances of slotless permanent-magnet brushless machines[J]. IEEE Transactions on Magnetics, 1998, 34(5): 3737-3744.

[13] Zhao W, Cheng M, Zhu X, et al. Study of fault tolerant motor drive[C]. Proceedings of International Conference on Electrical Machines and Systems, 2006: 20-23.

[14] Chen Q, Liu G H, Gong W S, et al. A new fault-tolerant permanent-magnet machine for electric vehicle applications[J]. IEEE Transactions on Magnetics, 2011, 47(10): 4183-4186.

[15] Liu G H, Gong W S, Chen Q, et al. Design and analysis of new fault-tolerant permanent magnet motors for four-wheel-driving electric vehicles[J]. Journal of Applied Physics, 2012, 111(7): 07E713-07E13-3.

[16] Zhao W X, Chau K T, Cheng M, et al. Remedial brushless AC operation of fault-tolerant

doubly salient permanent-magnet motor drives[J]. IEEE Transactions on Industrial Electronics, 2010, 57(6): 2134-2141.

[17] Wang J B, Atallah K, Zhu Z Q, et al. Modular three-phase permanent-magnet brushless machines for in-wheel applications[J]. IEEE Transactions on Vehicular Technology, 2008, 57(5): 2714-2720.

[18] 陈伯时. 电力拖动自动控制系统: 运动控制系统 [M]. 3 版. 北京: 机械工业出版社, 2003.

[19] Ishak D, Zhu Z Q, Howe D. Permanent-magnet brushless machines with unequal tooth widths and similar slot and pole numbers[J]. IEEE Transactions on Industry Applications, 2005, 41(2): 584-590.

[20] Zhu Z Q, Howe D. Influence of design parameters on cogging torque in permanent magnet machines[J]. IEEE Transactions on Energy Conversion, 2000, 15(4): 407-412.

[21] Zhao G X, Tian L J, Shen Q P, et al. Demagnetization analysis of permanent magnet synchronous machines under short circuit fault[C]. 2010 IEEE PES Asia-pacific Power and Energy Engineering Conference, Chengdu, 2010: 1-4.

第 4 章　磁通切换式永磁容错电机

4.1　引　　言

与传统永磁电机相比，磁通切换永磁电机因其永磁体设置于定子上、转子为简单凸极结构，其拥有较好的鲁棒性和良好的冷却条件等优点 [1-6]。进一步地，磁通切换式永磁容错电机通过引入分数槽集中绕组和容错齿，很好地将各相绕组进行相间隔离以及磁隔离，非常适合应用于对容错要求较高的场合。因此，有必要对磁通切换式永磁容错电机的拓扑结构以及运行原理进行分析来指导永磁容错电机的结构创新。

4.2　磁通切换式永磁容错电机结构特征和运行原理

图 4.1 为四相 8/15 极磁通切换式永磁容错电机拓扑结构，可以看到，磁通切换式永磁容错电机采用模块化结构 [7-12]。图 4.2 为该电机的定子展开图，可以看到，与传统的由多个 “U” 形硅钢片构成定子的磁通切换永磁电机不同，磁通切换式永磁容错电机采用 “E” 形硅钢片构成定子。也就是说，将 8 片永磁体内嵌于这些 “E” 形硅钢片之间，并提供所需的磁场激励。因为永磁体夹在 E 型定子齿中间，并且沿切向交替充磁，所以定子极数必须是偶数。又由于该电机为四相绕组拓扑结构，因此定子极数为 $4 \times 2 = 8$ 的倍数，即 8、16 等，本电机定子极数取为 8。本电机的关键是在原来磁通切换永磁电机电枢齿的基础上引入容错齿，即 8 个电枢齿与 8 个容错齿交错分布，因此，相邻定子磁极的相绕组之间基本上是隔离的，使得本电机具有相间解耦的优点。这一优点特别适合于容错运行的场合，即当某一相绕组出现短路或者开路故障时，依然可以采用相应的控制方法使得其余正常相能够以合理的性能继续运行，极大地提高了电机的稳定性和可靠性。此外，容错齿还能起到电机的相邻齿槽间热隔离的作用。

另外，为了得到理想正弦的永磁磁链与空载反电势，磁通切换式永磁容错电机必须选择合理的定子槽数和转子极数。再加上各相之间的永磁磁链波形要相差一定的角度，所选取的定子槽数与转子极数就一定不相同。因此，当磁通切换式永磁容错电机产生 m 相互差 $360/m$ 电角度的正弦磁链时，定子槽数 N_{s} 与转子极数 N_{r} 需满足下面公式：

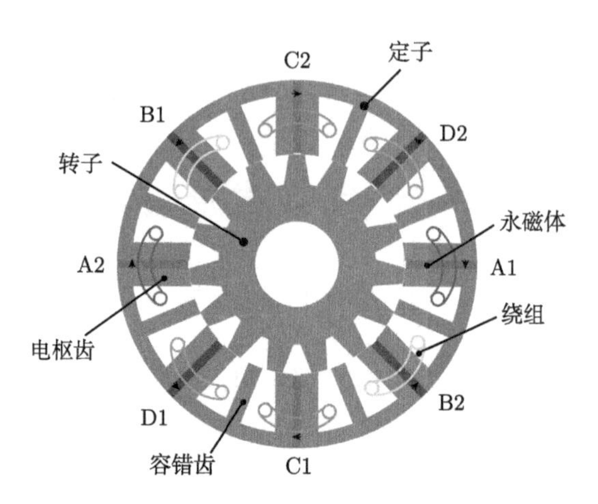

图 4.1　8/15 极磁通切换式永磁容错电机截面图

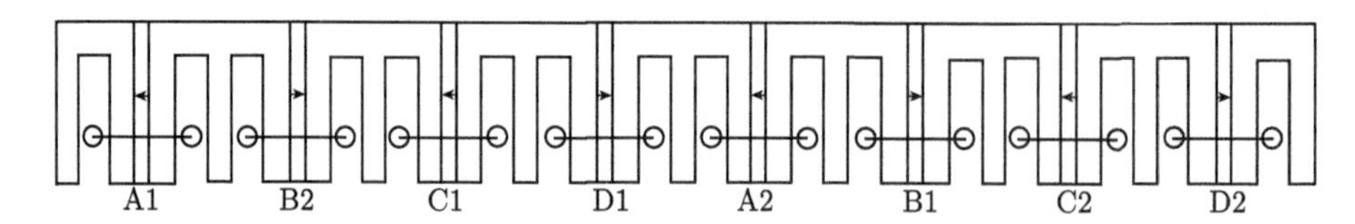

图 4.2　磁通切换式永磁容错电机定子展开图

$$N_{\mathrm{s}} = mN_{\mathrm{c}}\tau_{\mathrm{r}} = \frac{2\pi}{N_{\mathrm{r}}}\tau_{\mathrm{s}} = \frac{2\pi}{N_{\mathrm{s}}} \tag{4.1}$$

$$\left(\frac{k}{2}\tau_{\mathrm{r}} - \tau_{\mathrm{s}}\right) \cdot N_{\mathrm{r}} = \pm\frac{2\pi}{m} \text{ 或 } \pm\frac{2\pi}{2m} \tag{4.2}$$

根据式 (4.1) 和式 (4.2)，可得

$$\frac{N_{\mathrm{r}}}{N_{\mathrm{s}}} = \frac{k}{2} \pm \frac{1}{m} \text{ 或 } \frac{N_{\mathrm{r}}}{N_{\mathrm{s}}} = \frac{k}{2} \pm \frac{1}{2m} \tag{4.3}$$

式中，m 为电机相数；k 为自然数；N_{c} 为每一相所包含的绕组数；τ_{s} 为定子极距；τ_{r} 为转子极距。本电机 $N_{\mathrm{s}} = 8$，$m = 4$，$k = 4$，因此，转子极数 $N_{\mathrm{r}} = 15$。本电机采用非重叠集中绕组，缩短电机端部长度的同时也降低了用铜量与铜耗。值得注意的是，该电机每相绕组只包含 2 套线圈，而非传统三相 12/10 极磁通切换永磁电机中每相包含 4 套线圈。即每相绕组包含两套线圈分别缠绕于径向相对的定子齿与永磁体组成的磁极上 (图 4.1 中的 C1 和 C2)，两套线圈串联，避免了由采用多相结构而导致开关频率过高的问题。如前所述，转子极数设计为奇数 15，使得每相绕组的两套线圈之间存在 180° 电角度相位差，使其具有磁通切换永磁电机特有的绕组一致性以及互补性的特点。因此，两套线圈

中的反电动势基波分量得到叠加而高次谐波分量相互抵消，最终得到正弦度很高的相反电动势。此外，该电机奇数极转子结构的设计还具有降低齿槽转矩的优势。

由以上的分析可知，磁通切换式永磁容错电机可以简单地概括为以下三个优点。

(1) 由于转子中没有永磁体、电刷和绕组，因此该电机的转子结构简单、机械稳定性好。

(2) “E” 形硅钢片与定子模块化设计使得每一相之间的独立性更好，可靠性更强且拼装更为简单。

(3) 该电机采用多相多齿结构，与传统三相磁通切换电机相比，一定程度上减小了转矩脉动和齿槽转矩，同时多相结构使得相冗余度提高、容错性能增强、相电流减小，也降低了系统对逆变器容量的要求。

图 4.3 是磁通切换电机的工作原理图。根据磁阻最小原理，磁通总是沿着磁阻最小的路径闭合，永磁体产生的磁通经过图 4.3 中转子齿和定子齿组成的路径。当转子运行到如图 4.3(a) 所示位置 I 时，转子齿、电枢齿和容错齿构成一个磁回路，绕组中的永磁磁链穿出转子齿进入定子齿，此时永磁体穿过绕组的磁链为正的最大值。当转子运动到如图 4.3(b) 所示位置 II 时，磁链反向流出定子齿进入转子齿，此时永磁体穿过绕组的磁链达到负的最大值。因此，每一相的永磁磁链随着转子的旋转呈双极性周期变化，实现磁通切换。

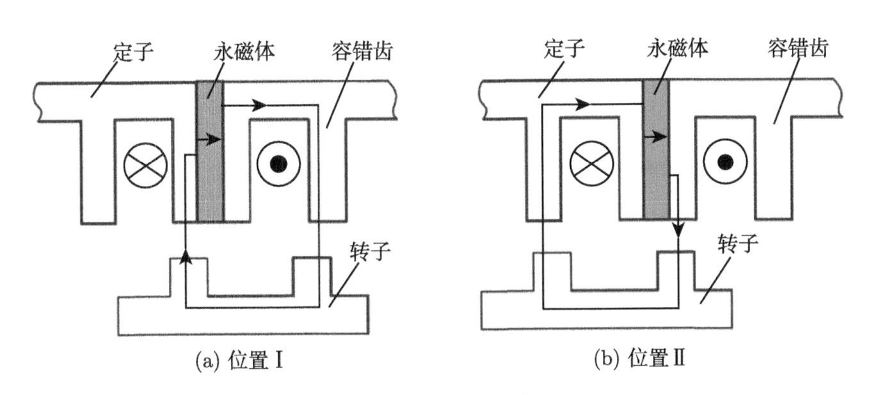

图 4.3 磁通切换原理

除了采用传统的 “磁通切换” 原理，磁通切换电机还属于磁场调制类电机，通过磁场调制效应来产生稳定的电磁转矩。因此，本节将通过磁场调制理论来阐述该电机的工作原理。图 4.4 为简单凸极的磁场调制过程，凸极定转子利用磁阻的交替变化对任意的磁动势分布进行调制，其特征可以用定子调制函数和转子调制函数来表示：

$$M(N_{\mathrm{ST}},\varepsilon_{\mathrm{ST}})(f(\theta))=\begin{cases}f(\phi), & \phi\in C^S\\ \kappa(o_{\mathrm{s}}/t_{\mathrm{ds}})f(\phi), & \phi\in[0,2\pi]-C^S\end{cases}\tag{4.4}$$

$$M(N_{\mathrm{RT}},\varepsilon_{\mathrm{RT}})(f(\theta))=\begin{cases}f(\phi), & \phi\in C^R\\ \kappa(o_{\mathrm{r}}/t_{\mathrm{dr}})f(\phi), & \phi\in[0,2\pi]-C^R\end{cases}\tag{4.5}$$

式中，N_{ST}、N_{RT} 分别为定子极数与转子极数；o_{s}、o_{r} 分别为定子与转子的槽口宽度；t_{ds}、t_{dr} 分别为定子齿距与转子齿距；κ 为关于槽口宽度与齿距的比值 (即 o/t) 的函数；$\varepsilon_{\mathrm{ST}}$、$\varepsilon_{\mathrm{RT}}$ 分别为定子齿槽比和转子齿槽比；C^S 为定子齿在 $[0,2\pi]$ 气隙圆周上所占的不连续区间；同理，C^R 为转子齿在 $[0,2\pi]$ 气隙圆周上所占的不连续区间。从式 (4.4) 和式 (4.5) 可以看到，无槽结构 κ 为 1，即不会对初始励磁磁动势的分布产生影响，调制后的函数与原来相同，因此，无槽结构可以看作单位调制器。有槽结构的凸极调制器 (如磁通切换式永磁容错电机中的定转子齿) 将会对初始励磁磁动势进行调制，进而产生新的谐波。图 4.4 中 P_{a}、P_{r}、P 分别表示初始磁动势、凸极调制器和调制磁动势的极对数 (其中 P_{a} 所取极对数为电枢绕组极对数)。

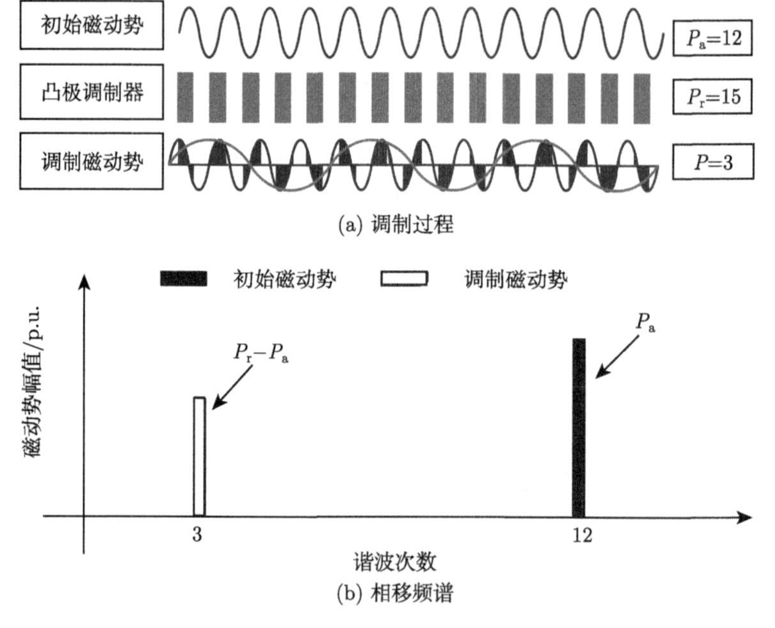

(a) 调制过程

(b) 相移频谱

图 4.4　简单凸极的磁场调制过程

磁通切换式永磁容错电机中凸极定转子齿即调制器。以下结合有限元仿真具体分析 8/15 极磁通切换式永磁容错电机的凸极调制器的磁场调制过程。为了便于分析，将该电机调制过程分为四个模型：即“永磁体 + 无槽定转子”、“永磁体 + 无槽定子 + 开槽转子”、“永磁体 + 开槽定子 + 无槽转子”和“永磁体 + 开槽定转子”。图 4.5(a) 为仅有永磁体产生磁场 (即原始励磁磁场)，定转子均为无槽定转子铁心结构，由前所述，该调制器为单位调制，不会对永磁磁场产生影响；由图中产生 4 对极的主磁场的磁场分布也可以看出，该电机永磁体为 4 对极。如图 4.5(b) 所示模型为永磁体加上开槽转子和无槽定子铁心结构，该电机模型由永磁体产生原始励磁磁场，凸极转子进行磁场调制；对比图 4.5(a)，该电机模型磁力线走向趋于复杂，磁力线聚集于转子齿部而走向定子与永磁体，此时可以看出经过转子齿的调制产生了其他阶次的磁场，具体阶次将会在后面内容气隙磁密谐波频谱分析中给出。图 4.5(c) 为永磁体加上开槽定子和无槽转子铁心结构的电机模型，与图 4.5(b) 相似，由于永磁体内嵌于定子上而具有的聚磁效应，磁力线会聚集于定子齿部，并经过定子轭部和永磁体流向转子形成回路，此时并不能明显看出产生了其他阶次的磁场。图 4.5(d) 为永磁体加上开槽定转子的电机模型，即最终的 8/15 极磁通切换式永磁容错电机的模型，此时永磁磁场会经过凸极定转子的联合调制，磁力线走向更为复杂，气隙磁场的谐波分量也会增多，因此，有必要对上述四种电机模型的气隙磁密波形以及谐波频谱进行分析。

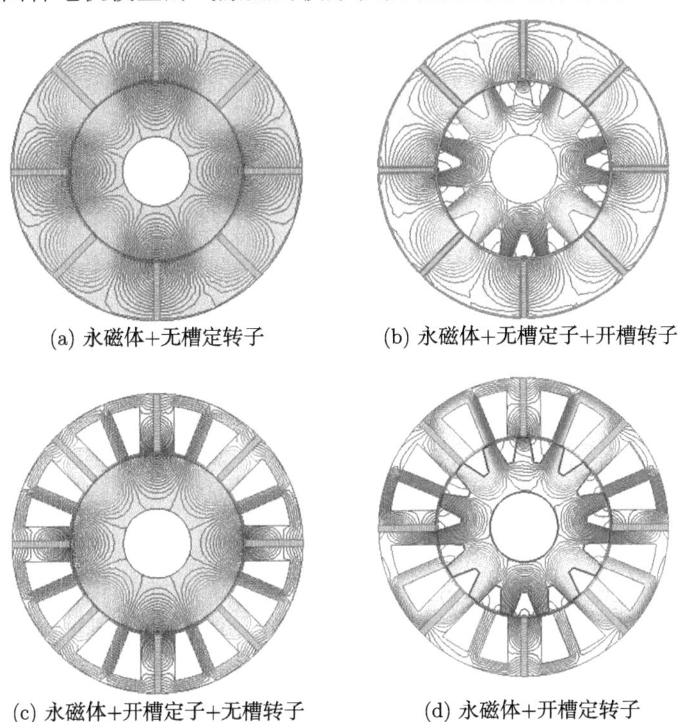

(a) 永磁体+无槽定转子

(b) 永磁体+无槽定子+开槽转子

(c) 永磁体+开槽定子+无槽转子

(d) 永磁体+开槽定转子

图 4.5 8/15 极磁通切换式永磁容错电机凸极调制器调制过程模型及其磁场分布

图 4.6 为电机凸极调制器调制过程四个电机模型的气隙磁密波形 (只取一个周期即 0° ～ 90°)，从图中可以观察到经过凸极定转子的调制，气隙磁密的波形由原始的平顶波 (内置方块) 变成在平顶部位略有增强与削弱的复杂波形。仅定子开槽时，由于调制效应，对应于开槽位置 (如 A 段区域) 的气隙磁密 (内置菱形) 会下降；同理，仅转子开槽时，开槽位置 (如 B 段区域) 气隙磁密 (虚线) 会下降，相反，齿部由于聚磁对应位置的气隙磁密会略有提升；当定转子都开槽 (内置圆形)，即定转子都为凸极时，相当于前两种情况的叠加，C 段区域为定转子都为齿的部分，该段区域磁密最大，略高于无槽结构 (内置方块) 时的磁密，D 段区域对应于定转子都为槽的部分，图中曲线下降得最多。

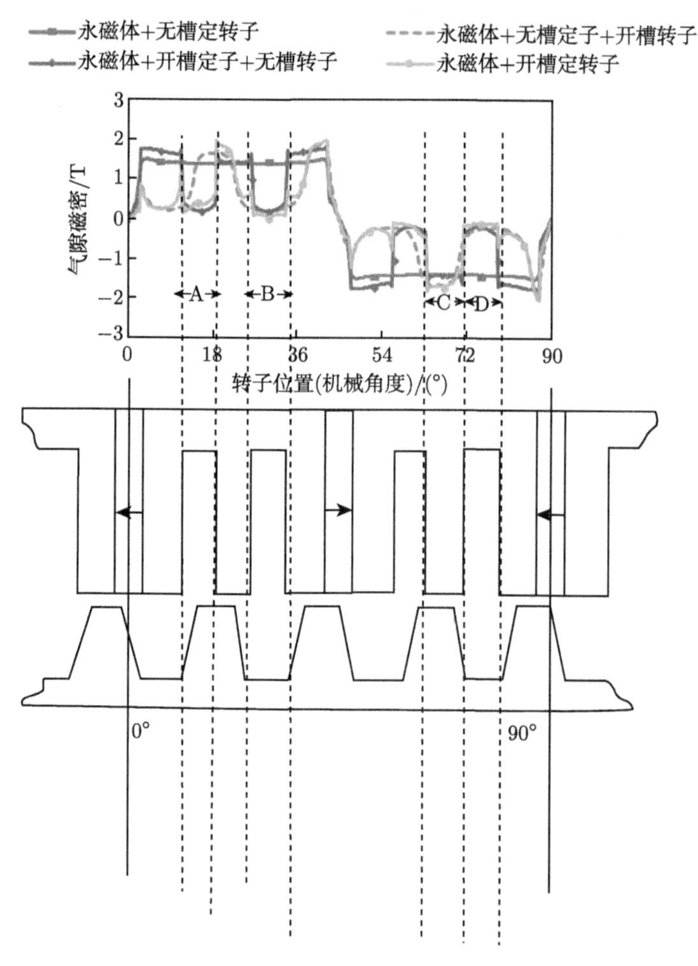

图 4.6 磁通切换式永磁容错电机凸极调制器调制过程

上述四个电机模型的气隙磁密的谐波频谱如图 4.7 所示。仅有永磁体，而定转子为无槽铁心结构 (图 4.5(a)) 时，由于永磁磁场只由 4 对极永磁体产生，因此只有 4(主要)、12、20、28 次等谐波 (谐波次数为永磁体极对数的奇数倍)；加入凸极转子槽 (图 4.5(b)) 时，该凸极调制器调制出丰富的谐波分量——3、5、11、19、26、27 次，相应的由永磁体产生的谐波 (4、12、20、28 次) 幅值会降低；而当加入凸极定子槽 (图 4.5(c)) 时，谐波次数基本没有变化，只是各次谐波的幅值发生变化：4 次谐波幅值降低，而高次 (12、20、28 次) 谐波幅值升高，与上述磁力线分析相一致。

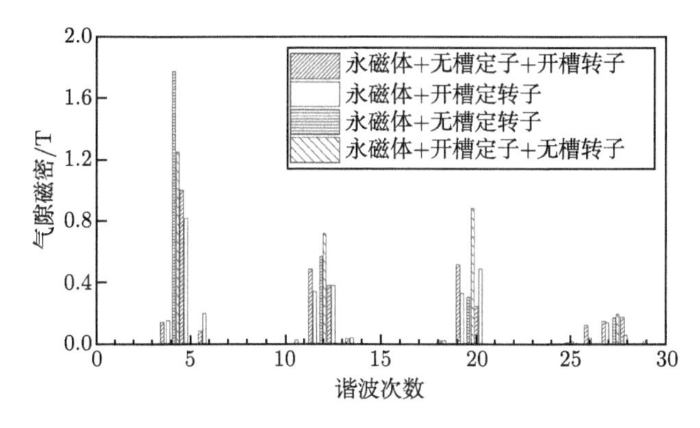

图 4.7 电机凸极调制器调制过程四个模型的气隙磁密频谱分析

综上所述，同时加入凸极定转子齿时，主要由凸极转子齿调制出丰富的谐波次数，定子与转子齿共同削弱永磁体产生的主要谐波幅值。也就是说，磁通切换式永磁容错电机由永磁体产生初始励磁磁场，经凸极定转子齿调制在气隙中产生丰富的谐波，主要由转子齿调制出不同阶次的谐波，定子齿辅助转子齿来共同削弱永磁磁场产生的气隙磁密谐波幅值，进而与电枢磁场相互作用产生电磁转矩，完成相应的能量转换。

4.3 电机气隙磁密谐波分析

为了深入分析电机电磁转矩产生机制，首先需对电机气隙磁密进行详细分析。首先假设定转子铁心的磁导率无限大，因此不考虑铁心饱和，忽略铁心的磁压降。通常，为简化分析，也会忽略漏磁和端部效应以及有限的矫顽力，并且会假设每块永磁体的相对回复磁导率均相同，并等同于空气。

基于以上假设，电机气隙磁密可以由磁动势和气隙磁导的乘积近似获得：

$$B(\theta,t)=F(\theta)\Lambda(\theta,t) \tag{4.6}$$

式中，$F(\theta)$ 为磁动势；$\Lambda(\theta,t)$ 为气隙磁导。本节以 8/15 极磁通切换式永磁容错电机为研究对象，从磁动势与气隙磁导入手，推导气隙磁密解析式。

4.3.1　空载气隙磁密

磁通切换式永磁容错电机的永磁磁场由内置于“E 型”定子齿中交替磁化的永磁体产生，经过凸极定子齿的调制，永磁磁动势模型如图 4.8 所示。其中，θ 表示转子位置角；θ_1 表示以永磁体中心为原点，到永磁体边界所对应的角度 (即对应永磁体宽度的 1/2)；θ_2 表示原点到与相邻永磁体的定子齿边界所对应的角度 (即对应永磁体宽度的 1/2 与一个定子齿宽之和)；θ_3 对应于定子槽边界 (即等于 θ_2 加上一个定子槽宽所对应的角度)；P_{s}、M_{PM} 分别表示永磁体极对数及永磁体磁动势的幅值。将如图 4.8 所示图形用傅里叶级数展开，得到永磁体产生的磁动势解析式如下：

$$F_{\mathrm{PMg}}(\theta)=\sum_{n=1,3,5,\cdots}^{\infty}F_{\mathrm{PM}}\sin(nP_{\mathrm{s}}\theta) \tag{4.7}$$

$$F_{\mathrm{PM}}=\frac{4M_{\mathrm{PM}}}{n\pi}\left(\cos(nP_{\mathrm{s}}\theta_1)+\cos(nP_{\mathrm{s}}\theta_3)-\cos(nP_{\mathrm{s}}\theta_2)\right) \tag{4.8}$$

式中，n 为正整数。

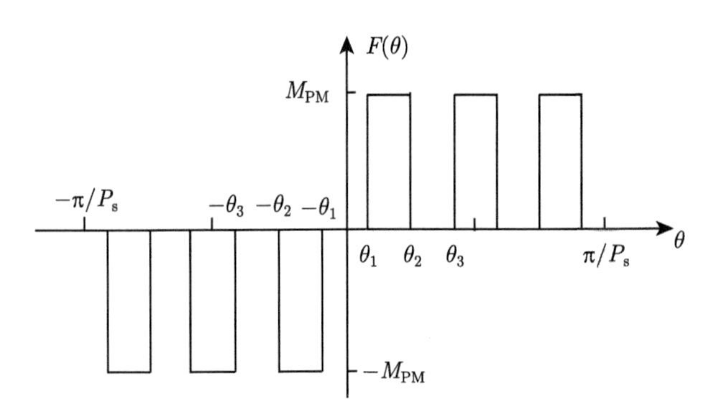

图 4.8　永磁体磁动势模型

气隙中的磁阻随着转子的转动会发生变化，考虑到凸极转子的齿槽效应，气隙磁导模型如图 4.9 所示。图中，θ_{rs} 和 θ_{rt} 分别对应于转子槽和转子齿的宽度；Λ_{rt} 和 Λ_{rs} 分别对应于转子齿和转子槽所对应的磁导；ω 为转子旋转速度；θ_0 为转子初始位置角。因此，将图 4.9 用傅里叶级数展开，得到的气隙磁导解析式为

$$\Lambda(\theta,t)=\frac{\Lambda_0}{2}+\left(2(\Lambda_{\mathrm{rt}}-\Lambda_{\mathrm{rs}})\sum_{m=1}^{\infty}\left(\frac{1}{m\pi}\sin(mN_{\mathrm{r}}\theta_{\mathrm{rt}}/2)\cos\left(mN_{\mathrm{r}}(\theta-\omega t-\theta_0)\right)\right)\right) \tag{4.9}$$

$$\Lambda_0 = N_{\rm r}\left(\Lambda_{\rm rs}\theta_{\rm rs} + \Lambda_{\rm rt}\theta_{\rm rt}\right)/(2\pi) \tag{4.10}$$

式中，Λ_0 为气隙磁导波形中的平均值，表示无槽均匀结构所对应的恒定磁导；$N_{\rm r}$ 为转子极数；m 为正整数。

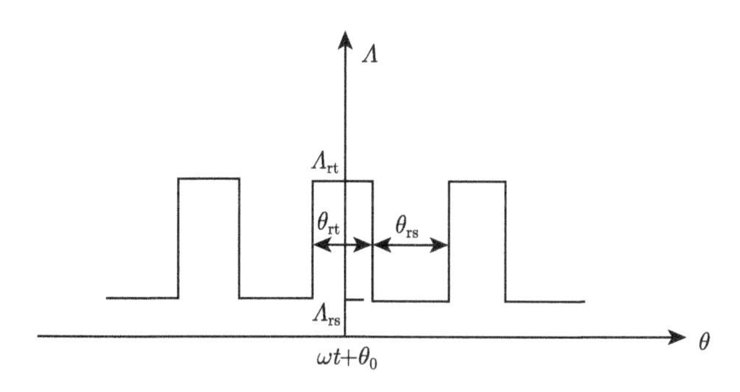

图 4.9 气隙磁导模型

因此，空载气隙磁密 $B_{\rm g}$ 可以表示为

$$\begin{aligned} B_{\rm g}(\theta,t) &= F_{\rm PMg}(\theta)\Lambda(\theta,t) \\ &= \frac{\Lambda_0}{2}\sum_{n=1,3,5,\cdots}^{\infty} F_{\rm PM}\sin(nP_{\rm s}\theta) \\ &\quad + \sum_{n=1,3,5,\cdots}^{\infty}\sum_{m=1}^{\infty}\frac{F_{\rm PM}(\Lambda_{\rm rt}-\Lambda_{\rm rs})}{m\pi}\sin(mN_{\rm r}\theta_{\rm rt}/2)\sin(\alpha_1+\alpha_2) \end{aligned} \tag{4.11}$$

式中，$\begin{cases} \alpha_1 = (nP_{\rm s}+mN_{\rm r})\left(\theta - \dfrac{mN_{\rm r}\theta_0 + mN_{\rm r}\omega t}{nP_{\rm s}+mN_{\rm r}}\right) \\ \alpha_2 = (nP_{\rm s}-mN_{\rm r})\left(\theta + \dfrac{mN_{\rm r}\theta_0 + mN_{\rm r}\omega t}{nP_{\rm s}-mN_{\rm r}}\right) \end{cases}$

因此，由气隙磁密的解析式可以看出，气隙磁密谐波分为静态谐波与动态谐波。其中静态谐波极对数为 $nP_{\rm s}(n=1,3,5,\cdots)$，由静态永磁体产生；动态谐波极对数为 $|nP_{\rm s}\pm mN_{\rm r}|(n=1,3,5,\cdots;m=1,2,3,\cdots)$，由永磁体产生的谐波经过凸极定转子调制而产生。永磁磁场产生的谐波极对数与旋转速度也可以由式 (4.12) 和式 (4.13) 得到：

$$P^s_{(n,m)} = |nP_{\rm s} + mN_{\rm r}| \tag{4.12}$$

$$\omega^s_{(n,m)} = \frac{mN_{\rm r}}{nP_{\rm s}+mN_{\rm r}}\omega \tag{4.13}$$

式中，$n=1,3,5,\cdots;m=0,\pm1,\pm2,\pm3,\cdots$。

4.3.2 电枢磁场气隙磁密

磁通切换式永磁容错电机的四相绕组可以根据图 4.10 槽电势星形图进行分布，因此绕组连接图如图 4.11 所示。通入电枢绕组的电流是一组对称的四相电流，为

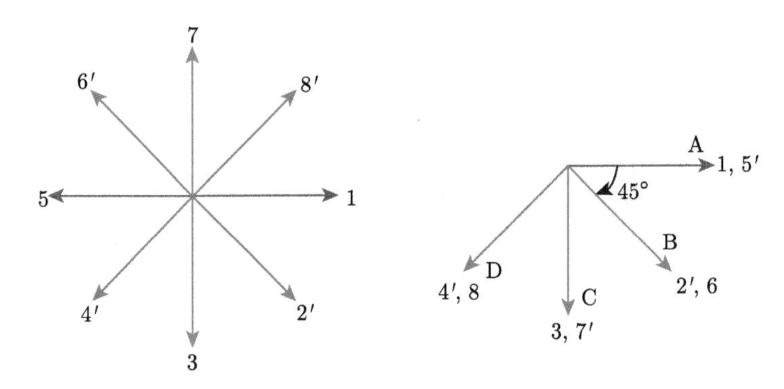

图 4.10　磁通切换式永磁容错电机槽电势星形图

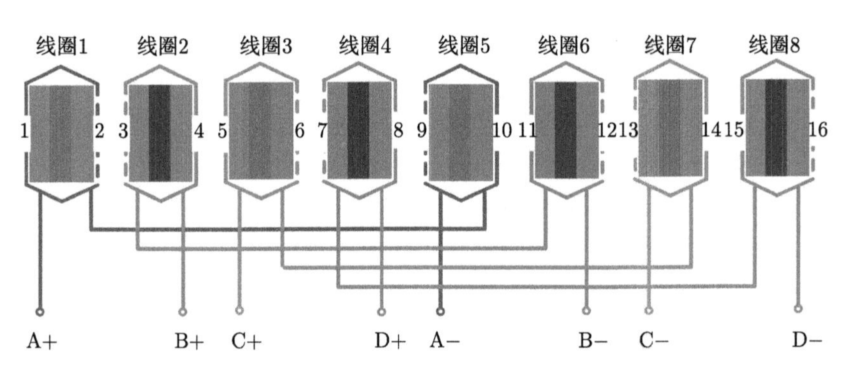

图 4.11　磁通切换式永磁容错电机绕组连接图

$$
\begin{cases}
i_{\mathrm{A}} = I_{\mathrm{m}}\sin(\omega_{\mathrm{e}}t) \\
i_{\mathrm{B}} = I_{\mathrm{m}}\sin(\omega_{\mathrm{e}}t - \dfrac{1}{4}\pi) \\
i_{\mathrm{C}} = I_{\mathrm{m}}\sin(\omega_{\mathrm{e}}t - \dfrac{1}{2}\pi) \\
i_{\mathrm{D}} = I_{\mathrm{m}}\sin(\omega_{\mathrm{e}}t - \dfrac{3}{4}\pi)
\end{cases}
\tag{4.14}
$$

式中，I_{m} 为电流最大值；ω_{e} 为电角速度。如式 (4.14) 所示，磁通切换式永磁容错电机的四相绕组在时间上存在 45° 相位差。因此，可以将空间坐标的原点取自 A 相绕组等效轴线上，并将 A 相绕组的电流过零瞬间取为时间起点，A、B、C、

D 四相绕组各自产生的 v 对极的磁动势如下：

$$
\begin{cases}
F_{\mathrm{Av}}(\theta,t)=\sum\limits_{v}F_{\Phi\mathrm{v}}\cos(v\theta)\sin(\omega_{\mathrm{e}}t)\\
F_{\mathrm{Bv}}(\theta,t)=\sum\limits_{v}F_{\Phi\mathrm{v}}\cos\left(v\theta-\dfrac{1}{4}\pi\right)\sin\left(\omega_{\mathrm{e}}t-\dfrac{1}{4}\pi\right)\\
F_{\mathrm{Cv}}(\theta,t)=\sum\limits_{v}F_{\Phi\mathrm{v}}\cos\left(v\theta-\dfrac{1}{2}\pi\right)\sin\left(\omega_{\mathrm{e}}t-\dfrac{1}{2}\pi\right)\\
F_{\mathrm{Dv}}(\theta,t)=\sum\limits_{v}F_{\Phi\mathrm{v}}\cos\left(v\theta-\dfrac{3}{4}\pi\right)\sin\left(\omega_{\mathrm{e}}t-\dfrac{3}{4}\pi\right)
\end{cases}
\tag{4.15}
$$

式中，$F_{\Phi\mathrm{v}}=\dfrac{4I_{\mathrm{m}}N_{\mathrm{c}}N_{\Phi}}{\pi v}k_{\mathrm{sv}}k_{\mathrm{pv}}k_{\mathrm{dv}}=\dfrac{4I_{\mathrm{m}}N_{\mathrm{c}}}{\pi v}k_{\mathrm{sv}}k_{\mathrm{pv}}k_{\mathrm{dv}}$；$\omega_{\mathrm{e}}=\omega N_{\mathrm{r}}$；$N_{\mathrm{c}}$ 表示线圈匝数；N_{Φ} 表示一个相绕组的线圈总数，此时 $N_{\Phi}=2$；k_{sv}、k_{pv}、k_{dv} 分别为 v 次谐波的槽口因数、节距因数、分布因数。

对于磁通切换式永磁容错电机，槽口因数与分布因数计算方法和普通表贴式永磁电机一样，而节距因数由于调制效应需要考虑转子极数，以下具体分析磁通切换式永磁容错电机绕组因数。

槽口因数可以认为是槽内安导均匀分布于槽口时的磁动势谐波幅值与认为集中于槽口正中一点的磁动势谐波幅值之比[13]。图 4.12(a) 表示单个线圈绕制于槽口的示意图，则当线圈中流过的瞬时电流为 i 时，该线圈的安导波模型如图 4.12(b) 所示。将图 4.12(b) 所示安导波模型进行傅里叶级数分解可以得到整个线圈的安导波：

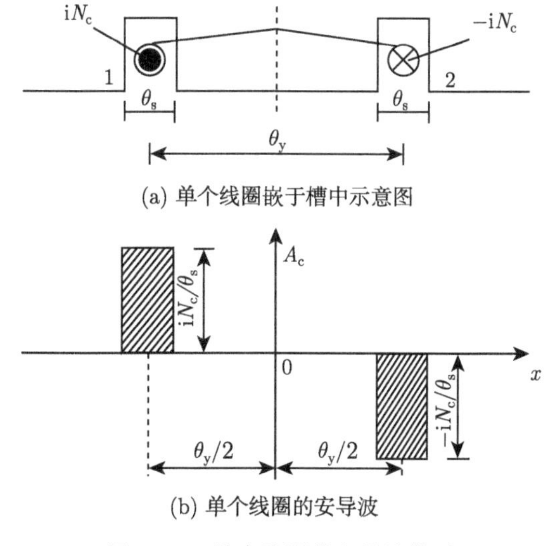

(a) 单个线圈嵌于槽中示意图

(b) 单个线圈的安导波

图 4.12 单个线圈的安导波模型

$$
\begin{aligned}
A_{\mathrm{c}}(x) &= \sum_{v=1}^{\infty} -2\frac{\mathrm{i}N_{\mathrm{c}}}{\pi}\left(\frac{\sin\left(v\dfrac{\theta_{\mathrm{s}}}{2}\right)}{v\dfrac{\theta_{\mathrm{s}}}{2}}\right)\sin\left(v\frac{\theta_{\mathrm{y}}}{2}\right)\sin(vx) \\
&= -\sum_{v=1}^{\infty}\frac{2\mathrm{i}N_{\mathrm{c}}}{\pi}k_{\mathrm{sv}}k_{\mathrm{pv}}\sin(vx)
\end{aligned} \tag{4.16}
$$

式中，N_{c} 为该线圈的匝数；θ_{y} 为两个槽中心相距的弧度；θ_{s} 为槽口宽度。由式 (4.16) 可知 v 次谐波的槽口因数 k_{sv} 为

$$
k_{\mathrm{sv}}(x) = \frac{\sin\left(v\dfrac{\theta_{\mathrm{s}}}{2}\right)}{v\dfrac{\theta_{\mathrm{s}}}{2}} \tag{4.17}
$$

从式 (4.17) 可以看到，槽口因数取决于槽口宽度。但实际应用中为简化分析，通常假设槽内安导集中于槽口中心，即槽口宽度 θ_{s} 趋近于 0，此时槽口因数为 1。

由式 (4.16) 也可得到 v 次谐波的节距因数：

$$
k'_{\mathrm{pv}} = \sin\left(v\frac{\theta_{\mathrm{y}}}{2}\right) \tag{4.18}
$$

如前所述，式 (4.18) 的节距因数公式适合于普通表贴式永磁电机，而对于具有调制效应的磁通切换永磁电机并不适用，磁通切换式永磁容错电机的节距因数需要考虑到转子极数。因此，本节换一个思路来推导得出节距因数。

整距绕组同一线圈的两个边所感应的电动势反相，所以可以直接叠加。图 4.13 为一个线圈的反电动势矢量图，对于短距绕组，线圈节距小于极距，设短距角为 β 电角度，则一个线圈的两个边相差 β 电角度，感应到的电动势相差 $\pi-\beta$ 电角度，由槽电势星形图分析可知，一个线圈的合成矢量为

$$
\begin{aligned}
\dot{E}_a &= \dot{E}_1 + \left(-\dot{E}_{1'}\right) = E\angle 0^\circ - E\angle\beta \\
&= 2E\cos\left(\frac{\beta}{2}\right)
\end{aligned} \tag{4.19}
$$

因此，节距因数可以用短距绕组的电动势和整距绕组的电动势的比值来确定：

$$
k_{\mathrm{p}} = \frac{E_{\mathrm{a}}(\text{短距})}{E_{\mathrm{a}}(\text{整距})} = \frac{2E\cos\left(\dfrac{\beta}{2}\right)}{2E} = \cos\left(\frac{\beta}{2}\right) \tag{4.20}
$$

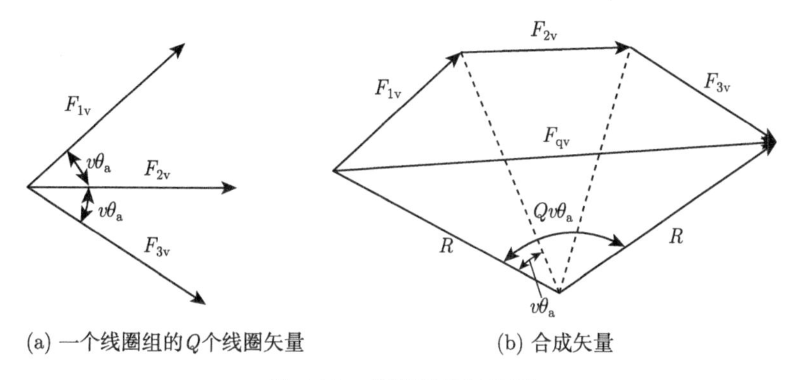

(a) 一个线圈组的Q个线圈矢量　　(b) 合成矢量

图 4.13　线圈组的矢量图

对于传统表贴式永磁电机，气隙磁场非正弦，经过傅里叶级数分解为基波与其他次谐波，该基波与谐波磁场随转子旋转，因此绕组中感应出基波反电势以及谐波反电势，并且基波与谐波的速度与转子转速相同，谐波极对数 $p_v = vp_1$，谐波频率 $f_v = vf_1$，因此 v 次谐波的节距因数为

$$k_{pv} = \cos\left(\frac{v\beta}{2}\right) \tag{4.21}$$

而对于调制型电机，关键在于确定基波的极对数，传统表贴式永磁电机的基波极对数即永磁体极对数，而调制型电机基波极对数为 $p_a = |p_s - N_r|$，p_s 为永磁体极对数，N_r 为调制极极数。对应的 v 次谐波的极对数为 $p_v = vp_a$。因此，对于磁通切换式永磁容错电机的节距因数为

$$\begin{aligned} k_{pv} &= \cos\left(\frac{v\beta}{2}\right) = \cos\left(\frac{\dfrac{p_v}{p_a}|p_s - N_r|\dfrac{\pi}{p_s}}{2}\right) \\ &= \cos\left(\frac{\dfrac{p_v}{|p_s - N_r|}|p_s - N_r|\dfrac{\pi}{p_s}}{2}\right) \\ &= \cos\left(\frac{p_v\pi}{2p_s}\right) \end{aligned} \tag{4.22}$$

分布因数为一相绕组所有线圈的磁动势 (反电动势) 的矢量和与算术和之比。如图 4.13 所示，一个线圈组的 $Q(Q=3)$ 个线圈矢量为 F_{1v}、F_{2v}、F_{3v}，矢量长度设为 1，合成矢量为 F_{qv}。因此 v 对极谐波的分布因数为

$$k_{dv} = \frac{F_{qv}}{Q} = \frac{2R\sin\left(\dfrac{1}{2}Qv\theta_a\right)}{Q}$$

$$=\frac{2\left(\dfrac{1}{2\sin\left(\dfrac{v\theta_{\mathrm{a}}}{2}\right)}\right)\sin\left(\dfrac{1}{2}Qv\theta_{\mathrm{a}}\right)}{Q}=\frac{\sin\left(Q\dfrac{v\theta_{\mathrm{a}}}{2}\right)}{Q\sin\left(\dfrac{v\theta_{\mathrm{a}}}{2}\right)} \tag{4.23}$$

式中，θ_{a} 为线圈组之间的机械角度。

因此，由四相绕组各自产生的极对数为 v 的磁动势，可以得到四相合成磁动势为

$$\begin{aligned}F_{\mathrm{wv}}(\theta,t)&=F_{\mathrm{Av}}(\theta,t)+F_{\mathrm{Bv}}(\theta,t)+F_{\mathrm{Cv}}(\theta,t)+F_{\mathrm{Dv}}(\theta,t)\\&=2\sum_{v}F_{\Phi\mathrm{v}}\sin\left(\omega_{\mathrm{e}}t-v\theta\right)\end{aligned} \tag{4.24}$$

同样地，根据磁动势磁导的基本原理，电枢反应磁场的气隙磁密 B_{w} 由电枢反应磁动势 F_{wv} 与气隙磁导 $\varLambda$ 相乘可以得到

$$\begin{aligned}B_{\mathrm{w}}(\theta,t)&=F_{\mathrm{wv}}(\theta,t)\varLambda(\theta,t)\\&=\varLambda_0\sum_{v}F_{\Phi\mathrm{v}}\sin\left(N_{\mathrm{r}}\omega t-v\theta\right)\\&\quad+\frac{4(\varLambda_{\mathrm{rt}}-\varLambda_{\mathrm{rs}})}{\pi}\sum_{v}\sum_{m}\left(\frac{F_{\Phi\mathrm{v}}}{m}\sin(mN_{\mathrm{r}}\theta_{\mathrm{rt}}/2)(\sin\beta_1+\sin\beta_2)\right)\end{aligned} \tag{4.25}$$

式中，$\begin{cases}\beta_1=(mN_{\mathrm{r}}-v)\left(\theta-\dfrac{mN_{\mathrm{r}}\theta_0+(m-1)N_{\mathrm{r}}\omega t}{mN_{\mathrm{r}}-v}\right)\\ \beta_2=-(mN_{\mathrm{r}}+v)\left(\theta-\dfrac{mN_{\mathrm{r}}\theta_0+(m+1)N_{\mathrm{r}}\omega t}{mN_{\mathrm{r}}+v}\right)\end{cases}$

可以看到，在凸极定转子齿的调制作用下，电枢磁场的气隙磁密产生一系列丰富的谐波分量，可以概括为 $|v\pm mN_{\mathrm{r}}|(v=1,2,3,\cdots;m=0,1,2,3,\cdots)$。因此，从式 (4.25) 可以得出谐波极对数与谐波旋转速度为

$$P_{(k,v)}^{w}=|kN_{\mathrm{r}}+v| \tag{4.26}$$

$$\omega_{(k,v)}^{w}=\frac{(k+1)N_{\mathrm{r}}}{kN_{\mathrm{r}}+v}\omega \tag{4.27}$$

式中，$k=0,\pm1,\pm2,\pm3,\cdots;v=1,2,3,\cdots$。

对于 8/15 极磁通切换式永磁容错电机，$P_{\mathrm{s}}=4$，$N_{\mathrm{r}}=15$，因此，$P_{\mathrm{s}(n,m)}=|4n+15m|$，$P_{\mathrm{w}(k,v)}=|15k+v|$，$\omega_{\mathrm{s}(n,m)}=15m\omega/(4n+15m)$，$\omega_{\mathrm{w}(k,v)}=15(k+1)\omega/(15k+v)$。8/15 极磁通切换式永磁容错电机每一相线圈中的两套绕组对称分布于圆周上，两者之间有 π 机械角度的相位差，对于极对数为 v 的谐波磁动势，两套绕组产生的磁动势相位差为 $v\pi$ 电角度。但由于两套绕组方向不一样，因此两个线圈之间又附加一个 π 电角度差，故最终存在 $(v+1)\pi$ 电角度相位差。换言之，每一相线圈的两套绕组中产生的偶次谐波磁动势相互抵消，只有奇次谐波磁动势进行叠加，因此 v 取奇数。

如前所述，磁通切换式永磁容错电机为磁场调制类电机，经过凸极定转子齿的调制，气隙磁场具有丰富的谐波分量。众所周知，永磁磁场与电枢磁场的谐波相互作用产生电磁转矩，而产生电磁转矩需满足：①永磁磁场所产生的谐波次数与电枢磁场所产生的谐波次数相同；②永磁磁场与电枢磁场所产生的相同次数的谐波旋转速度相同。因此，根据转矩产生原则以及式 (4.12) 和式 (4.13)，式 (4.26) 和式 (4.27) 所示谐波次数及旋转速度解析式，可以得到电机气隙磁场调制的有效谐波次数的取值，如表 4.1 所示。从表中可以看到，8/15 极磁通切换式永磁容错电机的有效工作波次数为 3，5，11，12，19，20，27，35。其中，12 次和 20 次由静态永磁体产生，因此它们对应的旋转速度为零，其余 3，5，11，19，27，35 次谐波由凸极转子铁心的动态调制产生。

表 4.1 8/15 极磁通切换式永磁容错电机有效谐波次数

序号	有效谐波次数 $P_{\mathrm{s}(n,m)}=P_{\mathrm{w}(k,v)}$	旋转速度 $\omega_{\mathrm{s}(n,m)}=\omega_{\mathrm{w}(k,v)}$
1	$P_{\mathrm{s}(3,-1)}=P_{\mathrm{w}(0,3)}=3$	$\omega_{\mathrm{s}(3,-1)}=\omega_{\mathrm{w}(0,3)}=5\omega$
2	$P_{\mathrm{s}(5,-1)}=P_{\mathrm{w}(0,5)}=5$	$\omega_{\mathrm{s}(5,-1)}=\omega_{\mathrm{w}(0,5)}=-3\omega$
3	$P_{\mathrm{s}(1,-1)}=P_{\mathrm{w}(0,1)}=11$	$\omega_{\mathrm{s}(1,-1)}=\omega_{\mathrm{w}(0,1)}=15\omega/11$
4	$P_{\mathrm{s}(3,0)}=P_{\mathrm{w}(-1,27)}=12$	$\omega_{\mathrm{s}(3,0)}=\omega_{\mathrm{w}(-1,27)}=0$
5	$P_{\mathrm{s}(1,1)}=P_{\mathrm{w}(0,19)}=19$	$\omega_{\mathrm{s}(1,1)}=\omega_{\mathrm{w}(0,19)}=15\omega/19$
6	$P_{\mathrm{s}(5,0)}=P_{\mathrm{w}(1,5)}=20$	$\omega_{\mathrm{s}(5,0)}=\omega_{\mathrm{w}(1,5)}=0$
7	$P_{\mathrm{s}(3,1)}=P_{\mathrm{w}(-2,57)}=27$	$\omega_{\mathrm{s}(3,1)}=\omega_{\mathrm{w}(-2,57)}=5\omega/9$
8	$P_{\mathrm{s}(5,1)}=P_{\mathrm{w}(0,35)}=35$	$\omega_{\mathrm{s}(5,1)}=\omega_{\mathrm{w}(0,35)}=3/7\omega$

4.3.3 有限元仿真验证

磁通切换式永磁容错电机由于引入容错齿，很好地实现了电隔离与磁隔离。图 4.14 为 8/15 极磁通切换式永磁容错电机磁场分布图，观察磁力线的路径可以发现，与传统磁通切换式永磁电机一相磁力线需从相邻相穿出才能到达气隙不同，该电机由于容错齿的引入，使得一相磁力线从容错齿经过然后到达气隙和转子，实现了磁路的解耦。图 4.14(b) 和 (c) 分别为仅永磁体作用和仅电枢磁场作用时的磁场分布，对比观察两图中的磁力线路径可以看到，永磁磁场和电枢磁场的磁路并联，几乎没有耦合，因此不会相互产生影响，进一步验证了容错齿的隔离作用。

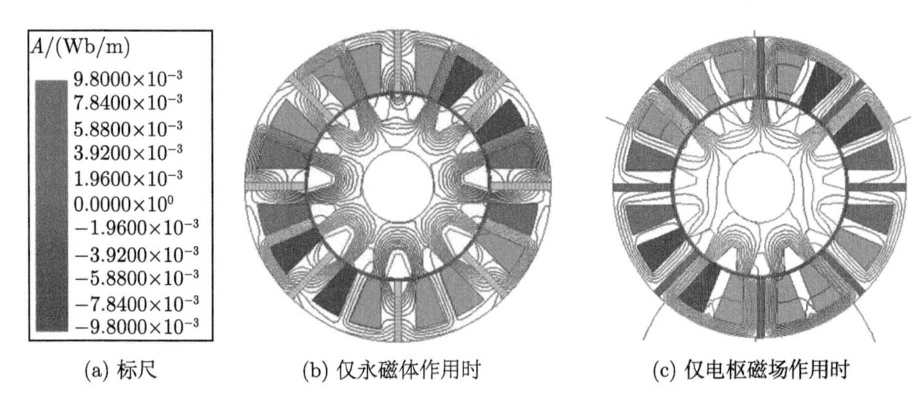

(a) 标尺　　(b) 仅永磁体作用时　　(c) 仅电枢磁场作用时

图 4.14　磁通切换式永磁容错电机磁场分布 (彩图扫二维码)

（扫码获取彩图）

图 4.15 和图 4.16 分别为仅永磁体单独作用和仅电枢磁场单独作用时的气隙磁密的磁场分布。图中气隙磁密波形由于定转子开槽的影响为非正弦波形，并且由调制过程可知，当转子齿正对定子齿时，磁力线从定子齿垂直穿入或穿出转子齿部，此时气隙磁密幅值最大，呈现出波峰和波谷；而对应于定子槽和转子槽部分气隙磁密会削弱而降低至接近于 0。由于定转子齿调制器的调制，两种情况下的谐波含量非常丰富，如图 4.15(b) 和图 4.16(b) 所示。由于 8/15 极磁通切换式永磁容错电机有 4 对永磁体，$P_s = 4$，因此图 4.15(a) 中气隙磁密波形的周期为 4，并且在图 4.15(b) 中仅永磁体单独作用时，气隙磁密的 4 次谐波幅值最高，而其他次谐波分量为凸极转子齿调制产生。根据 “游标效应”，绕组极对数 P_w 由转子极数 N_r 与永磁体极对数 P_s 之差确定，即 $P_w = N_r - P_s = 15 - 4 = 11$。因此，本电机在仅电枢磁场单独作用时，11 次谐波含量应最大，而对于图 4.16(b) 中，5 次谐波分量最大，其次为 3 次，以下将证实其合理性。图 4.17 为绕组极对数分别

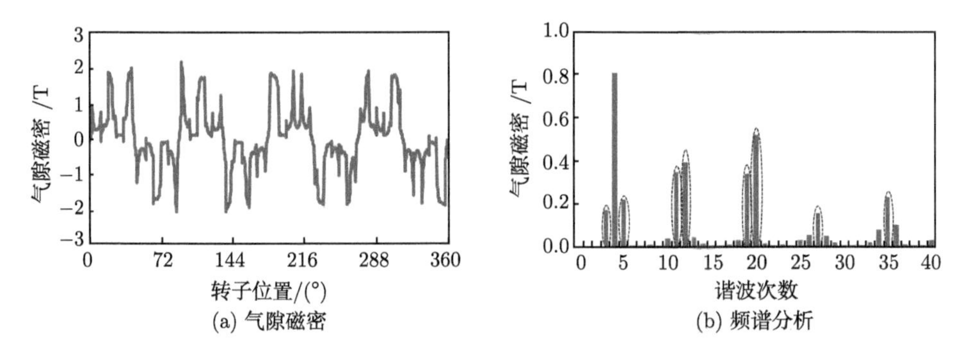

(a) 气隙磁密　　(b) 频谱分析

图 4.15　磁通切换式永磁容错电机仅永磁体作用时气隙磁密

为 3、5、11 时以及最后分相的槽电势星形图，从图中可以看到，绕组极对数为 3 和 11 时的槽距角相同都为 135°，因此两者的槽电势星形图相同；而绕组极对数为 5 时，槽距角为 225°，槽电势星形图如图 4.17(b) 所示，它们都与最终分相结果相同，证实了图 4.16(b) 的合理性。

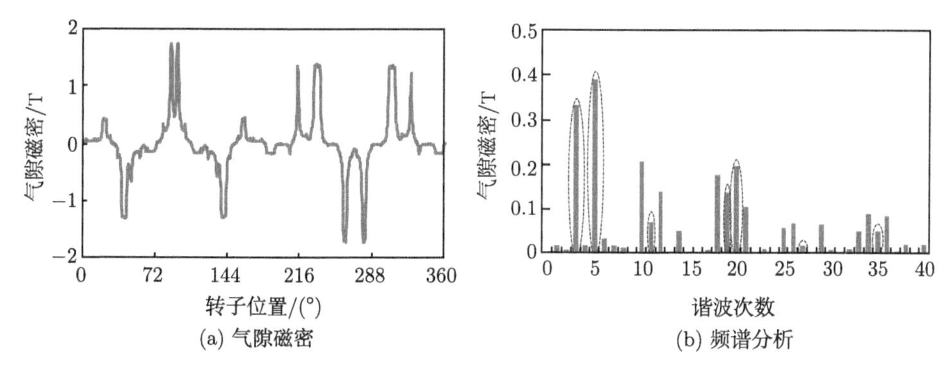

图 4.16 磁通切换式永磁容错电机仅电枢电流作用时气隙磁密

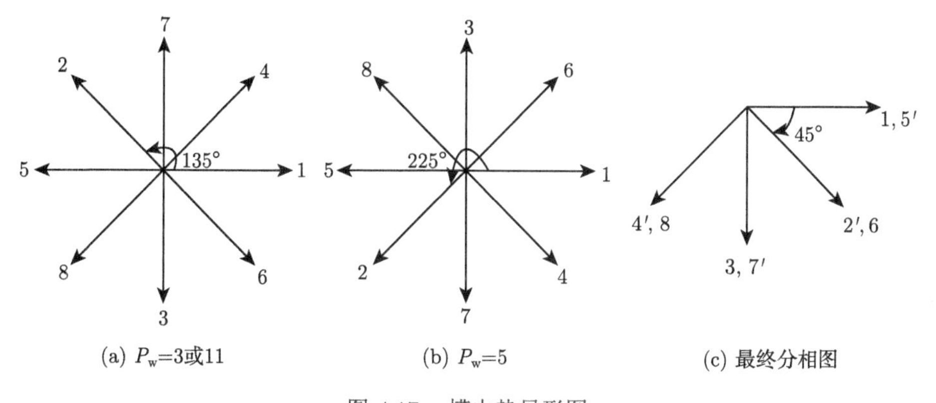

图 4.17 槽电势星形图

由 4.3.2 节分析可知，永磁磁场与电枢磁场产生的谐波次数相同时能产生稳定的电磁转矩，由图 4.15(b) 和图 4.16(b) 中虚线圈出部分对比可知，磁通切换式永磁容错电机有效工作波为 3，5，11，12，19，20，27，35，验证了 4.3.2 节理论分析的正确性。

4.4 电 机 转 矩

如前所述，磁通切换式永磁容错电机为磁场调制类电机，经过凸极定转子齿的静态及动态调制，气隙磁场产生非常丰富的谐波分量。而这些谐波分量是否能够实现机电能量转换，需满足一定的条件：①永磁磁场所产生的谐波次数与电枢磁场所产生的谐波次数相同；②永磁磁场与电枢磁场所产生的相同次数谐波的旋转速度相同。因此根据 4.3.2 节所求出的谐波次数和谐波旋转速度即可确定有效的工作波，进而由这些主导的工作波确定所产生的电磁转矩。

近年来，随着电磁场数值方法的广泛应用，场的计算方法已经被国内外学者广泛用来计算电磁力与电磁转矩。而电磁转矩的计算方法主要有虚位移法和麦克斯韦应力张量法两大类，虚位移法不仅计算量大而且误差还较大，而麦克斯韦应力张量法计算结果比较精确，因此后者应用较多 [14]。

麦克斯韦应力张量法是基于力学理论推导得出电磁转矩，因此首先需计算出作用于电机上的切向力密度 f_{t}：

$$f_{\mathrm{t}}=\frac{l_{\mathrm{ef}}}{\mu_0}B_{\mathrm{r}}B_{\mathrm{t}} \tag{4.28}$$

电机中切向力沿着选定的路径即气隙圆周进行积分可以得到电磁转矩。因此，电磁转矩可以表示为

$$\begin{aligned}T_{\mathrm{e}}(t)&=\frac{l_{\mathrm{ef}}}{\mu_0}\oint R^2B_{\mathrm{r}}B_{\mathrm{t}}\mathrm{d}\theta\\&=\frac{R^2l_{\mathrm{ef}}}{\mu_0}\int_0^{2\pi}B_{\mathrm{r}}B_{\mathrm{t}}\mathrm{d}\theta=\sum_k T_k(t)\end{aligned} \tag{4.29}$$

式中，R 为积分路径的半径即气隙中的任意圆周半径；l_{ef} 为电机的轴向长度；μ_0 为真空磁导率，其值为 $4\pi\times10^{-7}\ \mathrm{N/A^2}$；$B_{\mathrm{r}}$ 为加载情况下的径向气隙磁密；B_{t} 为加载情况下的切向气隙磁密；T_k 为 k 次谐波产生的电磁转矩。而径向气隙磁密 B_{r} 和切向气隙磁密 B_{t} 可以用傅里叶级数表示为

$$\begin{cases}B_{\mathrm{r}}(t,\theta)=\sum\limits_k B_{\mathrm{r}k}\cos\left(k\theta-\theta_{\mathrm{r}k}(t)\right)\\B_{\mathrm{t}}(t,\theta)=\sum\limits_k B_{\mathrm{t}k}\cos\left(k\theta-\theta_{\mathrm{t}k}(t)\right)\end{cases} \tag{4.30}$$

则 k 次谐波产生的电磁转矩可以由式 (4.29) 和式 (4.30) 推导得出：

$$T_k(t)=\frac{\pi R^2l_{\mathrm{ef}}}{\mu_0}B_{\mathrm{r}k}B_{\mathrm{t}k}\cos\left(\theta_{\mathrm{r}k}(t)-\theta_{\mathrm{t}k}(t)\right) \tag{4.31}$$

式中，$B_{\mathrm{r}k}$、$B_{\mathrm{t}k}$ 为傅里叶系数；$\theta_{\mathrm{r}k}$、$\theta_{\mathrm{t}k}$ 为初始相位角。

从式 (4.29) ~ 式 (4.31) 可以看出，只有径向气隙磁密和切向气隙磁密的相同次数的谐波之间相互作用才能产生电磁转矩。图 4.18 为磁通切换式永磁容错电

机在电流为 9 A 时的径向磁密和切向磁密波形以及频谱分析，从图中可以观察到切向磁密比径向磁密小得多，因此分析电机的气隙磁密在没有特殊情况时，一般是指径向磁密而忽略切向磁密。此外，从式 (4.29)~ 式 (4.31) 还可以看出相位角是求取电磁转矩的必需条件。图 4.19 为磁通切换式永磁容错电机径向磁密和切向磁密进行傅里叶级数分解之后，有效工作波的初始相位图，可以看到，12 次和 20 次为静态工作波，3，5，11，19，27，35 为凸极转子调制出的动态有效工作波，其中 5 次工作波与其他工作波方向相反，与表 4.1 所示各次有效工作波的旋转速度结果相一致。

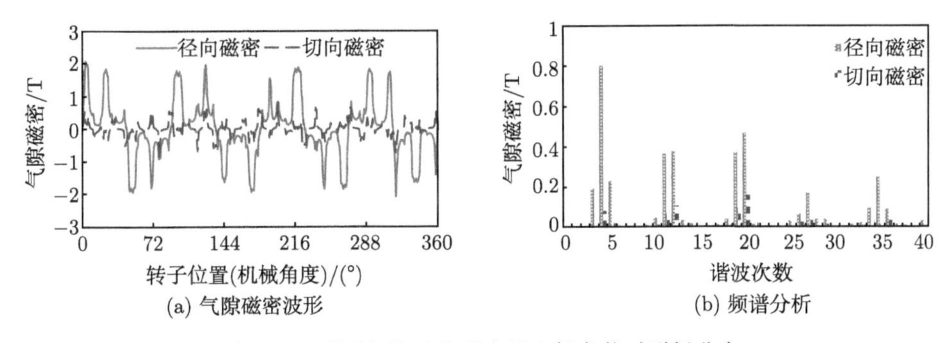

(a) 气隙磁密波形　(b) 频谱分析

图 4.18　磁通切换式永磁容错电机负载时磁场分布

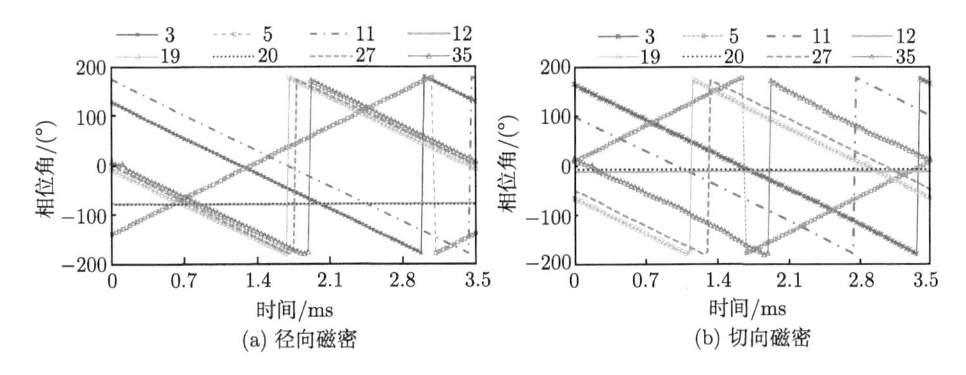

(a) 径向磁密　(b) 切向磁密

图 4.19　磁通切换式永磁容错电机径向和切向气隙磁密初始相位角

图 4.20 为仿真以及式 (4.31) 计算的转矩波形对比，可以看到，两种情况下的转矩波形相差不大，具有较好的一致性。仿真平均转矩为 23.06 N·m，解析计算的平均转矩为 21.93 N·m，比仿真结果略低，由于有限元网格剖分等因素，误差在允许范围内。图 4.21 为各次谐波产生的电磁转矩所占的比例，该图可由以下三个步骤得到。

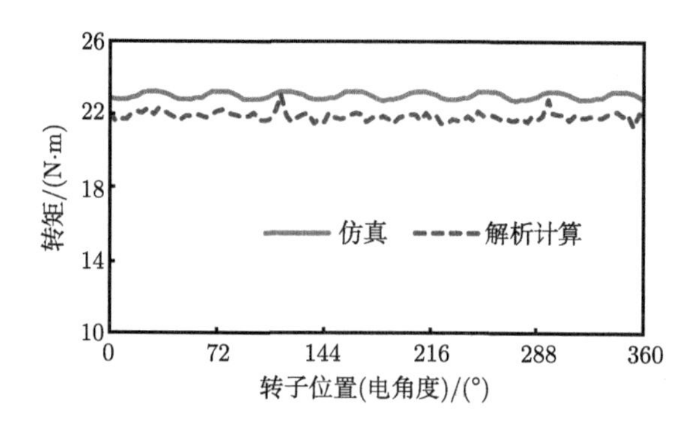

图 4.20　磁通切换式永磁容错电机转矩波形

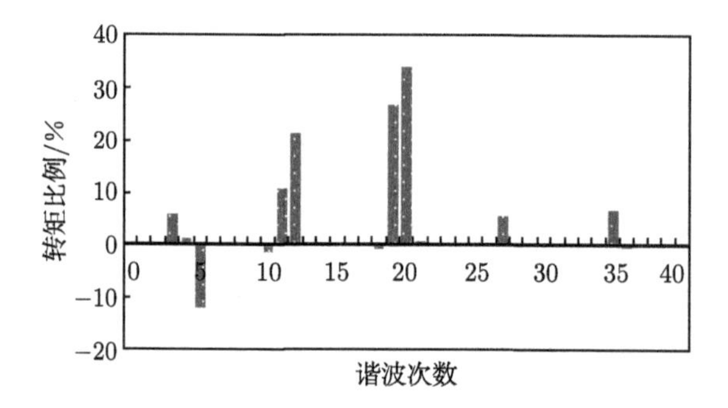

图 4.21　磁通切换式永磁容错电机各次谐波产生的电磁转矩比例

步骤 1：在一个特定的时刻 t，将有限元分析所得到的径向气隙磁密 $B_{\mathrm{r}}(t,\theta)$ 和切向气隙磁密 $B_{\mathrm{t}}(t,\theta)$ 按傅里叶级数展开，因此可以得到幅值 $B_{\mathrm{r}k}$、$B_{\mathrm{t}k}$ 和初始相位角 $\theta_{\mathrm{r}k}$、$\theta_{\mathrm{t}k}$。

步骤 2：将步骤 1 得到的 k 次谐波的幅值 $B_{\mathrm{r}k}$、$B_{\mathrm{t}k}$ 以及初始相位角 $\theta_{\mathrm{r}k}$、$\theta_{\mathrm{t}k}$ 代入式 (4.31) 可以得到各次谐波产生的电磁转矩。

步骤 3：由式 (4.29) 和式 (4.31) 可以得到一个周期内的平均转矩以及各次谐波产生的电磁转矩所占的比例。

由图 4.21 可以看出磁通切换式永磁容错电机由一些主导谐波的相互作用产生电磁转矩，有效工作波为 3，5，11，12，19，20，27，35，其中以 12，19，20 次谐波为主，3，27，35 次谐波对于转矩的贡献较小。从图中还可以观察到 5 次谐波所产生的转矩为负，与前面内容中 5 次谐波方向与其他次谐波相反的分析相一致。表 4.2 列出各次有效工作波所产生的转矩比例，这些有效工作波产生的转矩比例总和达到 99.1%，验证了磁通切换式永磁容错电机由一些主导谐波产生转矩的理论的正确性。

表 4.2　磁通切换式永磁容错电机各次有效工作波产生的转矩所占比例

序号	谐波次数	转矩比例/%
1	3	5.92
2	5	−11.96
3	11	10.77
4	12	21.33
5	19	26.79
6	20	33.91
7	27	5.68
8	35	6.66
	总和	99.1

4.5　永磁体涡流损耗及其抑制

4.5.1　涡流损耗模型

磁通切换式永磁容错电机由于齿槽效应、电流波形畸变、绕组磁动势的非正弦分布等因素使得该电机气隙磁场中存在大量的空间和时间谐波分量。此外，磁通切换式永磁容错电机不同于普通表贴式永磁电机，具有一定的调制效应，即气隙磁场中含有丰富的谐波分量。而这些谐波分量若与永磁体不同步，则会在永磁体上感生出电动势，产生涡流回路，进而产生涡流损耗，会使电磁转矩受到限制 [15-17]。

为了研究磁通切换式永磁容错电机的气隙磁场由凸极定子和转子齿调制而产生的谐波对于涡流损耗的影响，以下先给出一种简化的永磁体涡流损耗计算模型。值得注意的是，该模型基于以下假设：

(1) 忽略磁饱和以及铁心磁压降；

(2) 忽略漏磁和端部的影响；

(3) 各次谐波所引起的永磁体涡流损耗与总的永磁体损耗之间只存在简单的线性关系。

永磁体作为导电材料，可以看作一个简化的矩形导体，导体在交变磁场中所产生的涡流路径如图 4.22(a) 所示，其中，l、z 和 h 分别为一块永磁体的轴向长度、宽度和厚度。一块永磁体可以表示为四个电阻相串联，如图 4.22(b) 所示。因此，等效电阻 R 可以表示为

$$R = 2(R_l + R_z) = \rho\frac{2l^2 + 2z^2}{lzh} \tag{4.32}$$

式中，ρ 为永磁体的电阻率。

根据法拉第电磁感应定律：闭合电路中的导体在磁场中运动会感生出电动势，因此，感应出的反电动势为

$$e = -\frac{\partial \Psi}{\partial t} = -\frac{\partial B}{\partial t}lz \tag{4.33}$$

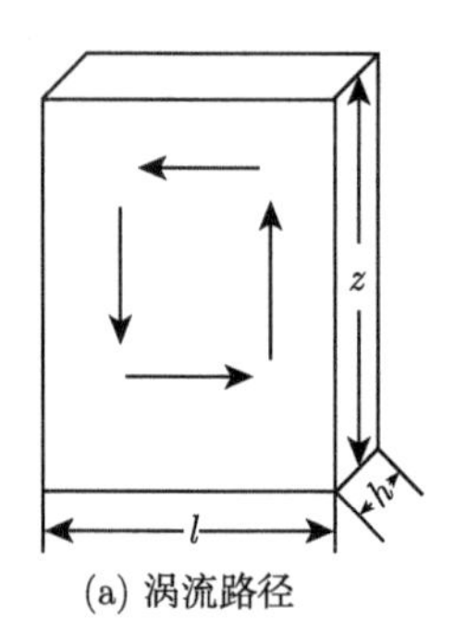

(a) 涡流路径

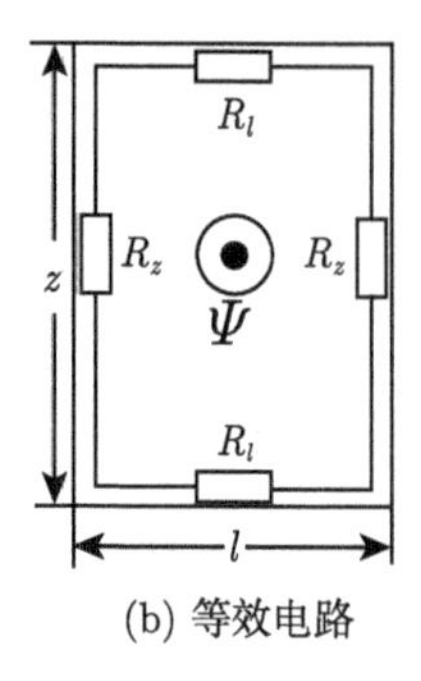

(b) 等效电路

图 4.22　永磁体简化模型

因此，$-\partial B/\partial t$ 可以近似表示为

$$
\begin{aligned}
-\frac{\partial B}{\partial t} &\approx \sum_{k=1}^{\infty} B_k \omega_k \sin(k\theta+\theta_k) \\
&= \sum_{k=1}^{\infty} 2\pi B_k f_k \sin(k\theta+\theta_k)
\end{aligned} \tag{4.34}
$$

在永磁体涡流路径中感生出的反电动势幅值可以表示为

$$
E = 2\pi l z \sum_{k=1}^{\infty} B_k f_k \tag{4.35}
$$

最后，永磁体涡流损耗可以表示为

$$
P_{\mathrm{c}} = \frac{E^2}{R} = \frac{2\pi^2 l^3 z^3 h \sum\limits_{k=1}^{\infty} B_k^2 f_k^2}{\rho(l^2+z^2)} \tag{4.36}
$$

式中，B_k、f_k 分别为 k 次谐波的气隙磁密幅值与频率。从式 (4.36) 可以看出，永磁体涡流损耗不仅与永磁体的结构尺寸有关，还与气隙磁密的幅值与相对于永磁体的频率有关。根据 4.3.2 节得出的各次谐波的旋转速度，可以很容易得到各次谐波的频率，表 4.3 列出了产生转矩的各次有效工作波的频率。值得注意的是，12、20 次为静态工作波，谐波频率为 0，即与永磁体之间没有相对运动，故不会产生永磁体涡流损耗。

图 4.23 为负载情况下气隙磁密的谐波频谱，可以看到 3，4，5，11，12，19，20，27，35 次谐波的幅值较大。然而，4 次谐波如前所述，不产生转矩，并且其由 4 对极永磁体产生，为静态谐波，与永磁体之间没有相对运动，故不会产生永

磁体涡流损耗。综上所述，由产生电磁转矩的原则所确定的有效工作波同样也是产生永磁体涡流损耗的主要分量。

表 4.3　有效工作波的特性

序号	谐波次数	频率 f/Hz	透入深度/mm
1	3	208.33	42.05
2	5	125.01	54.29
3	11	56.82	80.53
4	12	0	—
5	19	32.89	105.84
6	20	0	—
7	27	23.15	126.16
8	35	17.86	143.63

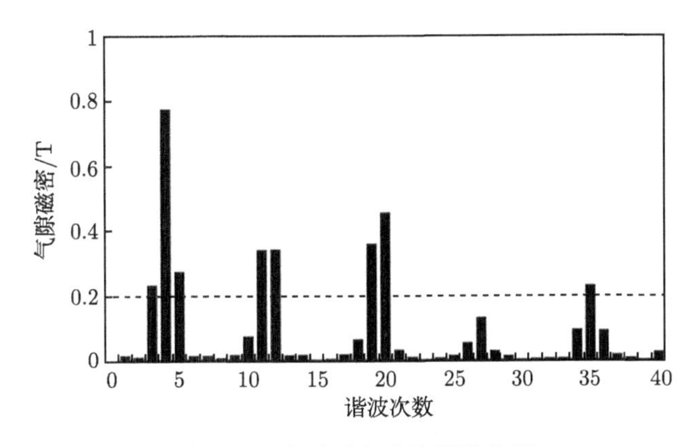

图 4.23　气隙磁密谐波频谱分析

由于集肤效应，永磁体内产生的涡流会趋于永磁体表面，导致对于永磁体涡流损耗的研究带来一定的困难。因此，有必要对磁通切换式永磁容错电机各次谐波的集肤深度进行研究。k 次谐波的集肤深度 δ_k 的计算公式为

$$\delta_k = \frac{1}{\sqrt{\pi f_k \mu_0 \mu_{\mathrm{m}} \sigma}} \tag{4.37}$$

式中，f_k 为 k 次谐波的频率；μ_0 为真空磁导率；μ_{m} 为永磁体的相对磁导率，取为 1.1；σ 为永磁体的电导率，忽略温度效应，其值取为 0.625×10^6 S/m。因此，根据式 (4.37) 可以求得各次谐波的透入深度。表 4.3 列出了各次有效工作波的透入深度。本电机永磁体的轴向长度 l 与高度 h 分别为 30.3 mm 和 3.5 mm，均明显小于表 4.3 中列出的有效工作波的透入深度，因此，永磁体中的集肤效应可以忽略不计。图 4.24 给出 Maxwell 三维仿真的永磁体涡流路径，可以看到涡流均

匀地分布于永磁体中，不会趋于永磁体的表面，再一次证明了永磁体涡流损耗不受集肤效应的影响。

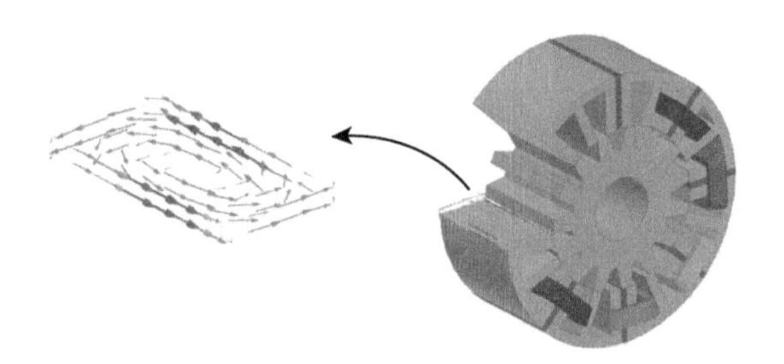

图 4.24　永磁体涡流路径

根据上述永磁体涡流损耗模型得出各次有效工作波产生的永磁体涡流损耗所占的比例，如图 4.25 所示。从图中可以看到，12、20 次谐波分量产生的永磁体涡流损耗为 0，与上述分析相一致。3 次谐波分量为产生永磁体涡流损耗的主要因素，同时，谐波阶次越高，产生的永磁体涡流损耗越少。因此，可以采取有效措施来降低低阶次谐波 (如 3 次) 的含量进而降低永磁体涡流损耗。

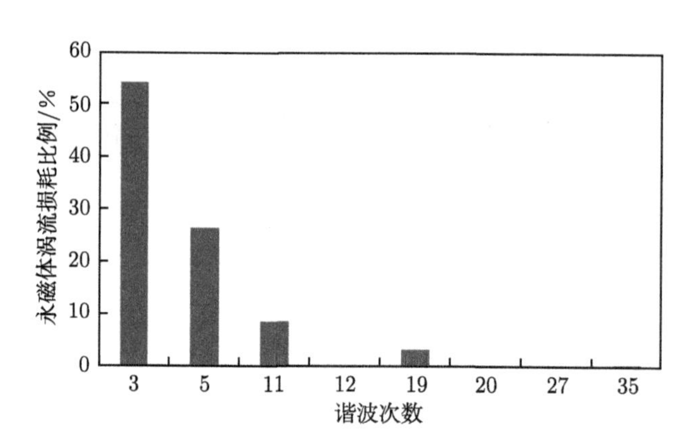

图 4.25　各次有效工作波产生的永磁体涡流损耗比例

4.5.2　新转子磁障结构

4.5.1 节研究发现低阶次谐波对于永磁体涡流损耗的影响较大，因此，本节提出引入磁障以降低低阶次谐波含量从而降低永磁体涡流损耗。引入空气磁障会增大该部分区域的磁阻，减少该处的磁通量，进而会影响气隙磁密、电磁转矩等电磁性能。为选择引入磁障的位置，选取四个特殊转子位置观察磁通切换式永磁容错电机的磁场分布 (图 4.26)。定子轭部的 “a”、“b”、“c” 和 “d” 是四个选定的观察位置，从图 4.26 可以看出，随着转子的转动，四个观察位置处的磁力线会发生变化。因此，在电机的定子上即“a”、“b”、“c”和“d”所在位置处加入磁障会使磁力线发生较大变化，对电机的性能不利。另外，转子在运动过程中磁力线走向较为规则并且基本保持不变，也就是说将磁障引入转子对主要磁力线几乎没有影响。因此，可以采用将磁障引入磁通切换式永磁容错电机的转子中的方法来降低永磁体涡流损耗。

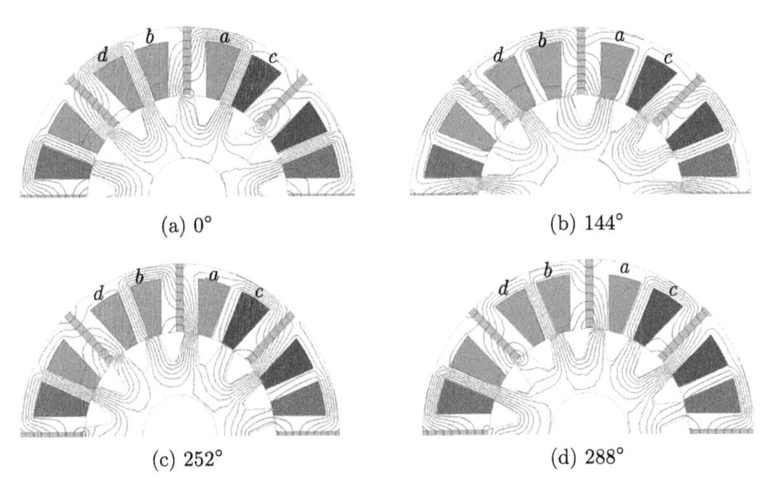

(a) 0°　(b) 144°

(c) 252°　(d) 288°

图 4.26　磁通切换式永磁容错电机在不同位置时磁场分布

图 4.27 显示 8/15 极磁通切换式永磁容错电机的两个新的转子磁障结构。可以看到，新结构 Proposed Ⅰ 将磁障加入电机转子的轭部，新结构 Proposed Ⅱ 将磁障加入电机的转子齿部。采用新结构能够增加低阶次谐波的磁阻，从而降低低阶次谐波的幅值，最终达到降低永磁体涡流损耗的目的。

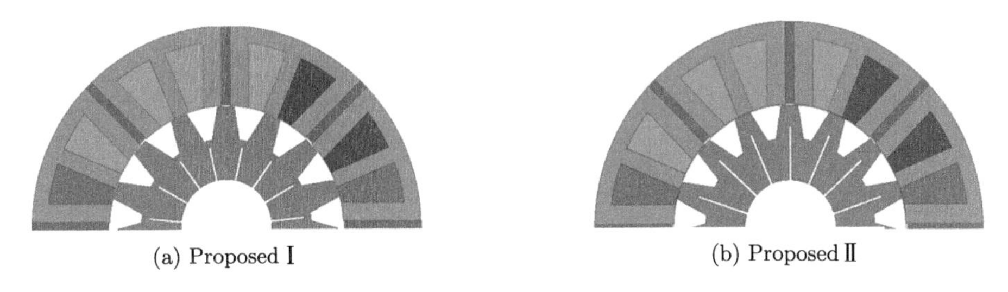

(a) Proposed Ⅰ　(b) Proposed Ⅱ

图 4.27　新转子磁障结构

4.5.3　磁障对电机电磁性能的影响

图 4.28 为磁通切换式永磁容错电机原结构与两种新型结构的磁密分布与磁场分布图。观察图中磁场分布可以看到，在将磁障引入转子之后，整个磁力线的

路径不会发生较大的改变，仅磁障附近一小块区域会聚集多条磁力线，导致磁阻增加。观察磁密分布可以发现，加入磁障之后，转子上部分区域会出现略微饱和的现象，这可能会使反电势及电磁转矩略微下降。因此，本节将会结合有限元仿真具体分析磁障对电机性能的影响。

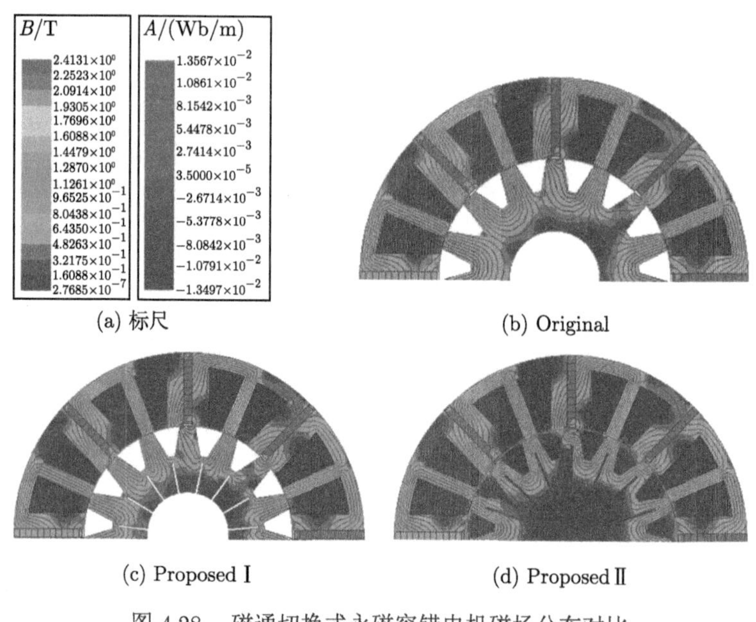

(a) 标尺 (b) Original

(c) Proposed Ⅰ (d) Proposed Ⅱ

图 4.28 磁通切换式永磁容错电机磁场分布对比

图 4.29 为磁通切换式永磁容错电机三种结构的 A 相反电势波形及谐波分析。从图中可以看到，三种结构的电机反电动势正弦度均较高，谐波含量都比较低，而在引入磁障后，空载反电动势幅值有轻微的下降，而且谐波含量略微增加。从图 4.29(b) 对三种电机的反电动势的谐波分析可以看到，原结构电机 (Original)、新结构 Proposed Ⅰ 电机 (Proposed Ⅰ) 和新结构 Proposed Ⅱ 电机 (Proposed Ⅱ) 的谐波畸变率分别为 5.1%、10.0%和 8.5%。引入磁障后，从反电动势的削弱程度以及正弦度来看，Proposed Ⅱ 电机比 Proposed Ⅰ 电机更具有优势。图 4.30 比较了磁通切换式永磁容错电机的气隙磁密波形和谐波频谱，可以看到，三种结构的电机气隙磁密波形几乎重合，表明了磁通切换式永磁容错电机的转子引入磁障后对于电磁转矩没有明显影响。而从图 4.30(b) 中可以看到产生永磁体涡流损耗的谐波幅值有所降低，如 3 次和 11 次，证明了引入磁障对于减少永磁体涡流损耗的有效性。

引入磁障后的永磁体涡流损耗仿真结果如图 4.31 所示。与原电机转子结构相比，两台转子新结构 Proposed Ⅰ 和 Proposed Ⅱ 电机的永磁体涡流损耗明显降低，分别降低了 41.1%和 44.1%。图 4.32 比较了三台电机的转矩与转矩脉动，可以

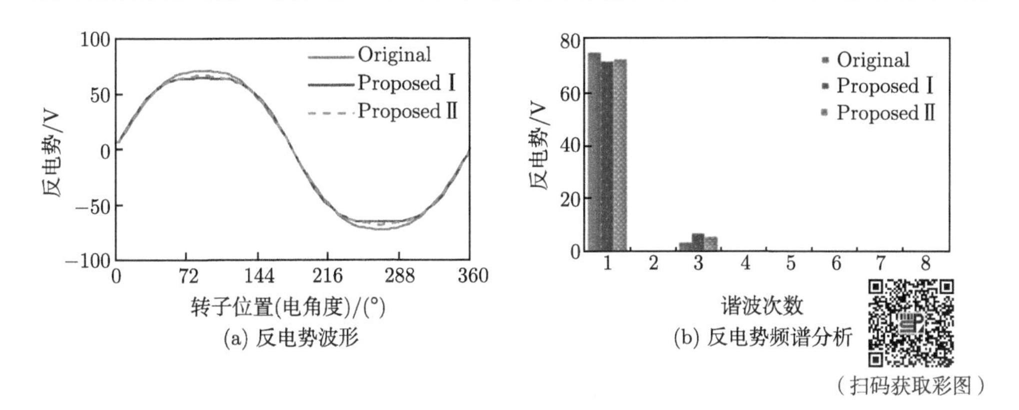

图 4.29 三种磁通切换式永磁容错电机反电势及其谐波分析 (彩图扫二维码)

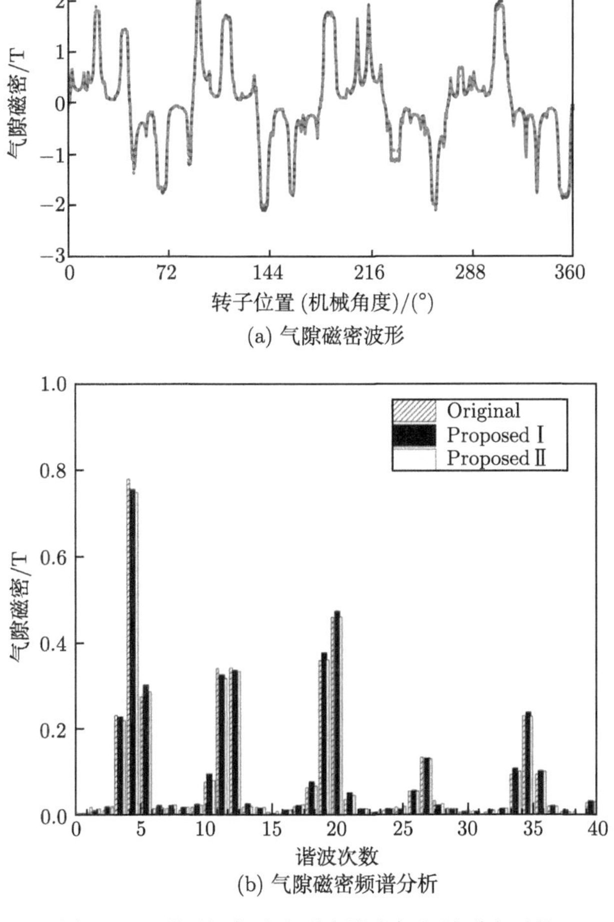

图 4.30 磁通切换式永磁容错电机气隙磁密对比

看到，在引入磁障后，两台新转子结构的电机的平均转矩与原结构电机的平均转矩相差不大，仅仅由于小区域的轻微饱和使得平均转矩有略微的降低，但是对其转矩脉动也有一定的抑制效果，再一次证明了引入磁障不会对电机的电磁性能造成很大影响。如前所述，气隙磁密谐波与永磁体存在相对运动，不可避免地会产生永磁体涡流损耗，而引入磁障后的各次有效工作波所产生的永磁体涡流损耗比例如图 4.33 所示，3 次谐波所产生的涡流损耗有了明显的降低，又一次证明了引入磁障能够使低阶次谐波含量降低，进而有效降低永磁体涡流损耗。综合永磁体涡流损耗抑制效果以及由之带来的转矩的削弱，Proposed Ⅱ 电机即在转子齿部引入磁障能够有效降低磁通切换式永磁容错电机的永磁体涡流损耗。

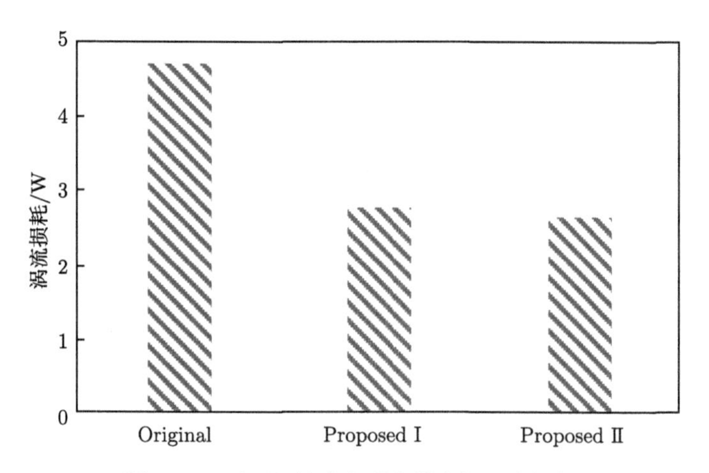

图 4.31　磁通切换式永磁容错电机涡流损耗

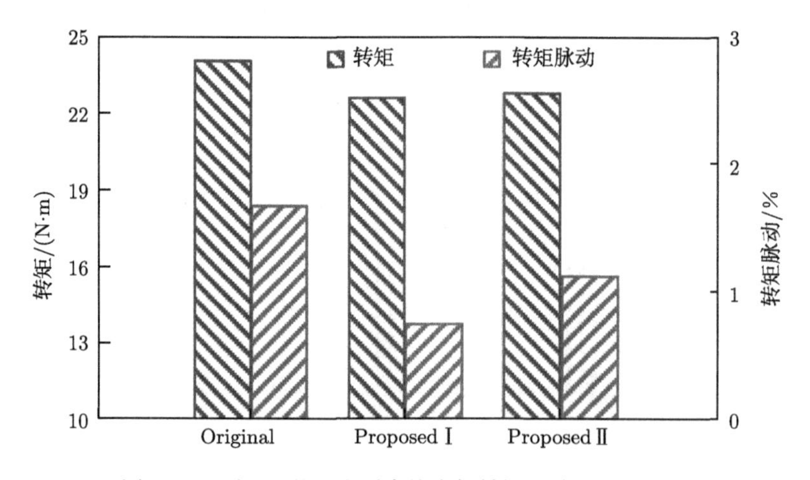

图 4.32　磁通切换式永磁容错电机转矩及转矩脉动对比

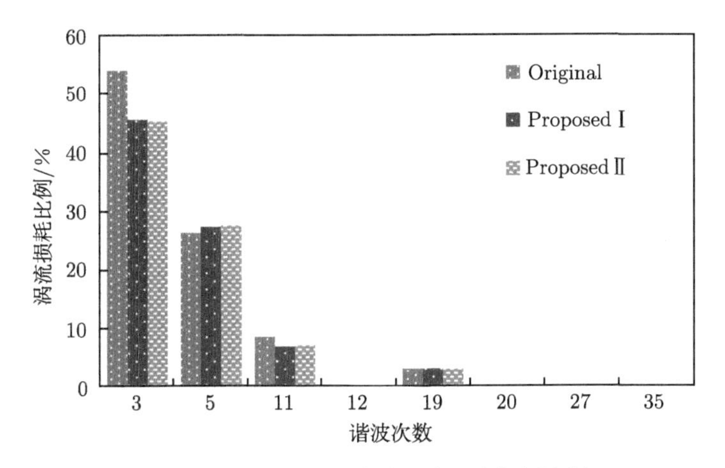

图 4.33 各次有效工作波产生涡流损耗比例

4.6 实验验证

针对所研究的 8/15 极磁通切换式永磁容错电机，加工制造了两台样机，即 4.5.3 节所提到的原结构样机与 Proposed Ⅱ 新结构样机，两台电机的定子结构相同，只是转子结构略有区别。两电机的定子结构实物图如图 4.34 所示，定子采用 E 型模块化设计并且用硅钢片叠压制成，每一小模块定子上都有两个电枢齿与一个容错齿，永磁体夹片式胶固于两个小模块的定子之间，定子外圈为铝机壳。铝机壳与端盖起到保护电机的作用，防止电机各部件左右移动以及外部灰尘等杂质进入电机内部，影响电机的正常运行。定子具体尺寸参数如表 4.4 所示。

图 4.34 8/15 极磁通切换式永磁容错电机样机定子

表 4.4　样机定子尺寸参数值

参数	符号	单位	数值
定子外径	D_{so}	mm	154
定子内径	D_{si}	mm	92.4
气隙长度	l_g	mm	0.4
轴向长度	l_a	mm	60
槽满率	k_{fill}	—	0.5
绕组匝数	N_c	—	90
电枢齿宽	β_s	mm	7.1
容错齿宽	β_{fs}	mm	6.2
定子轭厚	h_{ys}	mm	6.1
永磁体宽度	h_{pm}	mm	3.5
永磁体径向长度	l_{pm}	mm	30.3

为验证永磁体涡流损耗抑制的有效性，除了制作了原结构的 8/15 极磁通切换式永磁容错电机的样机,还加工制作了引入磁障的新型转子结构的样机。图 4.35(a) 为原结构电机的转子，图 4.35(b) 为新结构 Proposed Ⅱ 电机的转子，两转子结构内外径以及极弧系数均相同，不同的是 Proposed Ⅱ 电机的转子结构在转子齿部引入磁障，磁障参数及转子内外径等参数均如表 4.5 所示。

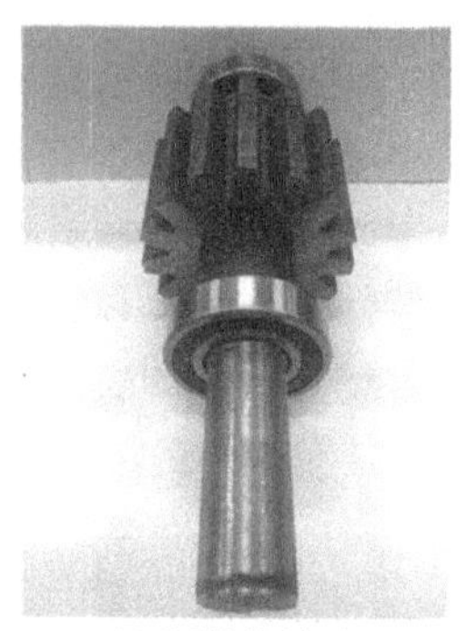

(a) 原结构转子

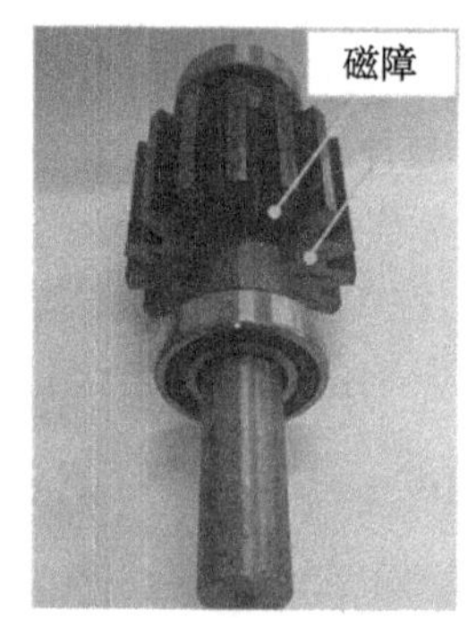

(b) Proposed Ⅱ 转子

图 4.35　8/15 极磁通切换式永磁容错电机样机转子

表 4.5　样机转子参数

参数	符号	单位	原结构样机	新结构 Proposed Ⅱ 样机
转子外径	D_{ro}	mm	91.6	91.6
转子内径	D_{ri}	mm	36	36
转子极数	N_r	—	15	15
转子极宽	β_r	mm	6.7	6.7
转子极底宽	β_{ry}	mm	10.8	10.8
转子极高	h_{pr}	mm	11.7	11.7
磁障深度	h_b	mm	—	19
磁障宽度	w_b	mm	—	1

图 4.36 显示了两台样机在转速为 500 r/min 下的四相空载反电动势的实测波形图。从图中可以看到，两台样机的每一相反电动势波形幅值相当、相位角相差一致并且具有很好的对称性。仿真波形与实测波形相差不大，吻合度较高。与仿真波形相比，实测反电动势的幅值有略微下降，但在误差允许范围内，证明了仿真与实测具有一致性。原结构样机与 Proposed Ⅱ 新结构样机的反电动势的幅值分别为 74 V 和 70 V，在引入磁障后的 Proposed Ⅱ 新结构的样机反电势幅值有一定的降低。另外，两台样机反电动势的波形正弦度都很高，谐波含量相对较少，这也从侧面证实了在电机转子上引入磁障对磁场的影响很小，从而说明了其对电机电磁性能的影响也微乎其微。

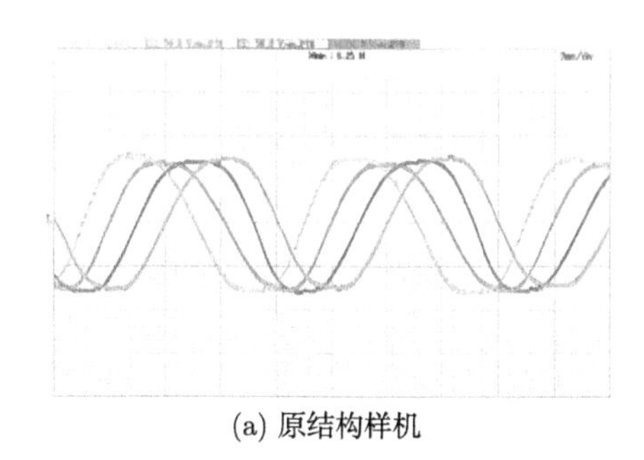

(a) 原结构样机

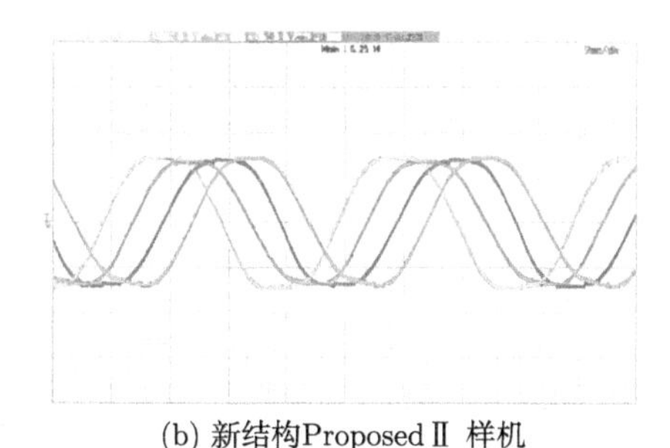

(b) 新结构Proposed Ⅱ 样机

图 4.36 空载反电动势 (500 r/min，50 V/格)

虽然运用气隙磁场调制理论研究了磁通切换式永磁容错电机中电磁转矩的产生机制，并且研究了各次有效工作波产生的转矩占总转矩的比例。但是，由于实验条件的限制，无法测出样机中气隙磁场谐波对于电磁转矩的贡献。因此通过测量电磁转矩随电流的变化来验证仿真预测的结果。图 4.37 为磁通切换式永磁容错电机在 400 r/min 转速下，分别采用 2D 有限元仿真与实验测量两种方式的电磁转矩随电流变化的对比图。其中，图 4.37(a) 为原结构样机的输出转矩与电流变化，图 4.37(b) 为 Proposed Ⅱ 新结构样机的输出转矩与电流变化。从两幅图中可以看出，无论原结构样机还是 Proposed Ⅱ 新结构样机，实测的转矩值都略低于仿真结果，这是由于样机加工精度的限制、实验环境的干扰以及控制算法的调试等因素的影响，但差异在可接受范围内。

近年来，专家学者为测量永磁体涡流损耗进行一系列的初步探索：有学者将转子堵转并给绕组施加电流测得该电机的等效电阻，然后将定子损耗分离出去从而得到转子涡流损耗 [18]；有学者通过测量电机不同时刻下反电动势幅值的变化来计算转子永磁体上温度的变化，从而反映永磁体涡流损耗 [19]；有学者利用红外热成像仪来测量电机内部的温度分布进而反映电机的损耗 [20]。由于磁通切换式永磁容错电机的永磁体位于定子上，并不随转子旋转，因此可以直接将热电阻安装在永磁体周围来测量永磁体温度的变化。因此，将热电阻安装在永磁体周围，测量永磁体的瞬时温度并通过温度显示仪读取数值。

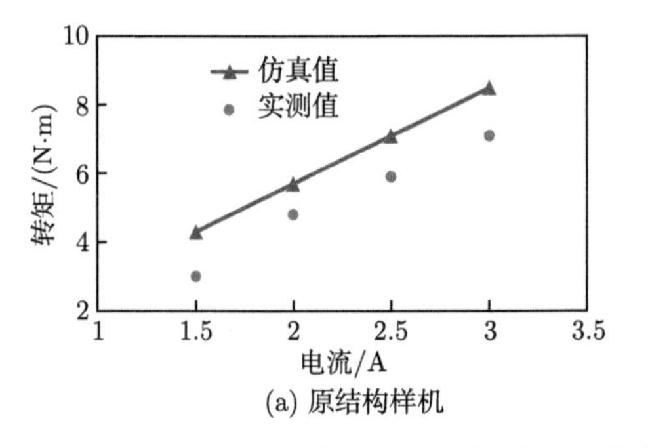

(a) 原结构样机

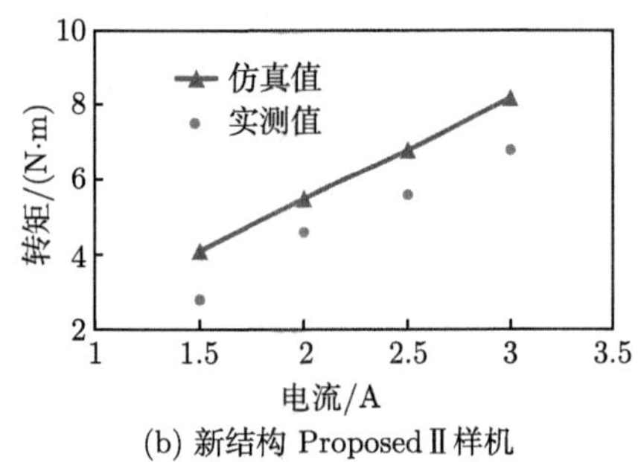

(b) 新结构 Proposed Ⅱ 样机

图 4.37　不同电流下仿真与实测的转矩对比

本次实验测温设备采用德国进口的贺利氏 PT100 铂热电阻，其结构及安装位置如图 4.38 所示。PT100 铂热电阻的 “100” 表示其在 0°C 时阻值为 100 Ω，在 100°C 时它的阻值约为 138.5 Ω，并且其阻值与温度呈线性关系，随着温度的上升而增大。PT100 铂热电阻的电气性能稳定可靠，热响应时间短，偏差极小并且随着时间的增长可以忽略不计。铂热电阻元件是采用铂热电阻丝绕制制成的感温元件，其可以制成微型作为各种温度传感器的探头，有着灵敏、精确、测温范围广 (可测 $-200 \sim 420$°C) 的特点，应用广泛。

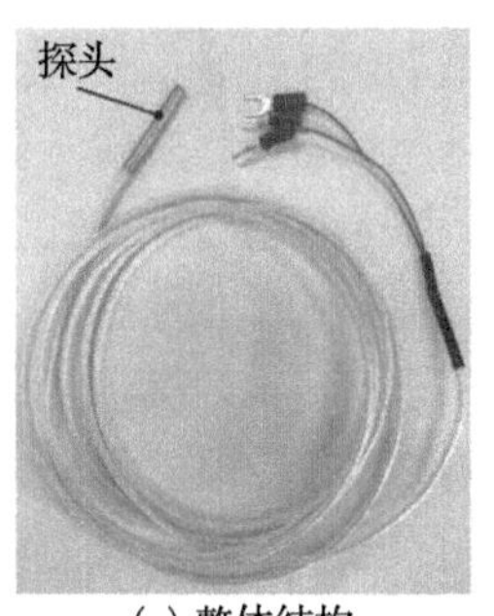

(a) 整体结构

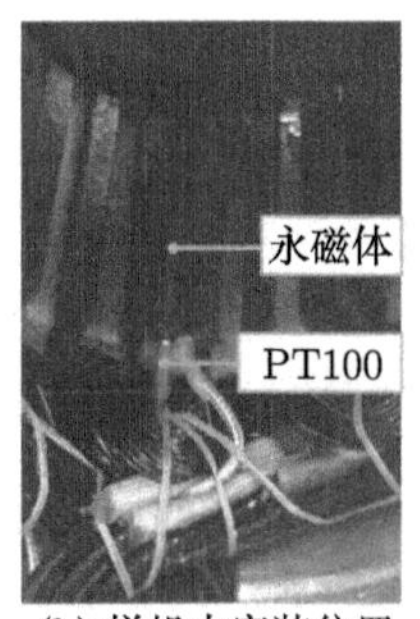

(b) 样机中安装位置

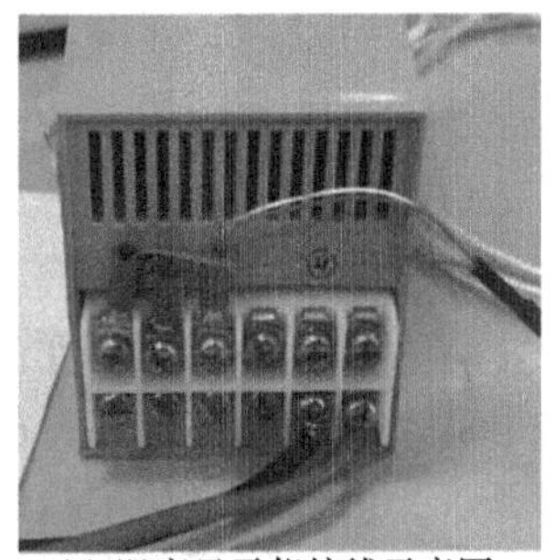
(c) 温度显示仪接线示意图

图 4.38　PT100 结构及其安装接线示意图

在样机绕组中通入电流为 3.3 A，转速为 400 r/min 的条件下，测试了一个小时内原结构样机和 Proposed Ⅱ 新结构样机永磁体上的温度变化，测试结果如图 4.39 所示。从图中可以看到，两台样机上永磁体温度随着运行时间的增加呈现出上升的趋势，并且上升的速率逐渐变缓；对比两条曲线可以看到 Proposed Ⅱ 新结构样机的永磁体温度明显低于原结构样机上永磁体的温度。如前所述，永磁体涡流损耗会以热能形式散发，损耗越大，会导致永磁体温度越高，越容易造成局部失磁，从而影响电机的使用寿命。根据热力学原理，永磁体涡流损耗 P_e 与温度 T 的关系为

$$P_e \propto MC_p\frac{dT}{dt} \tag{4.38}$$

式中，M 为永磁体质量；C_p 为永磁体比热容。

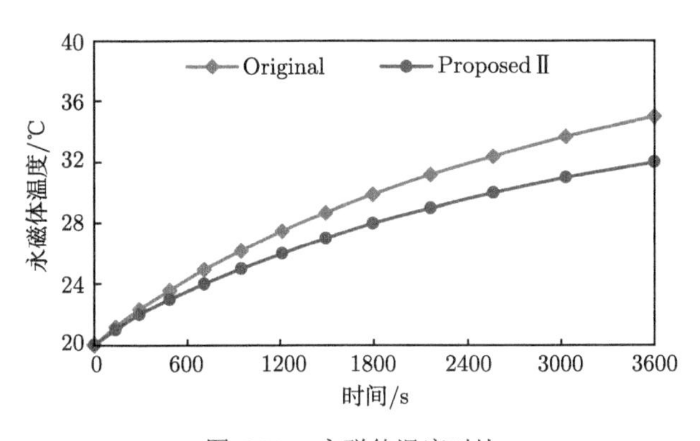

图 4.39 永磁体温度对比

式 (4.38) 说明损耗与温度变化呈正比关系。在两台样机永磁体材料、用量 (即永磁体质量 M 和永磁体比热容 C_p) 相同的情况下，两台样机运行 1 h 后 Proposed Ⅱ 新结构样机的永磁体温度与原结构样机上永磁体的温度有 3°C 的温度差，结合式 (4.38)，表明 Proposed Ⅱ 新结构样机的永磁体涡流损耗比原结构样机的永磁体涡流损耗低，进一步说明了 Proposed Ⅱ 新结构电机的设计对于永磁体涡流损耗抑制的正确性和有效性。

4.7 本章小结

本章首先从磁场调制角度简单分析了磁通切换式永磁容错电机的工作原理，简述了定转子凸极调制器的磁场调制过程。运用气隙-磁导模型，推导了永磁磁场和电枢磁场分别单独作用时的气隙磁密，进而分析两者之间的相互作用而产生电磁转矩的过程。运用气隙磁场谐波调制理论推导了永磁体涡流损耗模型，分析了永磁体涡流损耗的产生机制，并在此基础上提出了两种新的转子结构来抑制永磁体涡流损耗。最后制作了两台样机 (即磁通切换式永磁容错电机以及提出的新结构样机)，搭建了实验测试平台以及控制平台，完成了电磁设计以及永磁体涡流损耗抑制效果的正确性与有效性的验证。

参 考 文 献

[1] Babu A R C S, Rajagopal K R. FE analysis of multiphase doubly salient permanent magnet motors[J]. IEEE Transactions on Magnetics, 2005, 41(10): 3955-3957.

[2] Gong Y, Chau K T, Jiang J Z, et al. Design of doubly salient permanent magnet motors with minimum torque ripple[J]. IEEE Transactions on Magnetics, 2009, 45(10): 4704-4707.

[3] Kim T H. A study on the design of an inset-permanent-magnet-type flux-reversal machine[J]. IEEE Transactions on Magnetics, 2009, 45(6): 2859-2862.

[4] Xu L, Liu G, Zhao W. Analysis of new modular linear flux reversal permanent magnet motors[C]. 2015 IEEE International Magnetics Conference, Beijing, 2015: 1.

[5] Hua W, Cheng M, Zhu Z Q, et al. Analysis and optimization of back EMF waveform of a flux-switching permanent magnet motor[J]. IEEE Transactions on Energy Conversion, 2008, 23(3):727-733.

[6] Zhu Z Q, Pang Y, Chen J T, et al. Influence of design parameters on output torque of flux-switching permanent magnet machines[C]. 2008 IEEE Vehicle Power and Propulsion Conference, Harbin, 2008: 1-6.

[7] Owen R L, Zhu Z Q, Thomas A S, et al. Alternate poles wound flux-switching permanent-magnet brushless AC machines[J]. IEEE Transactions on Industry Applications, 2010, 46(2): 790-797.

[8] Chen J T, Zhu Z Q, Iwasaki S, et al. A novel E-core switched-flux PM brushless AC machine[J]. IEEE Transactions on Industry Applications, 2011, 47(3): 1273-1282.

[9] Du Y, Xiao F, Hua W, et al. Comparison of flux-switching PM motors with different winding configurations using magnetic gearing principle[J]. IEEE Transactions on Magnetics, 2015, 52(5): 8201908.

[10] Zhu Z Q, Chen J T, Pang Y, et al. Analysis of a novel multi-tooth flux-switching PM brushless AC machine for high torque direct-drive applications[J]. IEEE Transactions on Magnetics, 2008, 44(11): 4313-4316.

[11] Evans D J, Zhu Z Q. Novel partitioned Stator switched flux permanent magnet machines[J]. IEEE Transactions on Magnetics, 2014, 51(1): 8100114.

[12] Xue X H, Zhao W X, Zhu J H, et al. Design of five-phase modular flux-switching permanent-magnet machines for high reliability applications[J]. IEEE Transactions on Magnetics, 2013, 49(7): 3941-3944.

[13] 许实章. 交流电机的绕组理论[M]. 北京: 机械工业出版社, 1985.

[14] 唐任远. 现代永磁电机理论与设计[M]. 北京: 机械工业出版社, 2016.

[15] Zheng J Q, Zhao W X, Ji J H, et al. Design to reduce rotor losses in fault-tolerant permanent-magnet machines[J]. IEEE Transactions on Industrial Electronics, 2018, 65(11): 8476-8487.

[16] Patel V I, Wang J B, Wang W Y, et al. Six-phase fractional-slot-per-pole-per-phase permanent-magnet machines with low space harmonics for electric vehicle application[J]. IEEE Transactions on Industry Applications, 2014, 50(4): 2554-2563.

[17] Nair S S, Wang J B, Chin R, et al. Analytical prediction of 3-D magnet eddy current losses in surface mounted PM machines accounting slotting effect[J]. IEEE Transactions on Energy Conversion, 2016, 32(2): 414-423.
[18] Choi G, Jahns T M. Reduction of eddy-current losses in fractional-slot concentrated-winding synchronous PM machines[J]. IEEE Transactions on Magnetics, 2016, 52(7): 8105904.
[19] 徐永向, 胡建辉, 胡任之, 等. 永磁同步电机转子涡流损耗计算的实验验证方法[J]. 电工技术学报, 2007, 22(7): 150-154.
[20] 朱卫光, 张承宁, 董玉刚. 大功率永磁同步电机转子永磁体损耗研究[J]. 电机与控制学报, 2014, 18(1): 33-37.

第 5 章　基于滞环脉宽调制技术的容错控制策略

5.1　引　　言

永磁容错电机虽然能够有效地抑制短路电流，并能降低故障的蔓延。但是，在发生开路和短路故障后，其出力降低、转矩脉动增大。为此，本章详细阐述了永磁容错电机开路和短路故障下的容错电流构建方法和过程，并采用滞环 PWM 来实现容错电流的准确追踪。

5.2　正弦反电势永磁容错电机开路容错控制策略

容错控制就是在设备发生故障后，根据故障的类型和特征通过调整控制方式保证故障系统的稳定运行。随着高性能控制要求的提高，软件容错控制策略，即容错控制算法因其不需要改变硬件设备即可实现控制系统的容错运行受到广泛关注 [1,2]。对于多相电机驱动系统而言，故障类型包括了开路故障和短路故障，其中，电机绕组开路故障是较为常见的故障类型，短路故障在消除了短路电流产生的磁动势后，也可以等效为开路故障 [3]。以五相永磁容错电机为例，当电机绕组发生单相或者两相开路故障时，通过调整逆变器输出电流的相位和幅值使得磁动势在故障前后一致，就能保证电机同正常工况一样平稳运行 [4]。

1. 单相开路故障

当五相永磁容错电机通入对称的正弦电流时，以 A 轴为参考坐标，则各相旋转磁动势可以表示为

$$\begin{cases} \mathrm{MMF_A} = 0.5N_5 i_\mathrm{A}\cos\gamma = 0.5N_5 I_\mathrm{m}\cos\theta_\mathrm{e}\cos\gamma \\ \mathrm{MMF_B} = 0.5N_5 i_\mathrm{B}\cos(\gamma-0.4\pi)=0.5N_5 I_\mathrm{m}\cos(\theta_\mathrm{e}-\alpha)\cos(\gamma-0.4\pi) \\ \mathrm{MMF_C} = 0.5N_5 i_\mathrm{C}\cos(\gamma-0.8\pi) = 0.5N_5 I_\mathrm{m}\cos(\theta_\mathrm{e}-2\alpha)\cos(\gamma-0.8\pi) \\ \mathrm{MMF_D} = 0.5N_5 i_\mathrm{D}\cos(\gamma-1.2\pi) = 0.5N_5 I_\mathrm{m}\cos(\theta_\mathrm{e}-3\alpha)\cos(\gamma-1.2\pi) \\ \mathrm{MMF_E} = 0.5N_5 i_\mathrm{E}\cos(\gamma-1.6\pi) = 0.5N_5 I_\mathrm{m}\cos(\theta_\mathrm{e}-4\alpha)\cos(\gamma-1.6\pi) \end{cases} \tag{5.1}$$

式中，I_m 是电流幅值；γ 是以 A 相轴线为中心定子某点的电角度。

将式 (5.1) 进行展开相加，可以得到五相永磁容错电机在正常工况下的合成旋转磁动势：

$$\begin{aligned}\mathrm{MMF_s} &= \mathrm{MMF_A} + \mathrm{MMF_B} + \mathrm{MMF_C} + \mathrm{MMF_D} + \mathrm{MMF_E} \\ &= 1.25N_5 I_\mathrm{m}(\cos\theta_\mathrm{e}\cos\gamma + \sin\theta_\mathrm{e}\sin\gamma)\end{aligned} \tag{5.2}$$

假设 A 相绕组开路，此时 A 相电流为零，剩余各相电流可表示为

$$\begin{cases} i_\mathrm{B} = x_\mathrm{b} I_\mathrm{m}\cos(\theta_\mathrm{e} + \alpha_\mathrm{b}) \\ i_\mathrm{C} = x_\mathrm{c} I_\mathrm{m}\cos(\theta_\mathrm{e} + \alpha_\mathrm{c}) \\ i_\mathrm{D} = x_\mathrm{d} I_\mathrm{m}\cos(\theta_\mathrm{e} + \alpha_\mathrm{d}) \\ i_\mathrm{E} = x_\mathrm{e} I_\mathrm{m}\cos(\theta_\mathrm{e} + \alpha_\mathrm{e}) \end{cases} \tag{5.3}$$

此时，剩余各相产生的磁动势可表示为

$$\begin{cases} \mathrm{MMF_B} = 0.5N_5 i_\mathrm{B}\cos(\gamma - 0.4\pi) \\ \mathrm{MMF_C} = 0.5N_5 i_\mathrm{C}\cos(\gamma - 0.8\pi) \\ \mathrm{MMF_D} = 0.5N_5 i_\mathrm{D}\cos(\gamma - 1.2\pi) \\ \mathrm{MMF_E} = 0.5N_5 i_\mathrm{E}\cos(\gamma - 1.6\pi) \end{cases} \tag{5.4}$$

将式 (5.4) 进行展开相加，可以得到五相永磁容错电机在单相开路故障下的合成磁动势：

$$\begin{aligned}\mathrm{MMF_{Aop}} =& \mathrm{MMF_B} + \mathrm{MMF_C} + \mathrm{MMF_D} + \mathrm{MMF_E} \\ =& 0.5N_5(0.309i_\mathrm{B} - 0.809i_\mathrm{C} - 0.809i_\mathrm{D} + 0.309i_\mathrm{E})\cos\gamma \\ &+ 0.5N_5(-0.951i_\mathrm{B} - 0.588i_\mathrm{C} + 0.588i_\mathrm{D} + 0.951i_\mathrm{E})\sin\gamma\end{aligned} \tag{5.5}$$

由于电机 Y 形连接，各相电流之和应该为零。在逆变器的电流限制下，为了使故障运行时的转矩输出最大化，保证各相电流的幅值相等。此时，式 (5.5) 中所示的电流应满足以下限制条件：

$$\begin{cases} i_\mathrm{B} + i_\mathrm{C} + i_\mathrm{D} + i_\mathrm{E} = 0 \\ x_1 = x_2 = x_3 = x_4 \end{cases} \tag{5.6}$$

根据上述约束条件以及故障前后磁动势不变原则，得到容错状态的各相电流为

$$\begin{cases} i_\mathrm{B} = 1.382I_\mathrm{m}\cos(\theta_\mathrm{e} - 0.5\alpha) \\ i_\mathrm{C} = 1.382I_\mathrm{m}\cos(\theta_\mathrm{e} - 2\alpha) \\ i_\mathrm{D} = 1.382I_\mathrm{m}\cos(\theta_\mathrm{e} - 3\alpha) \\ i_\mathrm{E} = 1.382I_\mathrm{m}\cos(\theta_\mathrm{e} - 4.5\alpha) \end{cases} \tag{5.7}$$

2. 两相开路故障

当电机发生相邻两相开路时，假设故障相为 CD 相，此时 CD 相电流为零，剩余各相电流可表示为

$$\begin{cases} i_{\mathrm{A}} = x_{\mathrm{a}} I_{\mathrm{m}} \cos(\theta_{\mathrm{e}} + \alpha_{\mathrm{a}}) \\ i_{\mathrm{B}} = x_{\mathrm{b}} I_{\mathrm{m}} \cos(\theta_{\mathrm{e}} + \alpha_{\mathrm{b}}) \\ i_{\mathrm{E}} = x_{\mathrm{e}} I_{\mathrm{m}} \cos(\theta_{\mathrm{e}} + \alpha_{\mathrm{e}}) \end{cases} \tag{5.8}$$

剩余各相产生的磁动势可表示为

$$\begin{cases} \mathrm{MMF_A} = 0.5N_5 i_{\mathrm{A}} \cos\gamma \\ \mathrm{MMF_B} = 0.5N_5 i_{\mathrm{B}} \cos(\gamma - 0.4\pi) \\ \mathrm{MMF_E} = 0.5N_5 i_{\mathrm{E}} \cos(\gamma - 1.6\pi) \end{cases} \tag{5.9}$$

将式 (5.9) 进行展开相加，可得到五相永磁容错电机在 CD 相开路故障下的合成磁动势：

$$\begin{aligned} \mathrm{MMF_{CDop}} =& \mathrm{MMF_A} + \mathrm{MMF_B} + \mathrm{MMF_E} \\ =& 0.5N_5(i_{\mathrm{A}} + 0.309i_{\mathrm{B}} + 0.309i_{\mathrm{E}})\cos\gamma \\ & + 0.5N_5(-0.951i_{\mathrm{B}} + 0.951i_{\mathrm{E}})\sin\gamma \end{aligned} \tag{5.10}$$

由中性点电流和为零可得

$$i_{\mathrm{A}} + i_{\mathrm{B}} + i_{\mathrm{E}} = 0 \tag{5.11}$$

根据上述约束条件以及故障前后合成磁动势不变原则，得到容错状态的各相电流为

$$\begin{cases} i_{\mathrm{A}} = 3.618 I_{\mathrm{m}} \cos\theta_{\mathrm{e}} \\ i_{\mathrm{B}} = 2.236 I_{\mathrm{m}} \cos(\theta_{\mathrm{e}} - 0.8\pi) \\ i_{\mathrm{E}} = 2.236 I_{\mathrm{m}} \cos(\theta_{\mathrm{e}} + 0.8\pi) \end{cases} \tag{5.12}$$

同理可得，当非相邻两相开路故障发生在 BE 相时，可以得到此时五相 IPMSM 的合成磁动势：

$$\begin{aligned} \mathrm{MMF_{BEop}} =& \mathrm{MMF_A} + \mathrm{MMF_C} + \mathrm{MMF_D} \\ =& 0.5N_5(i_{\mathrm{A}} - 0.809i_{\mathrm{C}} - 0.809i_{\mathrm{D}})\cos\gamma \\ & + 0.5N_5(-0.588i_{\mathrm{C}} + 0.588i_{\mathrm{D}})\sin\gamma \end{aligned} \tag{5.13}$$

求解得到容错状态下的各相电流为

$$\begin{cases} i_{\mathrm{A}} = 1.382I_{\mathrm{m}}\cos\theta_{\mathrm{e}} \\ i_{\mathrm{C}} = 2.236I_{\mathrm{m}}\cos(\theta_{\mathrm{e}} - 0.6\pi) \\ i_{\mathrm{D}} = 2.236I_{\mathrm{m}}\cos(\theta_{\mathrm{e}} + 0.6\pi) \end{cases} \tag{5.14}$$

求解出容错电流以后，可采用电流滞环跟踪脉宽调制（current hysteresis band pulse width modulation，CHBPWM）技术跟踪最优容错电流，从而实现电机故障下的容错运行 [5,6]。以单相开路为例，其控制框图如图 5.1 所示。首先将给定转速与反馈转速的差值作为 PI 调节器的输入，经过 PI 作用得到交轴电流参考值，直轴电流参考值根据控制策略以及控制对象的不同进行给定，此处给定为零。其次，利用坐标变换得到自然坐标系下各相定子电流参考值，并与反馈电流值进行比较，通过滞环比较器控制开关器件的开断，从而保证驱动电路 PWM 的输出，最终的电机电流能够跟随给定值。两相开路故障下的控制流程与其一致。

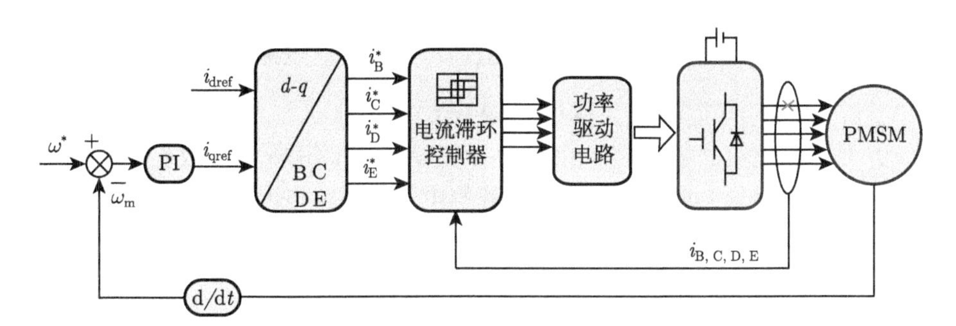

图 5.1 基于 CHBPWM 的五相电机开路故障下的容错控制框图

5.3 正弦反电势永磁容错电机短路容错控制策略

与开路故障相比，绕组发生短路故障对电机转矩性能以及转矩脉动的影响可分为两个部分 [7]。一方面，短路电流的存在对其他正常相的影响，转矩脉动增大；另一方面，由于短路故障，故障相转矩缺失，降低了电机整体转矩性能。因此，短路容错控制算法对应地提出了补偿措施。一部分，利用正常相的电流补偿短路电流引起的脉动，保持旋转磁动势为零，降低整体转矩脉动；另一部分，由于短路相的缺失降低了整体转矩，利用正常相电流补偿转矩，保证故障前后旋转磁动势不变，整体转矩达到正常值。最终将这两部分的电流补偿算法做矢量合成，实现五相永磁容错电机短路容错控制。

1. 补偿短路电流引起的转矩脉动

假设绕组 A 相是短路故障发生相，在进行补偿算法设计之前，需要确定 A 相短路电流的相位和幅值，因此利用有限元仿真软件针对某故障电机，得到某转速下短路电流和空载反电势波形如图 5.2 所示。

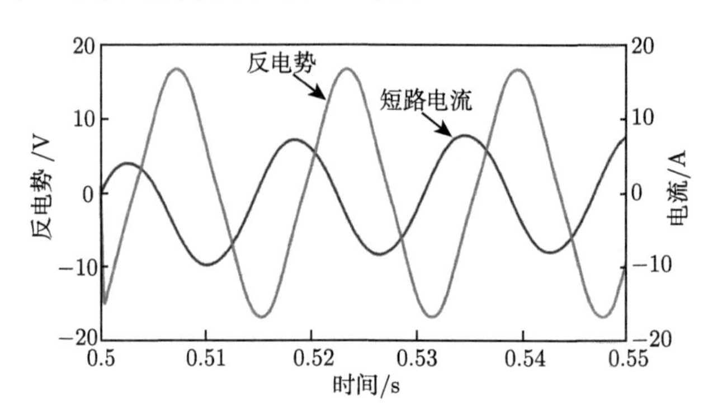

图 5.2　短路电流和空载反电势图

如图 5.2 所示的短路电流和反电势波形，可以假设短路电流 i_{Asf} 的表达式为

$$i_{\mathrm{Asf}} = I_{\mathrm{f}} \sin(\theta_{\mathrm{e}} - \theta) \tag{5.15}$$

式中，I_{f} 是短路电流的幅值，为 8.04 A；θ 是 A 相短路电流与空载反电势的夹角，为 1.42π。第一部分电流补偿算法中，补偿电流与短路电流构成的旋转磁动势可表示为

$$\begin{aligned}\mathrm{MMF}_{\mathrm{Asf}} =& \mathrm{MMF}_{\mathrm{A1}} + \mathrm{MMF}_{\mathrm{B1}} + \mathrm{MMF}_{\mathrm{C1}} + \mathrm{MMF}_{\mathrm{D1}} + \mathrm{MMF}_{\mathrm{E1}} \\ =& 0.5N_5(i_{\mathrm{Asf}} + 0.309i_{\mathrm{B1}} - 0.809i_{\mathrm{C1}} - 0.809i_{\mathrm{D1}} + 0.309i_{\mathrm{E1}}) \cos\gamma \\ &+ 0.5N_5(-0.951i_{\mathrm{B1}} - 0.588i_{\mathrm{C1}} + 0.588i_{\mathrm{D1}} + 0.951i_{\mathrm{E1}}) \sin\gamma\end{aligned} \tag{5.16}$$

为保证旋转磁动势为零，以铜耗最小为约束条件，可以计算出补偿电流的表达式为

$$\begin{cases} i_{\mathrm{B1}} = -1.60\cos\theta_{\mathrm{e}} + 0.43\sin\theta_{\mathrm{e}} \\ i_{\mathrm{C1}} = 4.19\cos\theta_{\mathrm{e}} - 1.12\sin\theta_{\mathrm{e}} \\ i_{\mathrm{D1}} = 4.19\cos\theta_{\mathrm{e}} - 1.12\sin\theta_{\mathrm{e}} \\ i_{\mathrm{E1}} = -1.60\cos\theta_{\mathrm{e}} + 0.43\sin\theta_{\mathrm{e}} \end{cases} \tag{5.17}$$

2. 补偿短路相缺失引起的转矩下降

由于短路故障的发生，这一相的绕组就不能够提供和正常工作时一样的转矩，电机整体转矩水平必然会下降。为了保持剩余相前后磁动势不变，此时未加补偿的各相电流可以采用开路状态下的电流控制算法。那么整体的 $\mathrm{MMF}_{\mathrm{s}}$ 表示为

$$\mathrm{MMF_s}=\mathrm{MMF_{Aop}}+\mathrm{MMF_{Asf}} \tag{5.18}$$

磁动势 $\mathrm{MMF_{Aop}}$ 和 A 相开路容错控制下的磁动势保持一致，磁动势 $\mathrm{MMF_{Asf}}$ 的值为零，两者的矢量和仍然和正常运行时五相电机的合成磁动势相等。这样就遵循了磁动势不变原理，保证了电机带负载运行的能力，提高了系统运行的连续性、可靠性。

由以上分析可以得到最终的容错控制电流为

$$\begin{cases} i_{\mathrm{B}}=1.382I_{\mathrm{m}}\cos(\theta_{\mathrm{e}}-0.5\alpha)-1.60\cos\theta_{\mathrm{e}}+0.43\sin\theta_{\mathrm{e}} \\ i_{\mathrm{C}}=1.382I_{\mathrm{m}}\cos(\theta_{\mathrm{e}}-2\alpha)+4.19\cos\theta_{\mathrm{e}}-1.12\sin\theta_{\mathrm{e}} \\ i_{\mathrm{D}}=1.382I_{\mathrm{m}}\cos(\theta_{\mathrm{e}}-3\alpha)+4.19\cos\theta_{\mathrm{e}}-1.12\sin\theta_{\mathrm{e}} \\ i_{\mathrm{E}}=1.382I_{\mathrm{m}}\cos(\theta_{\mathrm{e}}-4.5\alpha)-1.60\cos\theta_{\mathrm{e}}+0.43\sin\theta_{\mathrm{e}} \end{cases} \tag{5.19}$$

求解出短路故障下的容错电流后，同样可以利用电流滞环跟踪技术进行容错控制，其控制流程同开路故障一致。

5.4 梯形反电势永磁容错电机的容错控制策略

对于梯形反电势永磁容错电机而言，容错电流计算的核心与正弦反电势永磁容错电机一致，即在故障前后保持电机内的旋转磁动势不变，从而保证电机的输出转矩不变[8]。

图 5.3 给出了梯形反电势永磁容错电机的反电势分区图。根据无刷直流的控制方式（BLDC），一个周期的反电势可以等分成 10 份（V1~V10）。在正常情况下，反电势平顶部分通入电流（A 相的 V1~V4 和 V6~V9 区域），在非平顶部分电流为 0（A 相的 V5 和 V10 区域）。当通入正向电流时，电机的电流相量计为

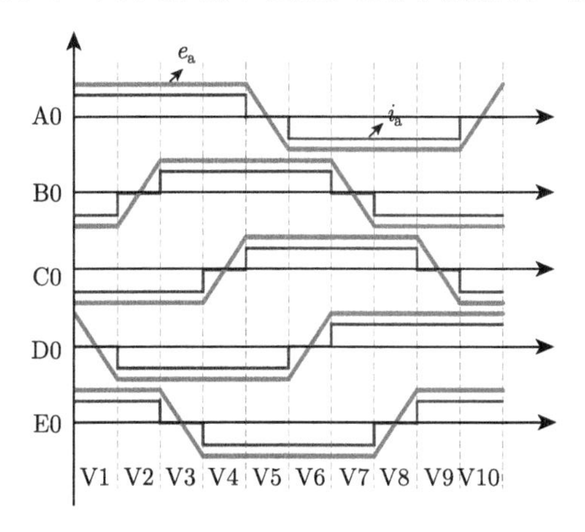

图 5.3　梯形反电势永磁容错电机反电势与电流波形图

1，当通入反向电流时，电流相量记为 −1，不通入电流时，电流相量记为 0。根据图 5.3 的相量分布可以求出 10 个区间内的相量和。以 A 相开路时计算，此时图 5.3 的相量均为 0。为了使得每个区域内的相量大小不变，须改变其他相量的大小。经过计算每个区域的正常和故障的电流相量大小如表 5.1 所示。

表 5.1 故障前后电流相量的大小

区域	正常					故障				
	A	B	C	D	E	A	B	C	D	E
V1	1	−1	−1	0	1	0	−1	−0.808	0	1.808
V2	1	0	−1	−1	1	0	0	−1	−1.308	5.308
V3	1	1	−1	−1	0	0	5.308	−1.308	−1	0
V4	1	1	−1	−1	−1	0	1.808	0	−0.808	−1
V5	0	1	0	−1	−1	0	1	1	−1	−1
V6	−1	1	1	0	−1	0	1	0.808	0	−1.808
V7	−1	0	1	1	−1	0	0	1	1.308	−5.308
V8	−1	−1	1	1	0	0	−5.308	1.308	1	0
V9	−1	−1	1	1	1	0	−1.808	0	0.808	1
V10	0	−1	0	1	1	0	−1	−1	1	1

梯形反电势永磁容错电机应采用方波电流的容错控制方式，但考虑方波电流控制易产生较大的转矩脉动，因此，提出了一种等效转矩的正弦电流控制方式。首先推导出产生与正常方波控制方式相等转矩的正弦控制策略。其次，根据 5.2 节中正弦反电势永磁容错电机的容错控制策略，推导出适用于梯形反电势永磁容错电机的等效转矩正弦电流容错控制策略。

由于梯形反电势永磁容错电机的空载反电势为 144° 梯形波，故在正常方式下其可采用 144° 导通的方波驱动。此时，电机的 5 相电流方程为

$$i_{\mathrm{p}}=\begin{cases}0, & 0\leqslant\theta<18^\circ\\ I_{\mathrm{m}}, & 18^\circ\leqslant\theta<162^\circ\\ 0, & 162^\circ\leqslant\theta<198^\circ\\ -I_{\mathrm{m}}, & 198^\circ\leqslant\theta<342^\circ\\ 0, & 342^\circ\leqslant\theta<360^\circ\end{cases}\tag{5.20}$$

式中，θ 为电机转子的电角度。此时，输出的电磁转矩 T_{e} 可表示为

$$T_{\mathrm{e}}=\frac{4E_{\mathrm{m}}I_{\mathrm{m}}}{\omega_{\mathrm{r}}}\tag{5.21}$$

式中，E_{m} 为梯形波反电势的幅值；I_{m} 为方波电流幅值。

假设用来实现等效转矩正弦容错控制的 5 相绕组电流为

$$\begin{cases} i_{\mathrm{a}} = I_{\max} \sin(\omega t) \\ i_{\mathrm{b}} = I_{\max} \sin(\omega t + 2\pi/5) \\ i_{\mathrm{c}} = I_{\max} \sin(\omega t + 4\pi/5) \\ i_{\mathrm{d}} = I_{\max} \sin(\omega t - 4\pi/5) \\ i_{\mathrm{e}} = I_{\max} \sin(\omega t - 2\pi/5) \end{cases} \tag{5.22}$$

此时电机电磁转矩 T_{e} 可表示为

$$T_{\mathrm{e}} = \frac{5E_{\mathrm{m1}}I_{\max}}{2\omega_{\mathrm{r}}} \tag{5.23}$$

式中，$I_{\max}$ 为正弦波电流幅值；E_{m1} 为反电势基波幅值。通过对电机的梯形波反电势进行分析，可知

$$\frac{E_{\mathrm{m1}}}{E_{\mathrm{m}}} = 1.248 \tag{5.24}$$

令式 (5.21) 等于式 (5.23)，可以使得在正弦电流驱动下的梯形反电势永磁容错电机产生与方波电流驱动下相等的转矩，可得

$$I_{\max} = 1.282 I_{\mathrm{m}} \tag{5.25}$$

因此，得到的梯形反电势永磁容错电机的等效转矩正弦电流容错控制的绕组电流为

$$\begin{cases} i_{\mathrm{a}} = 1.282 I_{\mathrm{m}} \sin(\omega t) \\ i_{\mathrm{b}} = 1.282 I_{\mathrm{m}} \sin(\omega t + 2\pi/5) \\ i_{\mathrm{c}} = 1.282 I_{\mathrm{m}} \sin(\omega t + 4\pi/5) \\ i_{\mathrm{d}} = 1.282 I_{\mathrm{m}} \sin(\omega t - 4\pi/5) \\ i_{\mathrm{e}} = 1.282 I_{\mathrm{m}} \sin(\omega t - 2\pi/5) \end{cases} \tag{5.26}$$

利用 5.2 节推导的 BLAC 容错控制方式，可知等效转矩下的容错电流为

$$\begin{cases} i'_{\mathrm{a}} = 0 \\ i'_{\mathrm{b}} = 1.771 I_{\mathrm{m}} \sin(\omega t + \pi/5) \\ i'_{\mathrm{c}} = 1.771 I_{\mathrm{m}} \sin(\omega t + 4\pi/5) \\ i'_{\mathrm{d}} = 1.771 I_{\mathrm{m}} \sin(\omega t - 4\pi/5) \\ i'_{\mathrm{e}} = 1.771 I_{\mathrm{m}} \sin(\omega t - \pi/5) \end{cases} \tag{5.27}$$

5.5 仿真分析与实验验证

5.5.1 仿真分析

1. 开路故障仿真分析

采用 MATLAB/Simulink 软件对开路容错控制算法进行仿真验证。图 5.4 为不同情况下的相电流波形。可以看出，同正常工况下的电流相比，单相开路和两相开路容错控制下的电流幅值同理论分析一致，各相电流之间的相位差也均满足要求。同时，如图 5.5 所示，电机故障后转矩波形平稳。

2. 短路故障仿真分析

图 5.6 为不同情况下的相电流波形，图 5.7 为不同情况下的转矩波形。可以看出，施加容错控制算法后，单相短路下的平均转矩不变，且转矩脉动得到了有效抑制。

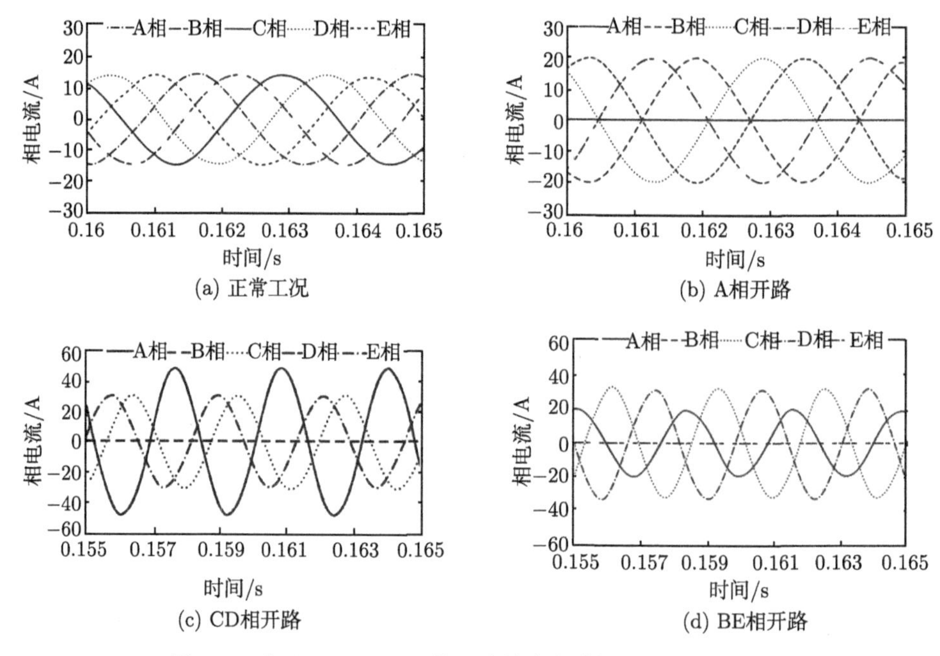

图 5.4 基于 CHBPWM 的开路故障容错控制仿真电流波形

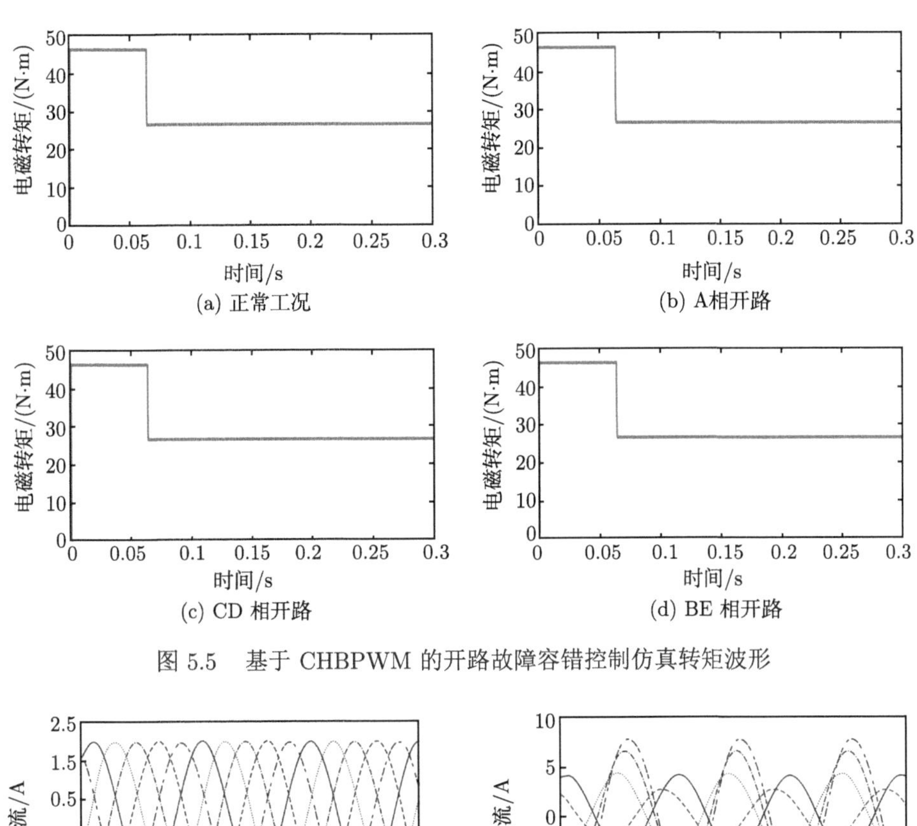

(a) 正常工况　(b) A相开路

(c) CD 相开路　(d) BE 相开路

图 5.5　基于 CHBPWM 的开路故障容错控制仿真转矩波形

电流/A
时间/ms

(a) 正常工况　(b) A 相短路

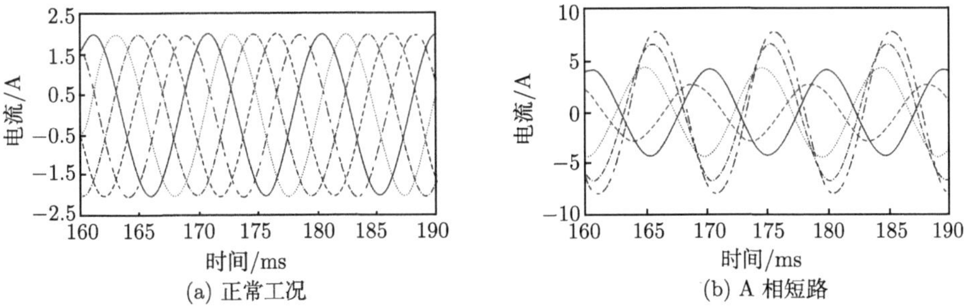

图 5.6　基于 CHBPWM 的短路故障容错控制仿真电流波形

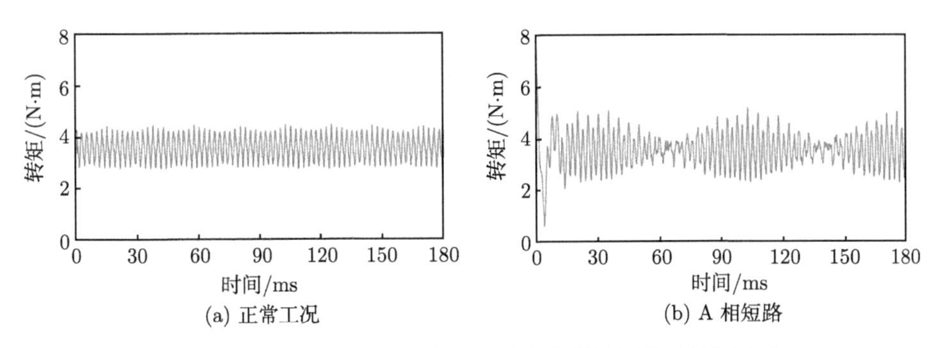

(a) 正常工况　(b) A 相短路

图 5.7　基于 CHBPWM 的短路故障容错控制仿真转矩波形

3. 梯形反电势永磁容错电机故障仿真分析

当梯形反电势永磁容错电机工作于正常的方波电流驱动方式时，通入如图 5.8(a) 所示电流后得到如图 5.9(a) 所示转矩。可知当通入幅值为 10 A 的电流时，电机的平均输出转矩为 11.8 N·m。而当电机发生一相开路故障时，电流变为如图 5.8(b) 所示。从如图 5.9(b) 所示的容错转矩中可见在方波电流容错控制策略下，电机同样能保证故障前后的转矩输出一样。但是，故障时输出转矩的脉动略有增加。

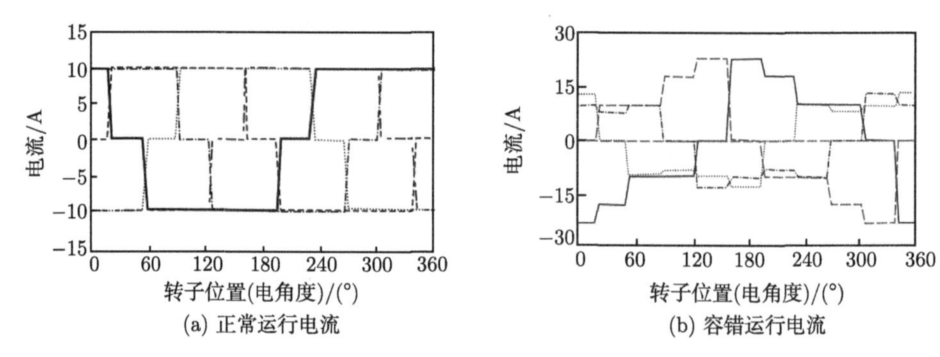

(a) 正常运行电流 (b) 容错运行电流

图 5.8 BLDC 容错控制仿真电流波形

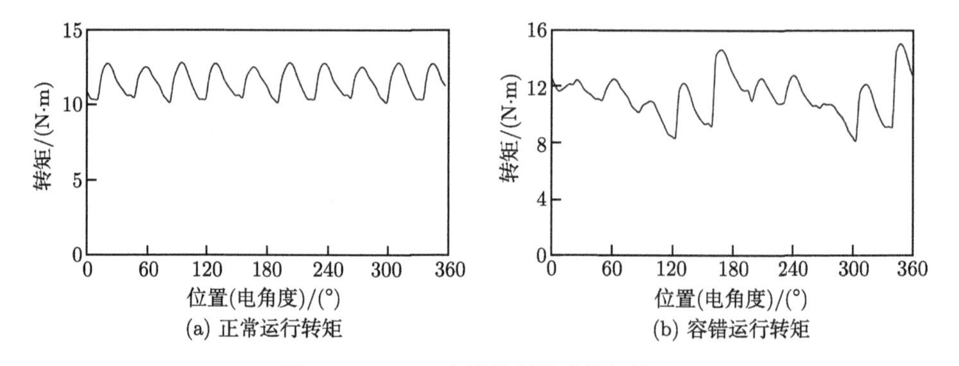

(a) 正常运行转矩 (b) 容错运行转矩

图 5.9 BLDC 容错控制仿真转矩波形

5.5.2 实验验证

1. 开路故障实验验证

由前面内容分析可知，电机缺相导致正常转矩的下降。为保持转矩性能，需要通过其他非故障相电流的幅值和相位的调整，保持磁动势的值和故障前一致。根据理论分析，实验结果如图 5.10 所示。从图中可以看出，无论单相还是多相开路，电机容错运行后的电流正弦度较好，转矩性能稳定 [9]，与理论分析一致。

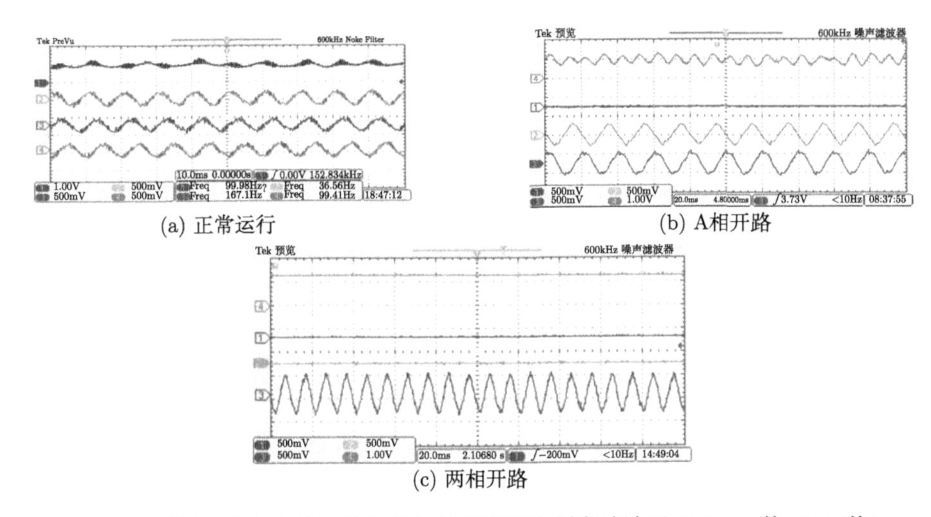

(a) 正常运行　　(b) A相开路

(c) 两相开路

图 5.10　基于 CHBPWM 的开路故障下容错控制实验波形 (2 N·m/格, 5 A/格)

2. 短路故障实验验证

短路故障因为短路电流的存在，一方面故障相转矩缺失降低了电机整体转矩性能，另一方面由于短路电流的存在对其他正常相的影响，转矩脉动不可避免地增加。因此，控制算法一方面利用正常相电流补偿缺失的转矩，保证故障前后旋转磁动势不变，整体转矩达到正常值；另一方面利用非故障相的电流（通道 3 和通道 4）补偿短路电流（通道 2）引起的脉动，降低整体转矩脉动。实验结果如图 5.11 所示。电机容错运行下电流正弦度高且幅值达到给定值，转矩输出平稳（通道 1）。

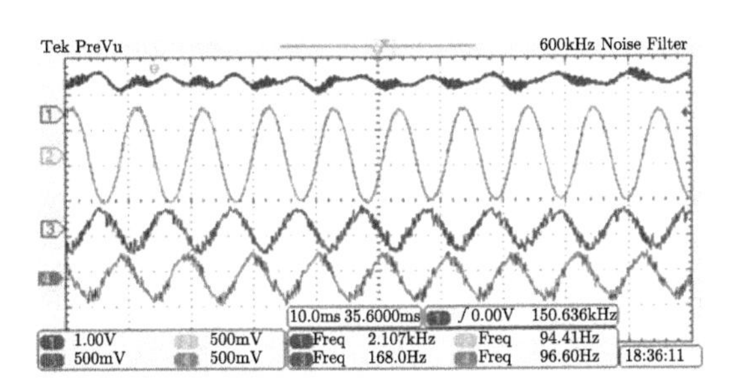

图 5.11　基于 CHBPWM 的短路故障下容错控制实验波形 (2 N·m/格, 5 A/格)

3. 梯形反电势永磁容错电机故障实验验证

图 5.12(a) 给出梯形反电势永磁容错电机正常运行状态下的转矩和电流实测波形，其中通道 4 为转矩，通道 2 为电流 [10]。可以看出，此时相电流为方波，输

出的转矩较为平稳。图 5.12(b) 给出电机容错状态运行时的转矩和电流情况。其中，通道 2 为转矩，通道 1 为非故障相电流。从图中可以看出，电机故障后电流变大且不规则，但是输出的平均转矩和正常时基本一致。虽然此时的转矩脉动略微增大，但是故障前后输出转矩的一致充分验证了方波电流容错控制可行性和正确性。

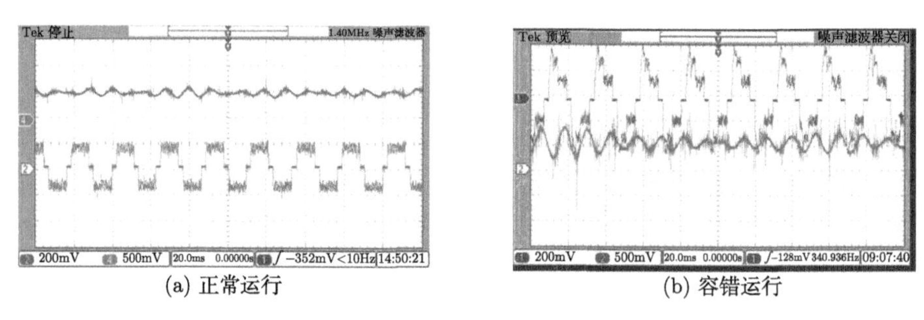

(a) 正常运行　　　　(b) 容错运行

图 5.12　BLDC 容错控制实验波形

5.6　本章小结

本章以保持电机故障前后磁动势不变为原则，详细推导了正弦反电势和梯形反电势永磁容错电机在开路，短路故障下的容错电流，并通过滞环 PWM 实现了容错电机的准确追踪。最终实验验证了各故障类型下所构建的容错电流正确性和可行性。

参考文献

[1] 高宏伟. 五相永磁同步电机驱动及容错控制技术研究[D]. 哈尔滨：哈尔滨工业大学, 2016.

[2] 郑萍, 唐佩伦, 隋义, 等. 电动汽车用五相永磁同步电机的容错控制策略[J]. 电机与控制学报, 2013, 17(10): 65-69, 84.

[3] 田兵. 五相永磁同步电机驱动系统容错控制技术研究[D]. 哈尔滨：哈尔滨工业大学, 2018.

[4] Fu J R, Lipo T A. Disturbance-free operation of a multiphase current-regulated motor drive with an opened phase[J]. IEEE Transactions on Industry Applications, 1994, 30(5): 1267-1274.

[5] Arafat A K M, Choi S. Optimal phase advance under fault-tolerant control of a five-phase permanent magnet assisted synchronous reluctance motor[J]. IEEE Transactions on Industrial Electronics, 2018, 65(4): 2915-2924.

[6] Arafat A K M, Choi S. Active current harmonic suppression for torque ripple minimization at open-phase faults in a five-phase PMa-SynRM[J]. IEEE Transactions on Industrial Electronics, 2019, 66(2): 922-931.

[7] Zhao W X, Gu C Y, Chen Q, et al. Remedial phase-angle control of a five-phase fault-tolerant permanent-magnet vernier machine with short-circuit fault[J]. CES Transactions on Electrical Machines and Systems, 2017, 1(1): 83-88.

[8] Chen Q, Liu G H, Gong W S, et al. A new fault-tolerant permanent-magnet machine for electric vehicle applications[J]. IEEE Transactions on Magnetics, 2011, 47(10): 4183-4186.

[9] 张步峰. 五相容错永磁游标电机控制系统研究[D]. 镇江：江苏大学, 2016.

[10] 陈前. 内嵌式永磁容错电机的设计、分析与控制[D]. 镇江：江苏大学, 2015.

第 6 章　基于载波脉宽调制技术的容错控制策略

6.1　引　　言

第 5 章主要是针对电机的开路和短路故障，以磁动势不变为原则，推导故障运行下的容错电流表达式，并通过滞环 PWM 调制技术实现电机的容错运行。采用电流滞环控制的优势在于无须考虑故障后复杂的电机建模，但是存在开关频率不固定且控制精度不高的问题。为了实现对电机运行的精确控制，改善相电流波形，同时找到一种通用的调制技术，将基于载波脉宽调制（carrier-based pulse width modulation，CPWM）技术引入容错控制策略中。

6.2　降阶变换矩阵

正常运行时，五相电机自然坐标系下的数学模型利用扩展 Clarke 变换和 Park 变换可以被变换到相互正交的两个平面，基波旋转正交平面和 3 次谐波旋转正交平面 [1]。当电机发生开路故障时，电机各相分布不再空间对称。为了实现故障下的磁场定向控制，需要重构开路故障下的降阶矩阵。降阶矩阵的构造原则是保证电机故障后的基波磁动势与正常运行时保持一致。

6.2.1　基波空间系数的确定

1. 单相开路故障

当电机发生单相开路故障时，假设 A 相发生开路故障，在星形连接的五相永磁容错电机系统中，中性点电流之和需要约束为零。因此，故障后 α-β 坐标系下的电流分量可以表示为

$$\frac{2}{5}\begin{bmatrix} \cos\delta & \cos(2\delta) & \cos(3\delta) & \cos(4\delta) \\ \sin\delta & \sin(2\delta) & \sin(3\delta) & \sin(4\delta) \\ \cos(3\delta) & \cos(6\delta) & \cos(9\delta) & \cos(12\delta) \\ \sin(3\delta) & \sin(6\delta) & \sin(9\delta) & \sin(12\delta) \\ 1 & 1 & 1 & 1 \end{bmatrix}\begin{bmatrix} i_{\mathrm{B}} \\ i_{\mathrm{C}} \\ i_{\mathrm{D}} \\ i_{\mathrm{E}} \end{bmatrix}=\begin{bmatrix} i_{\alpha} \\ i_{\beta} \\ i_{\alpha3} \\ i_{\beta3} \\ 0 \end{bmatrix} \tag{6.1}$$

式中，i_{α}、i_{β}、$i_{\alpha3}$ 和 $i_{\beta3}$ 分别是基波容错电流在基波空间和 3 次空间 α-β 坐标系下的电流分量。

由于式 (6.1) 中的第三行向量与其他行都不正交，因此将第三行向量删除；为使第一行向量与最后一行零电流向量相互正交，对第一行进行修正：

$$\frac{2}{5}\begin{bmatrix} \cos(\delta+x) & \cos(2\delta+x) & \cos(3\delta+x) & \cos(4\delta+x) \\ \sin\delta & \sin(2\delta) & \sin(3\delta) & \sin(4\delta) \\ \sin(3\delta) & \sin(6\delta) & \sin(9\delta) & \sin(12\delta) \\ 1 & 1 & 1 & 1 \end{bmatrix}\begin{bmatrix} i_{\rm B} \\ i_{\rm C} \\ i_{\rm D} \\ i_{\rm E} \end{bmatrix} = \begin{bmatrix} i_{\alpha1} \\ i_{\beta1} \\ i_{31} \\ 0 \end{bmatrix} \tag{6.2}$$

式中，$i_{\alpha1}$ 和 $i_{\beta1}$ 分别是基波容错电流在基波空间 α-β 坐标系下的电流分量；i_{31} 是基波容错电流在 3 次空间的电流分量；x 是修正系数。

基波空间下的降阶 Clarke 变换可以表示为 [2]

$$T_{\rm Clarke1}^{A} = \frac{2}{5}\begin{bmatrix} \cos\ (\delta+x) & \cos\ (2\delta+x) & \cos\ (3\delta+x) & \cos\ (4\delta+x) \\ \sin\delta & \sin\ (2\delta) & \sin\ (3\delta) & \sin\ (4\delta) \\ \sin\ (3\delta) & \sin\ (6\delta) & \sin\ (9\delta) & \sin\ (12\delta) \\ 1 & 1 & 1 & 1 \end{bmatrix} \tag{6.3}$$

利用式 (6.3) 中所示降阶 Clarke 变换，基波空间 α-β 坐标系下的空载反电势分量可以表示为

$$\begin{aligned} E_{\alpha1} &= \cos\delta E_{\rm B} + \cos(2\delta)E_{\rm C} + \cos(3\delta)E_{\rm D} + \cos(4\delta)E_{\rm E} + x(E_{\rm B}+E_{\rm C}+E_{\rm D}+E_{\rm E}) \\ &= -xE_{\rm A} + \cos\delta E_{\rm B} + \cos(2\delta)E_{\rm C} + \cos(3\delta)E_{\rm D} + \cos(4\delta)E_{\rm E} \end{aligned} \tag{6.4}$$

$$E_{\beta1} = 0E_{\rm A} + \sin\delta E_{\rm B} + \sin(2\delta)E_{\rm C} + \sin(3\delta)E_{\rm D} + \sin(4\delta)E_{\rm E} \tag{6.5}$$

式中，$E_{\rm A}$、$E_{\rm B}$、$E_{\rm C}$、$E_{\rm D}$ 和 $E_{\rm E}$ 分别是 A、B、C、D 和 E 相的空载反电势。为保证故障前后 α-β 坐标系下的空载反电势分量保持不变，修正系数 x 应为 -1。

五相永磁容错电机发生单相开路故障时的基波降阶 Park 变换矩阵为

$$T_{\rm Park1}^{1} = \begin{bmatrix} \cos\theta_{\rm e} & \sin\theta_{\rm e} & 0 & 0 \\ -\sin\theta_{\rm e} & \cos\theta_{\rm e} & 0 & 0 \\ 0 & 0 & 1 & 0 \\ 0 & 0 & 0 & 1 \end{bmatrix} \tag{6.6}$$

2. 两相开路故障

当五相电机发生相邻两相开路故障时，假设 A 相和 B 相发生了开路故障，A、B 相开路故障下容错电流在基波空间 α-β 坐标系下的分量可以表示为

$$\frac{2}{5}\begin{bmatrix}\cos(2\delta) & \cos(3\delta) & \cos(4\delta)\\ \sin(2\delta) & \sin(3\delta) & \sin(4\delta)\\ 1 & 1 & 1\end{bmatrix}\begin{bmatrix}i_{\mathrm{C}}\\ i_{\mathrm{D}}\\ i_{\mathrm{E}}\end{bmatrix}=\begin{bmatrix}i_\alpha\\ i_\beta\\ 0\end{bmatrix}\tag{6.7}$$

故障后，基波空间 α-β 坐标系下的永磁磁链分量可以表示为

$$\begin{aligned}\begin{bmatrix}\psi_\alpha^{\mathrm{AB}}\\ \psi_\beta^{\mathrm{AB}}\\ \psi_0^{\mathrm{AB}}\end{bmatrix}&=\frac{2}{5}\begin{bmatrix}\cos(2\delta) & \cos(3\delta) & \cos(4\delta)\\ \sin(2\delta) & \sin(3\delta) & \sin(4\delta)\\ 1 & 1 & 1\end{bmatrix}\begin{bmatrix}\psi_{\mathrm{C1}}\\ \psi_{\mathrm{D1}}\\ \psi_{\mathrm{E1}}\end{bmatrix}\\ &=\begin{bmatrix}\psi_\alpha-0.4\left(\psi_{\mathrm{A1}}+\cos(\delta\psi_{\mathrm{B1}})\right)\\ \psi_\beta-0.4\sin(\delta\psi_{\mathrm{B1}})\\ 0.6472\psi_{\mathrm{m1}}\cos(\theta_{\mathrm{e}}-\pi-0.5\delta)\end{bmatrix}\end{aligned}\tag{6.8}$$

式中，$\psi_\alpha^{\mathrm{AB}}$、$\psi_\beta^{\mathrm{AB}}$ 和 ψ_0^{AB} 分别为 A、B 相开路故障下基波永磁磁链在 α-β-0 坐标系下的分量；ψ_{A1}、ψ_{B1}、ψ_{C1}、ψ_{D1} 和ψ_{E1} 分别为 A、B、C、D 和 E 相的基波永磁磁链；ψ_α 和 ψ_β 为正常运行时基波永磁磁链在 α-β 轴的分量；ψ_{m1} 为基波永磁磁链幅值。

正常运行时的基波永磁磁链在 α-β 轴的分量ψ_α 和 ψ_β 可以表示为

$$\psi_\alpha=0.4\left(\psi_{\mathrm{A1}}+\cos(\delta\psi_{\mathrm{B1}})+\cos(2\delta\psi_{\mathrm{C1}})+\cos(3\delta\psi_{\mathrm{D1}})+\cos(4\delta\psi_{\mathrm{E1}})\right)=\psi_{\mathrm{m}}\cos\theta_{\mathrm{e}}\tag{6.9}$$

$$\psi_\beta=0.4\left(\sin(\delta\psi_{\mathrm{B1}})+\sin(2\delta\psi_{\mathrm{C1}})+\sin(3\delta\psi_{\mathrm{D1}})+\sin4(\delta\psi_{\mathrm{E1}})\right)=\psi_{\mathrm{m}}\sin\theta_{\mathrm{e}}\tag{6.10}$$

正常运行时 ψ_α 和 ψ_β 能够形成圆形的磁链轨迹。当 A、B 相发生开路故障时，$\psi_\alpha^{\mathrm{AB}}$ 和 ψ_β^{AB} 构成的轨迹如图 6.1(a) 所示，为一个椭圆。图 6.1(b) 中展示了零序平面永磁磁链在 α-β 轴的分量 $\psi_{0\_\alpha}^{\mathrm{AB}}$ 和$\psi_{0_\beta}^{\mathrm{AB}}$。为实现容错运行，需要保证故障后 α-β 轴的磁链分量仍然能够形成一个圆，对图 6.1(a) 中的磁链分量做出修正，得到如图 6.1(c) 所示的 α-β 轴的磁链分量。

如图 6.1(b) 中所示的零序平面永磁磁链在 α-β 轴的分量 $\psi_{0\_\alpha}^{\mathrm{AB}}$ 和 $\psi_{0\_\beta}^{\mathrm{AB}}$ 为

$$\begin{bmatrix}\psi_{0\_\alpha}^{\mathrm{AB}}\\ \psi_{0\_\beta}^{\mathrm{AB}}\end{bmatrix}=\psi_0^{\mathrm{AB}}\begin{bmatrix}\cos(\pi+0.5\delta)\\ \sin(\pi+0.5\delta)\end{bmatrix}=-0.6472\cos(\theta_{\mathrm{e}}-\pi-0.5\delta)\begin{bmatrix}\cos(0.5\delta)\\ \sin(0.5\delta)\end{bmatrix}\tag{6.11}$$

经过修正后，如图 6.1(c) 所示的 α-β 轴的永磁磁链可以表示为

$$\begin{bmatrix} \psi_\alpha^{AB} \\ \psi_\beta^{AB} \\ \psi_0^{AB} \end{bmatrix} = \begin{bmatrix} \psi_\alpha - 0.4\,(\psi_{A1} + \cos(\delta\psi_{B1})) \\ \psi_\beta - 0.4\sin(\delta\psi_{B1}) \\ 0.6472\psi_{m1}\cos(\theta_e - \pi - 0.5\delta) \end{bmatrix} + \begin{bmatrix} x\psi_{0\_\alpha}^{AB} \\ y\psi_{0\_\beta}^{AB} \\ 0 \end{bmatrix}$$
$$= \begin{bmatrix} \psi_\alpha \\ \psi_\beta \\ 0 \end{bmatrix} + \begin{bmatrix} -0.4\,(\psi_{A1} + \cos(\delta\psi_{B1})) + x\psi_{0\_\alpha}^{AB} \\ -0.4\sin(\delta\psi_{B1}) + y\psi_{0\_\beta}^{AB} \\ 0.6472\psi_{m1}\cos(\theta_e - \pi - 0.5\delta) \end{bmatrix} \tag{6.12}$$

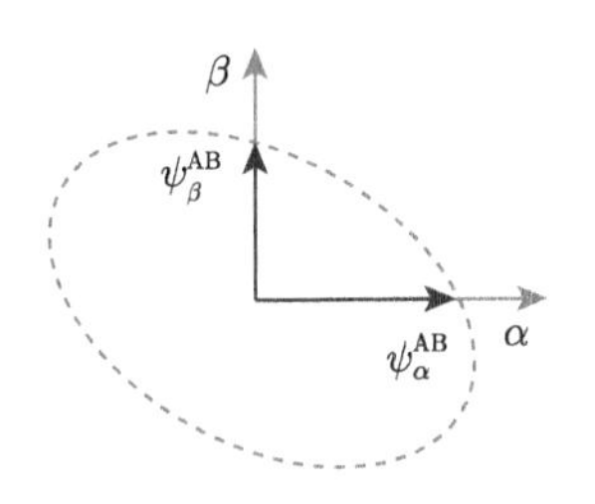

(a) 故障后的永磁磁链

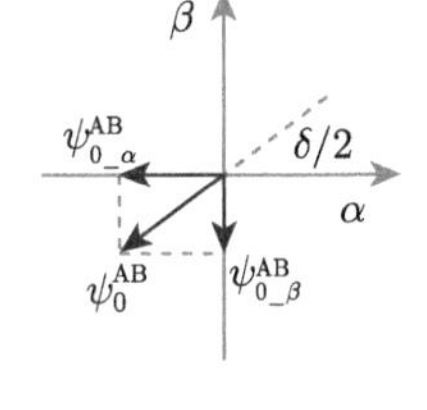

(b) 零序平面的永磁磁链

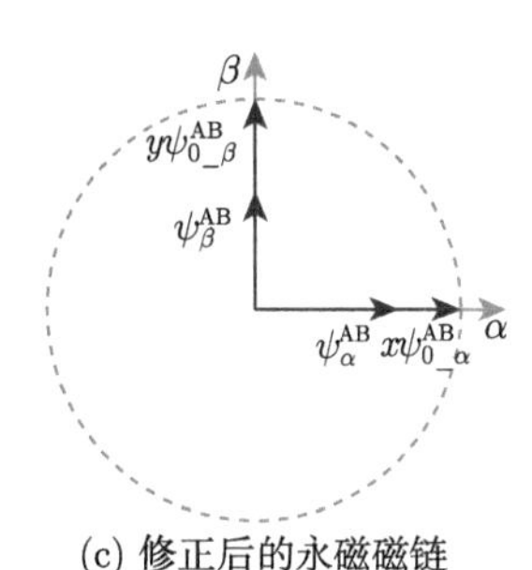

(c) 修正后的永磁磁链

图 6.1 永磁磁链轨迹图

根据式 (6.9)、式 (6.10) 和式 (6.12)，ψ_α^{AB} 和 ψ_β^{AB} 要形成圆形的磁链轨迹需要满足

$$\begin{bmatrix} -0.4\,(\psi_{A1} + \cos\delta\psi_{B1}) + x\psi_{0\_\alpha}^{AB} \\ -0.4\sin\delta\psi_{B1} + y\psi_{0\_\beta}^{AB} \end{bmatrix} \equiv k \begin{bmatrix} \cos\theta_e \\ \sin\theta_e \end{bmatrix} \tag{6.13}$$

通过式 (6.13) 可以求解出 x、y 和 k 为

$$x = y = \frac{\cos\delta}{\cos(0.5\delta)}, \quad k = 0.4\,(\cos\delta - 1) \tag{6.14}$$

将式 (6.14) 代入式 (6.12) 中，式 (6.12) 可以重新表示为

$$\begin{bmatrix} \psi_\alpha^{AB} \\ \psi_\beta^{AB} \\ \psi_0^{AB} \end{bmatrix}$$
$$= \frac{2}{5}\begin{bmatrix} \cos(2\delta) - \cos\delta & \cos(3\delta) - \cos\delta & \cos(4\delta) - \cos\delta \\ \sin(2\delta) - \tan\frac{\delta}{2}\cos\delta & \sin(3\delta) - \tan\frac{\delta}{2}\cos\delta & \sin(4\delta) - \tan\frac{\delta}{2}\cos\delta \\ 1 & 1 & 1 \end{bmatrix} \begin{bmatrix} \psi_{C1} \\ \psi_{D1} \\ \psi_{E1} \end{bmatrix}$$

$$=\psi_{\mathrm{m1}}\begin{bmatrix}(0.6+0.4\cos\delta)\cos\theta_{\mathrm{e}}\\(0.6+0.4\cos\delta)\sin\theta_{\mathrm{e}}\\-0.6472\psi_{\mathrm{m1}}\cos(\theta_{\mathrm{e}}-0.5\delta)\end{bmatrix}\tag{6.15}$$

因此，A、B 相开路故障下的基波降阶 Clarke 矩阵可以定义为 [3]

$$T_{\mathrm{Clarke1}}^{\mathrm{AB}}=\frac{2}{5}\begin{bmatrix}\cos(2\delta)-\cos\delta & \cos(3\delta)-\cos\delta & \cos(4\delta)-\cos\delta\\ \sin(2\delta)-\tan\dfrac{\delta}{2}\cos\delta & \sin(3\delta)-\tan\dfrac{\delta}{2}\cos\delta & \sin(4\delta)-\tan\dfrac{\delta}{2}\cos\delta\\ 1 & 1 & 1\end{bmatrix}\tag{6.16}$$

两相开路故障时的基波降阶 Park 变换矩阵为

$$T_{\mathrm{Park1}}^{2}=\begin{bmatrix}\cos\theta_{\mathrm{e}} & \sin\theta_{\mathrm{e}} & 0\\ -\sin\theta_{\mathrm{e}} & \cos\theta_{\mathrm{e}} & 0\\ 0 & 0 & 1\end{bmatrix}\tag{6.17}$$

类似地，当五相永磁容错电机发生不相邻两相开路故障时，以 A、C 相发生开路故障为例，基波降阶 Clarke 矩阵为

$$T_{\mathrm{Clarke1}}^{\mathrm{AC}}=\frac{2}{5}\begin{bmatrix}\cos\delta-\cos(2\delta) & \cos(3\delta)-\cos(2\delta) & \cos(4\delta)-\cos(2\delta)\\ \sin\delta-\tan\delta\cos(2\delta) & \sin\delta-\tan\delta\cos(2\delta) & \sin(4\delta)-\tan\delta\cos(2\delta)\\ 1 & 1 & 1\end{bmatrix}\tag{6.18}$$

6.2.2　三维空间矩阵求解

与基波空间相似，当五相永磁容错电机发生单相开路故障时，也可以根据保持故障前后 3 次磁动势不变原则，构建 3 次空间下的降阶矩阵 [4]。

正常运行时 3 次空间的 Clarke 变换矩阵为

$$T_{\mathrm{Clarke3}}=\frac{2}{5}\begin{bmatrix}1 & \cos\delta & \cos(2\delta) & \cos(3\delta) & \cos(4\delta)\\ 0 & \sin\delta & \sin(2\delta) & \sin(3\delta) & \sin(4\delta)\\ 1 & \cos(3\delta) & \cos(6\delta) & \cos(9\delta) & \cos(12\delta)\\ 0 & \sin(3\delta) & \sin(6\delta) & \sin(9\delta) & \sin(12\delta)\\ 1 & 1 & 1 & 1 & 1\end{bmatrix}\tag{6.19}$$

假定五相电机发生单相开路故障，下面以 A 相开路为例。当 A 相发生开路故障时，删除与 A 相有关的第一列元素，此时矩阵变为五行四列。由于第一行与第

三行不再正交，可以将第一行的元素删除，得到一个四行四列的方阵。为实现容错运行，需要保证故障后静止坐标系下的 3 次谐波磁动势轨迹仍然是一个圆，因此需要对第二行元素进行修正，修正后的 3 次空间的降阶 Clarke 变换矩阵为

$$T_{\text{Clarke3}}^{\text{A}}=\frac{2}{5}\begin{bmatrix}\sin\delta & \sin(2\delta) & \sin(3\delta) & \sin(4\delta)\\ \cos(3\delta+x) & \cos(6\delta+x) & \cos(9\delta+x) & \cos(12\delta+x)\\ \sin(3\delta) & \sin(6\delta) & \sin(9\delta) & \sin(12\delta)\\ 1 & 1 & 1 & 1\end{bmatrix} \tag{6.20}$$

式中，x 为修正系数，$x=-1$。

当发生单相开路故障时，3 次空间的降阶 Park 变换矩阵为

$$T_{\text{Park3}}^{1}=\begin{bmatrix}1 & 0 & 0 & 0\\ 0 & \cos(3\theta_{\text{e}}) & \sin(3\theta_{\text{e}}) & 0\\ 0 & -\sin(3\theta_{\text{e}}) & \cos(3\theta_{\text{e}}) & 0\\ 0 & 0 & 0 & 1\end{bmatrix} \tag{6.21}$$

6.3 基于降阶矩阵的数学模型

6.3.1 单相开路故障下的解耦模型

当 A 相发生开路故障时，以五相内嵌式永磁同步电机为对象，基波空间下的定子电压方程为

$$U_{\text{s1}}=RI_{\text{s1}}+\frac{\text{d}}{\text{d}t}\left(L_{\text{s}}I_{\text{s1}}+\psi_{\text{s1}}^{\text{A}}\right) \tag{6.22}$$

式中，U_{s1} 是基波空间下的定子电压向量；L_{s} 是电感矩阵；I_{s1} 是基波容错电流；$\psi_{\text{s1}}^{\text{A}}$ 是 A 相开路故障下的基波磁链向量，可以表示为

$$\psi_{\text{s1}}^{\text{A}}=\begin{bmatrix}\psi_{\text{B1}}\\ \psi_{\text{C1}}\\ \psi_{\text{D1}}\\ \psi_{\text{E1}}\end{bmatrix}=\psi_{\text{m1}}\begin{bmatrix}\cos(\theta_{\text{e}}-\delta)\\ \cos(\theta_{\text{e}}-2\delta)\\ \cos(\theta_{\text{e}}-3\delta)\\ \cos(\theta_{\text{e}}-4\delta)\end{bmatrix} \tag{6.23}$$

利用重构的基波降阶矩阵，A 相开路时基波空间下定子电压在 d-q-3-0 坐标系下的分量为

$$U_{dq30}=T_{\text{Park1}}^{1}T_{\text{Clarke1}}^{\text{A}}U_{\text{s1}}=RI_{dq30}+T_{\text{Park1}}^{1}T_{\text{Clarke1}}^{\text{A}}\frac{\text{d}\left(L_{\text{s}}I_{\text{s1}}\right)}{\text{d}t}+T_{\text{Park1}}^{1}T_{\text{Clarke1}}^{\text{A}}\frac{\text{d}\psi_{\text{s1}}^{\text{A}}}{\text{d}t} \tag{6.24}$$

根据式 (6.24)，A 相开路时 d-q-3-0 坐标系下的基波空载反电势可以表示为

$$E_{dq30}=T_{\mathrm{Park1}}^{1}T_{\mathrm{Clarke1}}^{\mathrm{A}}\frac{\mathrm{d}\psi_{\mathrm{s1}}^{\mathrm{A}}}{\mathrm{d}t}=\begin{bmatrix}E_{d1}\\E_{q1}\\E_{31}\\E_{0}\end{bmatrix}=\omega_{\mathrm{e}}\psi_{\mathrm{m1}}\begin{bmatrix}0\\1\\0\\0.4\sin\theta_{\mathrm{e}}\end{bmatrix}\tag{6.25}$$

式中，ω_{e} 为电机的电角速度。

在式 (6.24) 中的基波感应电压分量可以表示为

$$\begin{aligned}E_{\mathrm{L\_}dq30}&=T_{\mathrm{Park1}}^{1}T_{\mathrm{Clarke1}}^{\mathrm{A}}\frac{\mathrm{d}\left(L_{\mathrm{s}}I_{\mathrm{s1}}\right)}{\mathrm{d}t}\\&=\frac{\mathrm{d}\left(T_{\mathrm{Park1}}^{1}T_{\mathrm{Clarke1}}^{\mathrm{A}}L_{\mathrm{s}}I_{\mathrm{s1}}\right)}{\mathrm{d}t}-\frac{\mathrm{d}\left(T_{\mathrm{Park1}}^{1}T_{\mathrm{Clarke1}}^{\mathrm{A}}\right)}{\mathrm{d}t}L_{\mathrm{s}}I_{\mathrm{s1}}\\&=\frac{\mathrm{d}\left(L_{dq30}\right)}{\mathrm{d}t}I_{dq30}+L_{dq30}\frac{\mathrm{d}\left(I_{dq30}\right)}{\mathrm{d}t}-\varOmega L_{dq30}I_{dq30}\end{aligned}\tag{6.26}$$

式中

$$I_{dq30}=\begin{bmatrix}i_{d1}&i_{q1}&i_{31}&i_{0}\end{bmatrix}^{\mathrm{T}}=\left(T_{\mathrm{Park1}}^{1}\right)\left(T_{\mathrm{Clarke1}}^{\mathrm{A}}\right)I_{\mathrm{s1}}\tag{6.27}$$

$$L_{dq30}=\left(T_{\mathrm{Park1}}^{1}\right)\left(T_{\mathrm{Clarke1}}^{\mathrm{A}}\right)\left(L_{\mathrm{s}}\right)\left(T_{\mathrm{Clarke1}}^{\mathrm{A}}\right)^{-1}\left(T_{\mathrm{Park1}}^{1}\right)^{-1}\tag{6.28}$$

$$\varOmega=\frac{\mathrm{d}\left(T_{\mathrm{Park1}}^{1}\right)}{\mathrm{d}t}\left(T_{\mathrm{Park1}}^{1}\right)^{-1}=\omega_{\mathrm{e}}\begin{bmatrix}0&1&0&0\\-1&0&0&0\\0&0&0&0\\0&0&0&0\end{bmatrix}\tag{6.29}$$

当 A 相发生开路故障时，相电感矩阵 L_{s} 可以表示为

$$L_{\mathrm{s}}=L_{\mathrm{ls}}I_{4}+L_{0\theta}-L_{2\theta}\tag{6.30}$$

$$L_{0\theta}=L_{\mathrm{m}}\begin{bmatrix}1&\cos\delta&\cos(2\delta)&\cos(2\delta)\\\cos\delta&1&\cos\delta&\cos(2\delta)\\\cos(2\delta)&\cos\delta&1&\cos\delta\\\cos(2\delta)&\cos(2\delta)&\cos\delta&1\end{bmatrix}\tag{6.31}$$

$$L_{2\theta}=L_{\theta}\begin{bmatrix}\cos(2\theta_{1})&\cos(2\theta_{4})&\cos(2\theta_{2})&\cos(2\theta_{0})\\\cos(2\theta_{4})&\cos(2\theta_{2})&\cos(2\theta_{0})&\cos(2\theta_{3})\\\cos(2\theta_{2})&\cos(2\theta_{0})&\cos(2\theta_{3})&\cos(2\theta_{1})\\\cos(2\theta_{0})&\cos(2\theta_{3})&\cos(2\theta_{1})&\cos(2\theta_{4})\end{bmatrix}\tag{6.32}$$

式中，$L_{\rm ls}$ 是漏感；I_4 是单位矩阵；$L_{0\theta}$ 是电感的直流量矩阵；$L_{\rm m}$ 是自感直流量的值；$L_{2\theta}$ 是相电感二次谐波分量矩阵；L_θ 是相电感二次谐波分量的幅值，$\theta_i=\theta_{\rm e}-i\delta$，$i$=0，1，2，3，4。

将式 (6.30)~ 式 (6.32) 代入式 (6.28) 中，可以得到 A 相开路故障时 d-q-3-0 坐标系下的电感矩阵表达式为

$$L_{dq30}=\begin{bmatrix} L_d & 0 & 0 & (L_d-L_{\rm ls})\cos\theta_{\rm e} \\ 0 & L_q & 0 & -(L_q-L_{\rm ls})\sin\theta_{\rm e} \\ 0 & 0 & L_{\rm ls} & 0 \\ -0.4(L_d-L_{\rm ls})\cos\theta_{\rm e} & 0.4(L_q-L_{\rm ls})\sin\theta_{\rm e} & 0 & 0.2(7L_{\rm ls}-L_\Delta-L_\Delta\cos(2\theta_{\rm e})) \end{bmatrix} \tag{6.33}$$

式中，$L_d=L_{\rm ls}+5.5(L_{\rm m}-L_\theta)$；$L_q=L_{\rm ls}+5.5(L_{\rm m}+L_\theta)$；$L_\Delta=L_d-L_q$。

忽略零序空间分量，将式 (6.27) 和式 (6.30) 代入式 (6.24) 中，d-q-3 坐标系下的基波定子电压方程为

$$\begin{bmatrix} u_{d1} \\ u_{q1} \\ u_{31} \end{bmatrix}=R\begin{bmatrix} i_{d1} \\ i_{q1} \\ i_{31} \end{bmatrix}+\begin{bmatrix} L_d & 0 & 0 \\ 0 & L_q & 0 \\ 0 & 0 & L_{\rm ls} \end{bmatrix}\frac{\rm d}{{\rm d}t}\begin{bmatrix} i_{d1} \\ i_{q1} \\ i_{31} \end{bmatrix} -\omega_{\rm e}\begin{bmatrix} 0 & L_q & 0 \\ -L_d & 0 & 0 \\ 0 & 0 & 0 \end{bmatrix}\begin{bmatrix} i_{d1} \\ i_{q1} \\ i_{31} \end{bmatrix}+\omega_{\rm e}\begin{bmatrix} 0 \\ \psi_{\rm m1} \\ 0 \end{bmatrix} \tag{6.34}$$

根据磁共能法，电机的输出转矩为

$$T_{\rm e}=\frac{\partial W_{\rm co}}{\partial\theta_{\rm m}}=p\left(\frac{1}{2}I_{\rm s}^{\rm T}\frac{\partial L_{\rm s}}{\partial\theta_{\rm e}}I_{\rm s}+I_{\rm s}^{\rm T}\frac{\partial\psi_{\rm s}}{\partial\theta_{\rm e}}\right) \tag{6.35}$$

式中，$W_{\rm co}$ 是磁共能；p 是电机极对数。

将式 (6.23)、式 (6.25) 和式 (6.28) 代入转矩公式 (6.35) 中，A 相开路时的转矩为

$$T_{\rm e1}=\frac{5}{2}P\left(i_{q1}\psi_{\rm m1}+i_{d1}i_{q1}\left(L_d-L_q\right)\right) \tag{6.36}$$

由式 (6.36) 可知，为保证故障前后输出转矩不变，需要保证容错电流在 d-q 轴的分量与正常运行时保持一致，$i_{d1}=i_d$，$i_{q1}=i_q$。3 次空间电流 i_{31} 不参与电磁能量转换，但可以提升容错控制性能，从而实现容错运行时的铜耗最小或铜耗

相等。铜耗相等控制策略即剩余相容错电流幅值相等，可以保证在满足逆变器电流限制下提高容错运行时的输出转矩能力。

6.3.2　双相开路故障下的解耦模型

利用 6.2.1 节中推导的两相开路时基波降阶矩阵，结合单相开路基波解耦模型的构建方法，可以构建双相开路故障下的基波解耦模型。

当五相永磁容错电机 A、B 相发生开路故障时，基波 d-q 轴定子电压的表达式为

$$\begin{bmatrix} u_{d1} \\ u_{q1} \\ u_0 \end{bmatrix} = R\begin{bmatrix} i_{d1} \\ i_{q1} \\ i_0 \end{bmatrix} + \begin{bmatrix} L_{dd}^{\mathrm{AB}} & 0 & L_{d0}^{\mathrm{AB}} \\ 0 & L_{qq}^{\mathrm{AB}} & L_{q0}^{\mathrm{AB}} \\ L_{0d}^{\mathrm{AB}} & L_{0q}^{\mathrm{AB}} & L_{00}^{\mathrm{AB}} \end{bmatrix} \frac{\mathrm{d}}{\mathrm{d}t}\begin{bmatrix} i_{d1} \\ i_{q1} \\ i_0 \end{bmatrix} - \omega_{\mathrm{e}}\begin{bmatrix} 0 & L_{qq}^{\mathrm{AB}} & 0 \\ -L_{dd}^{\mathrm{AB}} & 0 & 0 \\ 0 & 0 & 0 \end{bmatrix}\begin{bmatrix} i_{d1} \\ i_{q1} \\ i_0 \end{bmatrix} + \omega_{\mathrm{e}}\begin{bmatrix} 0 \\ 0.6+0.4\cos\delta \\ 0.6472\sin(\theta_{\mathrm{e}}-0.5\delta) \end{bmatrix} \tag{6.37}$$

式中

$$\begin{cases} L_{dd}^{\mathrm{AB}} = L_{\mathrm{ls}} + 2.5\,(0.6+0.4\cos\delta)\,(L_{\mathrm{m}} - L_{\theta}) \\ L_{qq}^{\mathrm{AB}} = L_{\mathrm{ls}} + 2.5\,(0.6+0.4\cos\delta)\,(L_{\mathrm{m}} + L_{\theta}) \\ L_{d0}^{\mathrm{AB}} = -0.691\,(L_{\mathrm{m}}\cos(\theta_{\mathrm{e}}-\delta) - L_{\theta}\cos(\theta_{\mathrm{e}}+2\delta)) \\ L_{q0}^{\mathrm{AB}} = 0.691\,(L_{\mathrm{m}}\cos(\theta_{\mathrm{e}}-\delta) - L_{\theta}\cos(\theta_{\mathrm{e}}+2\delta)) \\ L_{0d}^{\mathrm{AB}} = -2.342L_{d0}^{\mathrm{AB}},\ L_{0q}^{\mathrm{AB}} = -2.342L_{q0}^{\mathrm{AB}} \\ L_{00}^{\mathrm{AB}} = L_{\mathrm{ls}} - 0.618\,(L_{\mathrm{m}} - L_{\theta}\cos(2\theta_{\mathrm{e}}-\delta)) \end{cases} \tag{6.38}$$

忽略零序空间分量，A、B 相发生开路故障时，基波定子电压 d-q 轴分量为

$$\begin{bmatrix} u_{d1} \\ u_{q1} \end{bmatrix} = R\begin{bmatrix} i_{d1} \\ i_{q1} \end{bmatrix} + \begin{bmatrix} L_{dd}^{\mathrm{AB}} & 0 \\ 0 & L_{qq}^{\mathrm{AB}} \end{bmatrix} \frac{\mathrm{d}}{\mathrm{d}t}\begin{bmatrix} i_{d1} \\ i_{q1} \end{bmatrix} - \omega_{\mathrm{e}}\begin{bmatrix} 0 & L_{qq}^{\mathrm{AB}} \\ -L_{dd}^{\mathrm{AB}} & 0 \end{bmatrix}\begin{bmatrix} i_{d1} \\ i_{q1} \end{bmatrix} + \omega_{\mathrm{e}}\begin{bmatrix} 0 \\ 0.6+0.4\cos\delta \end{bmatrix} \tag{6.39}$$

根据降阶变换矩阵逆变换，A、B 相发生开路故障时剩余正常相的容错电流为

$$\begin{cases} i_{\mathrm{C1}} = -2.236I_{\mathrm{m}}\sin\left(\theta_{\mathrm{e}} - \dfrac{2\pi}{5} + \beta\right) \\ i_{\mathrm{D1}} = 3.618I_{\mathrm{m}}\sin\left(\theta_{\mathrm{e}} - \dfrac{\pi}{5} + \beta\right) \\ i_{\mathrm{E1}} = -2.236I_{\mathrm{m}}(\sin\theta_{\mathrm{e}} + \beta) \end{cases} \tag{6.40}$$

根据磁共能法，A、B 相发生开路故障时的电磁转矩为

$$
\begin{aligned}
T_{\mathrm{e}1} &= \frac{5}{2}p\left(\frac{\left(L_{dd}^{\mathrm{AB}}-L_{qq}^{\mathrm{AB}}\right)i_{d1}i_{q1}}{0.6+0.4\cos\delta}+\psi_{\mathrm{m}1}i_{q1}\right)\\
&= \frac{5}{2}p\left(\left(L_d-L_q\right)i_{d1}i_{q1}+\psi_{\mathrm{m}1}i_{q1}\right)
\end{aligned} \tag{6.41}
$$

类似地，当电机发生不相邻两相开路故障时，假设 A、C 相发生开路故障，忽略零序空间分量后，基波定子电压 d-q 轴分量为

$$
\begin{aligned}
\begin{bmatrix} u_{d1}\\ u_{q1}\end{bmatrix} =& R\begin{bmatrix} i_{d1}\\ i_{q1}\end{bmatrix}+\begin{bmatrix} L_{dd}^{\mathrm{AC}} & 0\\ 0 & L_{qq}^{\mathrm{AC}}\end{bmatrix}\frac{\mathrm{d}}{\mathrm{d}t}\begin{bmatrix} i_{d1}\\ i_{q1}\end{bmatrix}\\
&-\omega_{\mathrm{e}}\begin{bmatrix} 0 & L_{qq}^{\mathrm{AC}}\\ -L_{dd}^{\mathrm{AC}} & 0\end{bmatrix}\begin{bmatrix} i_{d1}\\ i_{q1}\end{bmatrix}+\omega_{\mathrm{e}}\begin{bmatrix} 0\\ 0.4-0.4\cos\delta\end{bmatrix}
\end{aligned} \tag{6.42}
$$

式中，$L_{dd}^{\mathrm{AC}}=L_{\mathrm{ls}}+5.5(0.4-0.4\cos\delta)(L_{\mathrm{m}}-L_{\theta})$；$L_{qq}^{\mathrm{AC}}=L_{\mathrm{ls}}+5.5(0.4-0.4\cos\delta)(L_{\mathrm{m}}+L_{\theta})$。

同理，A、C 相发生开路故障时的电磁转矩为

$$
\begin{aligned}
T_{\mathrm{e}1} &= \frac{5}{2}p\left(\frac{\left(L_{dd}^{\mathrm{AC}}-L_{qq}^{\mathrm{AC}}\right)i_{d1}i_{q1}}{0.4-0.4\cos\delta}+\psi_{\mathrm{m}1}i_{q1}\right)\\
&= \frac{5}{2}p\left(\left(L_d-L_q\right)i_{d1}i_{q1}+\psi_{\mathrm{m}1}i_{q1}\right)
\end{aligned} \tag{6.43}
$$

由式 (6.41) 和式 (6.43) 可知，基于所构建的基波降阶矩阵，通过保持故障前后基波 d-q 轴电流不变，可以保证故障前后的基波电磁转矩保持不变。

6.3.3 单相短路故障下的解耦模型

由 5.3 节分析可知，当 A 相发生短路故障时，对转矩的影响可以分为两部分：A 相短路缺失造成的平均转矩下降以及 A 相短路电流引起的转矩脉动。其中，A 相短路缺失造成的平均转矩下降可以利用前面内容所提开路容错控制的方法，通过调整剩余相电流的幅值相位进行弥补。A 相短路电流产生的转矩脉动则通过施加补偿电流来消除 [5]。补偿电流满足关系如下所述。

(1) 由剩余相补偿电流和 A 相短路电流产生的磁动势为零。

$$
\begin{aligned}
\mathrm{MMF_{Asf}} &= \mathrm{MMF_{A1}}+\mathrm{MMF_{B1}}+\mathrm{MMF_{C1}}+\mathrm{MMF_{D1}}+\mathrm{MMF_{E1}}\\
&= 0.5N_5(i_{\mathrm{Asf}}+0.309i_{\mathrm{B1}}-0.809i_{\mathrm{C1}}-0.809i_{\mathrm{D1}}+0.309i_{\mathrm{E1}})\cos\gamma
\end{aligned}
$$

$$\begin{aligned} &+0.5N_5(-0.951i_{\mathrm{B1}}-0.588i_{\mathrm{C1}}+0.588i_{\mathrm{D1}}+0.951i_{\mathrm{E1}})\sin\gamma \\ &=0 \end{aligned} \tag{6.44}$$

(2) 剩余的补偿相电流之和为零。

$$i_{\mathrm{B1}}+i_{\mathrm{C1}}+i_{\mathrm{D1}}+i_{\mathrm{E1}}=0 \tag{6.45}$$

因此，剩余相的补偿电流可以表示为

$$\begin{cases} i_{\mathrm{B1}}^{=}-0.447i_{\mathrm{Asf}} \\ i_{\mathrm{C1}}^{=}0.447i_{\mathrm{Asf}} \\ i_{\mathrm{D1}}^{=}0.447i_{\mathrm{Asf}} \\ i_{\mathrm{E1}}^{=}-0.447i_{\mathrm{Asf}} \end{cases} \tag{6.46}$$

由于 A 相电路电流同电机反电势有关,因此,此时电机的数学模型可以改写成

$$\begin{cases} u_{\mathrm{A}}=-e_{\mathrm{A}}=Ri_{\mathrm{Af}}+L_{\mathrm{s}}\dfrac{\mathrm{d}i_{\mathrm{Af}}}{\mathrm{d}t} \\ u_{\mathrm{B}}=Ri_{\mathrm{B}}+L_{\mathrm{s}}\dfrac{\mathrm{d}i_{\mathrm{B}}}{\mathrm{d}t}+e_{\mathrm{B}} \\ u_{\mathrm{C}}=Ri_{\mathrm{C}}+L_{\mathrm{s}}\dfrac{\mathrm{d}i_{\mathrm{C}}}{\mathrm{d}t}+e_{\mathrm{C}} \\ u_{\mathrm{D}}=Ri_{\mathrm{D}}+L_{\mathrm{s}}\dfrac{\mathrm{d}i_{\mathrm{D}}}{\mathrm{d}t}+e_{\mathrm{D}} \\ u_{\mathrm{E}}=Ri_{\mathrm{E}}+L_{\mathrm{s}}\dfrac{\mathrm{d}i_{\mathrm{E}}}{\mathrm{d}t}+e_{\mathrm{E}} \end{cases} \tag{6.47}$$

根据前面内容求得的降阶变换矩阵以及式 (6.46) 和式 (6.47)，可以求得α -β 上的补偿电压为

$$\begin{cases} u_{\alpha\mathrm{fa}}=0.3998e_{\mathrm{A}} \\ u_{\beta\mathrm{fa}}=0 \\ u_{\mathrm{xfa}}=0 \end{cases} \tag{6.48}$$

施加电压补偿策略后的电机模型可以等同于开路故障下的电机模型，其建模方法同 6.3.1 节分析一致。

6.4　基于 CPWM 的容错控制

6.4.1　仅基波空间容错控制

基于载波的脉宽调制控制器主要由调制波和载波发生器组成。在一个载波周期内,根据电压伏–秒平衡原理,逆变器输出等效的方波电压。根据同一桥臂上下两

开关器件导通与关断的方式不同，有单极性调制和双极性调制之分。采用 CPWM 调制技术时，调制波一般选为正弦波 [6]。以单相开路故障为例，在五相永磁容错电机驱动系统中，采用正弦波调制时，在自然坐标系下，逆变器各相输出的电压调制波为

$$\begin{bmatrix} u_{\mathrm{b}} \\ u_{\mathrm{c}} \\ u_{\mathrm{d}} \\ u_{\mathrm{e}} \end{bmatrix} = \left[T_{\mathrm{Clarke1}}^{\mathrm{A}}\right]^{\mathrm{T}} \begin{bmatrix} u_{\alpha} \\ u_{\beta} \\ u_{3} \end{bmatrix} \bigg/ \frac{U_{\mathrm{dc}}}{2} \tag{6.49}$$

式中，u_{α}、u_{β}、u_3 分别通过给定电流同反馈电流作差，并通过 PI 调节器得到。给定电流满足以下条件 [7]。

(1) 铜耗最小控制策略。

基波空间下，电机的铜耗为 $R(i_{d1}^2+i_{q1}^2+i_{31}^2)$。当 d-q-3 坐标系下的电流分量满足式 (6.50) 时，电机的铜耗最小。

$$i_{d1}=i_d,\quad i_{q1}=i_q,\quad i_{31}=0 \tag{6.50}$$

根据降阶矩阵的逆变换和式 (6.50)，可以得到铜耗最小原则下剩余相基波容错电流为

$$\begin{cases} i_{\mathrm{B1}} = -1.468I_{\mathrm{m}}\sin(\theta_{\mathrm{e}}-0.224\pi+\beta) \\ i_{\mathrm{C1}} = -1.263I_{\mathrm{m}}\sin(\theta_{\mathrm{e}}-0.846\pi+\beta) \\ i_{\mathrm{D1}} = -1.263I_{\mathrm{m}}\sin(\theta_{\mathrm{e}}+0.846\pi+\beta) \\ i_{\mathrm{E1}} = -1.468I_{\mathrm{m}}\sin(\theta_{\mathrm{e}}+0.224\pi+\beta) \end{cases} \tag{6.51}$$

式中，β 为电流角，$\beta=\arctan(i_d/i_q)$。

(2) 铜耗相等控制策略。

当采用铜耗相等控制策略时，剩余正常相的容错电流幅值相等，剩余相电流需要满足额外的约束条件：$i_{\mathrm{B}}=-i_{\mathrm{D}}$ 和 $i_{\mathrm{C}}=-i_{\mathrm{E}}$。此时，$\beta$ 轴和 3 次谐波空间的电流分量为

$$\begin{aligned} i_{\beta1} &= \sin\delta i_{\mathrm{B}}+\sin(2\delta)i_{\mathrm{C}}+\sin(3\delta)i_{\mathrm{D}}+\sin(4\delta)i_{\mathrm{E}} \\ &= (i_{\mathrm{B}}+i_{\mathrm{C}})(\sin\delta+\sin(2\delta)) \end{aligned} \tag{6.52}$$

$$\begin{aligned} i_{31} &= \sin(3\delta)i_{\mathrm{B}}+\sin(6\delta)i_{\mathrm{C}}+\sin(9\delta)i_{\mathrm{D}}+\sin(12\delta)i_{\mathrm{E}} \\ &= \frac{\sin\delta-\sin(2\delta)}{\sin\delta+\sin(2\delta)}i_{\beta1} = 0.236\left(i_{d1}\sin\theta_{\mathrm{e}}+i_{q1}\cos\theta_{\mathrm{e}}\right) \end{aligned} \tag{6.53}$$

为实现铜耗相等控制策略，d-q-3 坐标系下的电流分量需要满足

$$i_{d1}=i_{\mathrm{d}},\quad i_{q1}=i_{q\mathrm{r}},\quad i_{31}=0.236\left(i_{d1}\sin\theta_{\mathrm{e}}+i_{q1}\cos\theta_{\mathrm{e}}\right) \tag{6.54}$$

类似地，根据变换矩阵的逆变换和式 (6.54)，可以得到满足铜耗相等原则的剩余相基波容错电流为

$$\begin{cases} i_{\mathrm{B1}}=-1.382I_{\mathrm{m}}\sin(\theta_{\mathrm{e}}-0.2\pi+\beta) \\ i_{\mathrm{C1}}=-1.382I_{\mathrm{m}}\sin(\theta_{\mathrm{e}}-0.8\pi+\beta) \\ i_{\mathrm{D1}}=-1.382I_{\mathrm{m}}\sin(\theta_{\mathrm{e}}+0.8\pi+\beta) \\ i_{\mathrm{E1}}=-1.382I_{\mathrm{m}}\sin(\theta_{\mathrm{e}}+0.2\pi+\beta) \end{cases} \tag{6.55}$$

两相开路故障同单相开路故障一致，根据降阶变换矩阵逆变换，A、B 相发生开路故障时剩余正常相的容错电流为

$$\begin{cases} i_{\mathrm{C1}}=-2.236I_{\mathrm{m}}\sin\left(\theta_{\mathrm{e}}-\dfrac{2\pi}{5}+\beta\right) \\ i_{\mathrm{D1}}=3.618I_{\mathrm{m}}\sin\left(\theta_{\mathrm{e}}-\dfrac{\pi}{5}+\beta\right) \\ i_{\mathrm{E1}}=-2.236I_{\mathrm{m}}(\sin\theta_{\mathrm{e}}+\beta) \end{cases} \tag{6.56}$$

同理，A、C 相发生开路故障时剩余正常相的容错电流为

$$\begin{cases} i_{\mathrm{B1}}=-1.382I_{\mathrm{m}}\sin\left(\theta_{\mathrm{e}}-\dfrac{2\pi}{5}+\beta\right) \\ i_{\mathrm{D1}}=2.236I_{\mathrm{m}}\sin(\theta_{\mathrm{e}}+\beta) \\ i_{\mathrm{E1}}=-2.236I_{\mathrm{m}}\sin\left(\theta_{\mathrm{e}}+\dfrac{\pi}{5}+\beta\right) \end{cases} \tag{6.57}$$

图 6.2 中分别展示了所提五相电机容错控制策略在 A 相开路和 A、B 相开路时的控制框图，具体实现步骤如下：首先，比较给定转速与反馈转速得到转速差，转速差通过 PI 控制器后可以得到给定的 q 轴电流；其次，将给定的 q 轴电流输入参考电流计算模块，得到旋转正交坐标系下的参考电流分量；然后，比较参考电流和反馈电流，将电流误差量输入 PI 控制器中得到给定的电压分量；最后，将给定的电压分量输入 CPWM 模块, 得到逆变器的开关信号，从而实现容错控制。图 6.3 为单相短路故障下的容错控制框图，通过施加电压补偿策略，消除短路电流造成的影响，其余控制方式同开路容错工况一致。

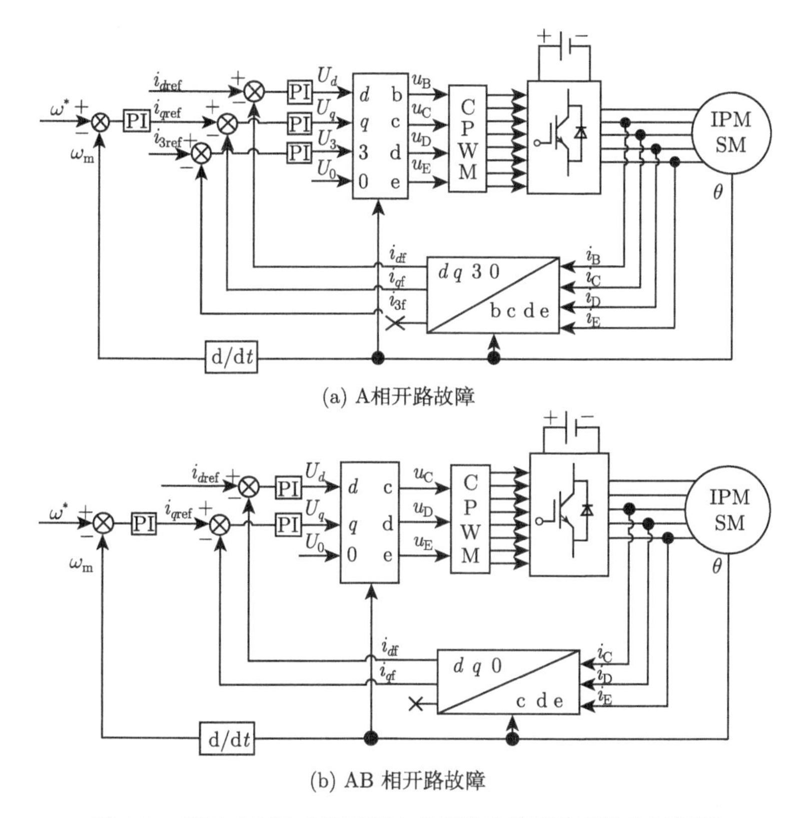

(a) A相开路故障

(b) AB 相开路故障

图 6.2 基于 CPWM 的五相电机开路故障下的容错控制框图

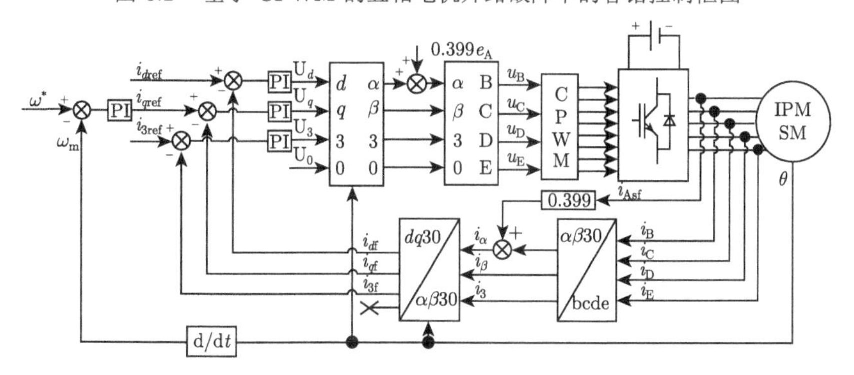

图 6.3 基于 CPWM 的五相电机短路故障下的容错控制框图

6.4.2 三维空间谐波注入容错控制

1. 单相开路故障

利用 3 次空间下的降阶 Clarke 变换矩阵和降阶 Park 变换矩阵，3 次谐波容错电流在 d-q 坐标系下的电流分量可以表示为

$$\begin{bmatrix} i_{33} & i_{d3} & i_{q3} & i_{03} \end{bmatrix}^{\mathrm{T}} = T_{\mathrm{Park3}}^{1} T_{\mathrm{Clarke3}}^{\mathrm{A}} \begin{bmatrix} i_{\mathrm{B}} & i_{\mathrm{C}} & i_{\mathrm{D}} & i_{\mathrm{E}} \end{bmatrix}^{\mathrm{T}} \tag{6.58}$$

式中，i_{d3} 和 i_{q3} 是 3 次谐波电流在 3 次空间 d-q 轴下的电流分量；i_{03} 是零序电流分量；i_{33} 是广义零序电流分量。

根据磁共能法，仅施加 3 次谐波容错电流时产生的电磁转矩可以表示为

$$\begin{aligned} &T_{\mathrm{e3rd}} \\ &= \frac{5P}{2}\left(3\psi_{\mathrm{m3}} i_{q3} + \psi_{\mathrm{m1}}\left(\frac{i_{d3}(\sin 4\theta_{\mathrm{e}} - \sin 2\theta_{\mathrm{e}})}{2} + \frac{i_{q3}\left(\cos 4\theta_{\mathrm{e}} - \cos 2\theta_{\mathrm{e}}\right)}{2}\right) + i_{33}\cos\theta_{\mathrm{e}}\right) \end{aligned} \tag{6.59}$$

利用叠加原理，由基波和 3 次谐波容错电流产生的电磁转矩之和为 $T_{\mathrm{e}} = T_{\mathrm{e1st}} + T_{\mathrm{e3rd}}$。根据转矩分量的频率，总的输出转矩 T_{e} 可以分解为

$$\begin{cases} \tau_0 = \dfrac{5P}{2}\left(\psi_{\mathrm{m1}} i_{q1} + 3\psi_{\mathrm{m3}} i_{q3}\right) \\ \tau_1 = \dfrac{5P}{2}\psi_{\mathrm{m1}} i_{33}\cos\theta_{\mathrm{e}} \\ \tau_2 = \dfrac{5P}{4}\left(3\psi_{\mathrm{m3}}\left(i_{d1}\sin(2\theta_{\mathrm{e}}) - i_{q1}\cos(2\theta_{\mathrm{e}})\right) - \psi_{\mathrm{m1}}\left(i_{d3}\sin(2\theta_{\mathrm{e}}) + i_{q3}\cos(2\theta_{\mathrm{e}})\right)\right) \\ \tau_3 = \dfrac{5P}{2} 3\psi_{\mathrm{m3}} i_{31}\cos(3\theta_{\mathrm{e}}) \\ \tau_4 = \dfrac{5P}{4}\left(3\psi_{\mathrm{m3}}\left(i_{d1}\sin(4\theta_{\mathrm{e}}) + i_{q1}\cos(4\theta_{\mathrm{e}})\right) + \psi_{\mathrm{m1}}\left(i_{d3}\sin(4\theta_{\mathrm{e}}) + i_{q3}\cos(4\theta_{\mathrm{e}})\right)\right) \end{cases} \tag{6.60}$$

式中，τ_0 是平均转矩分量；τ_1、τ_2、τ_3 和τ_4 分别是一阶、二阶、三阶和四阶脉动分量。

采用 i_d=0 的容错控制策略时，当 d-q 轴电流分量满足下面的关系：

$$\begin{cases} i_{d1} = i_{d3} = 0 \\ i_{q3} = -\dfrac{3\psi_{\mathrm{m3}}}{\psi_{\mathrm{m1}}} i_{q1} = -k_{\mathrm{psi}} i_{q1}, \quad k_{\mathrm{psi}} = \dfrac{3\psi_{\mathrm{m3}}}{\psi_{\mathrm{m1}}} = \dfrac{E_3}{E_1} \end{cases} \tag{6.61}$$

式中，k_{psi} 是 3 次谐波反电势幅值（E_3）和基波反电势幅值（E_1）的比值，式 (6.60) 转矩分量中的二次和四次脉动分量被约束为零。此外，通过调整 3 次空间电流 i_{31} 和广义零序电流 i_{33}，可以改善开路时的容错运行性能。

1) 铜耗最小原则

在 i_d=0 的容错控制策略下，注入了基波和 3 次谐波容错电流的五相内嵌式永磁同步电机的铜耗可以表示为

$$P_{\mathrm{Cu}} = R_{\mathrm{s}}(i_{d1}^2 + i_{q1}^2 + i_{31}^2 + i_{d3}^2 + i_{q3}^2 + i_{33}^2) \tag{6.62}$$

由转矩表达式可知，在 i_d=0 的控制策略下，q 轴电流与输出转矩的大小相关。因此，为实现单相开路故障下的铜耗最小容错运行，则 d-q-3 坐标系下的电流分量需要满足

$$\begin{cases} i_{d1} = 0, \quad i_{q1} = i_{qr}, \qquad i_{31} = 0 \\ i_{d3} = 0, \quad i_{q3} = -k_{\mathrm{psi}} i_{q1}, \quad i_{33} = 0 \end{cases} \tag{6.63}$$

此时，转矩表达式 (6.60) 中各转矩脉动分量都被约束为零，实现了故障下的无脉动容错运行。

根据式 (6.51) 中所示的 d-q-3 坐标系下的电流分量和上述推导的基波空间和 3 次空间下的降阶 Clarke 变换和 Park 变换的逆运算，铜耗最小原则下剩余相的容错电流表达式为

$$\begin{cases} i_{\mathrm{B}} = -1.468 I_{\mathrm{m}} \sin(\theta_{\mathrm{e}} - 0.224\pi) + 1.263 k_{\mathrm{psi}} I_{\mathrm{m}} \sin(3\theta_{\mathrm{e}} + 0.846\pi) \\ i_{\mathrm{C}} = -1.263 I_{\mathrm{m}} \sin(\theta_{\mathrm{e}} - 0.846\pi) + 1.468 k_{\mathrm{psi}} I_{\mathrm{m}} \sin(3\theta_{\mathrm{e}} - 0.224\pi) \\ i_{\mathrm{D}} = -1.263 I_{\mathrm{m}} \sin(\theta_{\mathrm{e}} + 0.846\pi) + 1.468 k_{\mathrm{psi}} I_{\mathrm{m}} \sin(3\theta_{\mathrm{e}} + 0.224\pi) \\ i_{\mathrm{E}} = -1.468 I_{\mathrm{m}} \sin(\theta_{\mathrm{e}} + 0.224\pi) + 1.263 k_{\mathrm{psi}} I_{\mathrm{m}} \sin(3\theta_{\mathrm{e}} - 0.846\pi) \end{cases} \tag{6.64}$$

2) 铜耗相等原则

当基波空间 d-q-3 坐标系下的电流分量采用铜耗相等原则，即 3 次空间电流分量 i_{31} 为 $0.236 i_{q1} \cos\theta_{\mathrm{e}}$ 时，式 (6.60) 中的转矩脉动分量τ_3 不为零，转化为二次和四次的转矩脉动分量：

$$\tau_3 = \frac{5P}{2} 3\psi_{\mathrm{m3}} i_{31} \cos(3\theta_{\mathrm{e}}) = \frac{5P}{4} 3\psi_{\mathrm{m3}} \times 0.236 i_{q1} (\cos((2\theta_{\mathrm{e}})) + \cos(4\theta_{\mathrm{e}})) \tag{6.65}$$

为实现无脉动的容错运行，可以通过选择合适的广义零序电流 i_{33} 来使转矩分量τ_1 与τ_3 的和为零。通过求解方程，广义零序电流 i_{33} 为

$$i_{33} = 0.236 i_{q3} \cos(3\theta_{\mathrm{e}}) \tag{6.66}$$

铜耗相等原则下，实现单相开路故障时无脉动容错运行，d-q-3 坐标系下的电流分量需要满足

$$\begin{cases} i_{d1} = 0, \quad i_{q1} = i_{qr}, \qquad i_{31} = 0.236 i_{q1} \cos\theta_{\mathrm{e}} \\ i_{d3} = 0, \quad i_{q3} = -k_{\mathrm{psi}} i_{q1}, \quad i_{33} = 0.236 i_{q3} \cos(3\theta_{\mathrm{e}}) \end{cases} \tag{6.67}$$

类似地，根据式 (6.56) 中所示的 d-q-3 坐标系下的电流分量和上述推导的基波空间和 3 次空间下的降阶矩阵的逆运算，铜耗相等原则下的容错电流为

$$\begin{cases} i_{\mathrm{B}} = -1.382 I_{\mathrm{m}} \sin(\theta_{\mathrm{e}} - 0.2\pi) + 1.176 k_{\mathrm{psi}} I_{\mathrm{m}} \sin(3\theta_{\mathrm{e}} - 1.1\pi) \\ i_{\mathrm{C}} = -1.382 I_{\mathrm{m}} \sin(\theta_{\mathrm{e}} - 0.8\pi) + 1.561 k_{\mathrm{psi}} I_{\mathrm{m}} \sin(3\theta_{\mathrm{e}} - 0.246\pi) \\ i_{\mathrm{D}} = -1.382 I_{\mathrm{m}} \sin(\theta_{\mathrm{e}} + 0.8\pi) + 1.561 k_{\mathrm{psi}} I_{\mathrm{m}} \sin(3\theta_{\mathrm{e}} + 0.246\pi) \\ i_{\mathrm{E}} = -1.382 I_{\mathrm{m}} \sin(\theta_{\mathrm{e}} + 0.2\pi) + 1.176 k_{\mathrm{psi}} I_{\mathrm{m}} \sin(3\theta_{\mathrm{e}} + 1.1\pi) \end{cases} \tag{6.68}$$

2. 两相开路故障

1) 相邻两相开路故障

根据分析可知，当五相电机的磁动势不含高次谐波且为正弦波形时，基波容错电流可以实现故障后的无脉动运行。由于故障后的 3 次空间和基波空间相互耦合，当电机含有 3 次谐波磁动势时，3 次谐波磁动势会与基波容错电流相互作用产生转矩脉动。

当五相内嵌式永磁同步电机发生相邻两相开路故障时，假设 A、B 相发生开路故障，剩余相的磁动势可以表示为

$$\psi_{\text{m-s}}^{\mathrm{AB}} = \psi_{\mathrm{m1}} \begin{bmatrix} \cos(\theta_{\mathrm{e}} - 2\delta) \\ \cos(\theta_{\mathrm{e}} - 3\delta) \\ \cos(\theta_{\mathrm{e}} - 4\delta) \end{bmatrix} + \psi_{\mathrm{m3}} \begin{bmatrix} \cos(3(\theta_{\mathrm{e}} - 2\delta)) \\ \cos(3(\theta_{\mathrm{e}} - 3\delta)) \\ \cos(3(\theta_{\mathrm{e}} - 4\delta)) \end{bmatrix} \tag{6.69}$$

在 i_d=0 的控制策略下，当 A、B 相发生开路故障时，剩余相的容错电流为

$$\begin{cases} i_{\mathrm{C1}} = -2.236 I_{\mathrm{m}} \sin\left(\theta_{\mathrm{e}} - \dfrac{2\pi}{5}\right) \\ i_{\mathrm{D1}} = 3.618 I_{\mathrm{m}} \sin\left(\theta_{\mathrm{e}} - \dfrac{\pi}{5}\right) \\ i_{\mathrm{E1}} = -2.236 I_{\mathrm{m}} (\sin\theta_{\mathrm{e}}) \end{cases} \tag{6.70}$$

将式 (6.69) 和式 (6.70) 代入转矩表达式中，基波容错电流产生的转矩为

$$T_{\mathrm{e1st}}^{\mathrm{AB}} = \frac{5 P i_{q1} \psi_{\mathrm{m1}}}{2} \left(1 + \frac{3\psi_{\mathrm{m3}}}{\psi_{\mathrm{m1}}} \cos((2\theta_{\mathrm{e}}) - \delta) + \frac{4.845\psi_{\mathrm{m3}}}{\psi_{\mathrm{m1}}} \cos\left(4\theta_{\mathrm{e}} + \frac{\delta}{2}\right)\right) \tag{6.71}$$

由式 (6.71) 可以看出，基波容错电流与 3 次谐波磁动势相互作用产生了 2 次和 4 次的转矩脉动。针对 3 次谐波磁动势引起的转矩脉动，可以采用注入 3 次谐波容错电流的方法，来实现转矩脉动的抑制。

当五相永磁容错电机 A、B 相发生开路故障时，设剩余相注入的 3 次谐波容错电流的表达式为

$$\begin{cases} i_{C3} = k_1 i_{q1} \sin(3\theta_e + \phi_1) \\ i_{D3} = k_2 i_{q1} \sin(3\theta_e + \phi_2) \\ i_{E3} = k_3 i_{q1} \sin(3\theta_e + \phi_3) \end{cases} \tag{6.72}$$

式中，k_1、k_2 和 k_3 是 C、D 和 E 相 3 次谐波电流幅值的系数；ϕ_1、ϕ_2 和ϕ_3 分别是 C、D 和 E 相 3 次谐波电流的电流角。

将式 (6.72) 中 3 次谐波容错电流和基波磁动势代入转矩表达式中，可以得到 3 次谐波容错电流与基波磁动势相互作用产生的电磁转矩。将得到的电磁转矩因式分解：

$$\begin{cases} T_{e3rd(C2)}^{AB} = -\dfrac{i_{q1}\psi_{m1}\cos(2\theta_e)}{2}\left(k_1\cos\left(\phi_1 + 0.8\pi\right)\right. \\ \qquad\left. + k_2\cos\left(\phi_2 - 0.8\pi\right) + k_3\cos\left(\phi_3 - 0.4\pi\right)\right) \\ T_{e3rd(S2)}^{AB} = \dfrac{i_{q1}\psi_{m1}\sin(2\theta_e)}{2}\left(k_1\sin\left(\phi_1 + 0.8\pi\right)\right. \\ \qquad\left. + k_2\sin\left(\phi_2 - 0.8\pi\right) + k_3\sin\left(\phi_3 - 0.4\pi\right)\right) \\ T_{e3rd(C4)}^{AB} = \dfrac{i_{q1}\psi_{m1}\cos\left(4\theta_e\right)}{2}\left(k_1\cos\left(\phi_1 - 0.8\pi\right)\right. \\ \qquad\left. + k_2\cos\left(\phi_2 + 0.8\pi\right) + k_3\cos\left(\phi_3 + 0.4\pi\right)\right) \\ T_{e3rd(S4)}^{AB} = -\dfrac{i_{q1}\psi_{m1}\sin\left(4\theta_e\right)}{2}\left(k_1\sin\left(\phi_1 - 0.8\pi\right)\right. \\ \qquad\left. + k_2\sin\left(\phi_2 + 0.8\pi\right) + k_3\sin\left(\phi_3 + 0.4\pi\right)\right) \end{cases} \tag{6.73}$$

式中，$T_{e3rd(C2)}^{AB}$、$T_{e3rd(S2)}^{AB}$、$T_{e3rd(C4)}^{AB}$ 和 $T_{e3rd(S4)}^{AB}$ 分别是 A、B 相开路故障时 3 次谐波容错电流与基波磁动势相互作用产生的 2 次和 4 次转矩脉动的余弦分量和正弦分量。

同样地，将基波容错电流与 3 次谐波磁动势相互作用产生的转矩脉动也进行因式分解：

$$\begin{cases} T_{e1st(C2)}^{AB} = \dfrac{5Pi_{q1}}{2} 3\psi_{m3}\cos\left(0.4\pi\right)\cos\left(2\theta_e\right) \\ T_{e1st(S2)}^{AB} = \dfrac{5Pi_{q1}}{2} 3\psi_{m3}\sin\left(0.4\pi\right)\sin\left(2\theta_e\right) \\ T_{e1st(C4)}^{AB} = \dfrac{5Pi_{q1}}{2} 3\psi_{m3} 1.615\cos\left(0.2\pi\right)\cos\left(4\theta_e\right) \\ T_{e1st(S4)}^{AB} = -\dfrac{5Pi_{q1}}{2} 3\psi_{m3} 1.615\sin\left(0.2\pi\right)\sin\left(4\theta_e\right) \end{cases} \tag{6.74}$$

式中，$T_{\rm e1st(C2)}^{\rm AB}$、$T_{\rm e1st(S2)}^{\rm AB}$、$T_{\rm e1st(C4)}^{\rm AB}$ 和 $T_{\rm e1st(S4)}^{\rm AB}$ 分别是基波容错电流与 3 次谐波磁动势相互作用产生的 2 次和 4 次转矩脉动的余弦分量和正弦分量。

为实现转矩脉动的抑制，则对应转矩脉动分量之和需要约束为零，即

$$\begin{cases} T_{\rm e1st(C2)}^{\rm AB} + T_{\rm e3rd(C2)}^{\rm AB} = 0, & T_{\rm e1st(S2)}^{\rm AB} + T_{\rm e3rd(S2)}^{\rm AB} = 0 \\ T_{\rm e1st(C4)}^{\rm AB} + T_{\rm e3rd(C4)}^{\rm AB} = 0, & T_{\rm e1st(S4)}^{\rm AB} + T_{\rm e3rd(S4)}^{\rm AB} = 0 \end{cases} \tag{6.75}$$

针对采用星形连接的五相内嵌式永磁同步电机系统，中性点电流需要约束为零，即

$$\begin{cases} i_{q1}\cos(3\theta_{\rm e})\left(k_1\sin\phi_1 + k_2\sin\phi_2 + k_3\sin\phi_3\right) = 0 \\ i_{q1}\sin(3\theta_{\rm e})\left(k_1\cos\phi_1 + k_2\cos\phi_2 + k_3\cos\phi_3\right) = 0 \end{cases} \tag{6.76}$$

求解式 (6.75) 和式 (6.76) 组成的方程组，所注入 3 次谐波电流的表达式为

$$\begin{cases} i_{\rm C3} = 4.799k_{\rm psi}i_{q1}\sin\left(3\theta_{\rm e} + 4.566\right) \\ i_{\rm D3} = 9.461k_{\rm psi}i_{q1}\sin\left(3\theta_{\rm e} + 1.257\right) \\ i_{\rm E3} = 4.799k_{\rm psi}i_{q1}\sin\left(3\theta_{\rm e} + 4.229\right) \end{cases} \tag{6.77}$$

2) 不相邻两相开路故障

当五相内嵌式永磁同步电机 A、C 相发生开路故障时，剩余相的磁动势为

$$\psi_{\rm m\text{-}s}^{\rm AC} = \psi_{\rm m1}\begin{bmatrix} \cos(\theta_{\rm e} - \delta) \\ \cos(\theta_{\rm e} - 3\delta) \\ \cos(\theta_{\rm e} - 4\delta) \end{bmatrix} + \psi_{\rm m3}\begin{bmatrix} \cos(3(\theta_{\rm e} - \delta)) \\ \cos(3(\theta_{\rm e} - 3\delta)) \\ \cos(3(\theta_{\rm e} - 4\delta)) \end{bmatrix} \tag{6.78}$$

A、C 相发生开路故障时，采用 i_d=0 控制策略的剩余相的基波容错电流可以表示为

$$\begin{cases} i_{\rm B1} = -1.382I_{\rm m}\sin\left(\theta_{\rm e} - \dfrac{2\pi}{5}\right) \\ i_{\rm D1} = 2.236I_{\rm m}\sin(\theta_{\rm e}) \\ i_{\rm E1} = -2.236I_{\rm m}\sin\left(\theta_{\rm e} + \dfrac{\pi}{5}\right) \end{cases} \tag{6.79}$$

考虑 3 次谐波磁动势时，基波容错电流产生的电磁转矩为

$$T_{\rm e1st}^{\rm AC} = \frac{5Pi_{q1}\psi_{\rm m1}}{2}\left(1 + \frac{3\psi_{\rm m3}}{\psi_{\rm m1}}\cos((2\theta_{\rm e}) - 2\delta) + \frac{1.854\psi_{\rm m3}}{\psi_{\rm m1}}\cos(4\theta_{\rm e} + \delta)\right), \quad i_{d1} \equiv 0 \tag{6.80}$$

类似地，这里同样采用注入 3 次谐波容错电流来消除 3 次谐波磁动势引起的 2 次和 4 次转矩脉动。设注入剩余相的 3 次谐波容错电流为

$$\begin{cases} i_{\mathrm{B3}} = k_1 i_{q1} \sin(3\theta_{\mathrm{e}} + \phi_1) \\ i_{\mathrm{D3}} = k_2 i_{q1} \sin(3\theta_{\mathrm{e}} + \phi_2) \\ i_{\mathrm{E3}} = k_3 i_{q1} \sin(3\theta_{\mathrm{e}} + \phi_3) \end{cases} \tag{6.81}$$

式中，k_1、k_2 和 k_3 是 B、D 和 E 相 3 次谐波电流幅值的系数；ϕ_1、ϕ_2 和ϕ_3 分别是 B、D 和 E 相 3 次谐波电流的电流角。

3 次谐波容错电流与基波磁动势相互作用产生的电磁转矩可以因式分解为

$$\begin{cases} T_{\mathrm{e3rd(C2)}}^{\mathrm{AC}} = -\dfrac{i_{q1}\psi_{\mathrm{m1}}\cos((2\theta_{\mathrm{e}}))}{2}(k_1\cos(\phi_1 + 0.4\pi) \\ \qquad + k_2\cos(\phi_2 - 0.8\pi) + k_3\cos(\phi_3 - 0.4\pi)) \\ T_{\mathrm{e3rd(S2)}}^{\mathrm{AC}} = \dfrac{i_{q1}\psi_{\mathrm{m1}}\sin((2\theta_{\mathrm{e}}))}{2}(k_1\sin(\phi_1 + 0.4\pi) \\ \qquad + k_2\sin(\phi_2 - 0.8\pi) + k_3\sin(\phi_3 - 0.4\pi)) \\ T_{\mathrm{e3rd(C4)}}^{\mathrm{AC}} = \dfrac{i_{q1}\psi_{\mathrm{m1}}\cos(4\theta_{\mathrm{e}})}{2}(k_1\cos(\phi_1 - 0.4\pi) \\ \qquad + k_2\cos(\phi_2 + 0.8\pi) + k_3\cos(\phi_3 + 0.4\pi)) \\ T_{\mathrm{e3rd(S4)}}^{\mathrm{AC}} = -\dfrac{i_{q1}\psi_{\mathrm{m1}}\sin(4\theta_{\mathrm{e}})}{2}(k_1\sin(\phi_1 - 0.4\pi) \\ \qquad + k_2\sin(\phi_2 + 0.8\pi) + k_3\sin(\phi_3 + 0.4\pi)) \end{cases} \tag{6.82}$$

式中，$T_{\mathrm{e3rd(C2)}}^{\mathrm{AC}}$、$T_{\mathrm{e3rd(S2)}}^{\mathrm{AC}}$、$T_{\mathrm{e3rd(C4)}}^{\mathrm{AC}}$ 和 $T_{\mathrm{e3rd(S4)}}^{\mathrm{AC}}$ 分别是 A、C 相开路故障时 3 次谐波容错电流与基波磁动势相互作用产生的 2 次和 4 次转矩脉动的余弦分量和正弦分量。

式 (6.80) 中基波容错电流所产生转矩脉动分量可以因式分解为

$$\begin{cases} T_{\mathrm{e1st(C2)}}^{\mathrm{AC}} = \dfrac{5Pi_{q1}}{2} 3\psi_{\mathrm{m3}}\cos(0.8\pi)\cos(2\theta_{\mathrm{e}}) \\ T_{\mathrm{e1st(S2)}}^{\mathrm{AC}} = \dfrac{5Pi_{q1}}{2} 3\psi_{\mathrm{m3}}\sin(0.8\pi)\sin(2\theta_{\mathrm{e}}) \\ T_{\mathrm{e1st(C4)}}^{\mathrm{AC}} = \dfrac{5Pi_{q1}}{2} \psi_{\mathrm{m3}}1.854\cos(0.4\pi)\cos(4\theta_{\mathrm{e}}) \\ T_{\mathrm{e1st(S4)}}^{\mathrm{AC}} = -\dfrac{5Pi_{q1}}{2} \psi_{\mathrm{m3}}1.854\sin(0.4\pi)\sin(4\theta_{\mathrm{e}}) \end{cases} \tag{6.83}$$

为实现转矩脉动的抑制并满足中性点电流和为零，可以得到下列方程组：

$$\begin{cases} T_{\text{e1st(C2)}}^{\text{AB}} + T_{\text{e3rd(C2)}}^{\text{AB}} = 0, \quad T_{\text{e1st(S2)}}^{\text{AB}} + T_{\text{e3rd(S2)}}^{\text{AB}} = 0 \\ T_{\text{e1st(C4)}}^{\text{AB}} + T_{\text{e3rd(C4)}}^{\text{AB}} = 0, \quad T_{\text{e1st(S4)}}^{\text{AB}} + T_{\text{e3rd(S4)}}^{\text{AB}} = 0 \\ i_{q1}\cos(3\theta_{\text{e}})\,(k_1\sin\phi_1 + k_2\sin\phi_2 + k_3\sin\phi_3) = 0 \\ i_{q1}\sin(3\theta_{\text{e}})\,(k_1\cos\phi_1 + k_2\cos\phi_2 + k_3\cos\phi_3) = 0 \end{cases} \tag{6.84}$$

求解上述方程组可以得到 A、C 相开路故障时，需要注入的 3 次谐波电流为

$$\begin{cases} i_{\text{B3}} = 0.528k_{\text{psi}}i_{q1}\sin(3\theta_{\text{e}} + 2.513) \\ i_{\text{D3}} = 3.451k_{\text{psi}}i_{q1}\sin(3\theta_{\text{e}} + 0.866) \\ i_{\text{E3}} = 3.451k_{\text{psi}}i_{q1}\sin(3\theta_{\text{e}} + 4.161) \end{cases} \tag{6.85}$$

3. 容错电流生成

图 6.4 展示了五相永磁容错电机磁场定向控制的框图。正常运行时，3 次谐波空间与基波空间相互解耦，采样的相电流通过 Park 变换后可以得到基波和 3 次谐波 d-q 轴分量，因而可以实现对基波电流和 3 次谐波电流的控制。

当五相电机发生开路故障时，基波空间和 3 次谐波空间不再解耦，因此剩余相电流通过 Park 变换后无法得到解耦的基波和 3 次谐波 d-q 轴电流分量。要实现故障下 3 次谐波容错电流的注入，就必须要对 3 次谐波电流进行闭环控制，使反馈的 3 次谐波电流能够跟踪上给定的参考电流。在控制过程中，不适合利用带通滤波器提取反馈电流中的 3 次谐波，一方面电机的运行频率范围较宽，带通滤波器的中心频率需要随着电机转速进行调整；另一方面也会造成所提取 3 次谐波电流的滞后，无法实现闭环控制。针对反馈电流中 3 次谐波分量不易提取的难点，本节方案调整思路，通过调整给定电流来实现 3 次谐波电流的注入。

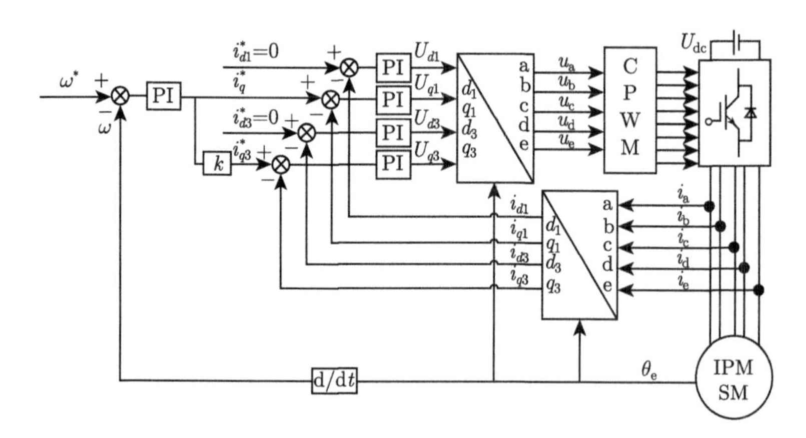

图 6.4 五相内嵌式永磁同步电机磁场定向控制框图

根据前面内容可知，针对不同的开路故障，可以推导出自然坐标系下相应的基波容错电流和 3 次谐波容错电流。图 6.5 给出了给定电流的调整方法：将给定的基波容错电流和 3 次谐波容错电流在自然坐标系下进行叠加，得到自然坐标系下剩余相的给定容错电流，接着利用相应的基波降阶 Clarke 变换和 Park 变换将自然坐标系下剩余相给定容错电流变换到基波旋转正交坐标系，得到基波旋转正交坐标系下的给定电流分量。所得到的基波旋转正交坐标系下的给定电流分量中，包含了基波容错电流和 3 次谐波容错电流的信息。

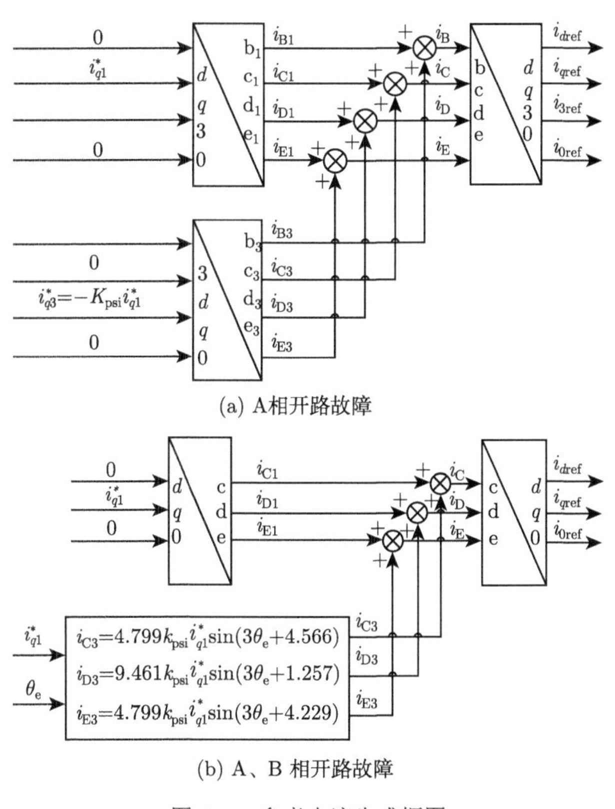

(a) A相开路故障

(b) A、B 相开路故障

图 6.5 参考电流生成框图

图 6.6 中分别展示了所提五相内嵌式永磁同步电机容错控制策略在 A 相开路和 A、B 相开路时的控制框图，图 6.6 中参考电流计算模块的实现方式如图 6.5 所示。所提的容错控制具体实现步骤如下：首先，比较给定转速与反馈转速得到转速差，转速差通过 PI 控制器后可以得到给定的 q 轴电流；其次，将给定的 q 轴电流输入参考电流计算模块，得到旋转正交坐标系下的参考电流分量；然后，比较参考电流和反馈电流，将电流误差量输入 PI 控制器中得到给定的电压分量；最

后，将给定的电压分量输入 CPWM 模块，得到逆变器的开关信号，从而实现固定开关频率下的谐波电流注入式容错控制。

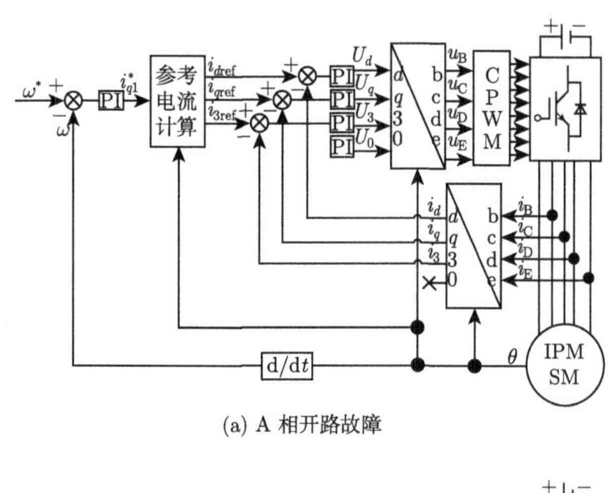

(a) A 相开路故障

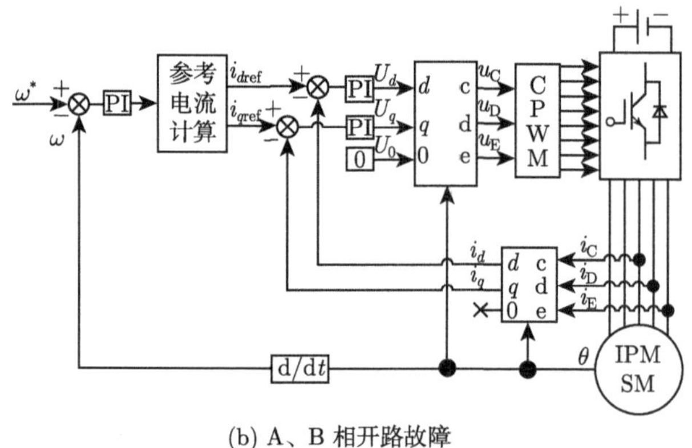

(b) A、B 相开路故障

图 6.6 五相同步电机容错控制框图

6.5 仿真分析与实验验证

6.5.1 仿真分析

1. 开路故障

图 6.7～ 图 6.14 给出在不同工况下，仅基波控制以及三次空间谐波注入后的相电流和转矩仿真波形，可以看出，在三次谐波注入后，电磁转矩的转矩脉动得到了有效的抑制。

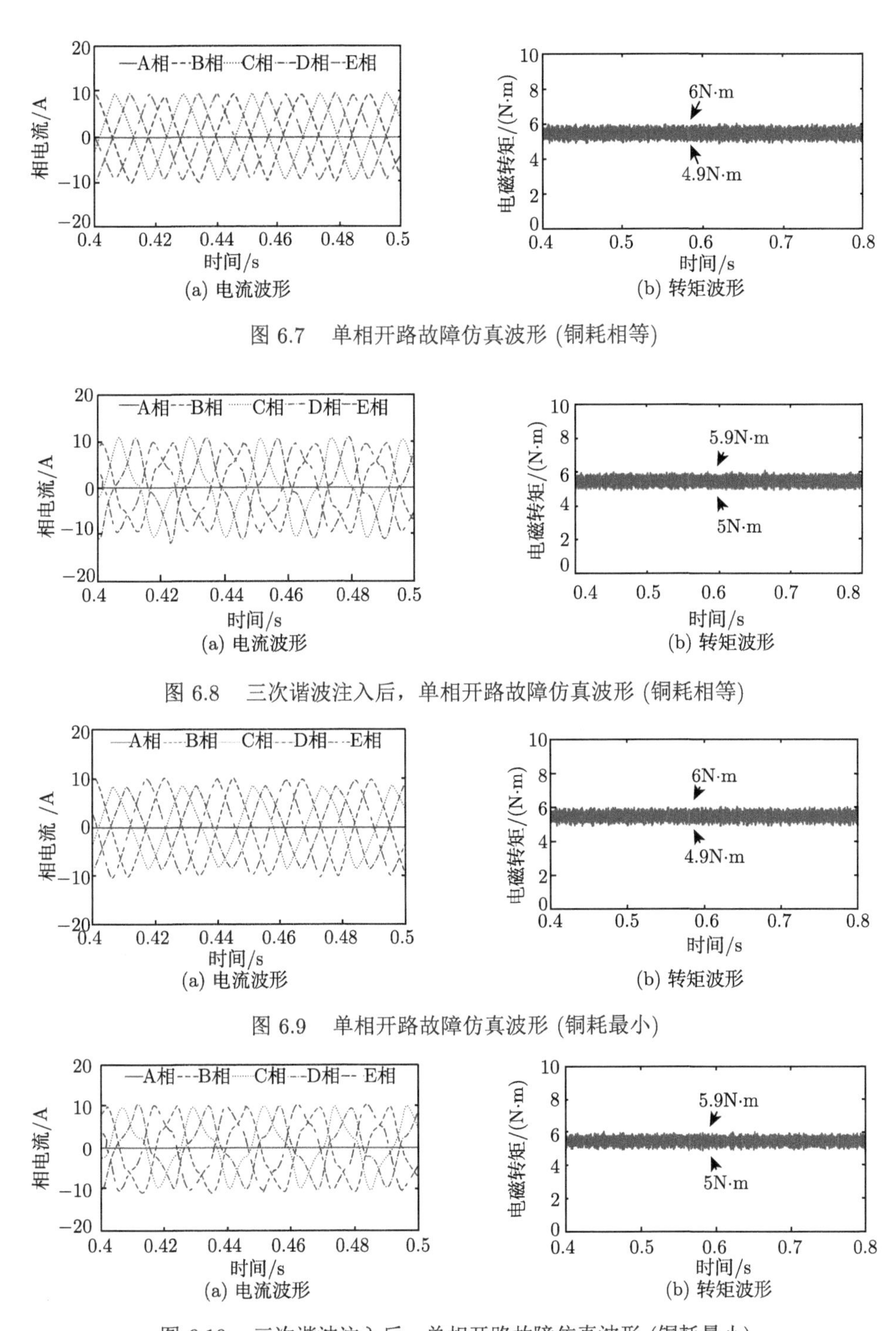

(a) 电流波形 (b) 转矩波形

图 6.7 单相开路故障仿真波形 (铜耗相等)

(a) 电流波形 (b) 转矩波形

图 6.8 三次谐波注入后，单相开路故障仿真波形 (铜耗相等)

(a) 电流波形 (b) 转矩波形

图 6.9 单相开路故障仿真波形 (铜耗最小)

(a) 电流波形 (b) 转矩波形

图 6.10 三次谐波注入后，单相开路故障仿真波形 (铜耗最小)

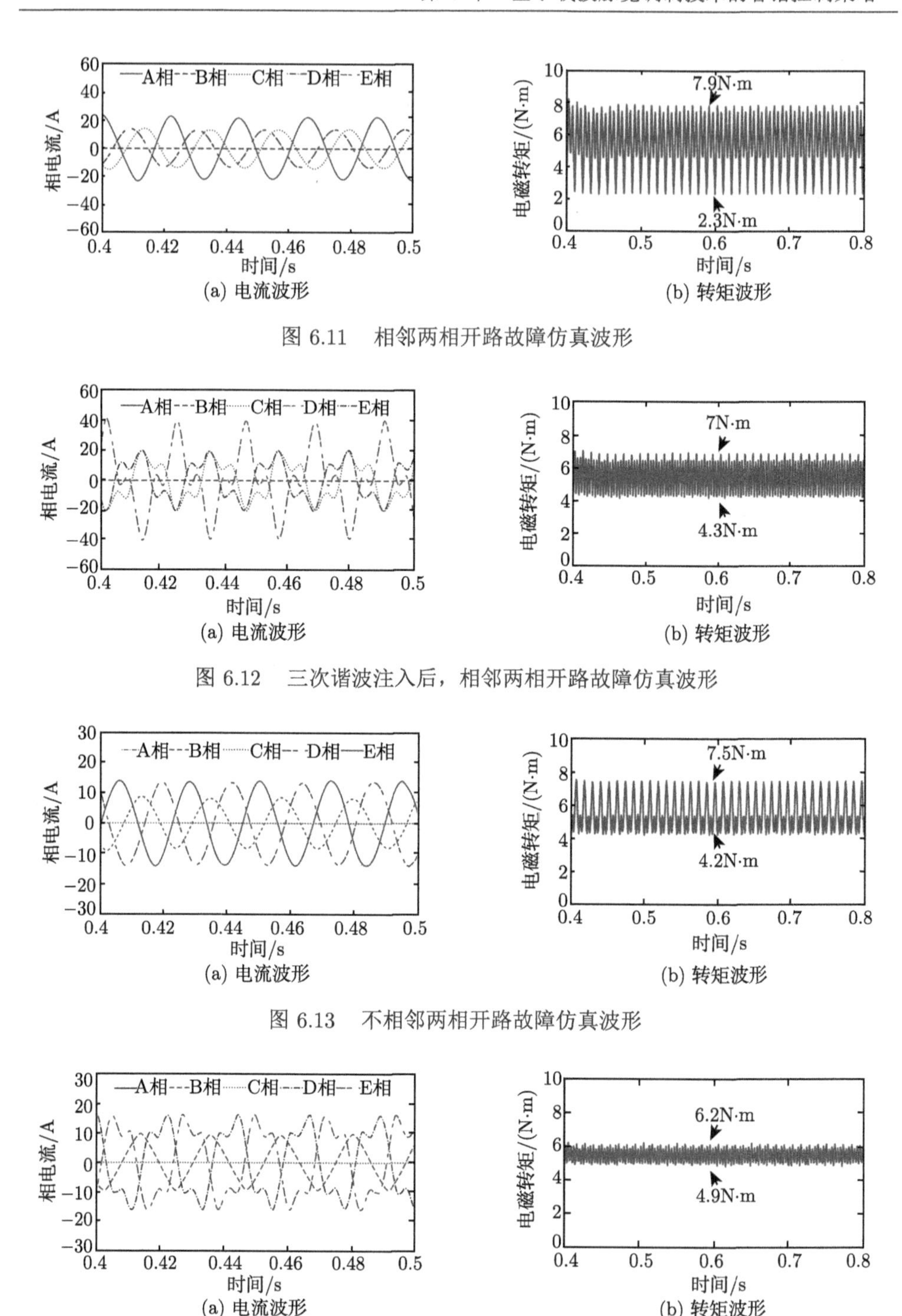

图 6.11　相邻两相开路故障仿真波形

图 6.12　三次谐波注入后，相邻两相开路故障仿真波形

图 6.13　不相邻两相开路故障仿真波形

图 6.14　三次谐波注入后，不相邻两相开路故障仿真波形

2. 短路故障

图 6.15 为 A 相短路故障时，容错运行下的电流和转矩波形，同样有效抑制了转矩脉动，并保证了平均转矩不变。

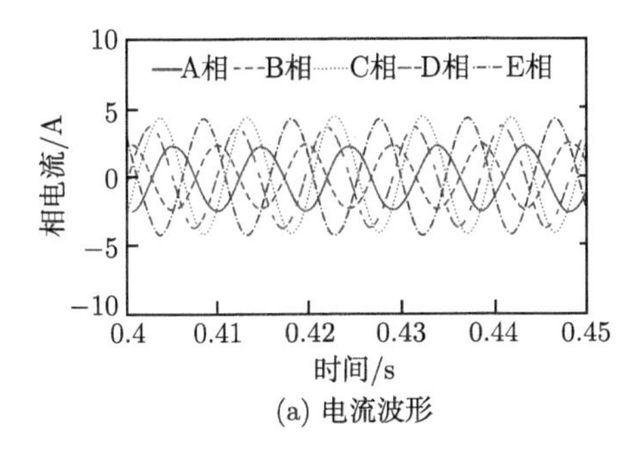

(a) 电流波形

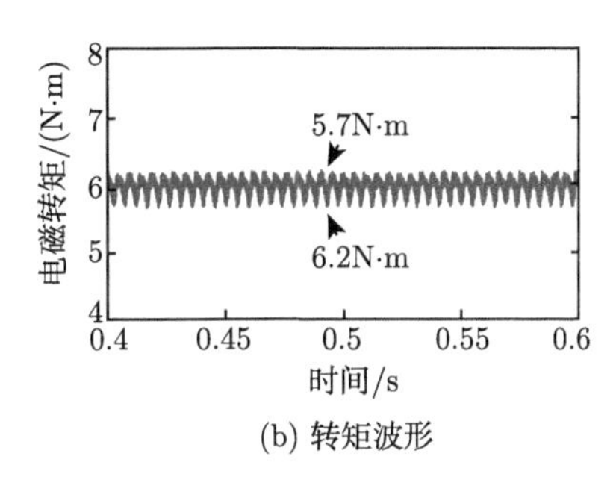

(b) 转矩波形

图 6.15 单相短路故障仿真波形

6.5.2 实验验证

1. 开路故障

图 6.16 中展示了当 A 相发生开路故障时，分别在铜耗最小和铜耗相等原则下注入 3 次谐波容错电流前后的容错电流波形和转矩波形 [8]。实验中电机的转速恒定为 120 r/min，在该速度下电机正常运行时的转矩脉动为 53.6%。图 6.16(a) 中展示了采用铜耗最小容错控制原则时的实验波形，在使用铜耗最小容错控制原则时，传统容错控制方法即仅注入基波容错电流时的转矩脉动为 75.9%，注入 3 次谐波容错电流后转矩脉动降为 58.9%。注入前后的转矩和电流的详细波形也在 Zoom1 和 Zoom2 中展示。在 Zoom1 中可以看到，B 相容错电流的幅值大于 C 相

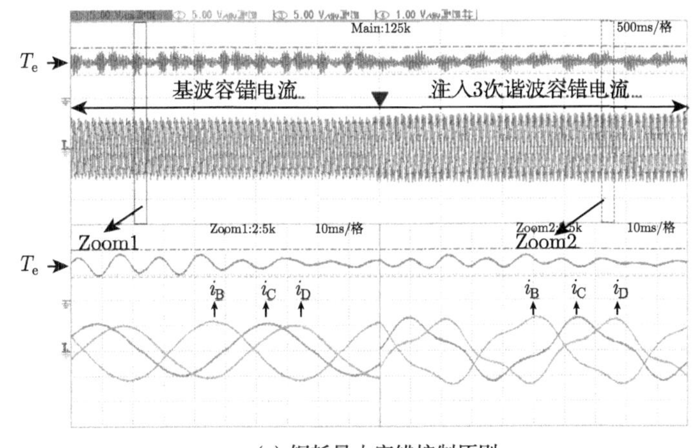

(a) 铜耗最小容错控制原则

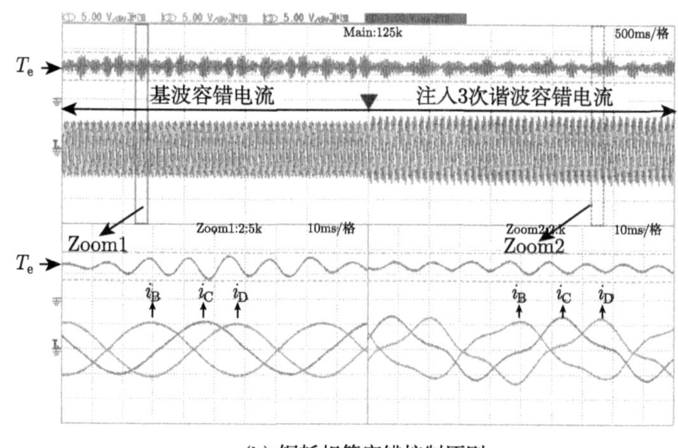

(b) 铜耗相等容错控制原则

图 6.16　A 相开路故障时注入 3 次谐波电流前后的电流和转矩波形 (2 N·m/格, 5 A/格)

和 D 相的电流幅值，这与理论推导相符合。图 6.16(b) 中为采用铜耗相等容错控制原则时的实验结果，注入 3 次谐波容错电流前后的输出转矩脉动分别是 83.1%和 64.6%。Zoom1 和 Zoom2 中为注入 3 次谐波电流前后转矩和电流的放大波形，可以看出 Zoom1 中电流的幅值相同，满足铜耗相等容错控制原则。从图 6.16 的实验结果可以看出，所提容错控制策略能够有效抑制由反电势谐波引起的转矩脉动。

图 6.17 给出了 A 相发生开路故障时，d-q-3 坐标系下的参考电流和反馈电流的波形。需要注意的是，为实现固定开关频率下 3 次谐波电流的注入，所提算法利用基波降阶矩阵将 3 次谐波电流转换到基波平面的 d-q 坐标系中，此时基波平面 d-q 轴电流中的二次和四次分量即 3 次谐波容错电流在基波平面的投影，这也是如图 6.17 所示 d-q 轴电流不是一个恒值而含有二次和四次分量的原因。此外，当负载相同时，铜耗最小控制策略和铜耗相等控制策略对应的 d-q 轴电流是相同的，

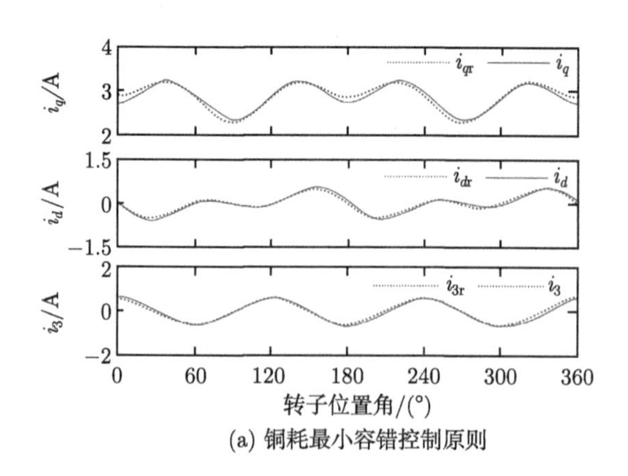

(a) 铜耗最小容错控制原则

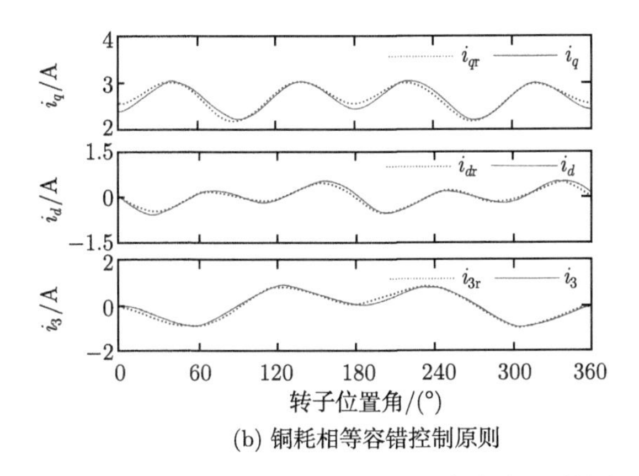

(b) 铜耗相等容错控制原则

图 6.17 A 相开路故障时 d-q-3 坐标系下参考电流和反馈电流波形

只有 3 次空间电流 i_3 不同。由图 6.17 可以看出，d-q-3 坐标系下的反馈电流能够准确地跟踪上参考电流，也验证了所提算法能够实现固定频率下 3 次谐波容错电流的精确注入。

图 6.18 分别给出相邻两相开路故障和不相邻两相开路故障下，注入 3 次谐波电流前后的电流和转矩波形。样机运行速度恒为 150 r/min，该速度下电机正常运行时的转矩脉动为 35.3%。图 6.18(a) 中为 A、B 相开路的实验结果，注入 3 次谐波容错电流后，转矩脉动由 65.3%降为 43.2%；A、C 相开路的实验结果如图 6.18(b) 所示，仅施加基波容错电流时转矩脉动为 58.4%，注入 3 次谐波容错电流后转矩脉动降为 40.6%。注入 3 次谐波容错电流前后的具体转矩和容错电流波形也放大展示在 Zoom1 和 Zoom2 中。图 6.18 的实验结果也证明，所提算法能够实现双相开路故障时固定开关频率下 3 次谐波容错电流的注入，且能有效降低由反电势谐波引起的转矩脉动。

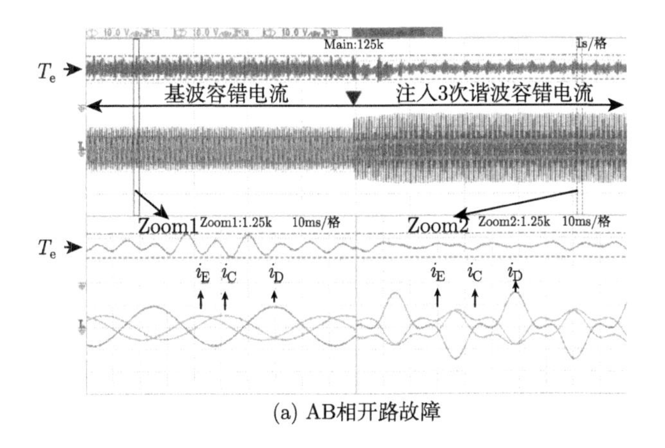

(a) AB相开路故障

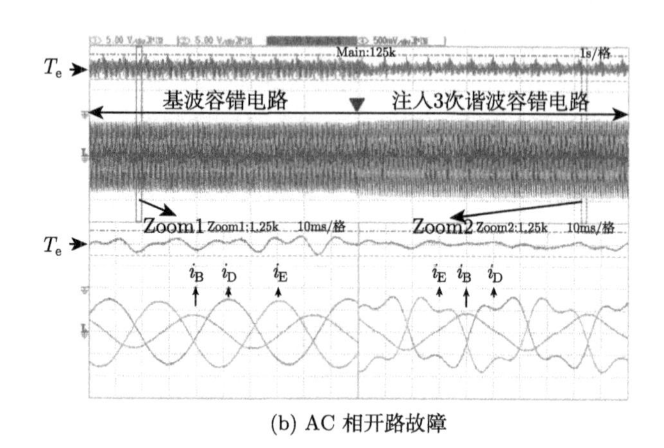

(b) AC 相开路故障

图 6.18　两相开路故障时注入 3 次谐波电流前后的电流和转矩波形 (2 N·m/格, 5 A/格)

图 6.19 展示了两相开路故障时 d-q 轴参考电流和反馈电流的波形。如上述单相开路故障所述，为实现固定开关频率下 3 次谐波容错电流的注入，3 次谐波参考电流通过基波降阶矩阵映射到基波平面的 d-q 坐标系上，因此 d-q 轴参考电流也含有二次和四次分量。由图 6.19 的实验结果可知，实验中反馈电流能够准确地跟踪上给定电流，也表明所提算法能够在两相开路故障时实现固定开关频率下 3 次谐波容错电流的注入。

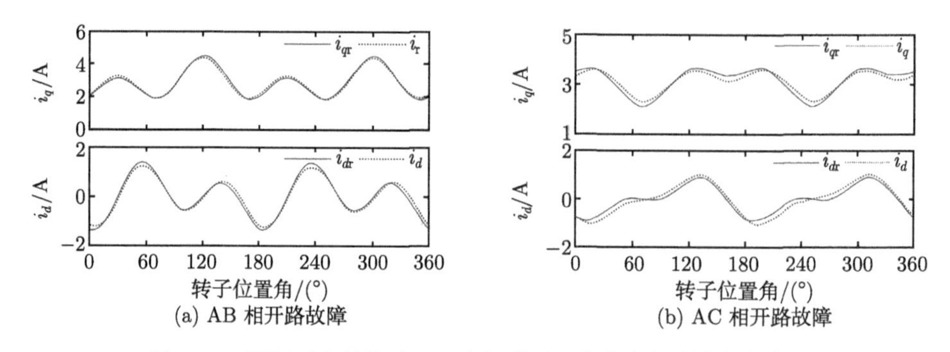

(a) AB 相开路故障　　(b) AC 相开路故障

图 6.19　两相开路故障时 d-q 坐标系下参考电流和反馈电流波形

由实验结果可知，本书所提容错控制算法不仅能够实现五相内嵌式永磁同步电机单相开路和双相开路故障时，3 次谐波容错电流的在线计算和固定开关频率下的注入，而且能够有效降低由反电势谐波引起的转矩脉动，验证了算法的有效性。

2. 短路故障

图 6.20 为短路故障时，铜耗相等原则下的容错实验波形。电机运行在 100 r/min，负载转矩为 1.9 N·m，可以看到容错控制下的 A 相电流幅值为 8.9 A，B

相电流幅值为 7.5 A，C 相电流幅值为 6.4 A。各相电流的波形都接近正弦化，并且对应的转矩较稳定，即可以说明所提出的方法实现了短路故障下的容错。

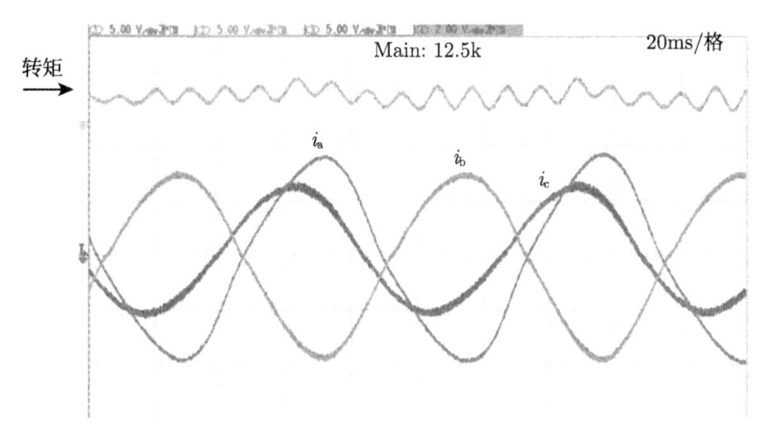

图 6.20　单相短路故障实验波形

6.6 本 章 小 结

本章首先以故障前后基波磁动势不变原则，推导了五相永磁容错电机在单相开路故障和双相开路故障下的基波、谐波降阶矩阵。接着利用推导得到的基波降阶矩阵，构建了单相开路故障、双相开路故障以及单相短路故障下的基波解耦模型。进一步地，构建了基波和谐波空间电流，并采用 CPWM 实现了矢量容错控制。最后，实验验证了所提容错控制在不同故障类型下的有效性。

参 考 文 献

[1] 高宏伟, 杨贵杰, 刘剑. 五相电压源逆变器的空间矢量脉宽调制方法研究[J]. 中国电机工程学报, 2014, 34(18): 2917-2925.

[2] Tian B, An Q T, Duan J D, et al. Decoupled modeling and nonlinear speed control for five-phase PM motor under single-phase open fault[J]. IEEE Transactions on Power Electronics, 2017, 32(7): 5473-5486.

[3] Tian B, An Q T, Duan J D, et al. Cancellation of torque ripples with FOC strategy under two-phase failures of the five-phase PM motor[J]. IEEE Transactions on Power Electronics, 2017, 32(7): 5459-5472.

[4] 赵品志, 杨贵杰, 李勇. 五相永磁同步电动机单相开路故障的容错控制策略[J]. 中国电机工程学报, 2011, 31(24): 68-76.

[5] Zhou H W, Liu G H, Zhao W X, et al. Dynamic performance improvement of five-phase

permanent-magnet motor with short-circuit fault[J]. IEEE Transactions on Industrial Electronics, 2017, 65(1): 145-155.

[6] 谢莹. 五相永磁容错电机容错控制系统研究[D]. 镇江: 江苏大学. 2015.

[7] Liu G H, Lin Z P, Zhao W X, et al. Third harmonic current injection in fault-tolerant five-phase permanent-magnet motor drive[J]. IEEE Transactions on Power Electronics, 2017, 33(8): 6970-6979.

[8] 林志鹏. 考虑内嵌式永磁同步电机磁阻转矩的谐波注入式容错控制[D]. 镇江: 江苏大学, 2018.

第 7 章　基于空间电压矢量调制技术的全矢量容错控制策略

7.1　引　　言

前面几章主要针对电机的故障运行，重点分析了基于 CHBPWM 和 CPWM 的容错控制。相比于前两种调制技术，SVPWM 控制技术由于具有便于数字实现和电压利用率高等优点，被广泛应用于三相逆变系统中 [1-3]。本章基于五相电机的数学模型提出了五相系统的矢量控制策略，并对相邻最大两矢量 SVPWM 和相邻最近四矢量 SVPWM 调制方式以及容错运行下的 SVPWM 控制技术进行分析。

7.2　正常运行 SVPWM 调制技术

五相电机的 SVPWM 调制方式有以下几种 [4-6]：相邻最近四矢量 SVPWM、相邻最大两矢量 SVPWM、相邻最大四矢量 SVPWM 和最小开关损耗 SVPWM。本节主要对相邻最近四矢量 SVPWM 和相邻最大两矢量 SVPWM 这两种调制方法进行分析推导，为后续研究奠定基础。

7.2.1　逆变器模型及空间电压矢量分析

图 7.1 为五相逆变器的主回路拓扑结构，负载为一台绕组星形连接的五相永磁容错电机。其中 a、b、c、d、e 为逆变器的输出端，N 为电机中性点，N' 为直流母线电压假想中点。

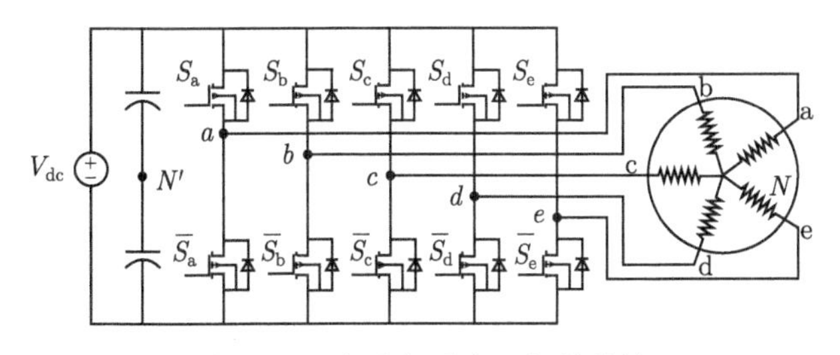

图 7.1　五相电机逆变器拓扑结构

其中输出端对母线电压 N' 的电压与输出端对电机中性点 N 的相电压关系如式 (7.1) 所示。

$$V_{\mathrm{S}}=\frac{2}{5}U_{\mathrm{dc}}\left(S_{\mathrm{b}}\cdot \mathrm{e}^{\mathrm{j}\frac{\pi}{5}}+S_{\mathrm{c}}\cdot \mathrm{e}^{\mathrm{j}\frac{4\pi}{5}}+S_{\mathrm{d}}\cdot \mathrm{e}^{-\mathrm{j}\frac{4\pi}{5}}+S_{\mathrm{e}}\cdot \mathrm{e}^{-\mathrm{j}\frac{\pi}{5}}\right) \tag{7.1}$$

由于逆变器为五相，以逆变器上桥臂开通状态 $[S_{\mathrm{a}}\ S_{\mathrm{b}}\ S_{\mathrm{c}}\ S_{\mathrm{d}}\ S_{\mathrm{e}}]$ 来表示不同的开关状态，假设 “1” 为桥臂开通，“0” 为关断，则共有 $2^5=32$ 个空间电压矢量，包括 30 个非零向量和 2 个零向量。而非零向量根据逆变器的开关状态可以分成两种等效电路：{C14} 和 {C23}，具体如图 7.2 所示。当开关状态为 [1 0 0 0 0] 时，等效电路如图 7.2(a) 所示；当开关状态为 [1 1 0 0 0] 时，等效电路如图 7.2(b) 所示。

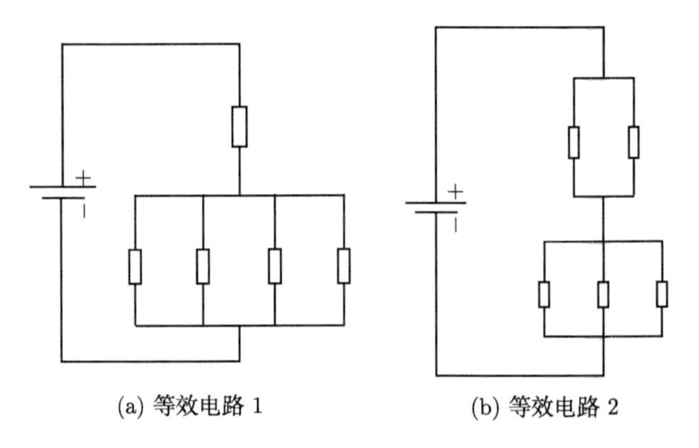

(a) 等效电路 1　　(b) 等效电路 2

图 7.2 逆变器等效电路

设逆变器的相电压为 V_{a}、V_{b}、V_{c}、V_{d}、V_{e}，在 d_1-q_1 和 d_3-q_3 空间的电压矢量可表示为式 (7.2)。其中$\lambda=\mathrm{e}^{\mathrm{j}2\pi/5}$。

$$\begin{cases} V_{\mathrm{S1}}=\dfrac{2}{5}\left(V_{\mathrm{a}}+\lambda V_{\mathrm{b}}+\lambda^2 V_{\mathrm{c}}+\lambda^3 V_{\mathrm{d}}+\lambda^4 V_{\mathrm{e}}\right) \\ V_{\mathrm{S3}}=\dfrac{2}{5}\left(V_{\mathrm{a}}+\lambda V_{\mathrm{c}}+\lambda^2 V_{\mathrm{e}}+\lambda^3 V_{\mathrm{b}}+\lambda^4 V_{\mathrm{d}}\right) \end{cases} \tag{7.2}$$

将相电压用桥臂状态表示，式 (7.2) 可表示为

$$\begin{cases} V_{\mathrm{S1}}=\dfrac{2}{5}V_{\mathrm{dc}}\left(S_{\mathrm{a}}+\lambda S_{\mathrm{b}}+\lambda^2 S_{\mathrm{c}}+\lambda^3 S_{\mathrm{d}}+\lambda^4 S_{\mathrm{e}}\right) \\ V_{\mathrm{S3}}=\dfrac{2}{5}V_{\mathrm{dc}}\left(S_{\mathrm{a}}+\lambda S_{\mathrm{c}}+\lambda^2 S_{\mathrm{e}}+\lambda^3 S_{\mathrm{b}}+\lambda^4 S_{\mathrm{d}}\right) \end{cases} \tag{7.3}$$

将开关状态代入式 (7.3) 可以得到 32 个电压矢量的大小和方向。而零矢量以外的 30 个空间电压矢量可以分成 3 组：① 上桥臂相邻两相或三相导通时，形

成 d_1-q_1 空间中幅值最大的幅值矢量 $V_{\rm L}$；② 上桥臂一相导通或四相导通时，形成 d_1-q_1 空间中幅值较小的矢量 $V_{\rm M}$；③上桥臂相隔两相导通或关断时，形成 d_1-q_1 空间中幅值最小的矢量 $V_{\rm S}$。大矢量、中矢量、小矢量的幅值分别为 $0.6472V_{\rm dc}$、$0.4V_{\rm dc}$、$0.2472V_{\rm dc}$，幅值比为 1.618^2:1.618:1。具体分组如表 7.1 所示。电压矢量在 d_1-$q_1(\alpha_1$-$\beta_1)$ 和 d_3-$q_3(\alpha_3$-$\beta_3)$ 空间的分布如图 7.3 所示。

表 7.1 空间电压矢量分组表

空间矢量	矢量大小	d_1-q_1 子空间	d_3-q_3 子空间
大矢量 $V_{\rm L}$	$\dfrac{2}{5}V_{\rm dc}\cdot 2\cos\left(\dfrac{\pi}{5}\right)=0.6472V_{\rm dc}$	V_3、V_6、V_7、V_{12}、V_{14} V_{17}、V_{19}、V_{24}、V_{25}、V_{28}	V_5、V_9、V_{10}、V_{11}、V_{13} V_{18}、V_{20}、V_{21}、V_{22}、V_{26}
中矢量 $V_{\rm M}$	$\dfrac{2}{5}V_{\rm dc}=0.4V_{\rm dc}$	V_1、V_2、V_4、V_8、V_{15} V_{16}、V_{23}、V_{27}、V_{29}、V_{30}	V_1、V_2、V_4、V_8、V_{15} V_{16}、V_{23}、V_{27}、V_{29}、V_{30}
小矢量 $V_{\rm S}$	$\dfrac{2}{5}V_{\rm dc}\cdot 2\cos\left(\dfrac{2\pi}{5}\right)=0.2472V_{\rm dc}$	V_5、V_9、V_{10}、V_{11}、V_{13} V_{18}、V_{20}、V_{21}、V_{22}、V_{26}	V_3、V_6、V_7、V_{12}、V_{14} V_{17}、V_{19}、V_{24}、V_{25}、V_{28}
零矢量 V_0	0	V_0、V_{31}	V_0、V_{31}

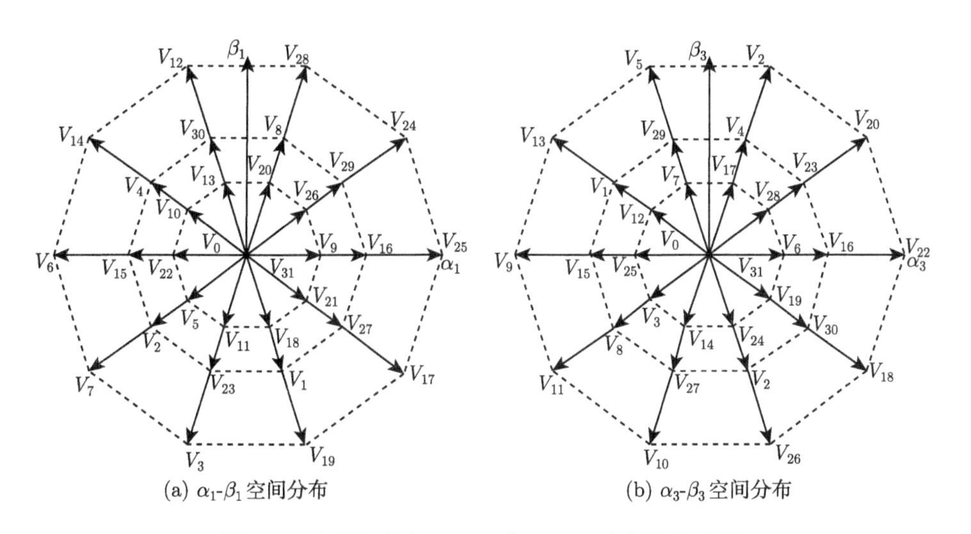

(a) α_1-β_1 空间分布　　(b) α_3-β_3 空间分布

图 7.3 电压矢量在 α_1-β_1 和 α_3-β_3 空间的分布图

7.2.2 相邻最大两矢量 SVPWM

相邻最大两矢量 SVPWM 方法是三相 SVPWM 方法的简单扩展，即当参考矢量 $V_{\rm ref}$ 位于第 k 扇区时，选择与其相邻的两个大矢量和零矢量来合成参考矢量。具体矢量合成图如图 7.4 所示。

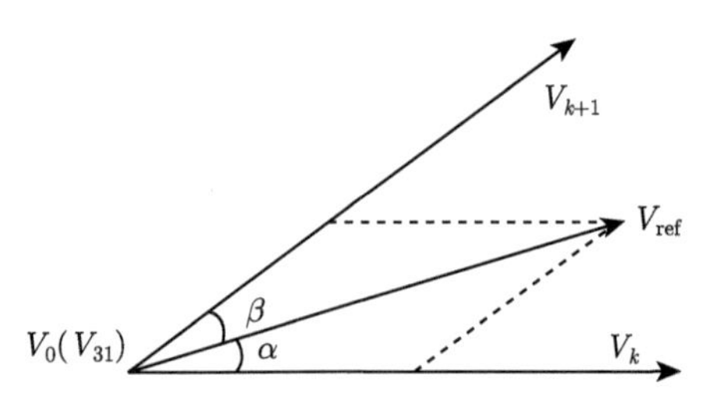

图 7.4　相邻最大两矢量 SVPWM 矢量合成图

假设 V_{ref} 的位置角为ωt，则有

$$\begin{cases} \alpha = \omega t - (k-1)\pi/5 \\ \beta = k\pi/5 - \omega t \end{cases} \tag{7.4}$$

因为大电压矢量幅值为 V_{L}，矢量 V_k 在一个周期 T_{s} 内的作用时间为 T_k，V_{k+1} 在一个周期 T_{s} 内的作用时间为 T_{k+1}，零矢量作用的时间为 T_0。由平行四边形法可得

$$\begin{cases} T_k = \dfrac{V_{\mathrm{ref}}\sin(k\pi/5 - \omega t)}{V_{\mathrm{L}}\sin(\pi/5)}T_{\mathrm{s}} \\ T_{k+1} = \dfrac{V_{\mathrm{ref}}\sin(\omega t - (k-1)\pi/5)}{V_{\mathrm{L}}\sin(\pi/5)}T_{\mathrm{s}} \\ T_0 = T_{\mathrm{s}} - T_k - T_{k+1} \end{cases} \tag{7.5}$$

以第一扇区为例，为了减小开关器件的损耗，应选择合适的开关矢量顺序，使每个开关器件尽量在一个开关周期内只变化一次。开关矢量的作用顺序应为$V_0 \rightarrow V_{24} \rightarrow V_{25} \rightarrow V_{31} \rightarrow V_{31} \rightarrow V_{25} \rightarrow V_{24} \rightarrow V_0$。这些矢量在 α_1-β_1 子空间合成目标电压矢量的同时，在 α_3-β_3 子空间也会对应产生一个非零的电压矢量，如图 7.5 所示。逆变器相邻最大两矢量作用顺序及时间如图 7.6 所示。

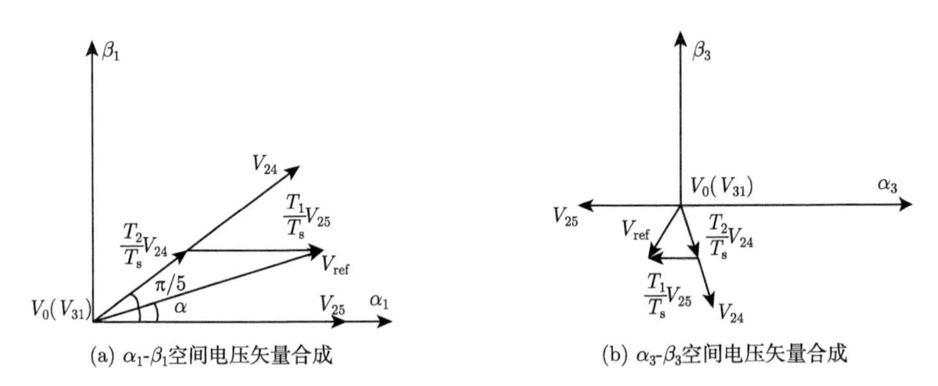

图 7.5　相邻最大两矢量 SVPWM 矢量合成图 (第一扇区)

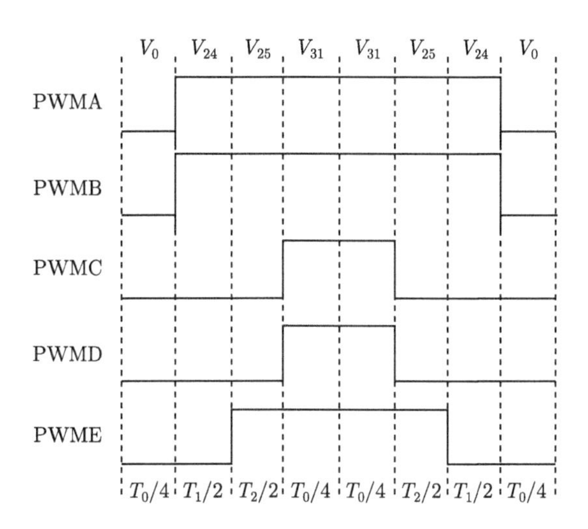

图 7.6 逆变器相邻最大两矢量作用顺序及时间

对于三相逆变系统的 SVPWM 调制方式，其输出电压矢量幅值为对应矢量六边形内切圆的半径。可求得其最大调制比为

$$M_{\max} = \left(V_{\mathrm{dc}}/\sqrt{3}\right) / \left(V_{\mathrm{dc}}/2\right) = 1.155 \tag{7.6}$$

同理，五相逆变系统在相邻最大两矢量 SVPWM 控制方式下，其输出电压矢量幅值为对应矢量十边形的内切圆半径，其最大调制比为

$$M_{\max} = \left(0.6472V_{\mathrm{dc}} \cdot \cos 18^\circ\right) / \left(V_{\mathrm{dc}}/2\right) = 1.231 \tag{7.7}$$

由此可见，五相逆变器与三相逆变器相比，提高了母线电压的利用率。但是 α_3-β_3-0 子空间出现的非零矢量，会导致电压谐波分量产生，从而产生较大的谐波电流，使电机产生不必要的损耗。

7.2.3 相邻最近四矢量 SVPWM

由于相邻最大两矢量 SVPWM 方法的输出电压中含有大量的电压谐波，所以为了降低逆变器输出电压的谐波含量，提出了相邻最近四矢量 SVPWM 控制方法，该方法利用参考矢量所在扇区的两个大矢量、两个中矢量和两个零矢量进行合成。

仍旧以第一扇区为例，选择 V_{16}、V_{24}、V_{25}、V_{29} 以及零矢量 V_0、V_{31} 来合成 V_{ref}。其在 α_1-β_1 和 α_3-β_3 空间的分布如图 7.3 所示。相邻最近四矢量 SVPWM 方法选择的矢量在 α_1-β_1 空间能够合成参考矢量，同时在 α_3-β_3 空间中合成电压矢量为零，以此来达到降低输出电压谐波分量的目的。

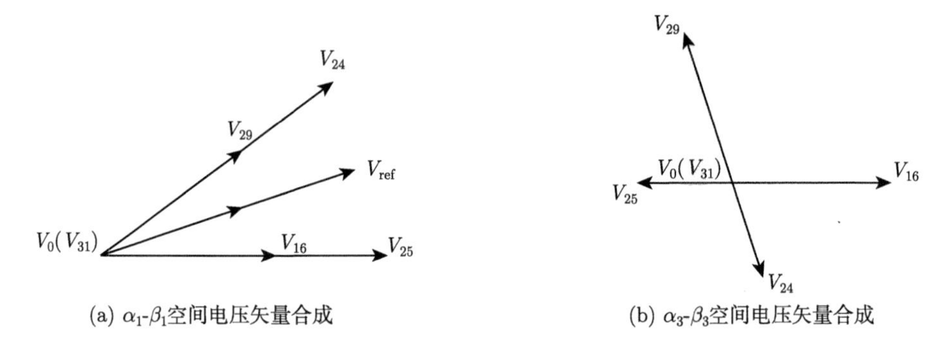

图 7.7　相邻最近四矢量 SVPWM 矢量合成图 (第一扇区)

在图 7.7 中，V_{16} 和 V_{25}、V_{24} 和 V_{29} 在 α_1-β_1 空间中同向，而在 α_3-β_3 空间中反向。为使这些矢量在 α_3-β_3 空间合成零矢量，只要 V_{16} 和 V_{25}、V_{24} 和 V_{29} 的作用时间与其幅值成反比，就可以相互抵消。假设 V_{16}、V_{24}、V_{25}、V_{29} 的作用时间分别为 T_1、T_2、T_3、T_4，则作用时间满足式 (7.8) 即可。

$$\frac{T_3}{T_1} = \frac{T_2}{T_4} = 1.618 \tag{7.8}$$

在 α_1-β_1 空间中设两个中矢量 V_{16} 和 V_{29} 合成的电压矢量为$\lambda \mathrm{V}_{\mathrm{ref}}$、$V_{24}$ 和 V_{25} 合成的电压矢量为 $(1-\lambda)V_{\mathrm{ref}}$，根据式 (7.7) 可得到如下关系式：

$$\frac{(1-\lambda)V_{\mathrm{ref}}/V_{\mathrm{L}}}{\lambda V_{\mathrm{ref}}/V_{\mathrm{M}}} = 1.618 \tag{7.9}$$

可以求得$\lambda = 0.2764$。

同相邻最大两矢量 SVPWM 方法类似，利用平行四边形法则，可以得到各个矢量的作用时间如式 (7.10) 所示。

$$\begin{cases} T_2 = \dfrac{0.7236V_{\mathrm{ref}}\sin(\omega t-(k-1)\pi/5)}{V_{\mathrm{M}}\sin(\pi/5)}T_{\mathrm{s}} \\ T_3 = \dfrac{0.7236V_{\mathrm{ref}}\sin(k\pi/5-\omega t)}{V_{\mathrm{M}}\sin(\pi/5)}T_{\mathrm{s}} \\ T_1 = \dfrac{T_3}{1.618} \\ T_4 = \dfrac{T_2}{1.618} \\ T_0 = T_{\mathrm{s}} - T_1 - T_2 - T_3 - T_4 \end{cases} \tag{7.10}$$

为了减小开关损耗，矢量作用顺序的规则依然是使每个开关器件在一个开关周期内只变化一次。在第一扇区内，一个开关周期内的矢量作用顺序为 $V_0 \rightarrow$

$V_{16} \to V_{24} \to V_{25} \to V_{29} \to V_{31} \to V_{31} \to V_{29} \to V_{25} \to V_{24} \to V_{16} \to V_0$，相邻最近四矢量作用顺序及时间如图 7.8 所示。

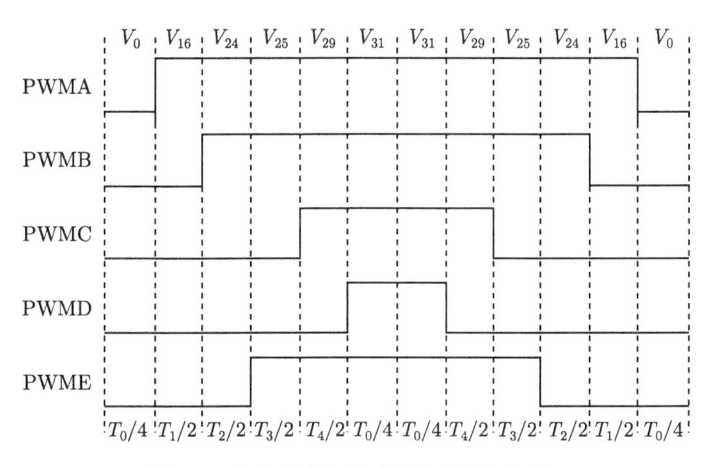

图 7.8 相邻最近四矢量作用顺序及时间

采用相邻最近四矢量 SVPWM 方法，其输出电压矢量幅值为

$$V_{\max} = \left(\frac{1}{1+1.618} \times 0.4V_{\mathrm{dc}} + \frac{1.618}{1+1.618} \times 0.672V_{\mathrm{dc}}\right) \cdot \cos 18^\circ = 0.5257V_{\mathrm{dc}} \tag{7.11}$$

则最大调制比为

$$M_{\max} = 0.5257V_{\mathrm{dc}}/\left(V_{\mathrm{dc}}/2\right) = 1.051 \tag{7.12}$$

因此采用该方法会降低母线电压利用率，但由于 α_3-β_3 空间中的合成矢量为零，可以减少五相逆变器中的输出电压谐波分量。

7.3 容错运行 SVPWM 调制方式

如果故障后仍保持剩余相位置不变，采用五相 SVPWM 调制方式会存在很多问题，因此在大多数文献中，为了提高效率，在电机正常运行时采用的是 SVPWM 方法，然而容错运行时采用的是电流滞环 PWM 调制方法 [7]。这就带来了一定的问题，故障后要从 SVPWM 方法切换到滞环控制方法，控制系统的程序要做出较多改变。因此本节提出一种新颖的容错 SVPWM 控制方法 [8]，来减小电机缺相后的转速、转矩脉动，从而达到五相电机系统故障前后的全矢量控制。

电机缺相后，剩余四相电流还应满足

$$i_{\mathrm{b}} + i_{\mathrm{c}} + i_{\mathrm{d}} + i_{\mathrm{e}} = 0 \tag{7.13}$$

可以看出，结合故障前后磁动势相等的方程共有 4 个未知数，所以有无数组电流可以满足上述条件。因此还要选择其他合适的约束条件。从现有的研究来看，附加条件主要有电流幅值相等、铜耗最小等 [7]。本书考虑的附加条件为剩余四相电流幅值相等。根据前面内容理论分析，电机发生一相故障后，参考坐标系变为如图 7.9 所示的坐标系。

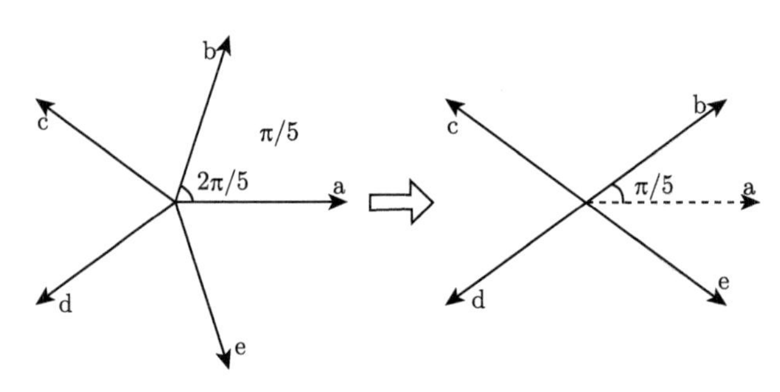

图 7.9 故障前后的系统坐标系

从图中可以看出，故障后，B 相和 E 相分别旋转至 $\pi/5$ 和 $-\pi/5$ 处，C 相和 D 相位置保持不变。因此电流变为 B 相与 D 相大小相等、方向相反，C 相和 E 相同理。由于坐标系发生了改变，空间矢量的大小和方向也相应发生改变。

7.3.1 电机缺相时空间电压矢量分布

由于 A 相发生开路故障，其所对应的逆变器开关量消失。同样，逆变器的桥臂通断用 “1” 和 “0” 表示，故障后的空间矢量只剩余 2^4=16 个。根据这些矢量的通断状态，等效电路也可以分成两种：{C22} 和 {C13}，具体结构如图 7.10 所示。

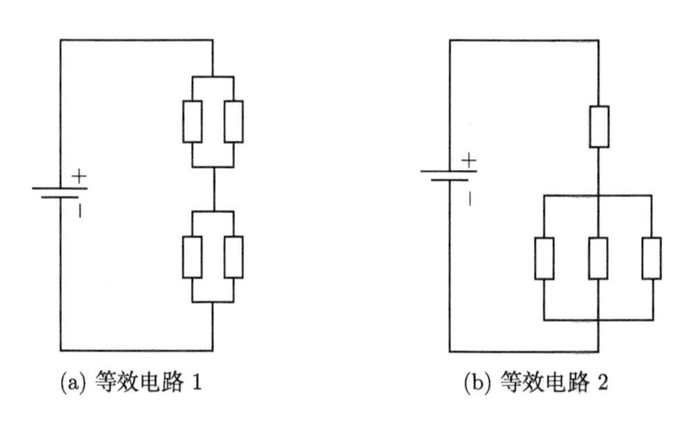

(a) 等效电路 1　　(b) 等效电路 2

图 7.10 故障后逆变器等效电路

若逆变器的所有桥臂中有两个上桥臂开通，两个下桥臂开通，如开关状态 [1 0 1 0]，则等效电路如图 7.10(a) 所示。当有一个上桥臂开通且三个下桥臂开通，或一个下桥臂开通且三个上桥臂开通时，其等效电路如图 7.10(b) 所示，如开关状态为 [1 0 0 0]。

根据 7.2 节中的分析方法，可以得到空间矢量在 α_1-β_1 空间中的表达式：

$$V_{\mathrm{S}} = \frac{2}{5}V_{\mathrm{dc}}\left(S_{\mathrm{b}} \cdot \mathrm{e}^{\mathrm{j}\frac{\pi}{5}} + S_{\mathrm{c}} \cdot \mathrm{e}^{\mathrm{j}\frac{4\pi}{5}} + S_{\mathrm{d}} \cdot \mathrm{e}^{-\mathrm{j}\frac{4\pi}{5}} + S_{\mathrm{e}} \cdot \mathrm{e}^{-\mathrm{j}\frac{\pi}{5}}\right) \tag{7.14}$$

将 16 个开关状态代入式 (7.14)，得到如表 7.2 所示的矢量大小，以及如图 7.11 所示的矢量方向分布。根据 V_5 和 V_{10} 的开关状态，其等效电路属于 {C22}，那么 B 相和 E 相中的电流就不为零，这与式 (7.14) 得到的电压矢量大小结果不一致，因此在选择空间矢量时忽略了这两个矢量。

表 7.2　故障后空间矢量分组

空间矢量	矢量大小	S_{b}, S_{c}, S_{d}, S_{e}
V_0、V_5、V_{10}、V_{15}	0	0000、0101、1010、1111
V_1、V_2、V_4、V_7	$0.4V_{\mathrm{dc}}$	0001、0010、0100、0111
V_8、V_{11}、V_{13}、V_{14}		1000、1011、1101、1110
V_3、V_{12}	$0.4702V_{\mathrm{dc}}$	0011、1100
V_6、V_9	$0.6472V_{\mathrm{dc}}$	0110、1001

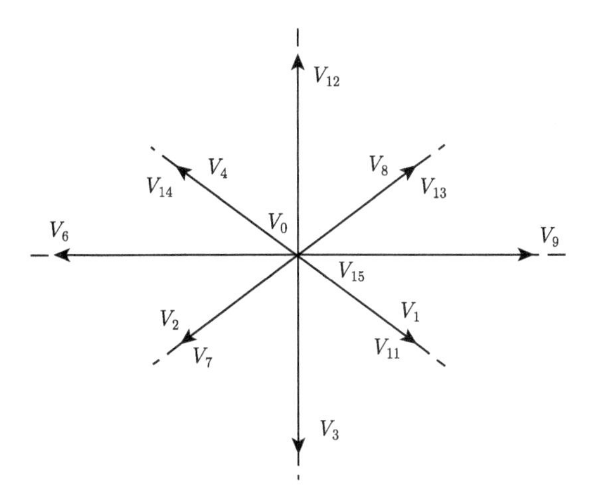

图 7.11　故障后空间矢量分布

7.3.2 对称容错 SVPWM

在图 7.11 的坐标系上，本节提出了两种容错 SVPWM 方法并进行分析。

根据上面的分析，在 14 个空间电压矢量中有 2 个零矢量和 12 个非零矢量。在每个扇区内，可以选择不同的矢量来合成目标矢量。但原则还是以降低器件损耗为目标，使每个开关器件尽量在一个开关周期内只变化一次。

对称容错 SVPWM 调制方法选择第一个矢量和最后一个矢量为相同矢量，所以这种方法产生的是中心对齐的 PWM 波形。当参考矢量 V_{ref} 位于第 k 扇区时，选择与其相邻的两个矢量和零矢量 V_0 来合成参考矢量。选择以第一扇区为例，矢量的选择顺序为 V_0 (0000) $\to$ V_8 (1000) $\to$ V_9 (1001) $\to$ V_8 (1000) $\to$ V_0 (0000)。所有扇区的空间矢量选择顺序如图 7.12 所示。

假设矢量 V_0、V_8、V_9 作用的时间分别为 T_0、T_1、T_2，合成目标矢量 V_{ref} 的具体作用时间示意图如图 7.13 所示。

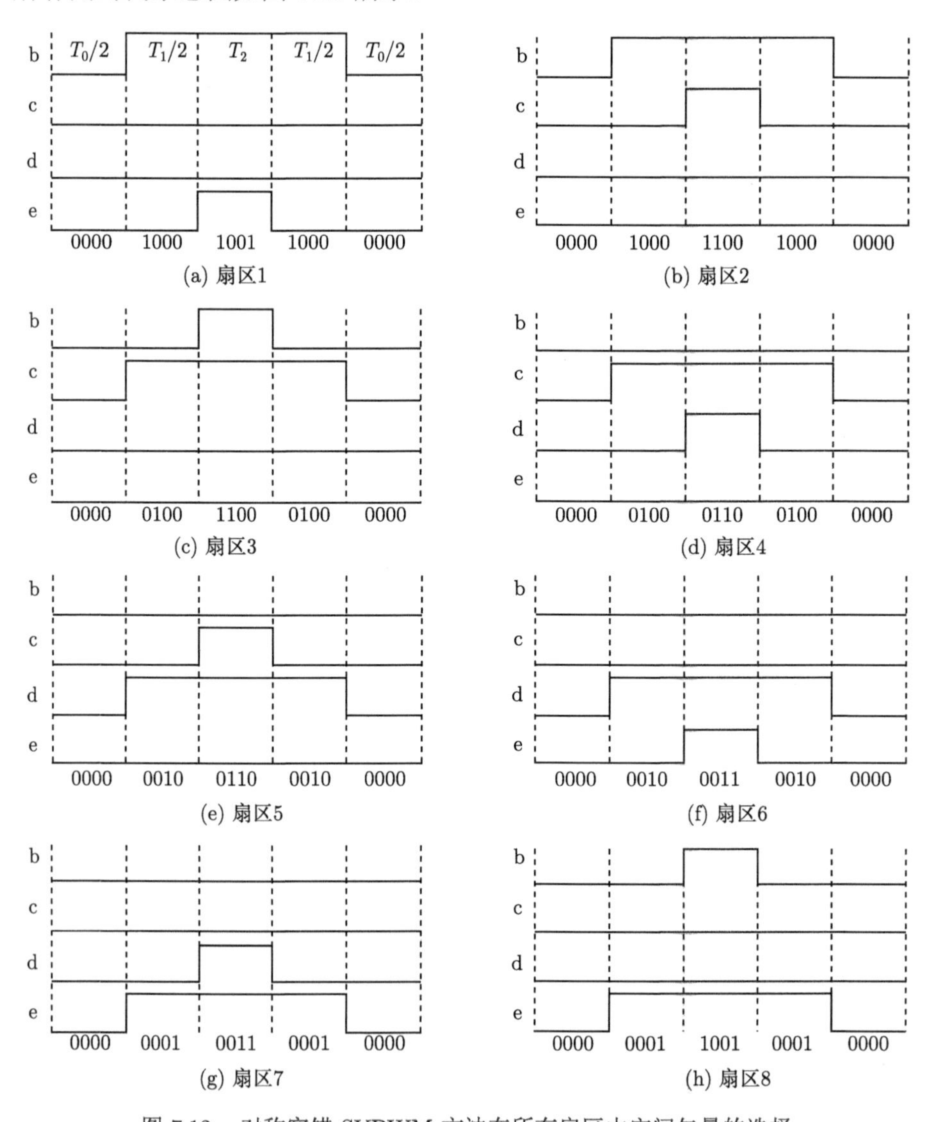

图 7.12　对称容错 SVPWM 方法在所有扇区中空间矢量的选择

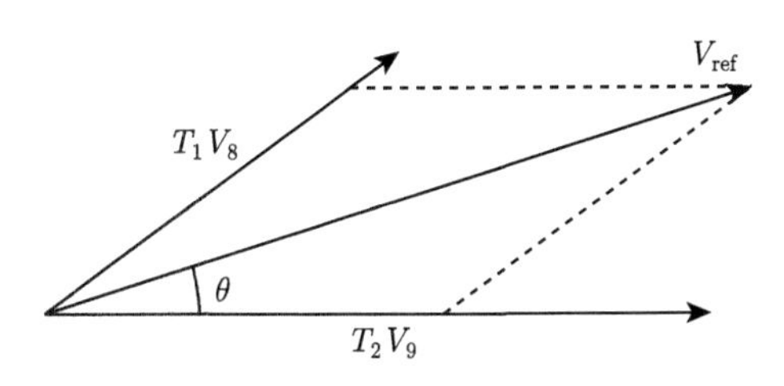

图 7.13 故障后矢量作用时间示意图

应用三角形正弦定理，可以得到

$$\frac{T_1V_8}{\sin\theta}T_{\mathrm{s}}=\frac{V_{\mathrm{ref}}}{\sin(4\pi/5)}=\frac{T_2V_9}{\sin(\pi/5-\theta)}T_{\mathrm{s}} \tag{7.15}$$

式中，T_{s} 为 PWM 的周期。

由于目标矢量 V_{ref} 和α-β 坐标系之间的关系，可以做出如下定义：

$$\begin{cases} V_\alpha=V_{\mathrm{ref}}\cos\theta \\ V_\beta=V_{\mathrm{ref}}\sin\theta \\ \text{Value 1}=V_\alpha\sin(\pi/5)-V_\beta\cos(\pi/5) \\ \text{Value 2}=V_\alpha\sin(\pi/5)+V_\beta\cos(\pi/5) \end{cases} \tag{7.16}$$

然后根据表 7.2，将各个矢量的具体值代入，得到第一个扇区中 V_8 和 V_9 的作用时间为

$$\begin{cases} T_1=\dfrac{V_\beta}{0.4V_{\mathrm{dc}}\cdot\sin(\pi/5)}T_{\mathrm{s}} \\ T_2=\dfrac{\text{Value 1}}{0.6472V_{\mathrm{dc}}\cdot\sin(\pi/5)}T_{\mathrm{s}} \end{cases} \tag{7.17}$$

按照上述方法可以计算出 8 个扇区中每个矢量的作用时间，如表 7.3 所示。

表 7.3 每个扇区中非零矢量作用时间

扇区	T_1	T_2
1	$\dfrac{V_\beta}{0.4V_{\mathrm{dc}}\cdot\sin(\pi/5)}T_{\mathrm{s}}$	$\dfrac{\text{Value 1}}{0.6472V_{\mathrm{dc}}\cdot\sin(\pi/5)}T_{\mathrm{s}}$
2	$\dfrac{V_\alpha}{0.4V_{\mathrm{dc}}\cdot\sin(3\pi/10)}T_{\mathrm{s}}$	$\dfrac{-\text{Value1}}{0.4702V_{\mathrm{dc}}\cdot\sin(3\pi/10)}T_{\mathrm{s}}$
3	$\dfrac{-V_\alpha}{0.4V_{\mathrm{dc}}\cdot\sin(3\pi/10)}T_{\mathrm{s}}$	$\dfrac{\text{Value 2}}{0.4702V_{\mathrm{dc}}\cdot\sin(3\pi/10)}T_{\mathrm{s}}$
4	$\dfrac{V_\beta}{0.4V_{\mathrm{dc}}\cdot\sin(\pi/5)}T_{\mathrm{s}}$	$\dfrac{-\text{ Value 2}}{0.6472V_{\mathrm{dc}}\cdot\sin(\pi/5)}T_{\mathrm{s}}$
5	$\dfrac{-V_\beta}{0.4V_{\mathrm{dc}}\cdot\sin(\pi/5)}T_{\mathrm{s}}$	$\dfrac{-\text{Value 1}}{0.6472V_{\mathrm{dc}}\cdot\sin(\pi/5)}T_{\mathrm{s}}$
6	$\dfrac{-V_\alpha}{0.4V_{\mathrm{dc}}\cdot\sin(3\pi/10)}T_{\mathrm{s}}$	$\dfrac{\text{Value 1}}{0.4702V_{\mathrm{dc}}\cdot\sin(3\pi/10)}T_{\mathrm{s}}$
7	$\dfrac{V_\alpha}{0.4V_{\mathrm{dc}}\cdot\sin(3\pi/10)}T_{\mathrm{s}}$	$\dfrac{-\text{Value 2}}{0.4702V_{\mathrm{dc}}\cdot\sin(3\pi/10)}T_{\mathrm{s}}$
8	$\dfrac{-V_\beta}{0.4V_{\mathrm{dc}}\cdot\sin(\pi/5)}T_{\mathrm{s}}$	$\dfrac{\text{Value 2}}{0.6472V_{\mathrm{dc}}\cdot\sin(\pi/5)}T_{\mathrm{s}}$

7.3.3　不对称容错 SVPWM

对于不对称容错 SVPWM 方法来说，在每个扇区内选择目标矢量相邻的三个矢量和零矢量 V_0、V_{15} 来合成参考矢量。选择的第一个矢量和最后一个矢量为 V_0 和 V_{15}，导致 SVPWM 方法产生不对称 PWM 波形。以第一扇区为例，矢量的选择顺序为 $V_{15}(1111) \rightarrow V_{13}$ $(1101) \rightarrow V_9(1001) \rightarrow V_8(1000) \rightarrow V_0(0000)$。第二扇区开始矢量也选择 V_0，使两个扇区内开关顺序衔接起来，不会出现 V_0 跳变到 V_{15} 的情况。不对称容错 SVPWM 方法在所有扇区中空间矢量的选择如图 7.14 所示。

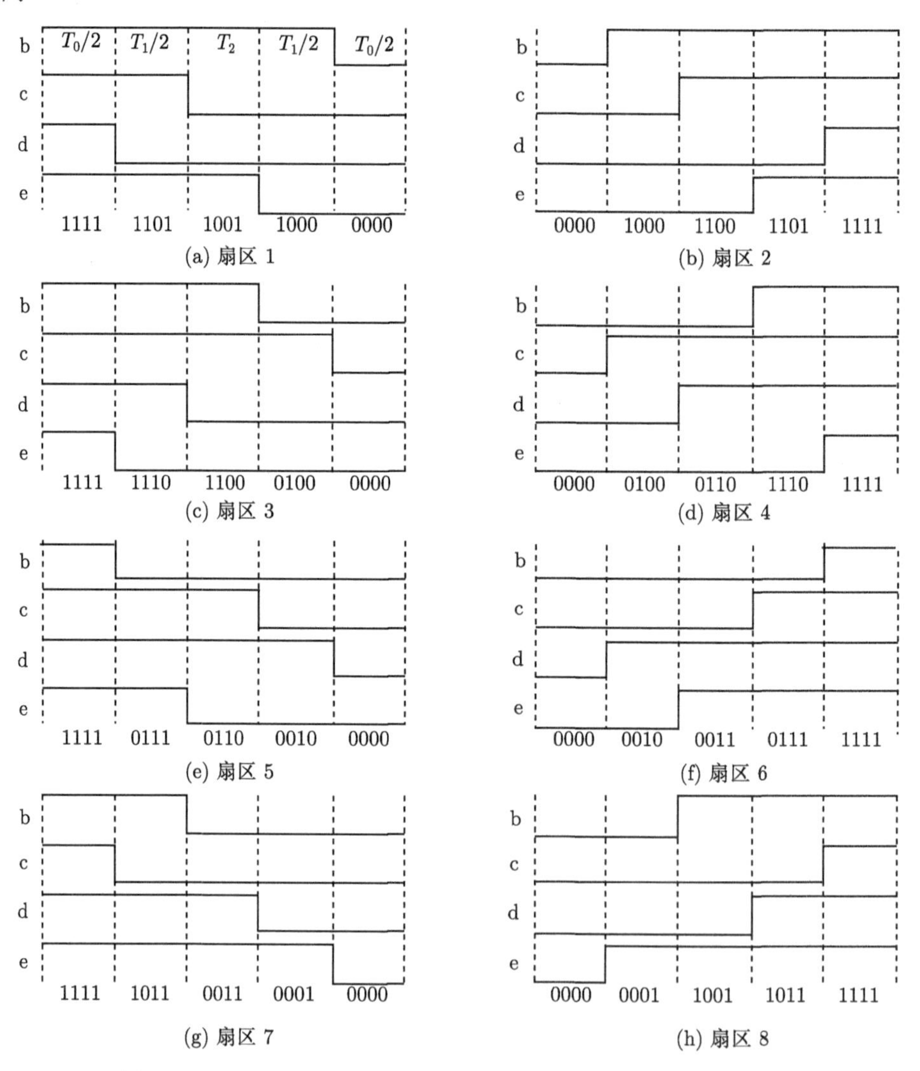

(a) 扇区 1　(b) 扇区 2　(c) 扇区 3　(d) 扇区 4　(e) 扇区 5　(f) 扇区 6　(g) 扇区 7　(h) 扇区 8

图 7.14　不对称容错 SVPWM 方法在所有扇区中空间矢量的选择

由于 V_8 和 V_{13} 的大小、方向都相同，所以认为这两个矢量的作用时间是一样的。假设各个矢量作用时间分别为 T_0、T_1、T_2，合成目标矢量 V_{ref} 的具体作用时间示意图如图 7.15 所示。矢量作用时间的计算方法与对称容错 SVPWM 方法相同，应用正弦定理，可以得到与表 7.3 相同的作用时间。

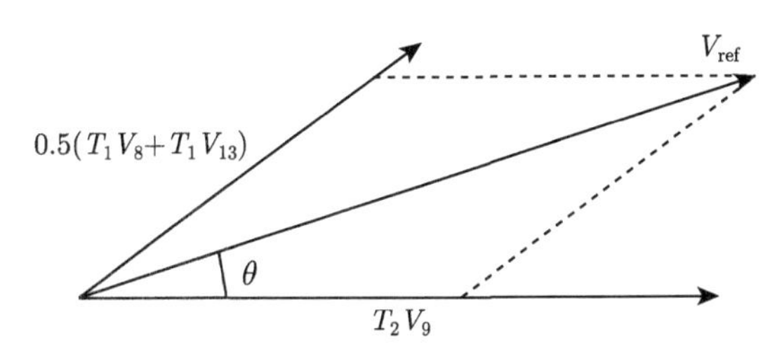

图 7.15　故障后矢量作用时间示意图

7.4　全矢量容错控制仿真与实验

7.4.1　仿真分析

图 7.16 为两种容错 SVPWM 方法的转矩、转速仿真对比图。可以看出这两种方法都可以很好地跟踪上给定转速，并且在故障后都能在一定范围内抑制转矩脉动。

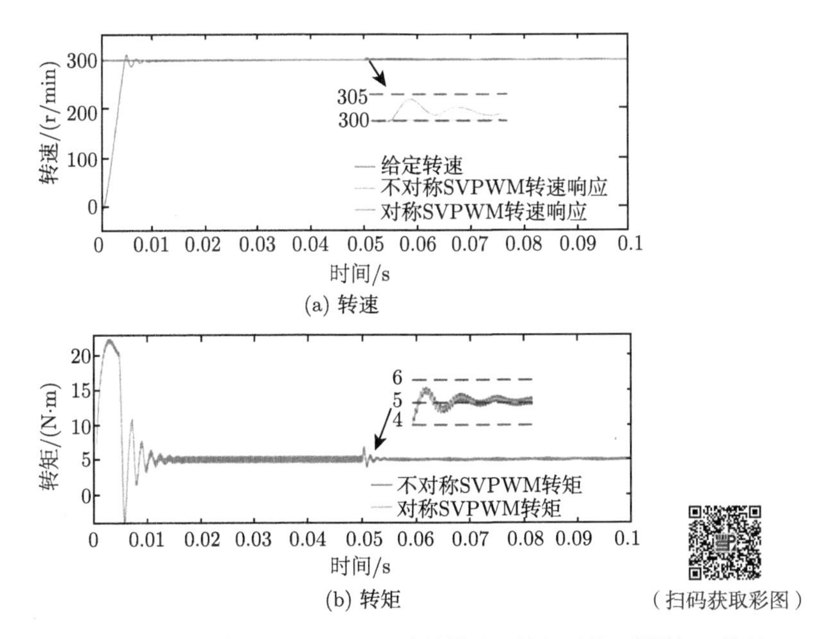

图 7.16　两种容错 SVPWM 方法的转速、转矩对比 (彩图扫二维码)

图 7.17 和图 7.18 分别为不对称容错 SVPWM 调制方法和对称容错 SVPWM 方法的占空比、定子相电流及相电流对应的谐波含量。

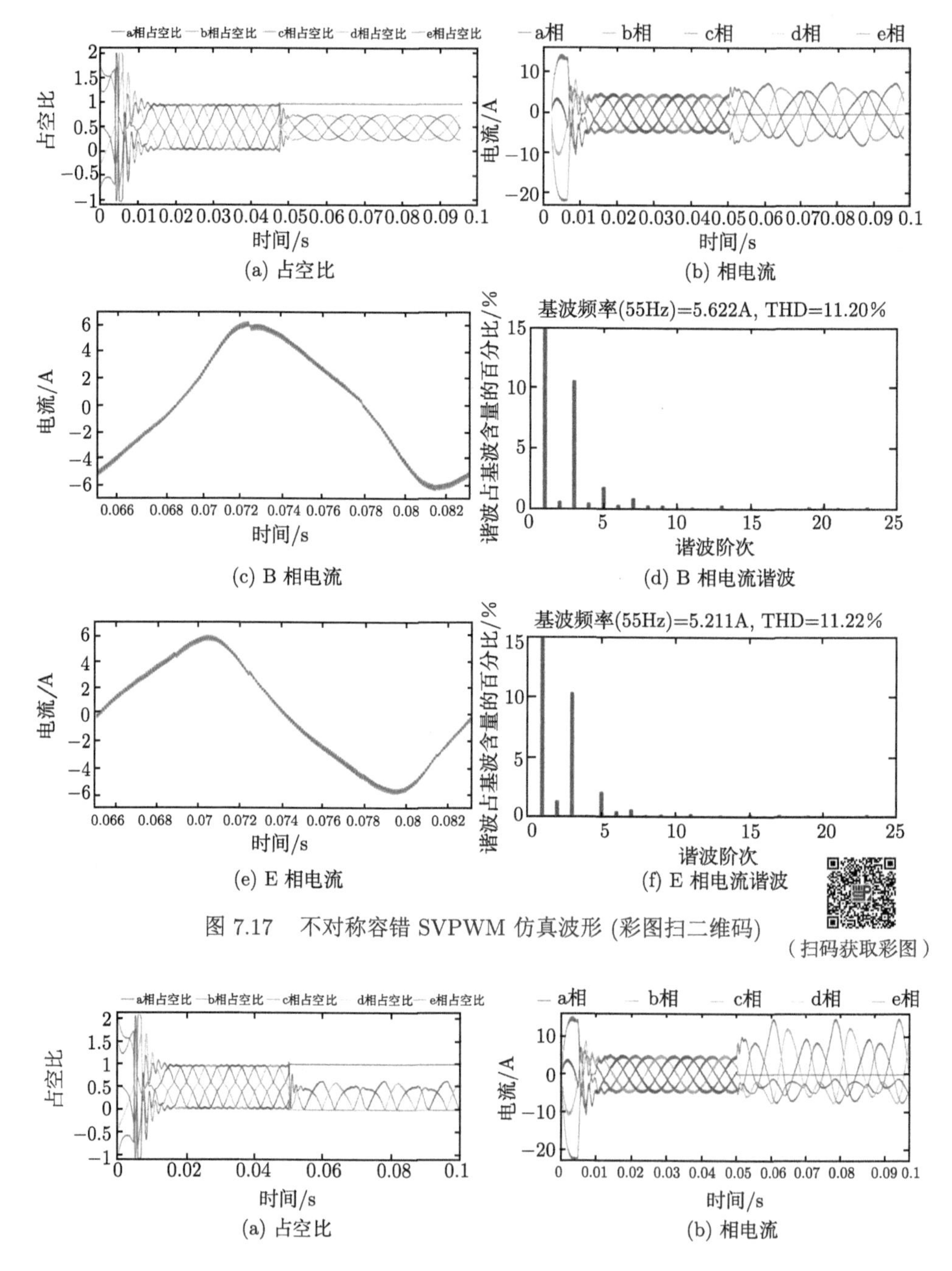

(a) 占空比　(b) 相电流

(c) B 相电流　(d) B 相电流谐波

(e) E 相电流　(f) E 相电流谐波

图 7.17　不对称容错 SVPWM 仿真波形 (彩图扫二维码)

(a) 占空比　(b) 相电流

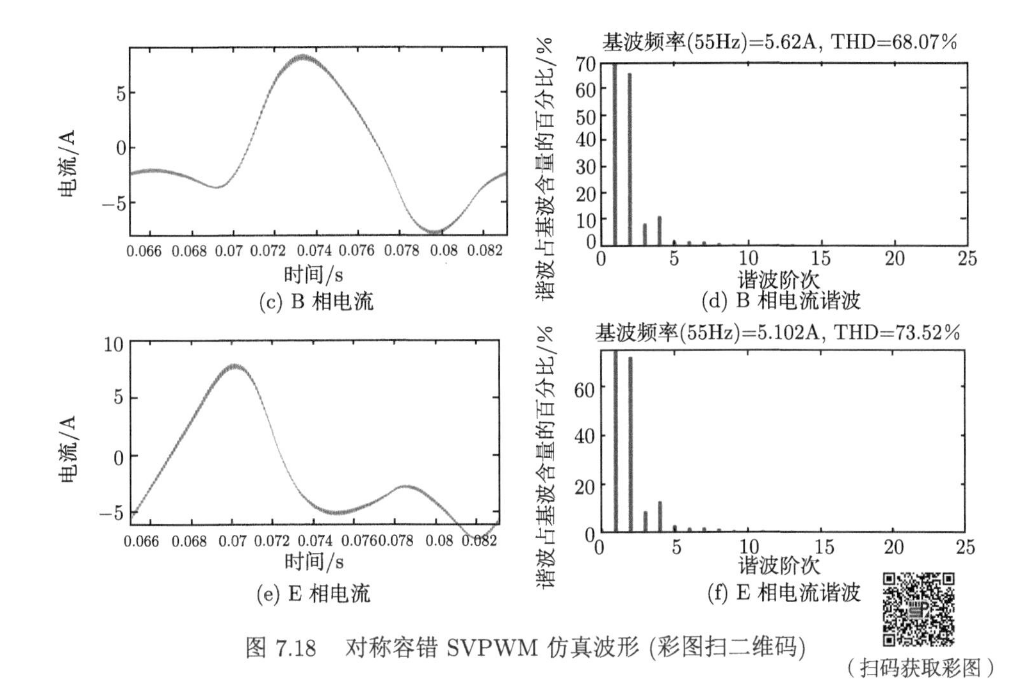

图 7.18 对称容错 SVPWM 仿真波形 (彩图扫二维码)

（扫码获取彩图）

仿真中，通过断开供给 A 相的电压来模拟电路开路故障，而 A 相的逆变器上下桥臂保持常开。可以看出无论哪种方法，在故障后占空比和电流都发生了不同程度的畸变，但是不对称容错 SVPWM 方法的剩余四相电流接近正弦波。同时 B 相、D 相电流对称，C 相、E 相电流对称，但是电流幅值不一致。而对称容错 SVPWM 方法的电流波形发生了更明显的畸变，上下幅值不对称，这会给逆变器造成一定损害。与不对称容错 SVPWM 方法相比，对称容错 SVPWM 的占空比近似于三角波或正弦波的上半周。而且通过对相电流进行谐波分析，对称容错 SVPWM 比不对称容错 SVPWM 方法含有更多的谐波，两种方法的主要谐波分量也不同。所以两种容错 SVPWM 相比，不对称容错 SVPWM 方法更适合故障后的电机控制，其对逆变器的影响较小，且谐波含量也较少。

7.4.2 实验验证

图 7.19 是故障后两种 SVPWM 方法在第一扇区中产生的 PWM 信号。逆变器从上到下顺序分别是 B、C、D、E 相。而 A 相由于故障，将其开关信号设置为高电平，所以占空比一直为 0。而由于实际的 IPM 是低电平有效的，所以这些波形是与仿真相反的。从图中可以明显看出对称 SVPWM 方法发出的是中心对齐的 PWM 波，占空比大小为 $C = D > E > B$，而不对称 SVPWM 方法发出的是边沿对齐的 PWM 波，占空比大小为 $D > C > E > B$。

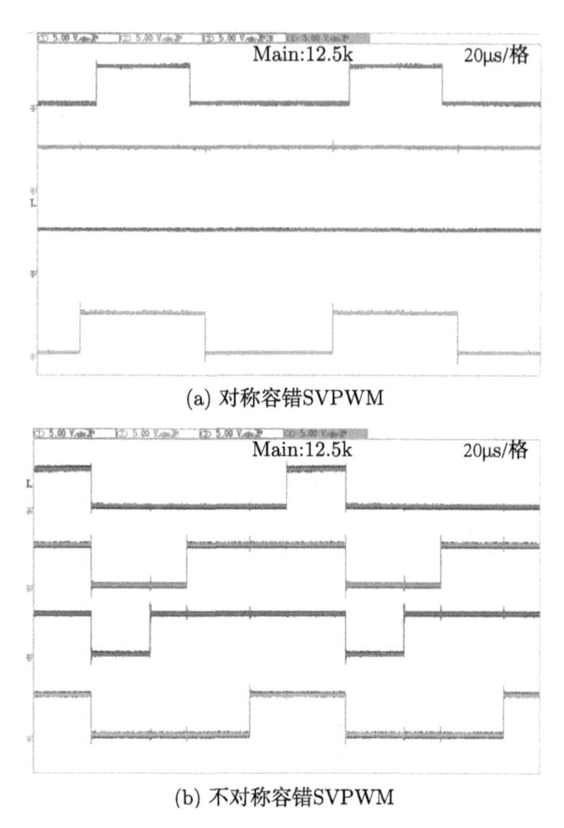

(a) 对称容错SVPWM

(b) 不对称容错SVPWM

图 7.19　两种容错 SVPWM 方法在扇区 1 中的 PWM 信号

图 7.20 为电机从正常状态到 A 相开路故障的运行过程。将上述波形的电流与仿真波形相比，可以得到实验结果与仿真结果相一致的结论。图中从上到下的波形分别为转矩、A 相电流、B 相电流、E 相电流，Zoom1 和 Zoom2 为正常状态和故障状态的波形。可以看到 A 相开路后，A 相电流变为零，而三种调制方法下的 B 相、E 相电流都有一定程度的增大。图 7.20(a) 为故障前后保持正常的 SVPWM 调制方法不变,电机的转矩脉动明显变大,转速也略微下降了。而图 7.20(b) 和 (c) 分别为故障后采用对称容错 SVPWM 方法和不对称容错 SVPWM 方法，明显看出转矩脉动被抑制住了，其中对称容错 SVPWM 方法的转矩脉动更小一些。而不对称容错 SVPWM 方法的电流更对称，基准线 0 上下的电流幅值大小接近。对称容错 SVPWM 方法的电流上下幅值相差明显，存在的谐波较大。而且如果转速增大，电流进一步变大则会给逆变器造成一定的损耗。因此，不对称容错 SVPWM 方法更适合于五相电机的全矢量控制。

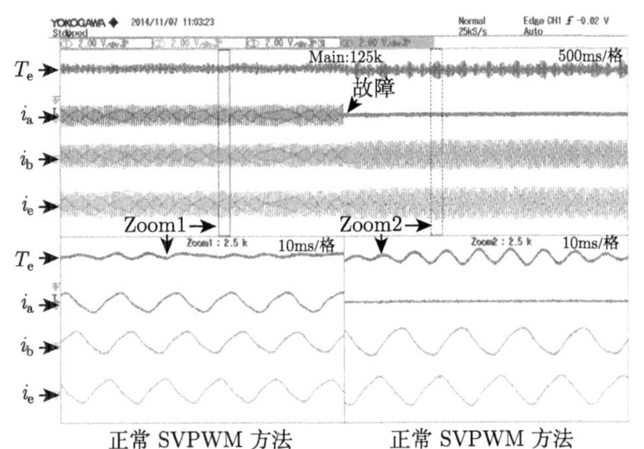

(a) A相开路后采用正常SVPWM方法的转矩与电流波形

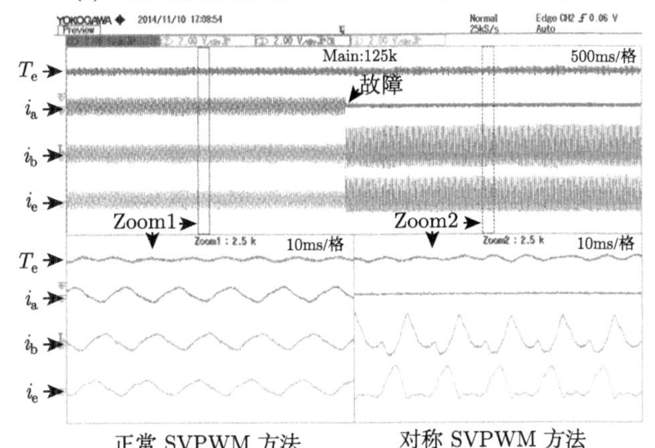

(b) A相开路后采用对称SVPWM方法的转矩与电流波形

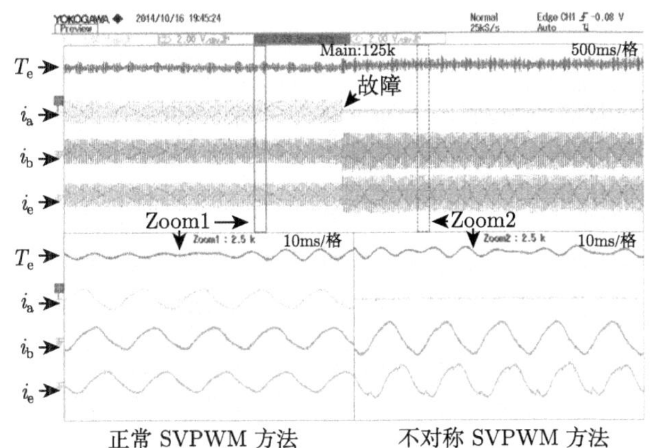

(c) A相开路后采用不对称SVPWM方法的转矩与电流波形

图 7.20　故障前后五相电机的转矩与电流波形

7.5 本章小结

本章主要对五相永磁容错电机的 SVPWM 矢量控制进行了分析。电机正常运行时，采用相邻最大两矢量 SVPWM 或相邻最近四矢量 SVPWM。但是当电机发生开路故障时，传统 SVPWM 方法在缺相状态下较难实现。为此，本章提出了对称容错 SVPWM 方法和不对称容错 SVPWM 方法，并具体分析了每个扇区矢量的选择以及这些矢量的作用时间，实现了电机系统正常和故障下的全矢量容错运行。

参考文献

[1] Lin X G, Huang W X, Wang L. SVPWM strategy based on the hysteresis controller of zero-sequence current for three-phase open-end winding PMSM[J]. IEEE Transactions on Power Electronics, 2019, 34(4): 3474-3486.

[2] Wu H F, Wang J F, Liu T T, et al. Modified SVPWM-controlled three-port three-phase AC–DC converters with reduced power conversion stages for wide voltage range applications[J]. IEEE Transactions on Power Electronics, 2018, 33(8): 6672-6686.

[3] Li X, Dusmez S, Akin B, et al. A new SVPWM for the phase current reconstruction of three-phase three-level T-type converters[J]. IEEE Transactions on Power Electronics, 2016, 31(3): 2627-2637.

[4] 赵品志, 杨贵杰, 刘春龙. 五相电压源逆变器 SVPWM 优化算法[J]. 电机与控制学报, 2009, 13(4): 516-522.

[5] 高宏伟, 杨贵杰, 刘剑. 五相电压源逆变器的空间矢量脉宽调制方法研究[J]. 中国电机工程学报, 2014, 34(18): 2917-2925.

[6] 高宏伟, 杨贵杰, 刘剑. 基于调制函数的五相电压源逆变器 SVPWM 算法[J]. 电机与控制学报, 2014, 18(2): 56-61, 68.

[7] 赵文祥, 唐建勋, 吉敬华, 等. 五相容错式磁通切换永磁电机及其控制[J]. 中国电机工程学报, 2015, 35(5): 1229-1236.

[8] Liu G H, Qu L, Zhao W X, et al. Comparison of two SVPWM control strategies of five-phase fault-tolerant permanent-magnet motor[J]. IEEE Transactions on Power Electronics, 2016, 31(9): 6621-6630.

第 8 章　基于直接转矩的容错控制策略

8.1 引　　言

前面几章主要是针对五相电机容错运行下的矢量控制进行了分析，相比于矢量控制，直接转矩控制 (DTC) 因含有较少的 PI 调节器，具有更快的动态响应 [1]。考虑到当电机发生开路故障时，基波子空间下的定子磁链模型不再对称，如果继续保持当前的控制策略 (定子磁链矢量幅值不变)，则会导致基波子空间下定子电流的改变，从而导致较大的转矩脉动。因此本章的主要研究内容如下：当五相电机发生单相开路故障时，如何结合直接转矩控制策略的特点 (控制定子磁链矢量幅值不变)，调整五相定子电流为容错电流，从而使电机实现容错运行。

8.2 控制结构重构

8.2.1 降阶变换矩阵的确定

五相电机每相绕组的磁链由本身的自感磁链、其他定子绕组对它的互感磁链和转子永磁体对它的交链磁链三部分构成，因此五相绕组的定子磁链可表示为

$$\begin{aligned}\psi_{\alpha\beta xy} &= T_5\psi_{5\mathrm{s}} \\ &= T_5L_{5\mathrm{s}}I_{5\mathrm{s}} + T_5\psi_{5\mathrm{m}} \\ &= T_5L_{5\mathrm{s}}T_5^{-1}T_5I_{5\mathrm{s}} + T_5\psi_{5\mathrm{m}}\end{aligned} \tag{8.1}$$

式中，$\psi_{5\mathrm{s}}$ 为定子磁链矩阵，$\psi_{5\mathrm{s}} = [\psi_{\mathrm{A}} \quad \psi_{\mathrm{B}} \quad \psi_{\mathrm{C}} \quad \psi_{\mathrm{D}} \quad \psi_{\mathrm{E}}]^{\mathrm{T}}$，$\psi_{\mathrm{A}}$、$\psi_{\mathrm{B}}$、$\psi_{\mathrm{C}}$、$\psi_{\mathrm{D}}$、$\psi_{\mathrm{E}}$ 分别为五相绕组的全部磁链；$L_{5\mathrm{s}}$ 为电感矩阵，定义 L_{AA}、L_{BB}、L_{CC}、L_{DD}、L_{EE} 分别为五相定子绕组的自感，其余项为五相定子绕组之间的互感；$I_{5\mathrm{s}}$ 为定子电流矩阵，$I_{5\mathrm{s}} = [i_{\mathrm{A}} \quad i_{\mathrm{B}} \quad i_{\mathrm{C}} \quad i_{\mathrm{D}} \quad i_{\mathrm{E}}]^{\mathrm{T}}$；$\psi_{5\mathrm{m}}$ 为与定子绕组交链的永磁磁链矩阵，$\psi_{5\mathrm{m}} = [\psi_{\mathrm{fA}} \quad \psi_{\mathrm{fB}} \quad \psi_{\mathrm{fC}} \quad \psi_{\mathrm{fD}} \quad \psi_{\mathrm{fE}}]^{\mathrm{T}}$，$\psi_{\mathrm{fA}}$、$\psi_{\mathrm{fB}}$、$\psi_{\mathrm{fC}}$、$\psi_{\mathrm{fD}}$、$\psi_{\mathrm{fE}}$ 分别为转子永磁体交链于五相定子绕组的磁链。

$$L_{5\mathrm{s}} = \begin{bmatrix} L_{\mathrm{AA}} & L_{\mathrm{AB}} & L_{\mathrm{AC}} & L_{\mathrm{AD}} & L_{\mathrm{AE}} \\ L_{\mathrm{BA}} & L_{\mathrm{BB}} & L_{\mathrm{BC}} & L_{\mathrm{BD}} & L_{\mathrm{BE}} \\ L_{\mathrm{CA}} & L_{\mathrm{CB}} & L_{\mathrm{CC}} & L_{\mathrm{CD}} & L_{\mathrm{CE}} \\ L_{\mathrm{DA}} & L_{\mathrm{DB}} & L_{\mathrm{DC}} & L_{\mathrm{DD}} & L_{\mathrm{DE}} \\ L_{\mathrm{EA}} & L_{\mathrm{EB}} & L_{\mathrm{EC}} & L_{\mathrm{ED}} & L_{\mathrm{EE}} \end{bmatrix} \tag{8.2}$$

对于每一相绕组而言，它自身的电感为励磁电感 L_{sm} 和漏磁电感 $L_{\mathrm{s}\sigma}$ 之和，由于电机气隙均匀，五相定子绕组的有效匝数相同，因此五相定子绕组的自感相同，于是有

$$L_{\mathrm{AA}}=L_{\mathrm{BB}}=L_{\mathrm{CC}}=L_{\mathrm{DD}}=L_{\mathrm{EE}}=L_{\mathrm{sm}}+L_{\mathrm{s}\sigma} \tag{8.3}$$

假定五相电机为正弦波隐极电机，因此五相定子绕组的互感都与转子位置无关，均为常数 [2]。由于五相绕组轴线彼此在空间的相位差为 $2\pi/5$，因此互感值为

$$\begin{cases} L_{\mathrm{AB}}=L_{\mathrm{BC}}=L_{\mathrm{CD}}=L_{\mathrm{DE}}=L_{\mathrm{EA}}=L_{\mathrm{sm}}\cos\left(\dfrac{2\pi}{5}\right)=0.309L_{\mathrm{sm}} \\ L_{\mathrm{AC}}=L_{\mathrm{BD}}=L_{\mathrm{CE}}=L_{\mathrm{DA}}=L_{\mathrm{EB}}=L_{\mathrm{sm}}\cos\left(\dfrac{4\pi}{5}\right)=-0.809L_{\mathrm{sm}} \\ L_{\mathrm{AD}}=L_{\mathrm{BE}}=L_{\mathrm{CA}}=L_{\mathrm{DB}}=L_{\mathrm{EC}}=L_{\mathrm{sm}}\cos\left(\dfrac{6\pi}{5}\right)=-0.809L_{\mathrm{sm}} \\ L_{\mathrm{AE}}=L_{\mathrm{BA}}=L_{\mathrm{CB}}=L_{\mathrm{DC}}=L_{\mathrm{ED}}=L_{\mathrm{sm}}\cos\left(\dfrac{8\pi}{5}\right)=0.309L_{\mathrm{sm}} \end{cases} \tag{8.4}$$

转子永磁体交链于五相定子绕组的磁链可以表示为

$$\begin{bmatrix} \psi_{\mathrm{fA}} \\ \psi_{\mathrm{fB}} \\ \psi_{\mathrm{fC}} \\ \psi_{\mathrm{fD}} \\ \psi_{\mathrm{fE}} \end{bmatrix}=\psi_{\mathrm{f}}\begin{bmatrix} \cos\theta_{\mathrm{r}} \\ \cos(\theta_{\mathrm{r}}-2\pi/5) \\ \cos(\theta_{\mathrm{r}}-4\pi/5) \\ \cos(\theta_{\mathrm{r}}-6\pi/5) \\ \cos(\theta_{\mathrm{r}}-8\pi/5) \end{bmatrix} \tag{8.5}$$

将磁链方程变换到静止坐标系下可得

$$\begin{aligned} \psi_{\alpha\beta xy} &= T_5\psi_{5\mathrm{s}} \\ &= T_5L_{5\mathrm{s}}I_{5\mathrm{s}}+T_5\psi_{5\mathrm{m}} \\ &= T_5L_{5\mathrm{s}}T_5^{-1}T_5I_{5\mathrm{s}}+T_5\psi_{5\mathrm{m}} \end{aligned} \tag{8.6}$$

式中，电感矩阵为

$$L_{\alpha\beta xy}=T_5L_{5\mathrm{s}}T_5^{-1}=\begin{bmatrix} 2.5L_{\mathrm{sm}} & & & \\ & 2.5L_{\mathrm{sm}} & & \\ & & 0 & \\ & & & 0 \end{bmatrix} \tag{8.7}$$

定子绕组交链的永磁磁链矩阵为

$$\psi_{\mathrm{f}\alpha\beta xy} = T_5\psi_{5\mathrm{m}} = \psi_{\mathrm{f}}\begin{bmatrix}\cos\theta_{\mathrm{r}}\\ \sin\theta_{\mathrm{r}}\\ 0\\ 0\end{bmatrix} \tag{8.8}$$

在静止坐标系下的定子磁链方程如下：

$$\begin{bmatrix}\psi_\alpha\\ \psi_\beta\\ \psi_x\\ \psi_y\end{bmatrix} = \begin{bmatrix}2.5L_{\mathrm{sm}} & & & \\ & 2.5L_{\mathrm{sm}} & & \\ & & 0 & \\ & & & 0\end{bmatrix}\begin{bmatrix}i_\alpha\\ i_\beta\\ i_x\\ i_y\end{bmatrix} + \psi_{\mathrm{f}}\begin{bmatrix}\cos\theta_{\mathrm{r}}\\ \sin\theta_{\mathrm{r}}\\ 0\\ 0\end{bmatrix} \tag{8.9}$$

电机的转矩公式为

$$\begin{aligned}T_{\mathrm{e}} &= pi_{5\mathrm{s}}^{\mathrm{T}}\frac{\partial\psi_{5\mathrm{m}}}{\partial\theta_{\mathrm{r}}}\\ &= p(i_{\alpha\beta xy})^{\mathrm{T}}\frac{\partial(\psi_{\mathrm{f}\alpha\beta xy})}{\partial\theta_{\mathrm{r}}}\\ &= p\psi_{\mathrm{f}}i_{\alpha\beta xy}^{\mathrm{T}}(T_5^{-1})^{\mathrm{T}}T_5^{-1}[-\sin\theta_{\mathrm{r}} \quad \cos\theta_{\mathrm{r}} \quad 0 \quad 0]^{\mathrm{T}}\\ &= \frac{5}{2}p(\psi_\alpha i_\beta - \psi_\beta i_\alpha)\end{aligned} \tag{8.10}$$

当五相永磁容错电机发生 A 相开路故障时，A 相绕组自身的励磁磁链及其与他相绕组互感磁链为零，因此可得 A 相开路故障下降阶的电感矩阵和定子绕组交链的永磁磁链矩阵分别为

$$L_{5\mathrm{s}} = L_{\mathrm{sm}}\begin{bmatrix}1.0000 & 0.3090 & -0.8090 & -0.8090\\ 0.3090 & 1.0000 & 0.3090 & -0.8090\\ -0.8090 & 0.3090 & 1.0000 & 0.3090\\ -0.8090 & -0.8090 & 0.3090 & 1.0000\end{bmatrix} \tag{8.11}$$

$$\begin{bmatrix}\psi_{\mathrm{fB}}\\ \psi_{\mathrm{fC}}\\ \psi_{\mathrm{fD}}\\ \psi_{\mathrm{fE}}\end{bmatrix} = \psi_{\mathrm{f}}\begin{bmatrix}\cos(\theta_{\mathrm{r}} - 2\pi/5)\\ \cos(\theta_{\mathrm{r}} - 4\pi/5)\\ \cos(\theta_{\mathrm{r}} - 6\pi/5)\\ \cos(\theta_{\mathrm{r}} - 8\pi/5)\end{bmatrix} \tag{8.12}$$

当 A 相发生开路故障时，由于 A 相电流为零，因此去掉 Clarke 变换矩阵与 A 相对应的第一列可得 A 绕组开路故障下的电流 Clarke 变换矩阵为式 (8.13)。当 A 相发生开路故障后，如果磁链 Clarke 变换矩阵依然与电流 Clarke 变换矩阵一样，利用式 (8.11) ~ 式 (8.13)(最后一行电流约束条件)，将磁链方程变换到静止坐标系下可得式 (8.14)。

$$T_i = \frac{2}{5}\begin{bmatrix} \cos\frac{2\pi}{5} & \cos\frac{4\pi}{5} & \cos\frac{6\pi}{5} & \cos\frac{8\pi}{5} \\ \sin\frac{2\pi}{5} & \sin\frac{4\pi}{5} & \sin\frac{6\pi}{5} & \sin\frac{8\pi}{5} \\ \cos\frac{6\pi}{5} & \cos\frac{12\pi}{5} & \cos\frac{18\pi}{5} & \cos\frac{24\pi}{5} \\ \sin\frac{6\pi}{5} & \sin\frac{12\pi}{5} & \sin\frac{18\pi}{5} & \sin\frac{24\pi}{5} \\ 1 & 1 & 1 & 1 \end{bmatrix} \tag{8.13}$$

$$\begin{cases} \psi_\alpha = 1.5L_{\mathrm{sm}}i_\alpha + 0.6\psi_{\mathrm{f}}\cos\theta_{\mathrm{r}} \\ \psi_\beta = 2.5L_{\mathrm{sm}}i_\beta + \psi_{\mathrm{f}}\sin\theta_{\mathrm{r}} \\ \psi_x = -L_{\mathrm{sm}}i_\alpha - 0.4\psi_{\mathrm{f}}\cos\theta_{\mathrm{r}} \\ \psi_y = 0 \end{cases} \tag{8.14}$$

相比于正常运行下的定子磁链方程式 (8.9)，从式 (8.14) 可以看出，当 A 相发生开路故障后，电感矩阵在 α-β 轴上等效励磁电感量不对称。

将五相定子绕组磁动势从自然坐标系投影到 α-β 子空间下可得

$$\begin{bmatrix} F_{\mathrm{s}\alpha} \\ F_{\mathrm{s}\beta} \end{bmatrix} = \begin{bmatrix} 2.5N_5 & \\ & 2.5N_5 \end{bmatrix}\begin{bmatrix} i_\alpha \\ i_\beta \end{bmatrix} \tag{8.15}$$

从式 (8.14) 和式 (8.15) 可以看出，当 A 相发生开路故障后，如果继续控制定子磁链矢量幅值保持不变，则在 α-β 子空间下的定子电流轨迹不再保持圆形，导致磁动势轨迹不为圆形，从而导致电机输出的转矩产生脉动。因此，对于五相永磁容错电机的直接转矩控制策略，故障后静止坐标系下的数学模型的重构非常重要。

故障后静止坐标系下数学模型的重构核心在于 A 相开路后，控制定子磁链矢量幅值不变时，剩余相绕组合成的磁动势轨迹为圆形，电机能够实现容错运行。

1. 考虑剩余相电流和为零的 Clarke 变换矩阵

从式 (8.13) 可以看出，当 A 相发生开路故障后，Clarke 变换矩阵的第一、三和五行不再正交，从矢量解耦的角度出发，需要对 Clarke 变换矩阵进行修正。本节中，定子电压、定子磁链和定子电流的 Clarke 的矩阵在故障后保持统一，统称 Clarke 矩阵。

当 A 相发生开路故障后，五相永磁容错电机的控制自由度由四个降为三个，除剩余四相定子电流和为 0 的约束条件外，子空间电流 i_x 与基波子空间电流 i_α 存在以下固定关系：

$$i_x = -i_\alpha \tag{8.16}$$

因此，可以将 Clarke 变换矩阵的第三行去掉，然后将第一行进行修正，使其与最后一行非零行正交，可得到故障后的降阶 Clarke 变换矩阵:

$$T_2 = \frac{2}{5}\begin{bmatrix} \frac{1}{4}+\cos\frac{2\pi}{5} & \frac{1}{4}+\cos\frac{4\pi}{5} & \frac{1}{4}+\cos\frac{6\pi}{5} & \frac{1}{4}+\cos\frac{8\pi}{5} \\ \sin\frac{2\pi}{5} & \sin\frac{4\pi}{5} & \sin\frac{6\pi}{5} & \sin\frac{8\pi}{5} \\ \sin\frac{6\pi}{5} & \sin\frac{12\pi}{5} & \sin\frac{18\pi}{5} & \sin\frac{24\pi}{5} \\ 1 & 1 & 1 & 1 \end{bmatrix} \tag{8.17}$$

利用式 (8.17)，可得静止坐标系下的定子磁链方程为

$$\begin{cases} \psi_\alpha = 1.25L_{\mathrm{sm}}i_\alpha + 0.5\psi_{\mathrm{f}}\cos\theta_{\mathrm{r}} \\ \psi_\beta = 2.5L_{\mathrm{sm}}i_\beta + \psi_{\mathrm{f}}\sin\theta_{\mathrm{r}} \\ \psi_y = 0 \end{cases} \tag{8.18}$$

同时将五相定子绕组磁动势从自然坐标系投影到 α-β 子空间，定子电流采用式 (8.18) 的故障后 Clarke 变换矩阵，则 α-β 子空间的电流与磁动势的关系如下：

$$\begin{bmatrix} F_{\mathrm{s}\alpha} \\ F_{\mathrm{s}\beta} \end{bmatrix} = \begin{bmatrix} 2.5N_5 & \\ & 2.5N_5 \end{bmatrix}\begin{bmatrix} i_\alpha \\ i_\beta \end{bmatrix} \tag{8.19}$$

从式 (8.18) 和式 (8.19) 可以看出，基于故障后的 Clarke 变换矩阵 T_2，定子磁链的 α-β 子空间数学模型不对称，当控制定子磁链矢量幅值保持不变时，在 α-β 子空间下的定子电流轨迹依然非圆形，磁动势轨迹不为圆形，电机无法容错运行。

对比式 (8.13)、式 (8.15)、式 (8.17) 和式 (8.19) 可以看出，基于矢量解耦原则的降阶 Clarke 变换矩阵并未改变 α-β 子空间的电流与磁动势的关系。由行间解耦矩阵的特性可知，将故障后的 Clarke 变换矩阵的第一行乘以常数 2，便可在

矢量解耦的基础上，控制定子磁链矢量幅值保持不变，磁动势轨迹为圆形。因此，故障后的 Clarke 变换矩阵进一步变为

$$T_2=\frac{2}{5}\begin{bmatrix} 2\left(\frac{1}{4}+\cos\frac{2\pi}{5}\right) & 2\left(\frac{1}{4}+\cos\frac{4\pi}{5}\right) & 2\left(\frac{1}{4}+\cos\frac{6\pi}{5}\right) & 2\left(\frac{1}{4}+\cos\frac{8\pi}{5}\right) \\ \sin\frac{2\pi}{5} & \sin\frac{4\pi}{5} & \sin\frac{6\pi}{5} & \sin\frac{8\pi}{5} \\ \sin\frac{6\pi}{5} & \sin\frac{12\pi}{5} & \sin\frac{18\pi}{5} & \sin\frac{24\pi}{5} \\ 1 & 1 & 1 & 1 \end{bmatrix} \tag{8.20}$$

2. 考虑 i_α 与 i_x 固定耦合关系的 Clarke 变换矩阵

前面内容考虑了剩余四相定子电流和为零的约束条件，删除原有矩阵的第三行，修正第一行与最后一行正交，从而得到故障后的 Clarke 变换矩阵，本节考虑 i_α 与 i_x 固定耦合关系，如式 (8.16) 所示，删除式 (8.13) 的最后一行修正，依然从矢量解耦的角度出发，修正第一行与第三行正交，得到故障后的降阶 Clarke 变换矩阵：

$$T_3=\frac{2}{5}\begin{bmatrix} -1+\cos\frac{2\pi}{5} & -1+\cos\frac{4\pi}{5} & -1+\cos\frac{6\pi}{5} & -1+\cos\frac{8\pi}{5} \\ \sin\frac{2\pi}{5} & \sin\frac{4\pi}{5} & \sin\frac{6\pi}{5} & \sin\frac{8\pi}{5} \\ \cos\frac{6\pi}{5} & \cos\frac{12\pi}{5} & \cos\frac{18\pi}{5} & \cos\frac{24\pi}{5} \\ \sin\frac{6\pi}{5} & \sin\frac{12\pi}{5} & \sin\frac{18\pi}{5} & \sin\frac{24\pi}{5} \end{bmatrix} \tag{8.21}$$

利用式 (8.21)，可得静止坐标系下的定子磁链方程为

$$\begin{cases} \psi_\alpha=1.5L_{\mathrm{sm}}i_\alpha+\psi_{\mathrm{f}}\cos\theta_{\mathrm{r}} \\ \psi_\beta=2.5L_{\mathrm{sm}}i_\beta+\psi_{\mathrm{f}}\sin\theta_{\mathrm{r}} \\ \psi_x=L_{\mathrm{sm}}i_x+0.4\psi_{\mathrm{f}}\cos\theta_{\mathrm{r}} \\ \psi_y=0 \end{cases} \tag{8.22}$$

同时将五相定子绕组磁动势从自然坐标系投影到 α-β 子空间，定子电流采用式 (8.21) 的 Clarke 变换矩阵，则 α-β 子空间的电流与磁动势的关系如下：

$$\begin{bmatrix} F_{\mathrm{s}\alpha} \\ F_{\mathrm{s}\beta} \end{bmatrix}=\begin{bmatrix} 1.5N_5 & \\ & 2.5N_5 \end{bmatrix}\begin{bmatrix} i_\alpha \\ i_\beta \end{bmatrix} \tag{8.23}$$

从式 (8.22) 和式 (8.23) 可以看出，基于故障后的 Clarke 变换矩阵 T_3，在 α-β 子空间下，虽然定子电感的数学模型依然不对称，但是转子永磁磁链的数学模型是对称的，而且 α-β 子空间的电流与磁动势数学模型的不对称特性与电感矩阵一致。

将式 (8.23) 代入式 (8.22) 可得

$$\begin{cases} \psi_\alpha = \dfrac{1}{N_5} F_{s\alpha} + \psi_f \cos\theta_r \\ \psi_\beta = \dfrac{1}{N_5} F_{s\beta} + \psi_f \sin\theta_r \\ \psi_x = L_{sm} i_x + 0.4\psi_f \cos\theta_r \\ \psi_y = 0 \end{cases} \tag{8.24}$$

从式 (8.24) 可以看出，基于故障后的 Clarke 变换矩阵 T_3，当 A 相发生开路故障后，如果继续控制定子磁链矢量幅值保持不变，则在 α-β 子空间下磁动势轨迹依然为圆形，从而使电机输出恒定的转矩，实现电机的容错运行。

3. 改进型磁链 Clarke 变换矩阵

由上述分析可知，当 A 相发生开路故障时，电流 Clarke 变换矩阵行间是否解耦对静止坐标系下定子磁链的数学模型并不影响。子空间电流 i_x 与基波子空间电流 i_α 固定耦合关系的出现是五相 PMSM 控制自由度从四个降为三个的另外一种体现。因此，在 A 相发生开路故障时，电流 Clarke 变换矩阵可以保持不变。由此得到降阶后的电流 Clarke 变换矩阵为

$$T_i = \frac{2}{5}\begin{bmatrix} \cos\dfrac{2\pi}{5} & \cos\dfrac{4\pi}{5} & \cos\dfrac{6\pi}{5} & \cos\dfrac{8\pi}{5} \\ \sin\dfrac{2\pi}{5} & \sin\dfrac{4\pi}{5} & \sin\dfrac{6\pi}{5} & \sin\dfrac{8\pi}{5} \\ \cos\dfrac{6\pi}{5} & \cos\dfrac{12\pi}{5} & \cos\dfrac{18\pi}{5} & \cos\dfrac{24\pi}{5} \\ \sin\dfrac{6\pi}{5} & \sin\dfrac{12\pi}{5} & \sin\dfrac{18\pi}{5} & \sin\dfrac{24\pi}{5} \end{bmatrix} \tag{8.25}$$

同时将五相定子绕组磁动势从自然坐标系投影到 α-β 子空间，定子电流采用式 (8.25) 的故障后 Clarke 变换矩阵，则 α-β 子空间的电流与磁动势的关系如下：

$$\begin{bmatrix} F_{s\alpha} \\ F_{s\beta} \end{bmatrix} = \begin{bmatrix} 1.5N_5 & \\ & 2.5N_5 \end{bmatrix} \begin{bmatrix} i_\alpha \\ i_\beta \end{bmatrix} \tag{8.26}$$

从式 (8.26) 可以看出，当 A 相发生开路故障时，如果继续保持电流 Clarke 变换矩阵不变，当 α-β 子空间的电流轨迹控制成与正常运行下相同的圆形时，则磁动势便与正常运行一样，保持幅值相等的圆形轨迹，从而使电机实现容错运行。

从式 (8.14) 可以看出，当 A 相发生开路故障时，如果磁链 Clarke 变换矩阵与电流 Clarke 变换矩阵保持一致，则会造成 α-β 子空间下定子磁链数学模型的不对称。而且会在 x 轴产生耦合磁链，由分析可知，这是其与其他绕组互感磁链及其本身的自感磁链消失造成的，由于静止坐标系 α 轴和自然坐标系 A 轴重合，因此，A 相绕组开路只对 α 轴的等效励磁电感与转子永磁体分量产生影响，对 β 轴上的没有影响。同时磁链 Clarke 变换矩阵的第一行与第三行不解耦，导致 α 轴在 x 轴产生耦合磁链。因此，当 A 相发生开路故障时，磁链 Clarke 变换矩阵的第一行 T_α (α 轴) 与第三行 T_x (x 轴) 需要进行重构，第二行 T_β (β 轴) 与第四行 T_y (y 轴) 保持不变。

为了实现 α-β 子空间下定子磁链数学模型与正常情况下相同的数学模型，由此可得

$$\begin{bmatrix} T_\alpha \\ T_\beta \end{bmatrix} = \frac{2}{5}\begin{bmatrix} \frac{5}{3}\cos\gamma & \frac{5}{3}\cos 2\gamma & \frac{5}{3}\cos 3\gamma & \frac{5}{3}\cos 4\gamma \\ \sin\gamma & \sin 2\gamma & \sin 3\gamma & \sin 4\gamma \end{bmatrix} \tag{8.27}$$

为了避免 α 轴在 x 轴产生耦合磁链，将磁链 Clarke 变换矩阵的第一行 T_α (α 轴) 与第三行 T_x (x 轴) 进行解耦，可得

$$T_x = \frac{2}{5}\begin{bmatrix} \cos(3\gamma-1) & \cos(6\gamma-1) & \cos(9\gamma-1) & \cos(12\gamma-1) \end{bmatrix} \tag{8.28}$$

结合式 (8.27) 和式 (8.28) 可得 A 相开路下的改进型磁链 Clarke 变换矩阵为

$$T_{\text{flux}} = \frac{2}{5}\begin{bmatrix} \frac{5}{3}\cos\gamma & \frac{5}{3}\cos(2\gamma) & \frac{5}{3}\cos(3\gamma) & \frac{5}{3}\cos(4\gamma) \\ \sin\gamma & \sin(2\gamma) & \sin(3\gamma) & \sin(4\gamma) \\ \cos(3\gamma-1) & \cos(6\gamma-1) & \cos(9\gamma-1) & \cos(12\gamma-1) \\ \sin(3\gamma) & \sin(6\gamma) & \sin(9\gamma) & \sin(12\gamma) \end{bmatrix} \tag{8.29}$$

将式 (8.29) 代入式 (8.14)，可得静止坐标系下的定子磁链方程为

$$\begin{cases} \psi_\alpha = 2.5L_{\text{sm}}i_\alpha + \psi_{\text{f}}\cos\theta_{\text{r}} \\ \psi_\beta = 2.5L_{\text{sm}}i_\beta + \psi_{\text{f}}\sin\theta_{\text{r}} \\ \psi_x = 0 \\ \psi_y = 0 \end{cases} \tag{8.30}$$

由式 (8.30) 可知，基于改进型磁链 Clarke 变换矩阵，α-β-x-y 空间下定子磁链数学模型与正常情况下保持相同，且模型对称。当控制定子磁链矢量幅值保持不变时，则 α-β 子空间的电流轨迹和磁动势轨迹与正常运行无异，电机能够容错运行。

对于上面三种不同的故障后 Clarke 变换矩阵，根据磁共能积法计算的五相电机转矩一样，转矩表达式为

$$T_{\mathrm{e}} = p i_{5\mathrm{s}}^{\mathrm{T}} \frac{\partial \psi_{5\mathrm{m}}}{\partial \theta_{\mathrm{r}}} = \frac{5}{2} p \left(\psi_\alpha i_\beta - \psi_\beta i_\alpha\right) \tag{8.31}$$

但是，对比三种故障后的 Clarke 变换矩阵，改进型磁链 Clarke 变换矩阵能够保证 A 相开路故障后静止坐标系的数学模型和转矩与正常运行下相同，本节中采用改进型磁链 Clarke 变换矩阵对 A 相绕组开路故障下的静止坐标系数学模型进行重构。电压 Clarke 变换矩阵与改进型磁链 Clarke 变换矩阵保持一致。

8.2.2 故障下的数学模型

由上述分析可知，A 相发生开路故障后，五相电机驱动系统控制自由度只剩余 3 个自由度：α-β 子空间下的两个自由度用于转矩和定子磁链控制；另一个自由度在 x-y 子空间，用于优化定子电流控制。而子空间电流 i_x 与基波子空间电流 i_α 存在固定的耦合关系，因此，子空间的电流 i_y 可以作为第三个控制自由度，用于定子电流的优化控制 [3]。

为了实现容错运行时定子绕组铜损最小，子空间电流 i_y 给定如下：

$$i_y = 0 \tag{8.32}$$

为了实现容错运行时非故障相绕组铜耗相等，子空间的电流 i_y 给定如下：

$$i_y = 0.236 i_\beta \tag{8.33}$$

五相永磁容错电机绕组开路故障下的转矩观测器与正常运行一样。定子磁链观测器基于电压模型设计。当 A 相发生开路故障时，则剩余相定子电压满足

$$\begin{bmatrix} u_{\mathrm{B}} \\ u_{\mathrm{C}} \\ u_{\mathrm{D}} \\ u_{\mathrm{E}} \end{bmatrix} = \frac{U_{\mathrm{dc}}}{4} \begin{bmatrix} 3 & -1 & -1 & -1 \\ -1 & 3 & -1 & -1 \\ -1 & -1 & 3 & -1 \\ -1 & -1 & -1 & 3 \end{bmatrix} \begin{bmatrix} S_{\mathrm{B}} \\ S_{\mathrm{C}} \\ S_{\mathrm{D}} \\ S_{\mathrm{E}} \end{bmatrix} + \frac{\sum\limits_{i=\mathrm{B}}^{\mathrm{E}} u_i}{4} \begin{bmatrix} 1 \\ 1 \\ 1 \\ 1 \end{bmatrix} \tag{8.34}$$

采用改进型磁链 Clarke 变换矩阵将剩余四相定子电压从自然坐标系变换到静止坐标系可得

$$\begin{bmatrix} u_\alpha \\ u_\beta \\ u_x \\ u_y \end{bmatrix} = U_{\mathrm{dc}} \begin{bmatrix} 0.3727 & -0.3727 & -0.3727 & 0.3727 \\ 0.3804 & 0.2351 & -0.2351 & -0.3804 \\ -0.2236 & 0.2236 & 0.2236 & -0.2236 \\ -0.2351 & 0.3804 & -0.3804 & 0.2351 \end{bmatrix} \begin{bmatrix} S_{\mathrm{B}} \\ S_{\mathrm{C}} \\ S_{\mathrm{D}} \\ S_{\mathrm{E}} \end{bmatrix} \tag{8.35}$$

为了避免开环积分器出现的幅值偏差和相位偏差问题，采用具有限幅功能的改进型积分器对磁链进行观测 [4]，改进型定子磁链的观测器可设计为

$$\begin{cases} \hat{\psi}_\alpha = \dfrac{1}{s+\omega_{\mathrm{c}}}\left(u_\alpha - \dfrac{5}{3}R_{\mathrm{s}}i_\alpha\right) + \dfrac{\omega_{\mathrm{c}}}{s+\omega_{\mathrm{c}}}z_\alpha \\ \hat{\psi}_\beta = \dfrac{1}{s+\omega_{\mathrm{c}}}(u_\beta - R_{\mathrm{s}}i_\beta) + \dfrac{\omega_{\mathrm{c}}}{s+\omega_{\mathrm{c}}}z_\beta \end{cases} \tag{8.36}$$

$$z_{\{\alpha,\beta\}} = \begin{cases} \psi_{\{\alpha,\beta\}}, & \psi_{\{\alpha,\beta\}} < L \\ L, & \psi_{\{\alpha,\beta\}} \geqslant L \end{cases} \tag{8.37}$$

$$\theta_{\mathrm{s}} = \arctan\left(\frac{\hat{\psi}_\alpha}{\hat{\psi}_\beta}\right) \tag{8.38}$$

8.3　容错 DTC 开关表

8.3.1　DTC 容错控制单矢量开关表

由于采用改进型磁链 Clarke 变换矩阵，x 轴上的空间电压矢量不可控，而 α-β 子空间和 y 轴的空间电压矢量表达式可归纳为

$$\begin{cases} V_{\alpha\text{-}\beta} = v_\alpha + \mathrm{j}v_\beta \\ V_{x\text{-}y} = \mathrm{j}v_y \end{cases} \tag{8.39}$$

可以依次推导出五相电机在 α-β 子空间和 y 轴的所有空间电压矢量，其各相矢量关系及分布图如表 8.1 和图 8.1 所示。

表 8.1 故障后各电压矢量

v_i	g_i	v_α	v_β	v_y
0	0000	0	0	0
1	0001	$0.2236V_{dc}$	$-0.3804V_{dc}$	$0.2351V_{dc}$
2	0010	$-0.2236V_{dc}$	$-0.2351V_{dc}$	$-0.3804V_{dc}$
3	0011	0	$-0.6155V_{dc}$	$-0.1453V_{dc}$
4	0100	$-0.2236V_{dc}$	$0.2351V_{dc}$	$0.3804V_{dc}$
5	0101	0	$-0.1453V_{dc}$	$0.6155V_{dc}$
6	0110	$-0.4472V_{dc}$	0	0
7	0111	$-0.2236V_{dc}$	$-0.3804V_{dc}$	$0.2351V_{dc}$
8	1000	$0.2236V_{dc}$	$0.3804V_{dc}$	$-0.2351V_{dc}$
9	1001	$0.4472V_{dc}$	0	0
10	1010	0	$0.1453V_{dc}$	$-0.6155V_{dc}$
11	1011	$0.2236V_{dc}$	$-0.2351V_{dc}$	$-0.3804V_{dc}$
12	1100	0	$0.6155V_{dc}$	$0.1453V_{dc}$
13	1101	$0.2236V_{dc}$	$0.2351V_{dc}$	$0.3804V_{dc}$
14	1110	$-0.2236V_{dc}$	$0.3804V_{dc}$	$-0.2351V_{dc}$
15	1111	0	0	0

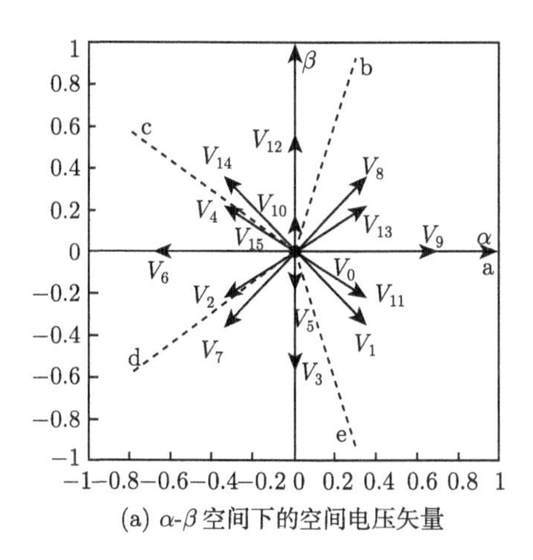

(a) α-β 空间下的空间电压矢量

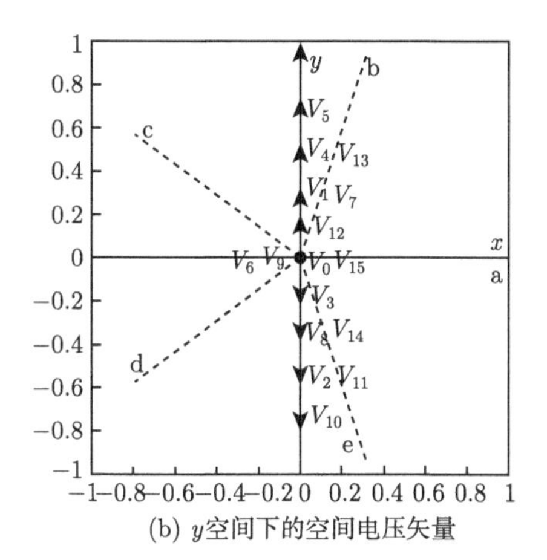

(b) y空间下的空间电压矢量

图 8.1 五相电机空间电压矢量

8.3.2 DTC 容错控制虚拟电压矢量开关表

考虑到如图 8.1(a) 所示矢量分布图较为复杂，可利用 y 轴方向矢量合成为零的原则，对 α-β 空间的矢量进行合成，消除 y 方向上的谐波含量 [5]，其组合原理为

$$\mathrm{VV}_i(v_m, v_n) = K \cdot v_m + (1 - K) \cdot v_n \tag{8.40}$$

式中，v_m 和 v_n 是表 8.1 中的两个基本向量；K 是作用时间，各矢量作用时间比例关系如表 8.2 所示。

表 8.2　VV_s 的作用时间分配

作用时间	VV_s							
VV_i	VV_1	VV_2	VV_3	VV_4	VV_5	VV_6	VV_7	VV_8
(m,n)	9	(13,8)	(10,12)	(4,14)	6	(2,7)	(5,3)	(11,1)
K	1	0.382	0.191	0.382	1	0.382	0.191	0.382
$1-K$	—	0.618	0.809	0.618	—	0.618	0.809	0.618

需要注意的是，V_9 和 V_6 的 y 向谐波电压为零，因此对应的 VV_1 和 VV_8 分别只包括 V_9 和 V_6。合成的 VV_s 分布如图 8.2 所示。

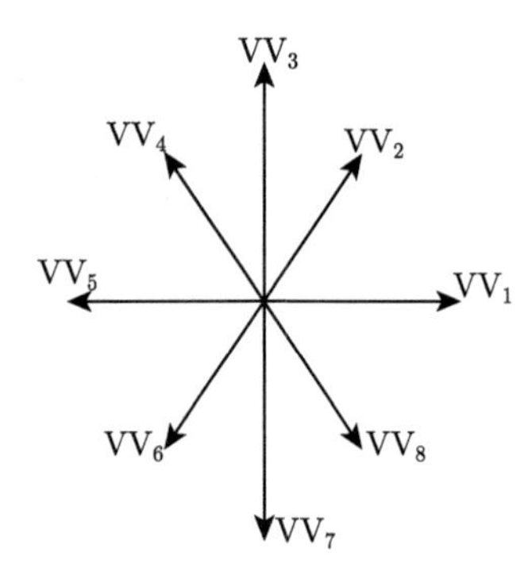

图 8.2　故障后 VV_s 分布图

8.4　基于 DTC 的容错控制

8.4.1　单矢量 DTC 容错控制

为了使转矩和定子磁链达到最佳控制效果，合理划分扇区面积和选择开关电压矢量是容错运行的关键。容错开关表的优化有两个原则：通过在 α-β 平面上划分更多的扇区来减小转矩脉动；通过选择较小的电压矢量幅度来控制 y 轴电流。具体步骤如下。

(1) 将 α-β 基波子空间划分成 16 个扇形区间，扇区序列号 sector1=1, 2, $\cdots$, 16，如图 8.3 所示。将 y 子空间划分为上下两个对称部分。

(2) 判断定子磁链矢量 ψ_s 在 α-β 基波子空间所处的扇区 sector1，并根据转矩误差 ΔT_e 和定子磁链误差 $\Delta\psi_s$ 的状态，确定合适的空间电压矢量，实现对转矩和定子磁链的控制。

(3) 判断三次谐波电流误差 Δi_y 在 y 子空间所处的扇区，并根据其状态，在步骤 (2) 中确定的合适空间电压矢量集合中，再次确定合适的空间电压矢量，实现对三次谐波电流的控制。

(4) 对于 A 相开路故障下最优容错开关表的选取方法，通过举例进一步说明。如图 8.3 所示，当定子磁链矢量 ψ_s 在 α-β 基波子空间的扇区序列号为 1 时，假设 $\Delta T_e=1$，需要提高转矩，选取的空间电压矢量在扇区 1 上总有正方向的切向分量，则可选取的空间电压矢量为 V_4、V_{12}、V_{14}、V_8、V_{13}，若同时 $\Delta\psi_{\rm s}=1$，需要增加定子磁链矢量 $\psi_{\rm s}$ 幅值，选取的空间电压矢量在扇区 1 上总有正方向的径向分量，则可选取的空间电压矢量为 V_{12}、V_8、V_{13}。若此时三次谐波电流误差 Δi_y 位于 y 子空间的扇区 1 时，为了抑制三次谐波电流，选取的空间电压矢量与扇区 1 的夹角必须小于 90°，则可选取的空间电压矢量为 V_8。三次谐波电流误差 Δi_y 位于 y 子空间的扇区 1 时的开关表如表 8.3 所示。其他扇区类似。

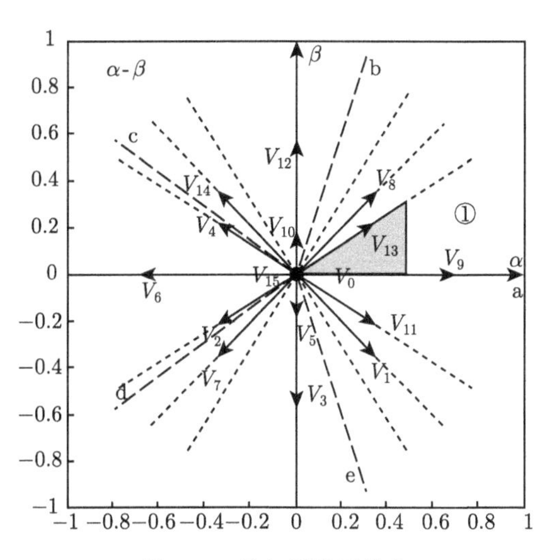

图 8.3 单矢量扇区分布

表 8.3 最优容错开关表

$\Delta i_y \geqslant 0$																	
$\Delta\psi_{\rm s}$	ΔT	定子磁链位置 (矢量)															
		1	2	3	4	5	6	7	8	9	10	11	12	13	14	15	16
1	1	8	8	14	14	6	6	6	6	3	3	3	3	11	11	8	8
	−1	11	11	8	8	8	8	14	14	6	6	6	6	3	3	3	3
	0	15	0	15	0	15	0	15	0	15	0	15	0	15	0	15	0
−1	1	6	6	6	6	3	3	3	3	11	11	8	8	8	8	14	14
	−1	3	3	3	3	11	11	11	8	8	8	14	14	6	6	6	6
	0	0	15	0	15	0	15	0	15	0	15	0	15	0	15	0	15
$\Delta i_y < 0$																	
$\Delta\psi_{\rm s}$	ΔT	定子磁链位置 (矢量)															
		1	2	3	4	5	6	7	8	9	10	11	12	13	14	15	16
1	1	12	12	12	12	4	4	7	7	7	7	1	1	9	9	9	9
	−1	9	9	9	9	12	12	12	12	4	4	7	7	7	7	1	1
	0	15	0	15	0	15	0	15	0	15	0	15	0	15	0	15	0
−1	1	4	4	7	7	7	7	1	1	9	9	9	9	12	12	12	12
	−1	7	7	1	1	9	9	9	9	12	12	12	12	4	4	4	7
	0	0	15	0	15	0	15	0	15	0	15	0	15	0	15	0	15

本章所提的基于最优容错开关表的磁链改进型容错直接转矩控制框图如图 8.4 所示，电流 Clarke 变换矩阵与正常情况下保持一样，依然通过正常情况下的电流 Clarke 变换矩阵得到静止坐标系下的 α-β 轴电流 i_α 和 i_β 及 y 轴电流 i_y，同时开关函数和母线电压通过改进型磁链 Clarke 变换矩阵得到静止坐标系下的 α-β 轴电压 u_α 和 u_β。根据 α-β 轴电流 i_α 和 i_β 与电压 u_α 和 u_β，转矩观测器利用改进型定子磁链的观测器和转矩观测器计算出定子磁链矢量估计值的幅值 $\psi_{\rm s}$ 和相角以及转矩的估计值 $T_{\rm e}$。然后把定子磁链矢量估计值的幅值误差 $\Delta\psi_{\rm s}$ 和转矩的估计值误差 $\Delta T_{\rm e}$ 分别送入定子磁链滞环控制器和转矩滞环控制器，将得到的转矩误差 $\Delta T_{\rm e}$、定子磁链误差 $\Delta\psi_{\rm s}$ 和三次谐波电流误差 Δi_y 的状态、α-β 基波子空间的扇区及 y 子空间的扇区送给最优容错开关表，实现对转矩和定子磁链的双闭环控制，同时通过 y 轴电流 i_y 优化定子电流的控制。

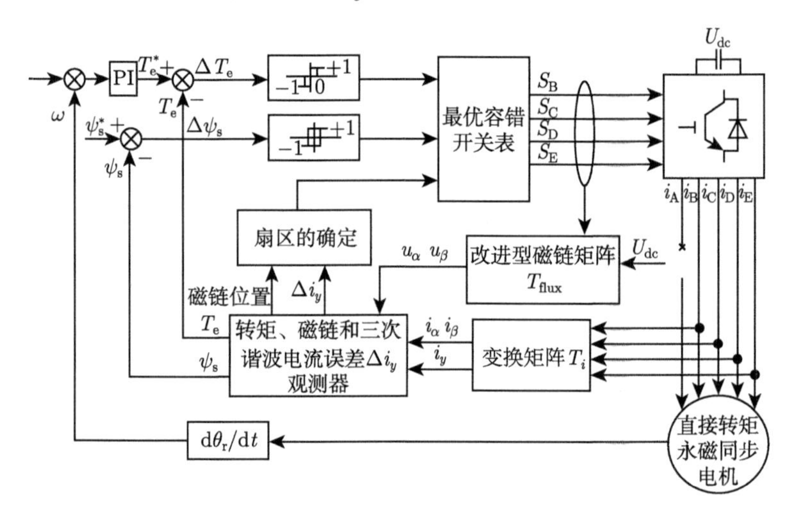

图 8.4　基于最优容错开关表的磁链改进型容错直接转矩控制框图

8.4.2　虚拟电压矢量 DTC 容错控制

采用虚拟电压矢量的优势在于，基波空间矢量经过组合以后，分布均匀，可直接进行扇区划分，同时无须考虑谐波空间分量 (已通过基波空间矢量合成抑制为零)，因此容错开关表的优化原则为：通过在 α-β 平面上的矢量选择来减小转矩脉动。具体步骤如下。

(1) 将 α-β 基波子空间划分成 8 个扇形区间扇区序列号 sector1=1，2，$\cdots$，8，如图 8.5 所示。

(2) 判断定子磁链矢量 $\psi_{\rm s}$ 在 α-β 波子空间所处的扇区 sector1，并根据转矩误差 $\Delta T_{\rm e}$ 和定子磁链误差 $\Delta\psi_{\rm s}$ 的状态，确定合适的空间电压矢量，实现对转矩和定子磁链的控制。

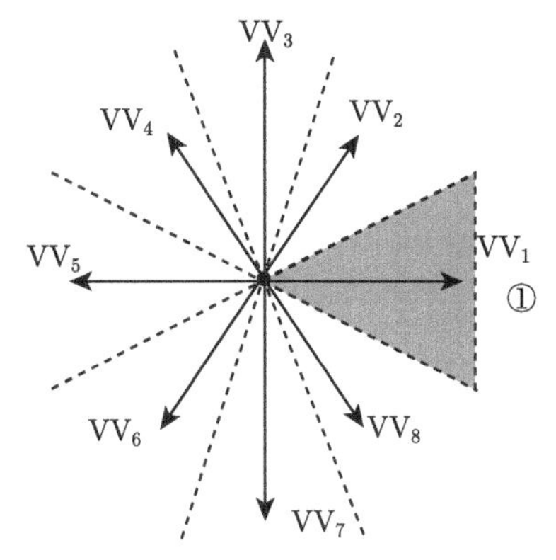

图 8.5 单虚拟电压矢量扇区分布

各扇区磁链及转矩控制原则同单矢量控制一致，其控制框图如图 8.6 所示，因为 y 轴所在谐波子空间中谐波已抑制为零，所以无须对其进行判断。VV_s 开关表如表 8.4 所示。

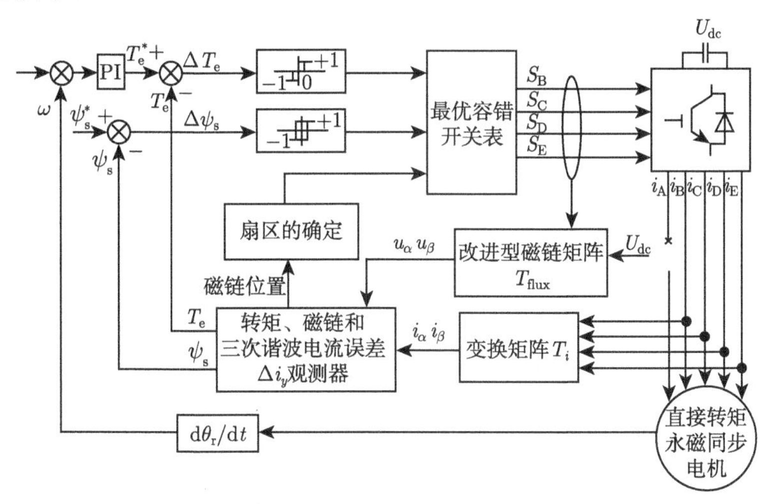

图 8.6 基于 VV_s 的磁链改进型容错直接转矩控制框图

表 8.4 VV_s 开关表

$\Delta\psi_s$	ΔT	定子磁链位置 (矢量)							
		1	2	3	4	5	6	7	8
1	1	2	3	4	5	6	7	8	1
	−1	8	1	2	3	4	5	6	7
	0	0	9	0	9	0	9	0	9
−1	1	4	5	6	7	8	1	2	3
	−1	6	7	8	1	2	3	4	5
	0	9	0	9	0	9	0	9	0

8.5　仿真分析与实验验证

8.5.1　仿真分析

对提出的基于最优容错开关表的磁链改进型容错直接转矩控制可行性进行仿真分析，如图 8.7 所示。其中，图 8.7(a) 和 (c) 为幅值相等原则下的电流波形，可以看出，A 相开路故障后，剩余相电流幅值相等，相位满足理论分析，且 $\alpha\beta y$ 轴电流的幅值和相位关系也均满足要求。图 8.7(b) 和 (d) 为铜耗相等原则下的电流波形，经分析可知，同样满足理论分析。

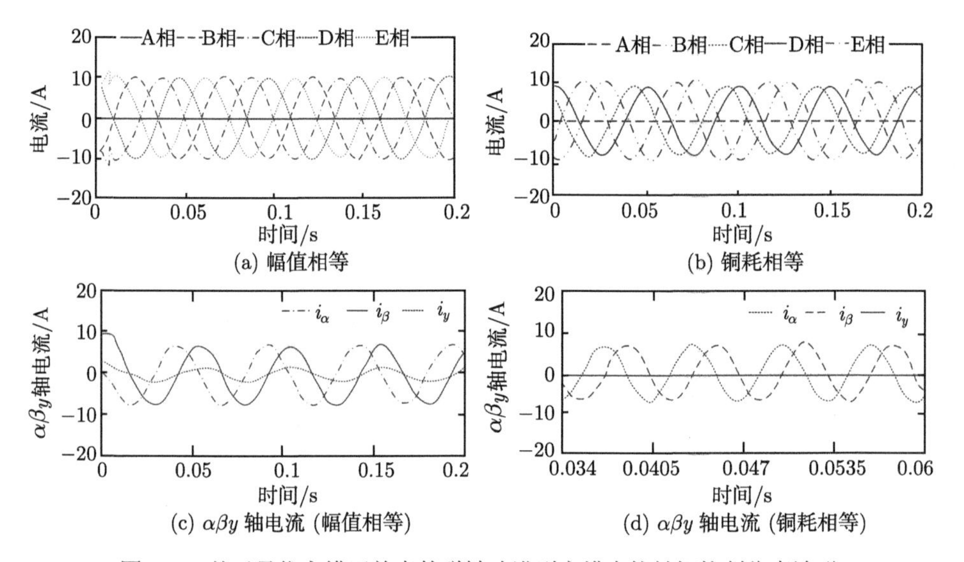

图 8.7　基于最优容错开关表的磁链改进型容错直接转矩控制仿真波形

8.5.2　实验验证

对提出的基于最优容错开关表的磁链改进型容错直接转矩控制可行性进行实验验证，图 8.8 为正常运行到故障运行下的转矩与定子相电流波形，相比于正常运行，当 A 相发生开路故障时，定子相电流幅值降低，波形畸变较大，转矩脉动较大。

基于最优容错开关表的磁链改进型容错直接转矩控制实验的定子电流优化原则采用的是幅值相等原则。五相永磁容错电机从正常到容错运行的定子相电流波形和转矩波形如图 8.9 所示，Zoom1 和 Zoom2 中分别是正常和容错运行时的放大波形。由图 8.9 可见，与正常运行相比，当 A 相发生开路故障且所提出的磁链改进型容错直接转矩控制策略启动后，电机输出转矩几乎保持不变，转矩脉动没有明显增加，B 相电流幅值增加为原来的 1.382 倍，D 相电流幅值也增加为原来的 1.382 倍，二者相位相差 180°，且相电流波形的正弦度较好，和理论分析相符。

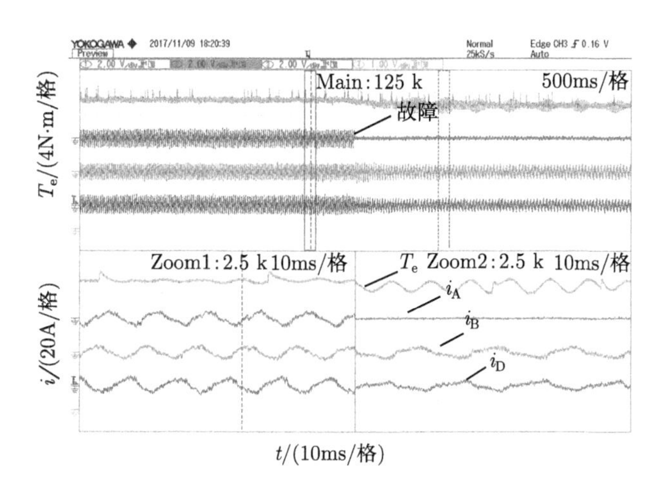

图 8.8　正常到故障运行时定子电流和转矩波形

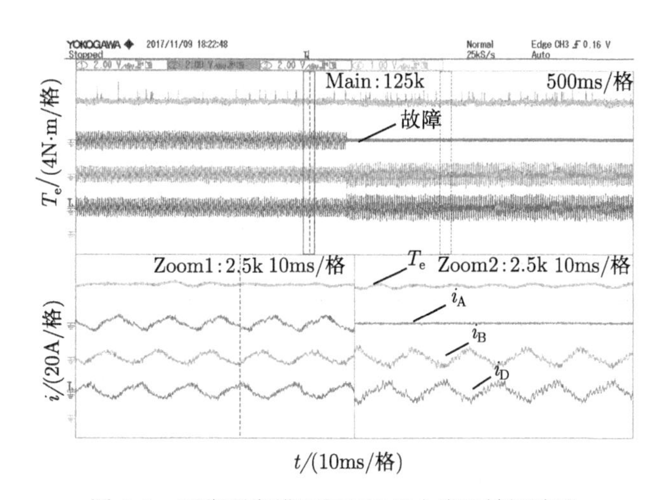

图 8.9　正常到容错运行时定子电流和转矩波形

图 8.10 为正常到容错运行时 A 相定子电流和 $\alpha\beta$ 磁链波形，容错情况下，β 轴上的磁链与正常情况下一样，在幅值和相角上均保持不变，α 轴上的磁链幅值变为正常情况下的 60%，相角仍然连续，符合磁链改进型容错直接转矩控制的理论分析。如图 8.11 所示，容错情况下，α-β 坐标系上的电流波形为正弦且幅值和正常情况下相同，与理论分析相符。

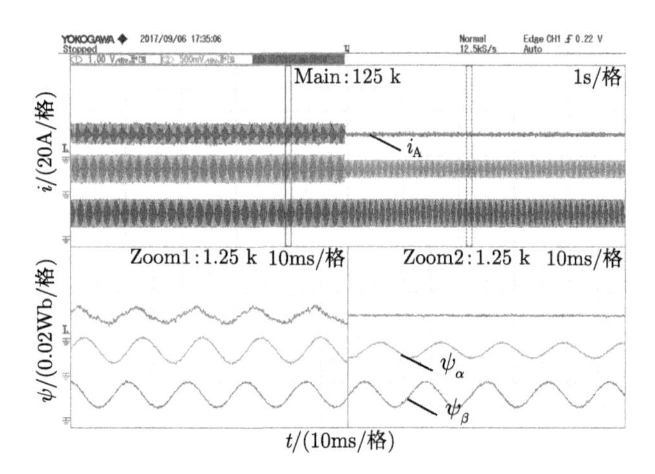

图 8.10　正常到容错运行时 A 相电流和 $\alpha\beta$ 磁链波形

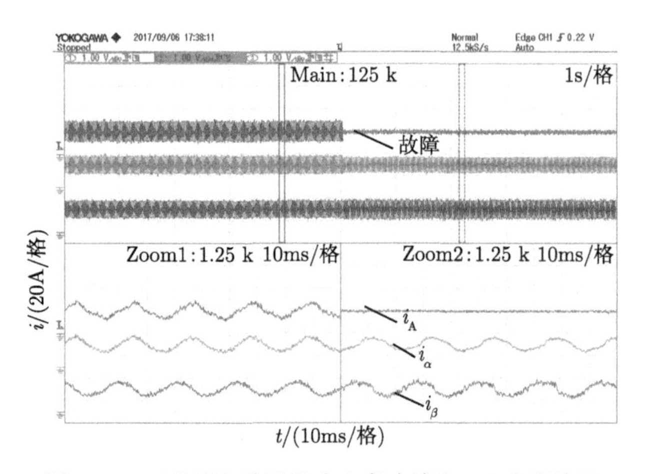

图 8.11　正常到容错运行时 A 相电流和 $\alpha\beta$ 电流波形

图 8.12 为容错运行时 α-β 基波子空间和 x-y 子空间下的电流轨迹，α-β 基波子空间的电流轨迹为圆形，x-y 子空间下的电流轨迹为椭圆形。y 轴电流幅值为 x 轴电流的 23.6%，也为 β 轴电流幅值的 23.6%，符合幅值相等原则下定子电流的优化特征，x 轴电流幅值与 α 轴电流幅值一样，符合容错控制下 α 轴电流与 x 轴电流的固定耦合关系。

正常和容错运行情况下转速阶跃时五相永磁容错电机的动态性能对比如图 8.13(a) 和 (b) 所示。无论在正常运行下还是容错运行下，转速的阶跃响应时间为 500 ms，响应时间几乎一致。可见，在转速阶跃过程中，本章提出的基于最优容错开关表的磁链改进型容错直接转矩控制可以保持与正常运行时一样的动态性能。

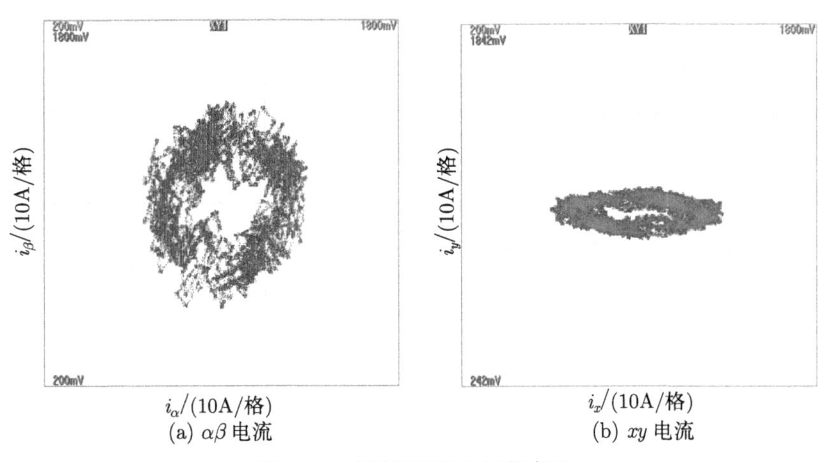

(a) $\alpha\beta$ 电流 (b) xy 电流

图 8.12 容错运行时电流波形

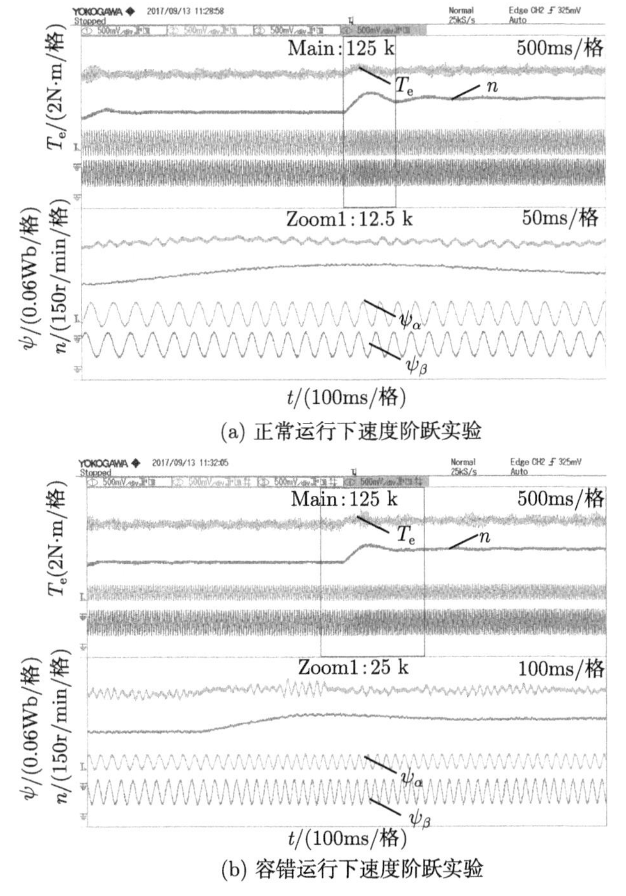

(a) 正常运行下速度阶跃实验

(b) 容错运行下速度阶跃实验

图 8.13 正常运行和容错运行下的转速阶跃实验

8.6　本章小结

本章对故障后的 Clarke 变换矩阵进行深入的分析和研究，分别从考虑剩余相电流和为 0，考虑 i_α 与 i_x 固定耦合关系和考虑磁链 Clarke 改进三方面对开路故障后的不对称数学模型进行重构，实现容错直接转矩控制。然后基于改进型磁链 Clarke 变换矩阵，求解出静止坐标系下的三次谐波电流的给定值，并重新设计了新型磁链观测器，同时通过最优单矢量和虚拟电压矢量开关表实现转矩和定子磁链的优化控制。

参考文献

[1] Bermudez M, Gonzalez-Prieto I, Barrero F, et al. An experimental assessment of open-phase fault-tolerant virtual-vector-based direct torque control in five-phase induction motor drives[J]. IEEE Transactions on Power Electronics, 2017, 33(3): 2774-2784.

[2] 王秀和. 永磁电机 [M]. 2 版. 北京: 中国电力出版社, 2011.

[3] Guzman H, Duran M J, Barrero F, et al. Speed control of five-phase induction motors with integrated open-phase fault operation using model-based predictive current control techniques[J]. IEEE Transactions on Industrial Electronics, 2013, 61(9): 4474-4484.

[4] 刘国海, 高猛虎, 周华伟, 等. 五相永磁同步电机磁链改进型容错直接转矩控制[J]. 中国电机工程学报, 2019, 39(2): 359-365,633.

[5] Bermudez M, Gonzalez-Prieto I, Barrero F, et al. Open-phase fault-tolerant direct torque control technique for five-phase induction motor drives[J]. IEEE Transactions on Industrial Electronics, 2017, 64(2): 902-911.

第 9 章 基于模型预测的容错控制策略

9.1 引　　言

模型预测控制 (MPC) 因其思想简单、响应速度快以及易于在线实现等优点成为继矢量控制和直接转矩控制之后的新一代控制技术 [1-3]。研究基于模型预测控制的容错控制算法具有重要意义。本章主要是结合前面内容的理论分析，根据不同的容错运行工况，对模型预测控制中的关键环节进行分析。

9.2 控制结构重构

9.2.1 降阶变换矩阵的确定

1. 单相开路故障

根据前面内容理论分析得到容错状态的各相电流为

$$\begin{cases} i_{\mathrm{B}} = 1.382 I_{\mathrm{m}} \cos(\theta_{\mathrm{e}} - 0.5\alpha) \\ i_{\mathrm{C}} = 1.382 I_{\mathrm{m}} \cos(\theta_{\mathrm{e}} - 2\alpha) \\ i_{\mathrm{D}} = 1.382 I_{\mathrm{m}} \cos(\theta_{\mathrm{e}} - 3\alpha) \\ i_{\mathrm{E}} = 1.382 I_{\mathrm{m}} \cos(\theta_{\mathrm{e}} - 4.5\alpha) \end{cases} \tag{9.1}$$

将电流表达式用 d-q 轴电流的形式表示为

$$\begin{bmatrix} i_{\mathrm{B}} \\ i_{\mathrm{C}} \\ i_{\mathrm{D}} \\ i_{\mathrm{E}} \end{bmatrix} = 1.382 \begin{bmatrix} \cos(0.5\alpha) & \sin(0.5\alpha) \\ \cos(2\alpha) & \sin(2\alpha) \\ \cos(3\alpha) & \sin(3\alpha) \\ \cos(4.5\alpha) & \sin(4.5\alpha) \end{bmatrix} \begin{bmatrix} \cos\theta_{\mathrm{e}} & -\sin\theta_{\mathrm{e}} \\ \sin\theta_{\mathrm{e}} & \cos\theta_{\mathrm{e}} \end{bmatrix} \begin{bmatrix} i_d \\ i_q \end{bmatrix} \tag{9.2}$$

对于 Y 形连接的五相电机系统而言，当 A 相绕组发生开路故障以后，电机可控自由度为 3。其中，两个自由度可以分布到 α-β 子空间。为了保证控制的精准性，需要对另一个自由度进行控制，同时为了保证系统的解耦性，该自由度所在子空间必须与 α-β 子空间正交。

首先根据式 (9.2) 定义两个向量基:

$$\left\{\begin{array}{l} T_1 = \left[\begin{array}{cccc} \dfrac{\cos(0.5\alpha)}{3.618} & \dfrac{\cos(2\alpha)}{3.618} & \dfrac{\cos(3\alpha)}{3.618} & \dfrac{\cos(4.5\alpha)}{3.618} \end{array}\right] \\ T_2 = \left[\begin{array}{cccc} \dfrac{\sin(0.5\alpha)}{1.91} & \dfrac{\sin(2\alpha)}{1.91} & \dfrac{\sin(3\alpha)}{1.91} & \dfrac{\sin(4.5\alpha)}{1.91} \end{array}\right] \end{array}\right. \tag{9.3}$$

第三个自由度所在子空间定义为 z 子空间，且满足如下约束条件:

$$\left\{\begin{array}{l} T_1 Z_1^{\mathrm{T}} = T_2 Z_1^{\mathrm{T}} = 0 \\ Z_1 I_{\mathrm{s}} = 0 \end{array}\right. \tag{9.4}$$

为了保证矩阵的可逆性，求出正交降阶变换矩阵为 [4]

$$T_{\text{Clarke}}^{\mathrm{A}} = \left[\begin{array}{cccc} \cos(0.5\alpha)/3.618 & \cos(2\alpha)/3.618 & \cos(3\alpha)/3.618 & \cos(4.5\alpha)/3.618 \\ \sin(0.5\alpha)/1.91 & \sin(2\alpha)/1.91 & \sin(3\alpha)/1.91 & \sin(4.5\alpha)/1.91 \\ \sin\alpha/5 & \sin(4\alpha)/5 & \sin(6\alpha)/5 & \sin(9\alpha)/5 \\ 1 & 1 & 1 & 1 \end{array}\right] \tag{9.5}$$

此时 Park 变换矩阵为

$$T_{\text{Park}}^{1} = \left[\begin{array}{cccc} \cos\theta_{\mathrm{e}} & \sin\theta_{\mathrm{e}} & 0 & 0 \\ -\sin\theta_{\mathrm{e}} & \cos\theta_{\mathrm{e}} & 0 & 0 \\ 0 & 0 & 1 & 0 \\ 0 & 0 & 0 & 1 \end{array}\right] \tag{9.6}$$

2. 两相开路故障

当电机发生相邻两相开路时，假设故障相为 CD 相，根据前面内容理论分析，得到容错状态的各相电流为

$$\left\{\begin{array}{l} i_{\mathrm{A}} = 3.618 I_{\mathrm{m}} \cos\theta_{\mathrm{e}} \\ i_{\mathrm{B}} = 2.236 I_{\mathrm{m}} \cos(\theta_{\mathrm{e}} - 0.8\pi) \\ i_{\mathrm{E}} = 2.236 I_{\mathrm{m}} \cos(\theta_{\mathrm{e}} + 0.8\pi) \end{array}\right. \tag{9.7}$$

将电流表达式用 d-q 轴电流的形式表示为

$$\left[\begin{array}{c} i_{\mathrm{A}} \\ i_{\mathrm{B}} \\ i_{\mathrm{E}} \end{array}\right] = \left[\begin{array}{cc} 3.618 & 0 \\ 2.236\cos(0.8\pi) & 2.236\sin(0.8\pi) \\ 2.236\cos(0.8\pi) & -2.236\sin(0.8\pi) \end{array}\right] \left[\begin{array}{cc} \cos\theta_{\mathrm{e}} & -\sin\theta_{\mathrm{e}} \\ \sin\theta_{\mathrm{e}} & \cos\theta_{\mathrm{e}} \end{array}\right] \left[\begin{array}{c} i_d \\ i_q \end{array}\right] \tag{9.8}$$

为了保证变换矩阵的正交性，故障后 Clarke 变换矩阵可以修正为 [5]

$$T_{\text{Clarke}}^{\text{CD}} = \frac{2}{5}\begin{bmatrix} 1-0.539 & \cos\alpha-0.539 & \cos(4\alpha)-0.539 \\ 0 & \sin\alpha & \sin 4\alpha \\ 1 & 1 & 1 \end{bmatrix} \tag{9.9}$$

此时，Park 变换矩阵为

$$T_{\text{Park}}^{2} = \begin{bmatrix} \cos\theta_{\text{e}} & \sin\theta_{\text{e}} & 0 \\ -\sin\theta_{\text{e}} & \cos\theta_{\text{e}} & 0 \\ 0 & 0 & 1 \end{bmatrix} \tag{9.10}$$

同理可得，当非相邻两相开路故障发生在 BE 相求解得到容错状态下的各相电流为

$$\begin{cases} i_{\text{A}} = 1.382 I_{\text{m}} \cos\theta_{\text{e}} \\ i_{\text{C}} = 2.236 I_{\text{m}} \cos(\theta_{\text{e}} - 0.6\pi) \\ i_{\text{D}} = 2.236 I_{\text{m}} \cos(\theta_{\text{e}} + 0.6\pi) \end{cases} \tag{9.11}$$

将电流表达式用 d-q 轴电流的形式表示为

$$\begin{bmatrix} i_{\text{A}} \\ i_{\text{C}} \\ i_{\text{D}} \end{bmatrix} = \begin{bmatrix} 1.382 & 0 \\ 2.236\cos(0.6\pi) & 2.236\sin(0.6\pi) \\ 2.236\cos(0.6\pi) & -2.236\sin(0.6\pi) \end{bmatrix} \begin{bmatrix} \cos\theta_{\text{e}} & -\sin\theta_{\text{e}} \\ \sin\theta_{\text{e}} & \cos\theta_{\text{e}} \end{bmatrix} \begin{bmatrix} i_d \\ i_q \end{bmatrix} \tag{9.12}$$

故障后 Clarke 变换矩阵可以修正为

$$T_{\text{Clarke}}^{\text{BE}} = \frac{2}{5}\begin{bmatrix} 1-0.206 & \cos\alpha-0.206 & \cos(4\alpha)-0.206 \\ 0 & \sin\alpha & \sin 4\alpha \\ 1 & 1 & 1 \end{bmatrix} \tag{9.13}$$

此时，Park 变换矩阵为

$$T_{\text{Park}}^{2} = \begin{bmatrix} \cos\theta_{\text{e}} & \sin\theta_{\text{e}} & 0 \\ -\sin\theta_{\text{e}} & \cos\theta_{\text{e}} & 0 \\ 0 & 0 & 1 \end{bmatrix} \tag{9.14}$$

9.2.2 故障下的数学模型

1. 单相开路故障

以五相永磁容错电机为例，当 A 相发生开路故障时，剩余各相定子电压方程为

$$V_{\text{s1}} = R I_{\text{s1}} + \frac{\mathrm{d}}{\mathrm{d}t}\left(L_{\text{s}} I_{\text{s1}} + \psi_{\text{m}}^{\text{A}}\right) \tag{9.15}$$

式中，V_{s1}、L_s、I_{s1}、ψ_m^A 分别是 A 相开路故障下的定子电压向量、电感矩阵、容错电流以及磁链向量。其中 ψ_m^A 可以表示为

$$\psi_m^A = \begin{bmatrix} \psi_B \\ \psi_C \\ \psi_D \\ \psi_E \end{bmatrix} = \psi_f \begin{bmatrix} \cos(\theta_e - \alpha) \\ \cos(\theta_e - 2\alpha) \\ \cos(\theta_e - 3\alpha) \\ \cos(\theta_e - 4\alpha) \end{bmatrix} \tag{9.16}$$

此时五相永磁容错电机剩余各相的空载反电势可以表示为

$$E_s^A = \begin{bmatrix} e_B \\ e_C \\ e_D \\ e_E \end{bmatrix} = -\omega_e \psi_f \begin{bmatrix} \sin(\theta_e - \alpha) \\ \sin(\theta_e - 2\alpha) \\ \sin(\theta_e - 3\alpha) \\ \sin(\theta_e - 4\alpha) \end{bmatrix} \tag{9.17}$$

利用重新构建的 Clarke 和 Park 变换矩阵，计算得到 A 相开路后，旋转空间下的定子电压方程为

$$V_{dqz0} = T_{\text{Park}}^1 T_{\text{Clarke}}^A V_{s1} = RI_{dqz0} + T_{\text{Park}}^1 T_{\text{Clarke}}^A \frac{\mathrm{d}(L_s I_{s1})}{\mathrm{d}t} + T_{\text{Park}}^1 T_{\text{Clarke}}^A \frac{\mathrm{d}\psi_m^A}{\mathrm{d}t} \tag{9.18}$$

根据式 (9.18)，旋转空间下的空载反电势可以表示为

$$E_{dqz0} = \begin{bmatrix} e_d \\ e_q \\ e_z \\ e_0 \end{bmatrix} = T_{\text{Park}}^1 T_{\text{Clarke}}^A \cdot \omega_e \psi_f \begin{bmatrix} -\sin(\theta_e - \alpha) \\ -\sin(\theta_e - 2\alpha) \\ -\sin(\theta_e - 3\alpha) \\ -\sin(\theta_e - 4\alpha) \end{bmatrix} \tag{9.19}$$

式中

$$T_{\text{Park}}^1 T_{\text{Clarke}}^A \begin{bmatrix} -\sin(\theta_e - \alpha) \\ -\sin(\theta_e - 2\alpha) \\ -\sin(\theta_e - 3\alpha) \\ -\sin(\theta_e - 4\alpha) \end{bmatrix} = T_{\text{Park}}^1 \begin{bmatrix} -0.5\sin\theta_e \\ 0.9471\cos\theta_e \\ 0.1382\cos\theta_e \\ \sin\theta_e \end{bmatrix} = \begin{bmatrix} 0.4471\sin\theta_e\cos\theta_e \\ 0.4471\cos^2\theta_e + 0.5 \\ 0.1382\cos\theta_e \\ \sin\theta_e \end{bmatrix} \tag{9.20}$$

考虑到构建的矩阵无法保证反电势在变换后同正常工况一致，因此，重构五相永磁容错电机的各相电压方程：

$$\begin{cases} V_B^* = V_B - e_B \\ V_C^* = V_C - e_C \\ V_D^* = V_D - e_D \\ V_E^* = V_E - e_E \end{cases} \tag{9.21}$$

最终可得五相永磁容错电机在旋转坐标系下的电压方程：

$$\begin{cases} v_d^* = i_d R_\mathrm{s} + L_d \dfrac{\mathrm{d}i_d}{\mathrm{d}t} - \omega_\mathrm{e} L_q i_q \\ v_q^* = i_q R_\mathrm{s} + L_q \dfrac{\mathrm{d}i_q}{\mathrm{d}t} + \omega_\mathrm{e} L_d i_d \\ v_z^* = i_z R_\mathrm{s} + L_z \dfrac{\mathrm{d}i_z}{\mathrm{d}t} \\ v_0^* = 0 \end{cases} \tag{9.22}$$

此时，转矩方程为

$$T_\mathrm{e} = \frac{5}{2} p \left(\psi_\mathrm{f} i_q + (L_d - L_q) i_d i_q\right) + 0.955 p \psi_\mathrm{f} i_z \cos\theta_\mathrm{e} \tag{9.23}$$

从式 (9.23) 可以看出，转矩表达式包括两个部分，前半部分同正常工况一致，因此在控制中，只需保证故障前后 d-q 轴给定电流不变，即可保证输出的平均转矩不变；后半部分可以看作一个交流的脉动量，为了避免该交流项产生转矩脉动，通过控制 z 轴电流为零，即可消除脉动影响。

2. 两相开路故障

当 CD 相发生开路故障时，五相 IPMSM 定子电压方程为

$$V_\mathrm{s2} = R I_\mathrm{s2} + \frac{\mathrm{d}}{\mathrm{d}t}\left(L_\mathrm{s} I_\mathrm{s2} + \psi_\mathrm{m}^\mathrm{CD}\right) \tag{9.24}$$

式中，V_s2、L_s、I_s2、$\psi_\mathrm{m}^\mathrm{CD}$ 分别是 CD 相开路故障下的定子电压、电感矩阵、容错电流以及磁链向量。其中 $\psi_\mathrm{m}^\mathrm{CD}$ 可以表示为

$$\psi_\mathrm{m}^\mathrm{CD} = \begin{bmatrix} \psi_\mathrm{A} \\ \psi_\mathrm{B} \\ \psi_\mathrm{E} \end{bmatrix} = \psi_\mathrm{f} \begin{bmatrix} \cos\theta_\mathrm{e} \\ \cos(\theta_\mathrm{e} - \alpha) \\ \cos(\theta_\mathrm{e} - 4\alpha) \end{bmatrix} \tag{9.25}$$

利用重新构建的 Clarke 和 Park 变换矩阵，计算得到 CD 相开路后，d-q 轴下的定子电压方程为

$$V_{dq0} = T_\mathrm{Park}^2 T_\mathrm{Clarke}^\mathrm{CD} U_\mathrm{s2} = R I_{dq0} + T_\mathrm{Park}^2 T_\mathrm{Clarke}^\mathrm{CD} \frac{\mathrm{d}(L_\mathrm{s} I_\mathrm{s2})}{\mathrm{d}t} + T_\mathrm{Park}^2 T_\mathrm{Clarke}^\mathrm{CD} \frac{\mathrm{d}\psi_\mathrm{m}^\mathrm{CD}}{\mathrm{d}t} \tag{9.26}$$

根据式 (9.26)，空载反电势可以表示为

$$E_{dq0} = \begin{bmatrix} e_d \\ e_q \\ e_0 \end{bmatrix} = T_\mathrm{Park}^2 T_\mathrm{Clarke}^\mathrm{CD} \cdot \omega_\mathrm{e} \psi_\mathrm{f} \begin{bmatrix} -\sin\theta_\mathrm{e} \\ -\sin(\theta_\mathrm{e} - \alpha) \\ -\sin(\theta_\mathrm{e} - 4\alpha) \end{bmatrix} \tag{9.27}$$

式中

$$T_{\text{Park}}^{2} T_{\text{Clarke}}^{\text{CD}} \begin{bmatrix} -\sin\theta_{\text{e}} \\ -\sin(\theta_{\text{e}}-\alpha) \\ -\sin(\theta_{\text{e}}-4\alpha) \end{bmatrix} = 0.4 T_{\text{Park}}^{2} \begin{bmatrix} -0.3183\sin\theta_{\text{e}} \\ 1.809\cos\theta_{\text{e}} \\ -1.618\sin\theta_{\text{e}} \end{bmatrix}$$

$$= 0.4 \begin{bmatrix} 1.4907\sin\theta_{\text{e}}\cos\theta_{\text{e}} \\ 1.4907\cos^2\theta_{\text{e}} + 0.3183 \\ -1.618\sin\theta_{\text{e}} \end{bmatrix} \tag{9.28}$$

根据单相开路故障的分析情况对五相永磁容错电机的各相电压进行重构，最终可得旋转坐标系下的电压方程为

$$\begin{cases} v_d^* = i_d R_{\text{s}} + L_d \dfrac{\mathrm{d}i_d}{\mathrm{d}t} - \omega_{\text{e}} L_q i_q \\ v_q^* = i_q R_{\text{s}} + L_q \dfrac{\mathrm{d}i_q}{\mathrm{d}t} + \omega_{\text{e}} L_d i_d \\ v_z^* = 0 \end{cases} \tag{9.29}$$

转矩方程为

$$T_{\text{e}} = \frac{5}{2} P \left(i_q \psi_{\text{f}} + i_d i_q \left(L_d - L_q \right) \right) \tag{9.30}$$

同理，分析计算得到 BE 相开路时旋转坐标系下的电压方程为

$$\begin{cases} v_d^* = i_d R_{\text{s}} + L_d \dfrac{\mathrm{d}i_d}{\mathrm{d}t} - \omega_{\text{e}} L_q i_q \\ v_q^* = i_q R_{\text{s}} + L_q \dfrac{\mathrm{d}i_q}{\mathrm{d}t} + \omega_{\text{e}} L_d i_d \\ v_z^* = 0 \end{cases} \tag{9.31}$$

转矩方程为

$$T_{\text{e}} = \frac{5}{2} P \left(i_q \psi_{\text{f}} + i_d i_q \left(L_d - L_q \right) \right) \tag{9.32}$$

由式 (9.30) 和式 (9.32) 可知，只要保证给定的交直轴电流同正常工况一致，即可得到平稳的输出转矩，且平均转矩不变。

9.3 故障控制集

9.3.1 基本控制集

1. 单相开路故障

当五相 IPMSM 的 A 相绕组发生开路故障时，A 相绕组对应的逆变器桥臂不再为电机提供驱动电压，此时逆变器仅有四个桥臂正常运行。为了保证故障后

依然能够保持正常的供电状态，需要对逆变器的供电方式进行调整，即重新构建逆变器所提供的空间电压矢量，包括它的数量、幅值和相位。

当电机 A 相绕组发生开路时，剩余各相定子相电压可以表示为 [6]

$$\begin{cases} V_{\mathrm{B}} = V_{\mathrm{BN'}} + V_{\mathrm{N'N}} = \dfrac{V_{\mathrm{dc}}}{2}(2S_{\mathrm{B}} - 1) + V_{\mathrm{N'N}} \\ V_{\mathrm{C}} = V_{\mathrm{CN'}} + V_{\mathrm{N'N}} = \dfrac{V_{\mathrm{dc}}}{2}(2S_{\mathrm{C}} - 1) + V_{\mathrm{N'N}} \\ V_{\mathrm{D}} = V_{\mathrm{DN'}} + V_{\mathrm{N'N}} = \dfrac{V_{\mathrm{dc}}}{2}(2S_{\mathrm{D}} - 1) + V_{\mathrm{N'N}} \\ V_{\mathrm{E}} = V_{\mathrm{EN'}} + V_{\mathrm{N'N}} = \dfrac{V_{\mathrm{dc}}}{2}(2S_{\mathrm{E}} - 1) + V_{\mathrm{N'N}} \end{cases} \tag{9.33}$$

由各相电压和为零可得

$$V_{\mathrm{NN'}} + \frac{V_{\mathrm{dc}}}{2} = \frac{V_{\mathrm{dc}}}{4}(S_{\mathrm{B}} + S_{\mathrm{C}} + S_{\mathrm{D}} + S_{\mathrm{E}}) + \frac{1}{4}V_{\mathrm{A}} \tag{9.34}$$

利用构建的 Clarke 变换矩阵，可以得到 α-β 子空间和 z 子空间下的电压矢量计算公式：

$$\begin{bmatrix} v_\alpha \\ v_\beta \\ v_z \end{bmatrix} = T_{\mathrm{Clarke}}^{\mathrm{A}} \begin{bmatrix} V_{\mathrm{B}} \\ V_{\mathrm{C}} \\ V_{\mathrm{D}} \\ V_{\mathrm{E}} \end{bmatrix} = \begin{bmatrix} 0.2236V_{\mathrm{dc}}(S_{\mathrm{B}} - S_{\mathrm{C}} - S_{\mathrm{D}} + S_{\mathrm{E}}) \\ 0.3077V_{\mathrm{dc}}(S_{\mathrm{B}} + S_{\mathrm{C}} - S_{\mathrm{D}} - S_{\mathrm{E}}) \\ 0.1902V_{\mathrm{dc}}(S_{\mathrm{B}} - S_{\mathrm{C}} + S_{\mathrm{D}} - S_{\mathrm{E}}) \end{bmatrix} \tag{9.35}$$

将逆变器的开关状态代入式 (9.35) 中，则得到 α-β 子空间和 z 子空间下的电压矢量，如表 9.1 和表 9.2 所示。

表 9.1 单相开路下 α-β 子空间电压矢量

电压矢量	幅值	S_{B}，S_{C}，S_{D}，S_{E}
V_{15}，V_0，V_{10}，V_5	0	1111，0000，1010，0101
V_8，V_{13}，V_4，V_{14}	$0.3804V_{\mathrm{dc}}$	1000，1101，0100，1110
V_2，V_7，V_1，V_{11}		0010，0111，0001，1011
V_6，V_9	$0.4472V_{\mathrm{dc}}$	0110, 1001
V_3，V_{12}	$0.6145V_{\mathrm{dc}}$	0011，1100

表 9.2 单相开路下 z 子空间电压矢量

电压矢量	幅值	S_{B}，S_{C}，S_{D}，S_{E}
V_0，V_3，V_6	0	0000, 0011, 0110
V_9，V_{12}，V_{15}		1001，1100，1111
V_1，V_4，V_7，V_{13}	$0.1902V_{\mathrm{dc}}$	0001，0100，0111，1101
V_2，V_8，V_{11}，V_{14}		0010，1000，1011，1110
V_5，V_{10}	$0.3804V_{\mathrm{dc}}$	0101，1010

将表 9.1 和表 9.2 中各个矢量的幅值和相位用坐标系的方式给出，得到相应的空间电压矢量分布图，如图 9.1 所示。需要说明的是，虽然开关矢量 V_5 和 V_{10} 的幅值为零，但是根据两个电压矢量的开关状态可知，它们并不是真正的零矢量，因此，在选择有效开关矢量时对其进行了放弃。另外，考虑到开关矢量 V_8 和 V_{13}，V_4 和 V_{14}，V_2 和 V_7，V_1 和 V_{11} 分别具有相同的效果，为了降低逆变器的开关频率和计算量，仅选择 V_8、V_4、V_2、V_1、V_9、V_{12}、V_6 和 V_3 作为有效矢量。

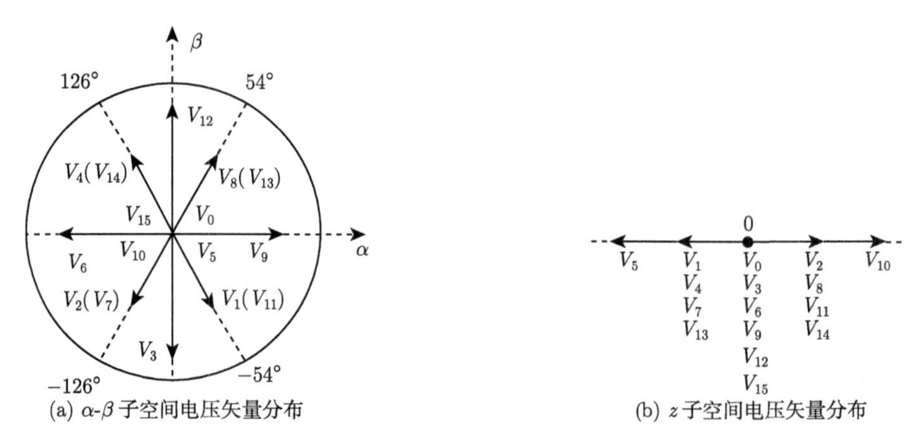

(a) α-β 子空间电压矢量分布　　(b) z 子空间电压矢量分布

图 9.1　单相开路下空间电压矢量分布图 (一)

2. 两相开路故障

对于五相永磁容错电机来说，两相开路故障的类型主要分为相邻两相开路和不相邻两相开路，前面内容已经通过数学建模说明了两种情况的相似性，因此这两种工况下的逆变器运行分析也比较接近。

1) 相邻两相开路故障

假设 CD 相绕组发生开路故障，则剩余各相定子相电压表达式为

$$\begin{cases} V_{\mathrm{A}} = V_{\mathrm{AN'}} + V_{\mathrm{N'N}} = \dfrac{V_{\mathrm{dc}}}{2}(2S_{\mathrm{A}} - 1) + V_{\mathrm{N'N}} \\ V_{\mathrm{B}} = V_{\mathrm{BN'}} + V_{\mathrm{N'N}} = \dfrac{V_{\mathrm{dc}}}{2}(2S_{\mathrm{B}} - 1) + V_{\mathrm{N'N}} \\ V_{\mathrm{E}} = V_{\mathrm{EN'}} + V_{\mathrm{N'N}} = \dfrac{V_{\mathrm{dc}}}{2}(2S_{\mathrm{E}} - 1) + V_{\mathrm{N'N}} \end{cases} \tag{9.36}$$

由各相电压和为零可得

$$V_{\mathrm{NN'}} + \frac{V_{\mathrm{dc}}}{2} = \frac{V_{\mathrm{dc}}}{3}(S_{\mathrm{A}} + S_{\mathrm{B}} + S_{\mathrm{E}}) + \frac{1}{3}(V_{\mathrm{C}} + V_{\mathrm{D}}) \tag{9.37}$$

利用所构建的 Clarke 变换矩阵，可以得到 α-β 子空间的电压矢量计算公式：

$$\begin{bmatrix} V_\alpha \\ V_\beta \end{bmatrix} = T_{\text{Clarke}}^{\text{CD}} \begin{bmatrix} V_{\text{A}} \\ V_{\text{B}} \\ V_{\text{E}} \end{bmatrix} = \begin{bmatrix} 0.0920V_{\text{dc}}(2S_{\text{A}} - S_{\text{B}} - S_{\text{E}}) \\ 0.3805V_{\text{dc}}(S_{\text{B}} - S_{\text{E}}) \end{bmatrix} \tag{9.38}$$

将逆变器的开关状态代入式 (9.38) 中，则得到 α-β 子空间下的电压矢量，如表 9.3 所示。图 9.2 给出了相应的空间电压矢量分布图。

表 9.3 相邻两相开路下电压矢量

电压矢量	幅值	S_{A}，S_{B}，S_{E}
V_7，V_0	0	111，000
V_1，V_2，V_5，V_6	$0.3915V_{\text{dc}}$	001，010，101，110
V_3，V_4	$0.1804V_{\text{dc}}$	011，100

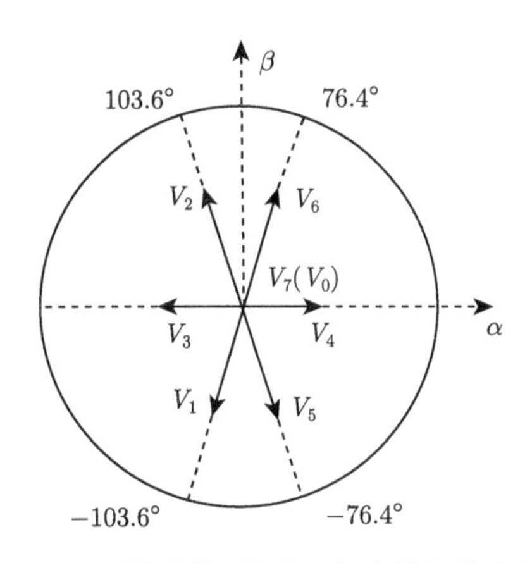

图 9.2 相邻两相开路下空间电压矢量分布图

2) 不相邻两相开路故障

假设 BE 相绕组发生开路故障，则剩余各相定子相电压表达式为

$$\begin{cases} V_{\text{A}} = V_{\text{AN}'} + V_{\text{N}'\text{N}} = \dfrac{V_{\text{dc}}}{2}(2S_{\text{A}} - 1) + V_{\text{N}'\text{N}} \\ V_{\text{C}} = V_{\text{CN}'} + V_{\text{N}'\text{N}} = \dfrac{V_{\text{dc}}}{2}(2S_{\text{C}} - 1) + V_{\text{N}'\text{N}} \\ V_{\text{D}} = V_{\text{DN}'} + V_{\text{N}'\text{N}} = \dfrac{V_{\text{dc}}}{2}(2S_{\text{D}} - 1) + V_{\text{N}'\text{N}} \end{cases} \tag{9.39}$$

由各相电压和为零可得

$$V_{\text{NN}'} + \frac{V_{\text{dc}}}{2} = \frac{V_{\text{dc}}}{3}(S_{\text{A}} + S_{\text{C}} + S_{\text{D}}) + \frac{1}{3}(V_{\text{B}} + V_{\text{E}}) \tag{9.40}$$

利用构建的 Clarke 变换矩阵，可以得到 α-β 子空间的电压矢量计算公式：

$$\begin{bmatrix} V_\alpha \\ V_\beta \end{bmatrix} = T_{\text{Clarke}}^{\text{CD}} \begin{bmatrix} V_{\text{A}} \\ V_{\text{C}} \\ V_{\text{D}} \end{bmatrix} = \begin{bmatrix} 0.2411U_{\text{dc}}(2S_{\text{A}} - S_{\text{C}} - S_{\text{D}}) \\ 0.2352U_{\text{dc}}(S_{\text{C}} - S_{\text{D}}) \end{bmatrix} \tag{9.41}$$

将逆变器的开关状态代入式 (9.41)，则得到 α-β 子空间下的电压矢量，如表 9.4 所示。图 9.3 给出了相应的空间电压矢量分布图。

表 9.4　不相邻两相开路下电压矢量

电压矢量	幅值	S_{A}，S_{C}，S_{D}
V_7，V_0	0	111，000
V_1，V_2，V_5，V_6	$0.3368V_{\text{dc}}$	001，010，101，110
V_3，V_4	$0.4822V_{\text{dc}}$	011，100

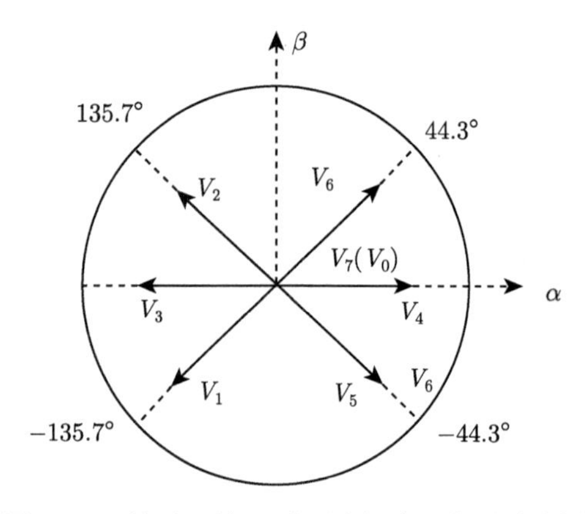

图 9.3　不相邻两相开路下空间电压矢量分布图

9.3.2　多矢量控制集

考虑到采用单矢量控制的精度较差，以及所构建矩阵无法保证故障后模型同正常工况一致，采用第 6 章构建的 Clarke 变换矩阵对故障后空间电压矢量进行计算，其矢量幅值以及分布图分别如表 9.5 和图 9.4 所示 [7]。

表 9.5　故障后各电压矢量

v_i	g_i	v_α	v_β	v_y
0	0000	0	0	0
1	0001	$0.2236V_{\text{dc}}$	$-0.3804V_{\text{dc}}$	$0.2351V_{\text{dc}}$
2	0010	$-0.2236V_{\text{dc}}$	$-0.2351V_{\text{dc}}$	$-0.3804V_{\text{dc}}$
3	0011	0	$-0.6155V_{\text{dc}}$	$-0.1453V_{\text{dc}}$
4	0100	$-0.2236V_{\text{dc}}$	$0.2351V_{\text{dc}}$	$0.3804V_{\text{dc}}$

续表

v_i	g_i	v_α	v_β	v_y
5	0101	0	$-0.1453V_{dc}$	$0.6155V_{dc}$
6	0110	$-0.4472V_{dc}$	0	0
7	0111	$-0.2236V_{dc}$	$-0.3804V_{dc}$	$0.2351V_{dc}$
8	1000	$0.2236V_{dc}$	$0.3804V_{dc}$	$-0.2351V_{dc}$
9	1001	$0.4472V_{dc}$	0	0
10	1010	0	$0.1453V_{dc}$	$-0.6155V_{dc}$
11	1011	$0.2236V_{dc}$	$-0.2351V_{dc}$	$-0.3804V_{dc}$
12	1100	0	$0.6155V_{dc}$	$0.1453V_{dc}$
13	1101	$0.2236V_{dc}$	$0.2351V_{dc}$	$0.3804V_{dc}$
14	1110	$-0.2236V_{dc}$	$0.3804V_{dc}$	$-0.2351V_{dc}$
15	1111	0	0	0

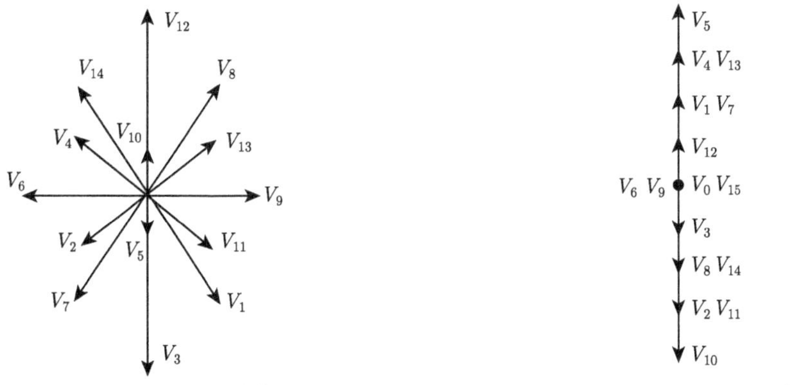

(a) α-β 子空间电压矢量分布

(b) z 子空间电压矢量分布

图 9.4 单相开路下空间电压矢量分布图 (二)

利用该矩阵求解得到的单相开路下空间电压矢量分布图同 SVPWM 中的分布一致，因此同样可以将虚拟电压矢量控制引入 MPC 控制中。同样利用 y 轴方向矢量合成为零的原则，对 α-β 空间的矢量进行组合，消除 y 方向上的谐波含量，其组合原理为

$$\mathrm{VV}_i(v_m, v_n) = K \cdot v_m + (1-K) \cdot v_n \tag{9.42}$$

式中，v_m 和 v_n 是表 9.5 中的两个基本矢量；K 是作用时间，各矢量作用时间比例关系如表 9.6 所示。

表 9.6 $\mathbf{VV_s}$ 的作用时间分配

作用时间	$\mathrm{VV_s}$							
VV_i	VV_1	VV_2	VV_3	VV_4	VV_5	VV_6	VV_7	VV_8
(m,n)	9	(13,8)	(10,12)	(4,14)	6	(2,7)	(5,3)	(11,1)
K	1	0.382	0.191	0.382	1	0.382	0.191	0.382
$1-K$	—	0.618	0.809	0.618	—	0.618	0.809	0.618

需要注意的是，v_9 和 v_6 的 y 向谐波电压为零，因此对应的 VV_1 和 VV_8 分别只包括 v_9 和 v_6。故障后合成的 $\mathrm{VV_s}$ 分布如图 9.5 所示。

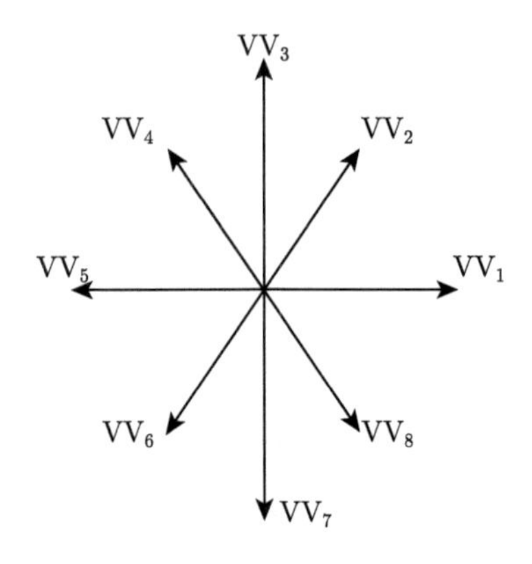

图 9.5 故障后合成的 $\mathrm{VV_s}$ 分布图

9.4 基于有限控制集模型预测的容错控制

9.4.1 基于单矢量的模型预测容错控制

9.2.2 节对五相永磁容错电机在正常以及开路故障下的数学模型进行了详细的推导，而模型的离散化是实现模型预测控制的重要步骤。模型离散化的实现方法有很多，常用的主要是前向欧拉法。下面将通过前面内容的理论分析，根据不同的运行工况，对模型预测控制中的关键环节进行讨论。

1. 预测模型

1) 单相开路故障

利用 9.2 节中的 Park 变换矩阵将式 (9.35) 中的电压方程变换到旋转坐标系下可得

$$\begin{bmatrix} v_d \\ v_q \\ v_z \end{bmatrix} = T_{\mathrm{Park}}^{1} \begin{bmatrix} v_\alpha \\ v_\beta \\ v_z \end{bmatrix} \tag{9.43}$$

由式 (9.21) 可知，此时逆变器输出各相电压在旋转坐标系下的表达式满足以下条件：

$$\begin{cases} v_d = v_d^* + e_d \\ v_q = v_q^* + e_q \\ v_z = v_z^* + e_z \end{cases} \tag{9.44}$$

结合式 (9.20) 和式 (9.22)，并通过前向欧拉法进行离散化 [8]，可得此时的预测模型为

$$\begin{cases} i_d(k+1) = i_d(k) + \dfrac{T_s}{L_d}(v_d(k) - R_s i_d(k) + \omega_e L_q i_q(k) - e_d(k)) \\ i_q(k+1) = i_q(k) + \dfrac{T_s}{L_q}(v_q(k) - R_s i_q(k) - \omega_e L_d i_d(k) - e_q(k)) \\ i_z(k+1) = i_z(k) + \dfrac{T_s}{L_{ls}}(v_z(k) - R_s i_z(k) - e_z(k)) \end{cases} \tag{9.45}$$

式中，T_s 为采样周期；$i_d(k)$、$i_q(k)$、$i_z(k)$ 分别为 dqz 轴电流在当前时刻的采样值；$i_d(k+1)$、$i_q(k+1)$、$i_z(k+1)$ 分别为 dqz 轴电流在 $k+1$ 时刻的电流预测值；$v_d(k)$、$v_q(k)$、$v_z(k)$ 和 $e_d(k)$、$e_q(k)$、$e_z(k)$ 分别是电机 dqz 轴的定子相电压和反电势。

为了保证输出量准确跟随参考量，需要实时调整电压矢量的选择。在获取相关控制量之后需要通过约束条件，即价值函数来判断预测量和参考量的匹配程度。该约束条件的设计决定备选矢量的选择，影响电机的控制效果，因此至关重要。一般情况下，当约束条件中包含两个或者两个以上不同的量纲时，需要根据量纲之间的差异设计对应的权重系数，以达到精准控制。由于本章控制对象均为电流值，因此，量纲具有一致性，无需权重系数的设计或可设置权重系数为 1。

由式 (9.43) 可以看出，电机发生单相开路故障以后，预测方程存在三个电流预测项，因此，价值函数可以设为

$$g_1 = |i_{dref} - i_d(k+1)|^2 + |i_{qref} - i_q(k+1)|^2 + |i_{zref} - i_z(k+1)|^2 \tag{9.46}$$

式中，i_{dref}、i_{qref} 和 i_{zref} 分别表示 dqz 轴电流的给定值。

2) 两相开路故障

式 (9.29) 给出了电机在相邻两相开路故障时的电压方程，结合单相开路故障下的运行分析，通过前向欧拉法进行离散化，可得此时的预测模型为

$$\begin{cases} i_d(k+1) = i_d(k) + \dfrac{T_s}{L_d}(v_d(k) - R_s i_d(k) + \omega_e L_q i_q(k) - e_d(k)) \\ i_q(k+1) = i_q(k) + \dfrac{T_s}{L_q}(v_q(k) - R_s i_q(k) - \omega_e L_d i_d(k) - e_q(k)) \end{cases} \tag{9.47}$$

式中，T_s 为采样周期；$i_d(k)$、$i_q(k)$ 分别为 d-q 轴电流在当前时刻的采样值；$i_d(k+1)$、$i_q(k+1)$ 分别为 $k+1$ 时刻的电流预测值；$v_d(k)$、$v_q(k)$ 和 $e_d(k)$、$e_q(k)$ 分别是 d-q 轴的定子相电压和反电势。

由式 (9.47) 可以看出，电机发生两相开路故障以后，预测方程存在两个电流预测项，因此，价值函数可以设为

$$g_2 = \left|i_{d\text{ref}} - i_d(k+1)\right|^2 + \left|i_{q\text{ref}} - i_q(k+1)\right|^2 \tag{9.48}$$

式中，$i_{d\text{ref}}$、$i_{q\text{ref}}$ 分别表示 d-q 轴电流给定值。

同理可得，电机在不相邻两相开路故障时预测模型为

$$\begin{cases} i_d(k+1) = i_d(k) + \dfrac{T_\text{s}}{L_d}(v_d(k) - R_\text{s} i_d(k) + \omega_\text{e} L_q i_q(k) - e_d(k)) \\ i_q(k+1) = i_q(k) + \dfrac{T_\text{s}}{L_q}(v_q(k) - R_\text{s} i_q(k) - \omega_\text{e} L_d i_d(k) - e_q(k)) \end{cases} \tag{9.49}$$

价值函数为

$$g_2 = \left|i_{d\text{ref}} - i_d(k+1)\right|^2 + \left|i_{q\text{ref}} - i_q(k+1)\right|^2 \tag{9.50}$$

2. 延时补偿

9.3 节对模型预测控制中的预测模型和价值函数进行了分析，可以看出，在预测环节，需要实时检测当前时刻电机的电流、转速等变量作为反馈，然后通过价值函数获取逆变器的最优开关动作。但是由于采样延时等因素的影响，逆变器开关动作往往滞后一拍，即 k 时刻预测并判断出来的最优控制动作需要到 $k+1$ 时刻才能作用于系统，而此时的电机电流已经从 $i_\text{s}(k)$ 变为了 $i_\text{s}(k+1)$，系统的控制精度受到了严重影响。

图 9.6 给出了延时补偿的示意图，其中，x^* 为参考值，$x(k)$、$x(k+1)$ 和 $x(k+2)$ 分别为变量 x 在当前时刻采样得到的数值。可以看出，在 t_1 时刻对应的采样数据为 $x(k)$，由于计算和延时环节的影响，最优控制动作在 t_2 时刻才被判断出来，并且要到 t_3 时刻，即下一个周期才作用于系统。而在实际的操作中，该

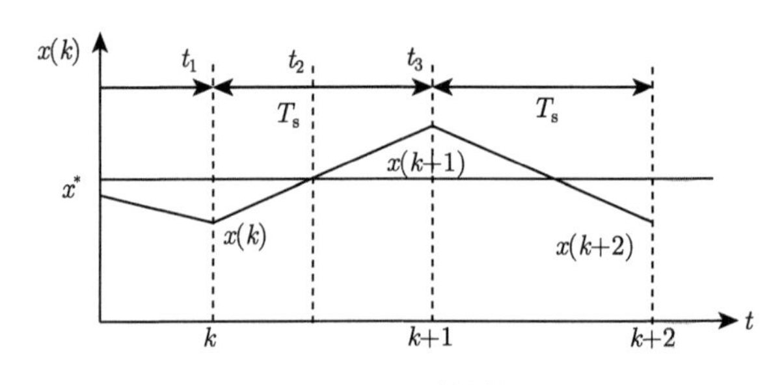

图 9.6 延时补偿

控制动作是针对 t_1 时刻的变量 $x(k)$ 设计的，在 t_1 时刻就应该被应用。为了解决延时造成的问题，将 $k+1$ 时刻的变量作为初值，利用预测方程，对 $k+2$ 时刻的变量进行预测，最后将 $k+2$ 时刻的值代入价值函数中进行计算 [9]。此时价值函数可改写为

$$g_1 = \left|i_{d\text{ref}} - i_d(k+2)\right|^2 + \left|i_{q\text{ref}} - i_q(k+2)\right|^2 + \left|i_{z\text{ref}} - i_z(k+2)\right|^2 \tag{9.51}$$

$$g_2 = \left|i_{d\text{ref}} - i_d(k+2)\right|^2 + \left|i_{q\text{ref}} - i_q(k+2)\right|^2 \tag{9.52}$$

3. 控制流程

前面内容针对实现五相永磁容错电机模型预测容错控制的关键环节进行了详细的分析，下面将对模型预测容错控制的流程进行简单的介绍。以 A 相开路为例，当电机故障以后，选择 8 个逆变器有效开关状态，将其对应的电压矢量重新编号为 v_0，v_1，$\cdots$，v_7。图 9.7 和图 9.8 分别给出了对应的控制流程以及控制框图，具体步骤阐述如下：①通过传感器检测电机转速、定子电流以及直流母线电压；②将计算得到的有效电压矢量代入离散预测模型，得到下一时刻的预测电流值；③将预测电流数值代入价值函数与给定参考值进行对比，得到对应的价值函数值 g；④对计算得到的 8 个 g 值进行对比，选取最小值对应的开关状态作为逆变器最优控制量输出。

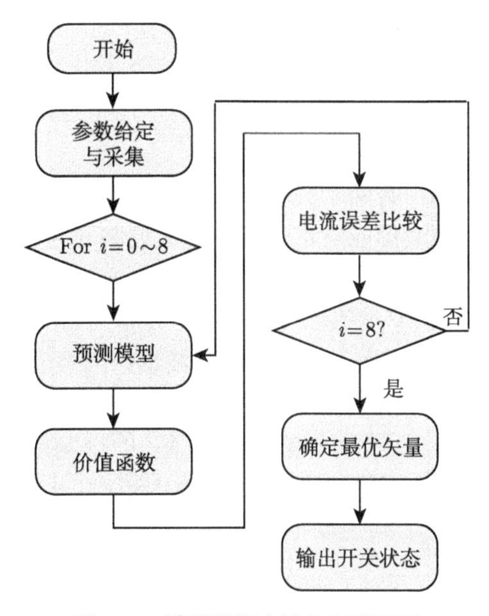

图 9.7 模型预测容错控制流程图

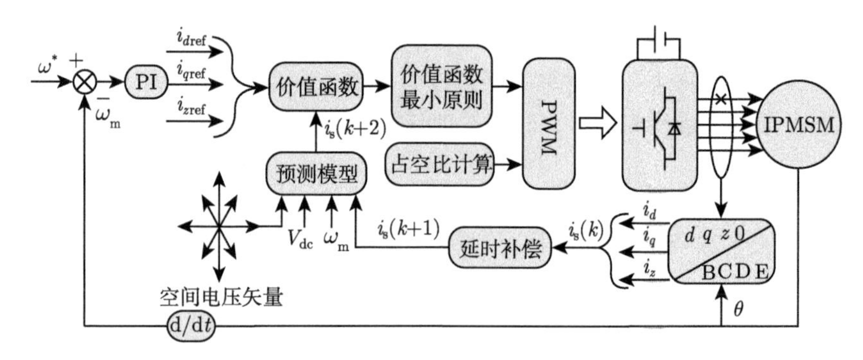

图 9.8　模型预测容错控制框图

9.4.2　基于多矢量的模型预测容错控制

9.3 节对虚拟电压矢量的合成进行了介绍，6.3 节已经对相应的故障后数学模型进行了分析，利用前向欧拉法将故障后电压方程进行离散化得到开路故障时预测模型为

$$
\begin{cases}
i_d(k+1) = \left(1 - \dfrac{R_s T_s}{L_d}\right) i_d(k) + \omega T_s i_q(k) + \dfrac{\mathrm{VV}_d(k) T_s}{L_d} \\
i_q(k+1) = \left(1 - \dfrac{R_s T_s}{L_q}\right) i_q(k) - \omega T_s i_d(k) + \dfrac{\mathrm{VV}_q(k) T_s}{L_q} - \dfrac{\omega \psi_f}{L_q}
\end{cases}
\tag{9.53}
$$

经过延时补偿后的价值函数为

$$
g_1 = |i_{dref} - i_d(k+2)|^2 + |i_{qref} - i_q(k+2)|^2 \tag{9.54}
$$

由于在一个采样周期中有两个矢量，因此应首先讨论合适的切换序列。在实时系统中，脉冲宽度调制波形应对称于脉冲宽度调制周期的中间。同时，在脉宽调制周期的中间，电平为高。在本节中，该 PWM 产生原理用于产生对称的开关序列。根据上述描述，以 VV_2 为例，VV_2 的开关序列如图 9.9 所示。但是，VV_3 和 VV_7 不能满足上述描述。为了实现非标准波形，需要一种特定的 PWM 产生技术，这增加了计算量，降低了计算的简单性。

为了简化该方法，采用了去除 VV_3 和 VV_7 的控制集。控制装置如图 9.10 所示。利用该控制集，可以方便地实现所提出的控制。同时，由于候选 VV_s 较少，计算负担进一步减轻。其控制框图如图 9.11 所示，控制流程同图 9.7 分析一致。

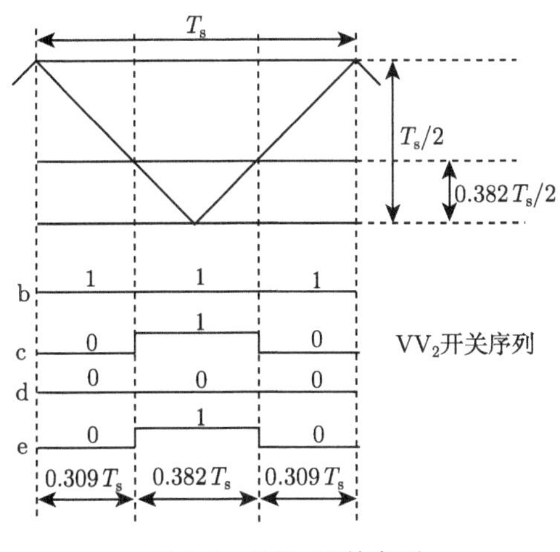

图 9.9 VV$_2$ 开关序列

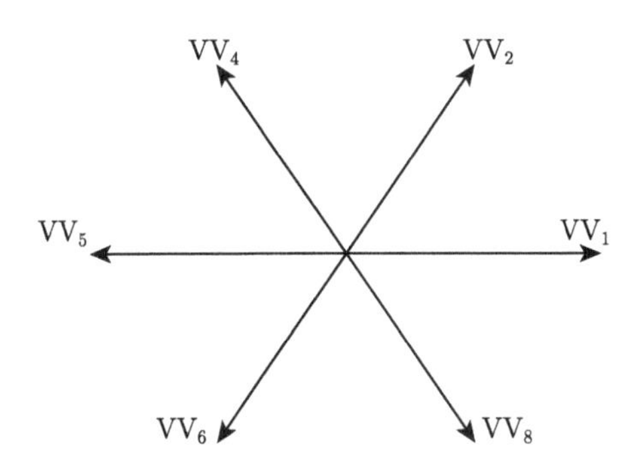

图 9.10 简化后的容错控制图

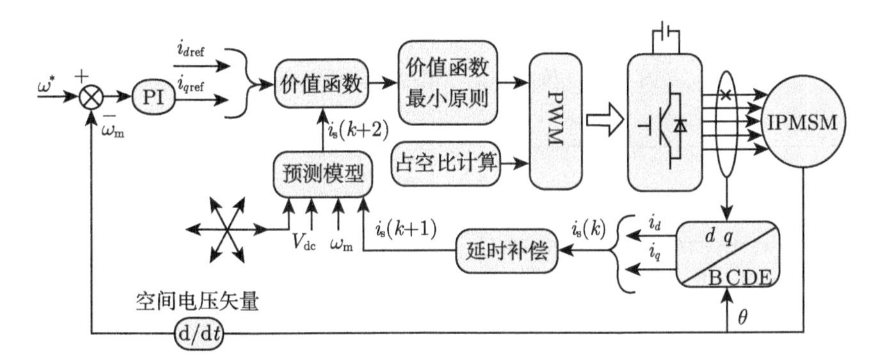

图 9.11 基于虚拟电压矢量的模型预测容错控制框图

9.5 仿真分析与实验验证

1. 单矢量容错控制

采用 MATLAB/Simulink 软件对所提模型预测容错控制算法进行仿真验证。图 9.12 为不同情况下的相电流波形。可以看出，同正常工况下的电流相比，单相开路和两相开路容错控制下的电流幅值同理论分析一致；各相电流之间的相位差也均满足要求。图 9.13 为对应的电磁转矩波形。可以看出，容错工况下的平均转矩基本不变，转矩波动分别为 1 N·m、1.2 N·m、1.6 N·m 和 1.8 N·m，故转矩脉动得到了有效的抑制，初步验证了所提控制算法的有效性。

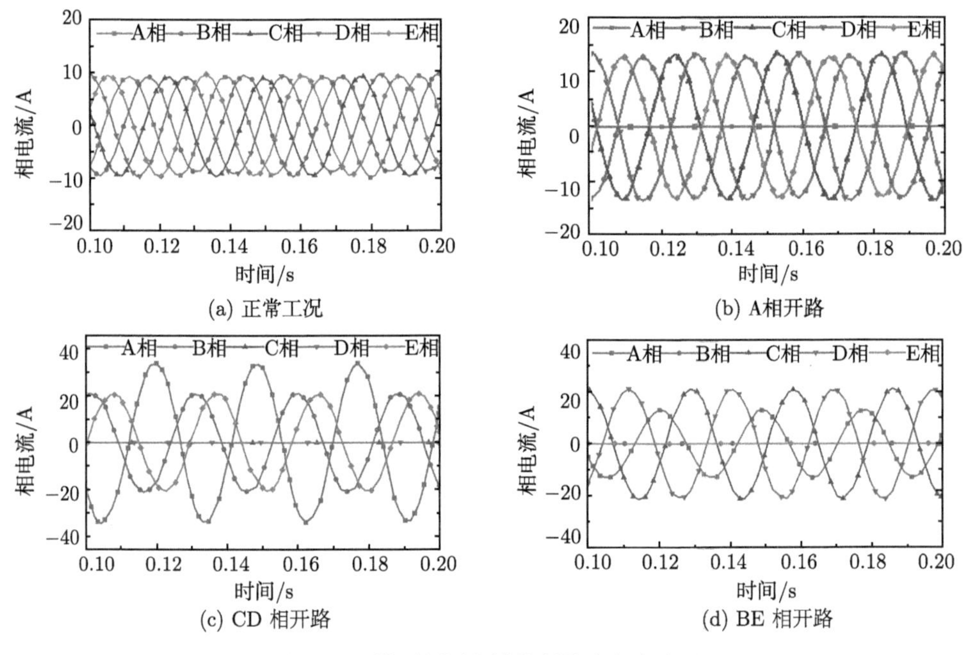

图 9.12 模型预测容错控制仿真电流波形

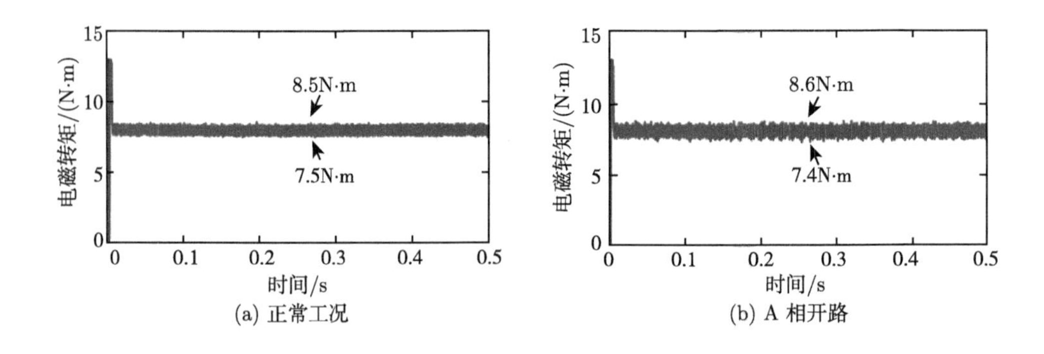

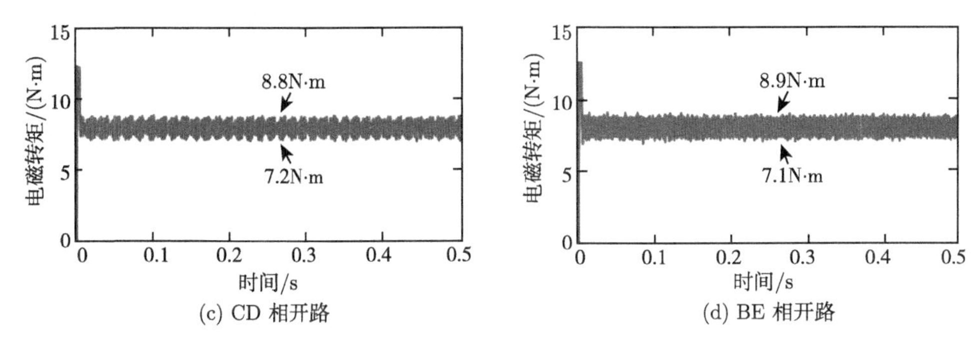

(c) CD 相开路 (d) BE 相开路

图 9.13 模型预测容错控制仿真转矩波形

图 9.14 给出了不同工况下的实验波形，并对转矩和各相电流进行了标注，可以看出，在容错运行下的各相电流幅值和相位均满足理论要求，且转矩脉动也得到了有效抑制。

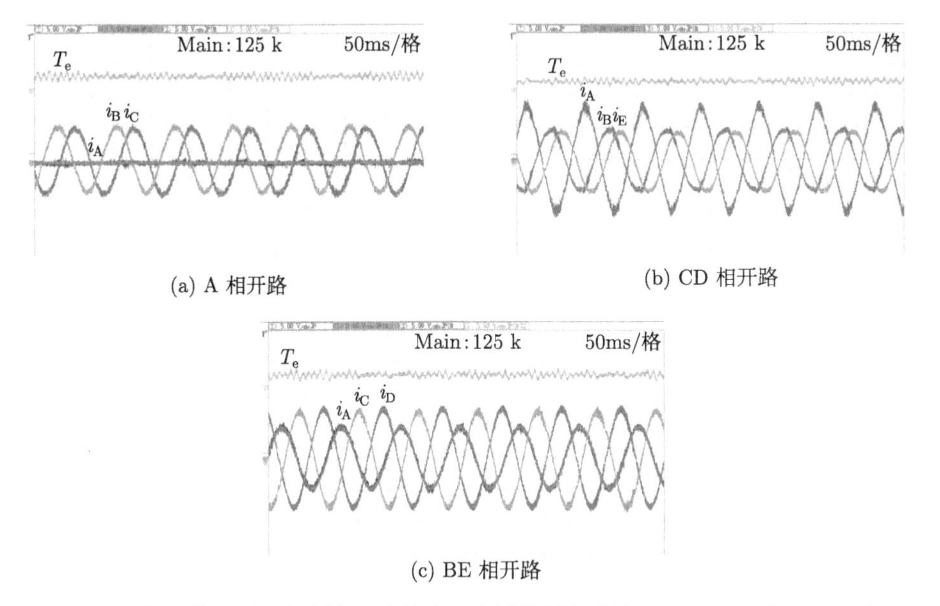

(a) A 相开路 (b) CD 相开路

(c) BE 相开路

图 9.14 基于模型预测控制的开路故障下容错控制实验波形 (10 N·m/格，5 A/格)

2. 多矢量容错控制

图 9.15 和图 9.16 研究了现有的和提出的多矢量容错控制的稳态性能。电机转速设定为 400 r/min，负载转矩设定为 10 N·m。转矩脉动可通过以下公式计算：

$$T_{\text{e\_ripple}} = \sqrt{\frac{1}{n}\sum_{i=1}^{n}(T_{\text{e\_}i} - T_{\text{e\_av}})^2} \tag{9.55}$$

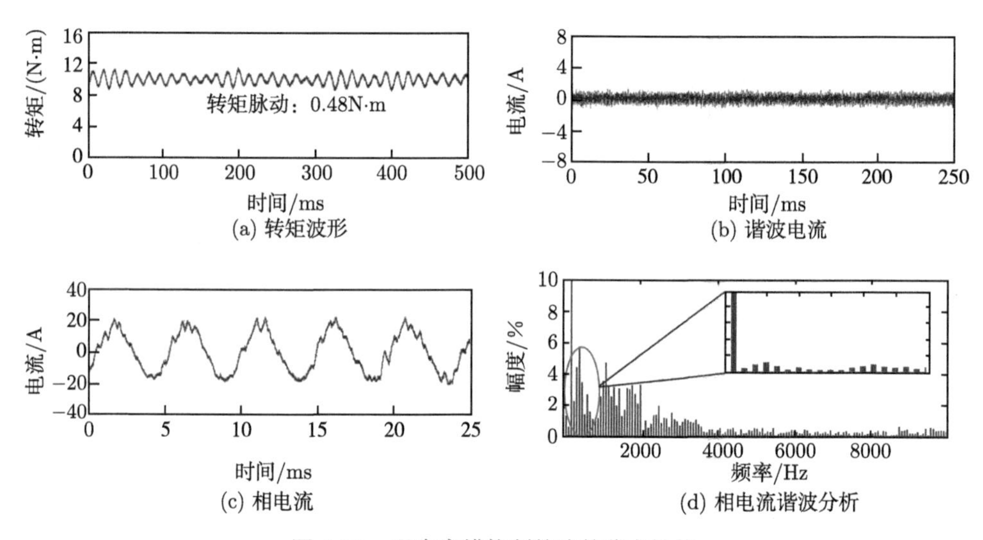

(a) 转矩波形 (b) 谐波电流 (c) 相电流 (d) 相电流谐波分析

图 9.15 现存容错控制策略的稳态性能

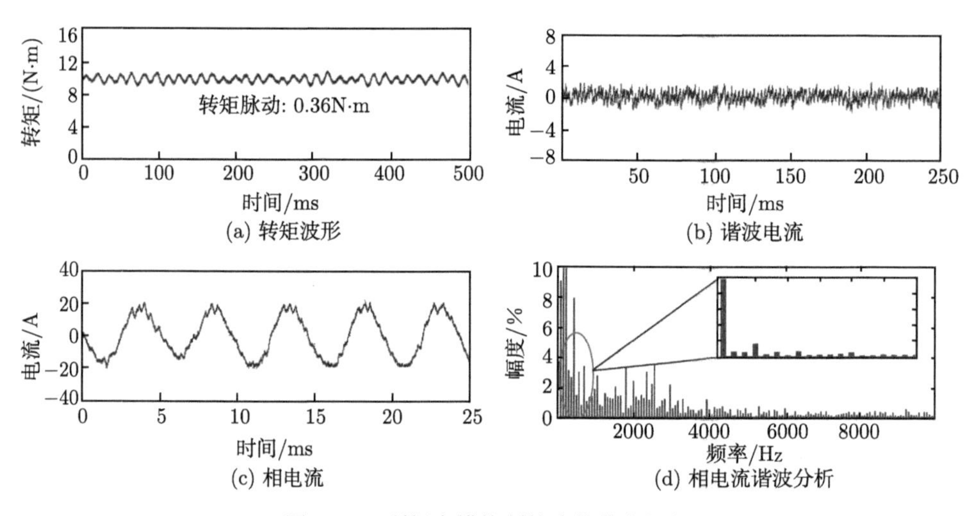

(a) 转矩波形 (b) 谐波电流 (c) 相电流 (d) 相电流谐波分析

图 9.16 所提容错控制策略的稳态性能

结果表明，该容错控制的转矩脉动明显低于现有的容错控制。B 相电流呈非正弦曲线。同时，现有容错控制的相电流谐波失真度为 16.3%，高于容错控制的 15.1%。此外，两种容错控制均能很好地控制 y 轴的谐波电流。

为了进一步验证所提出的容错控制策略的优越性，对比了两种容错控制在不同工作条件下的稳态性能。实验结果如表 9.7 所示。可以得出结论，所提出的容错控制的计算负担得到了显著的降低。这是因为所提出的容错控制的候选向量数目小于现有的容错控制。同时，提出的容错控制可以改善系统的稳态性能。

表 9.7 不同容错控制的稳态性能比较

	指标	转矩脉动/(N·m)	转矩误差/%	电流 THD/%	执行时间/μs
现存控制技术	400 r/min 6 N·m	0.36	6.0	32.4	31.6v_s
	200 r/min 10 N·m	0.54	5.4	13.4	
所提控制技术	400 r/min 6 N·m	0.29	4.8	26.1	14.4v_s
	200 r/min 10 N·m	0.43	4.3	16.0	

图 9.17 给出了所提容错控制策略与现有容错控制策略的负载变化响应对比图。电机转速为 400 r/min，负载转矩在 4.0 s 时由 4 N·m 突变到 10 N·m，可以看出，所提出的容错控制的速度可以在 1.0 s 内恢复到原来的参考值，因此，结果表明，即使电机发生故障，所提出的容错控制对外部负载扰动仍具有良好的鲁棒性。

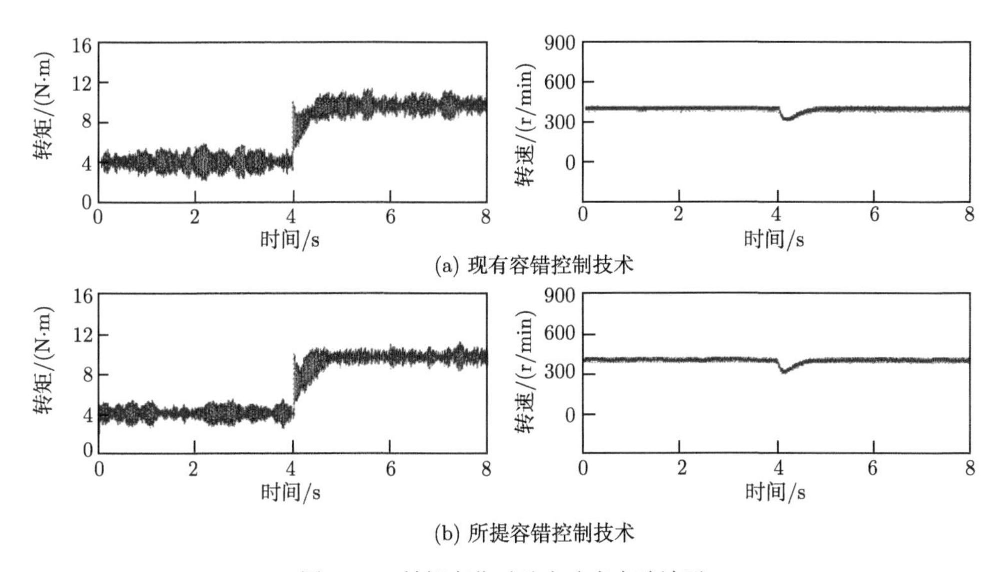

(a) 现有容错控制技术

(b) 所提容错控制技术

图 9.17 转矩变化时动态响应实验波形

图 9.18 给出了所提容错控制策略与现有容错控制策略的启动响应对比图。其中，启动转速为 400 r/min，电机处于空载状态。很明显，当参考速度跳变时，所提出的容错控制具有与现有容错控制相似的动态性能。

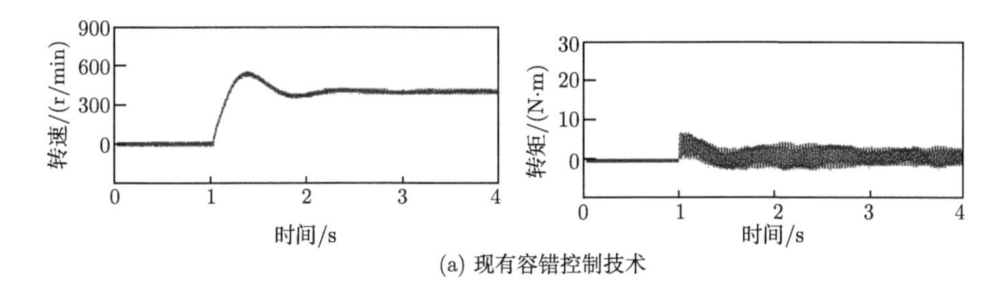

(a) 现有容错控制技术

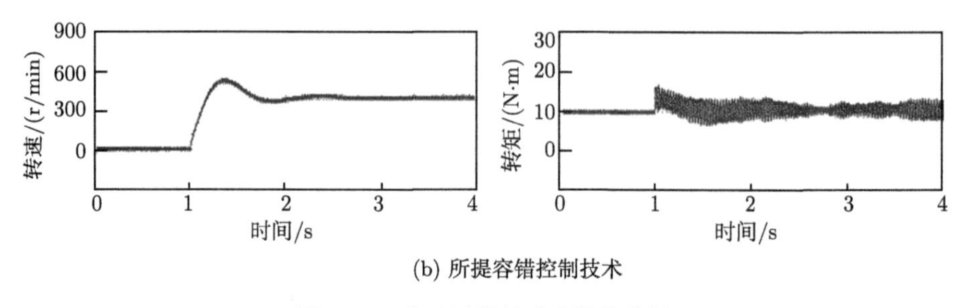

(b) 所提容错控制技术

图 9.18　启动过程的动态性能分析

图 9.19 比较了在正常、故障和容错条件下的转矩、转速和相电流波形。可以看出，在正常运行时，转矩和转速相对平稳。当 A 相发生开路故障，该相电流变为零，同时转速降低，故障持续 2.0 s 后，施加容错控制策略。在容错运行下，实际转速较好的跟踪到给定转速，电流幅值相较于故障工况下有所下降，转矩脉动有所降低。

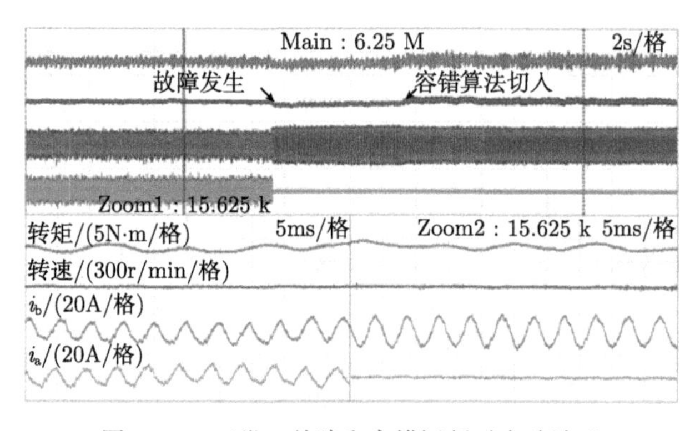

图 9.19　正常、故障和容错运行时实验波形

基于有限控制集模型预测的容错控制需要依赖精准的电机参数来选择合适的电压矢量，但是在实际的工况中，由于噪声和温度的变化，电机参数也会随之变化。因此，有必要对控制算法中的参数灵敏度进行分析。在实验中，分别将定子电阻、电感以及永磁磁链的数值进行变化来测试，其实验结果如图 9.20 所示。在参数变化过程中，给出了对应的转矩和其中一相电流波形。从实验结果可以看出，定子电阻和永磁磁链的变化不会影响电机的运行性能，电感值的减小会产生更高的电流幅值，但实际转速和转矩保持不变。这意味着所提出的容错控制策略具有良好的鲁棒性。

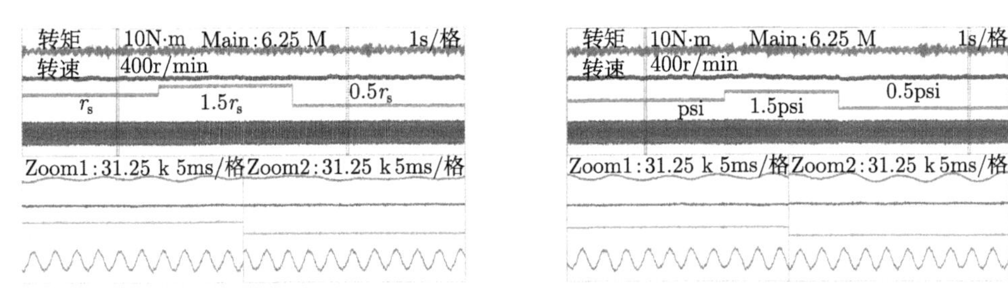

(a) 定子电阻变化

(b) 永磁磁链变化

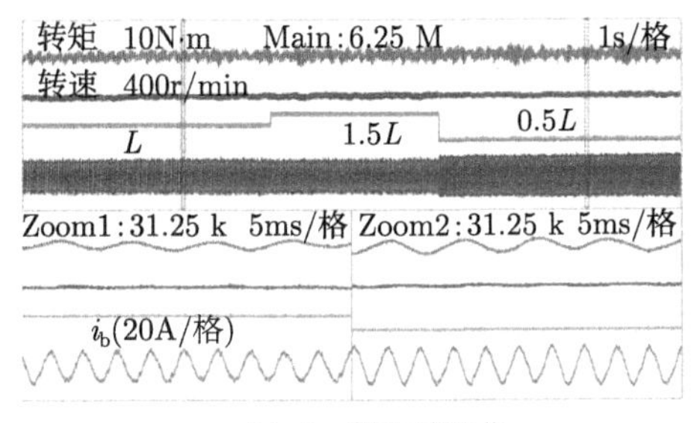

(c) d-q 轴电感变化

图 9.20 所提容错控制策略的参数灵敏度分析 (2 N·m/格，10 A/格，270 r/min/格)

9.6 本章小结

本章主要针对五相永磁容错电机驱动系统，研究基于有限控制集模型预测的容错控制策略。首先对故障后电压源逆变器的工作原理进行分析，其中，针对单相开路故障，在重构故障后基波平面空间电压矢量的同时，提出一种正交于基波平面的 z 平面，用于抑制电流谐波，并通过有效地选择矢量，降低逆变器开关频率和计算量，针对两相开路故障，对两种不同的工况进行了分析，构建了故障下的空间电压矢量分布图；其次，对基于有限控制集模型预测的容错控制的工作原理进行了介绍，利用所构建的电机容错解耦模型，通过离散化得到预测模型，并根据故障后电机自由度的数目确立价值函数，实现单矢量和多矢量下的基于有限控制集模型预测的容错控制运行；最后通过仿真和实验验证了理论的正确性。

参 考 文 献

[1] Lim C S, Levi E, Jones M, et al. FCS-MPC-based Current control of a five-phase induction motor and its comparison with PI-PWM control[J]. IEEE Transactions on Industrial Electronics, 2014, 61(1): 149-163.

[2] Geyer T, Quevedo D E. Performance of multistep finite control set model predictive control for power electronics[J]. IEEE Transactions on Power Electronics, 2015,30(3): 1633-1644.

[3] Guzman H, Duran M J, Barrero F, et al. Comparative study of predictive and resonant controllers in fault-tolerant five-phase induction motor drives[J]. IEEE Transactions on Industrial Electronics, 2015, 63(1): 606-617.

[4] Zhou H W, Zhao W X, Liu G H, et al. Remedial field-oriented control of five-phase fault-tolerant permanent-magnet motor by using reduced-order transformation matrices[J]. IEEE Transactions on Industrial Electronics, 2016, 64(1): 169-178.

[5] Liu G H, Song C Y, Chen Q. FCS-MPC-based fault-tolerant control of five-phase IPMSM for MTPA operation[J]. IEEE Transactions on Power Electronics, 2019, 35(3): 2882-2894.

[6] Zhang L, Fan Y, Cui R H, et al. Fault-tolerant direct torque control of five-phase FTFSCW-IPM motor based on analogous three-phase SVPWM for electric vehicle applications[J]. IEEE Transactions on Vehicular Technology, 2018, 67(2): 910-919.

[7] Tao T, Zhao W X, Du Y X, et al. Simplified fault-tolerant model predictive control for a five-phase permanent-magnet motor with reduced computation burden[J]. IEEE Transactions on Power Electronics, 2020, 35(4): 3850-3858.

[8] 薛诚. 五相永磁同步电机模型预测转矩控制[D]. 成都: 西南交通大学, 2018.

[9] Cortes P, Rodriguez J, Silva C, et al. Delay compensation in model predictive current control of a three-phase inverter[J]. IEEE Transactions on Industrial Electronics, 2012, 59(2): 1323-1325.

第 10 章　考虑磁阻转矩的容错控制策略

10.1　引　　言

前面几章主要针对五相电机的故障运行，提出了多种容错控制策略，需要注意的是，前面内容所提容错控制策略为 $i_d=0$ 的控制，仅适用于表贴式永磁同步电机。而对内嵌式永磁同步电机 (IPMSM) 而言，其输出转矩包括了永磁转矩和磁阻转矩，为充分发挥内嵌式永磁同步电机的转矩输出性能，通常采用最大转矩电流比 (MTPA) 控制[1,2]。考虑到故障后电机模型的变化，如何实现容错工况下的 MTPA 控制，需要重点研究[3,4]。

10.2　MTPA 容错控制必要性分析

由前面内容分析可知，五相 IPMSM 在旋转坐标系下的转矩表达式为

$$T_{\mathrm{e}}=\frac{5}{2}p\left(\psi_{\mathrm{f}}i_q+(L_d-L_q)i_di_q\right) \tag{10.1}$$

式中，i_d、i_q 和 L_d、L_q 分别为定子电流和电感在 d-q 轴上的分量；ψ_{f} 为永磁磁链值；p 为极对数。

由式 (10.1) 可以看出，五相 IPMSM 电磁转矩包含两个部分：永磁转矩和磁阻转矩。其中，永磁转矩和 q 轴电流成正比，磁阻转矩和 d-q 轴电流的乘积成正比。将 d-q 轴电流表达式用电流角的形式表示为

$$\begin{cases} i_d=i_{\mathrm{s}}\cos\beta \\ i_q=i_{\mathrm{s}}\sin\beta \end{cases} \tag{10.2}$$

式中，i_{s} 表示定子电流幅值；β 表示电流矢量角。

此时，转矩表达式可以写成

$$T_{\mathrm{e}}=\frac{5}{2}p\left(\psi_{\mathrm{f}}i_{\mathrm{s}}\sin\beta+\frac{1}{2}(L_d-L_q)i_{\mathrm{s}}^2\sin(2\beta)\right) \tag{10.3}$$

图 10.1 给出 IPMSM 的转矩成分示意图。如果依然采用直轴电流为零的控制，磁阻转矩部分将无法参与转矩输出。因此，为了提高 IPMSM 的转矩输出能

力，通常采用 MTPA 控制。图 10.2 给出了定子电流幅值和电流矢量角之间的关系曲线。可以看出，在保持电磁转矩不变的情况下，电流矢量角的不同会使得定子电流幅值也不同。从恒转矩曲线可以看出，存在一个点使得定子电流幅值最低，此时，该点的单位转矩与电流的比值最大，即 MTPA 点，对应的电流矢量角就是 MTPA 角，不同 MTPA 点构成的曲线即 MTPA 轨迹曲线。MTPA 控制的目的就是在不同负载下将电流矢量角控制在 MTPA 点，使得电机在同等负载下输出最小的定子电流，获得最大的运行效率。

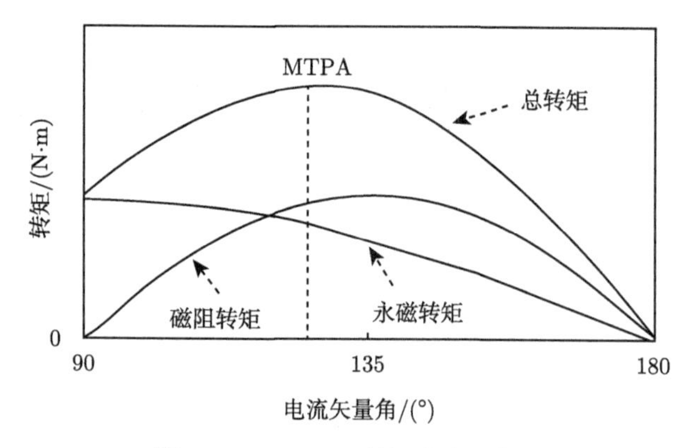

图 10.1 IPMSM 转矩成分示意图

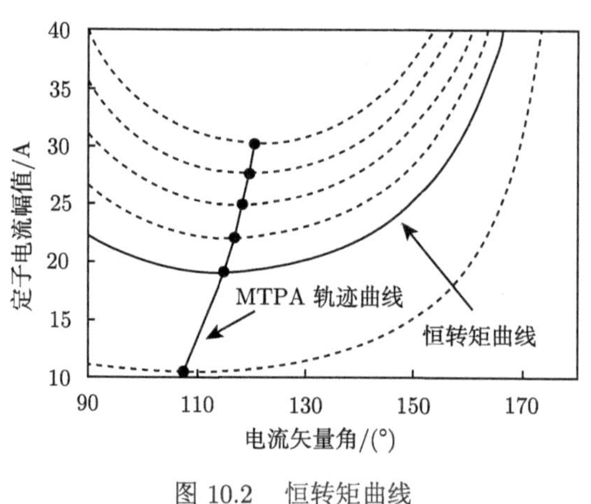

图 10.2 恒转矩曲线

10.3 正常运行 MTPA 控制策略

10.3.1 MTPA 控制发展

MTPA 控制可以利用磁阻转矩使得电机在输出同等转矩时的定子电流达到最小，进而减小损耗，提高电机的运行效率。目前国内外学者针对 MTPA 控制已经开展了大量的研究，其控制类型可分为依赖参数和不依赖参数两种。

其中，依赖参数的 MTPA 控制方法通常有公式计算法和查表法等。公式计算法 [5,6] 是较为传统的控制方法，它主要是利用恒转矩曲线下的 MTPA 轨迹特性，通过对电机转矩方程求导得到 MTPA 点对应的电流矢量角表达式。需要注意的是，公式计算法中包含了交直轴电感和磁链等电机参数。而在电机的运行过程中，由于温度和磁饱和的原因，电机的参数会发生变化，严重影响 MTPA 点的计算精度。为了解决公式计算中参数变化的问题，许多学者引入了在线参数辨识算法 [7,8]。但是该算法运算较为复杂，对系统的实时运算能力要求较高，而且增加了系统的复杂程度。查表法 [9,10] 是将电机在不同工况下的 MTPA 点所对应的数值制成数据表，通过在线查表的方式进行给定。数据表中的数据获取方式有两种，一种是利用电机的转矩方程通过仿真得到，另一种是对样机进行实验测试得到。前者的控制精度同样受制于电机参数变化的影响，而后者的控制精度虽然相对较高，但是离线测试环节增加了工作量，且实际工程应用中，由于电机设计上的误差，批量测试任务繁重，显著降低了工作效率。

不依赖参数的 MTPA 控制方法有极值搜索法 [11,12] 和高频信号注入法 [13,14] 等。极值搜索法是通过小步长在线修改控制参数的给定值，并通过多次比较最终确定电机的 MTPA 运行工况。该算法有效解决了电机参数变化的影响，简单且易于实现。但是在自校正环节中，MTPA 点的收敛速度和精度都有待改善。高频信号注入法是近几年提出的，是比较有效的 MTPA 点在线跟踪方法。这些方法都是先注入一个额外的高频小信号，然后利用转矩/磁链对电流矢量角/电流之间的关系，对注入信号进行提取处理，最后通过调整控制系统达到 MTPA 运行工况。尽管该控制方法不依赖于电机的参数，但是对数学模型的建立要求较高。考虑到故障以后电机建模的复杂性以及信号注入的精度问题，研究容错工况下的高频信号注入方法至关重要。

10.3.2 基于矢量注入的 MTPA 控制

空间矢量指的是电机的电压矢量，也就是逆变器的控制信号。因为逆变器是直接驱动电机，所以在电压矢量中注入信号能够直接影响电机，达到注入效果。另外，电压空间矢量是在电流内环内，不需要经过内环调制，也就忽略了内环的带宽限制以及调制效果，本质上是一种开环注入。信号的提取只用到了电流信号，一方面电流传感器的带宽和精度都较高，同时电流传感器也是驱动系统的常用配置。

为了避开内环调制，选择电压矢量注入通过改变磁链来注入信号 [15]，如图 10.3(a) 所示为恒转矩及恒磁链曲线，从图中可以看出，定子磁链的幅值与电流矢量角是一个负相关的关系，随着电流矢量角的增加，定子磁链的幅值是减小的。为了更清楚地表示这一关系，图 10.3(b) 表示了在一条恒转矩曲线上，电流矢量角和定子磁链幅值的关系。图中点 A、点 B、点 C 表示 MTPA 控制的三种工况，点 A 表示 $\beta < \beta_{\mathrm{MTPA}}$、也就是 MTPA 点之前，点 B 表示 $\beta = \beta_{\mathrm{MTPA}}$，也就是 MTPA 点，点 C 表示 $\beta > \beta_{\mathrm{MTPA}}$，也就是 MTPA 点之后。电流矢量角从 90° 增加到 180°，图中的定子磁链幅值从 0.014 减小到 0.06。利用这个特性，可以将传统算法中电流矢量角替换为定子磁链幅值。

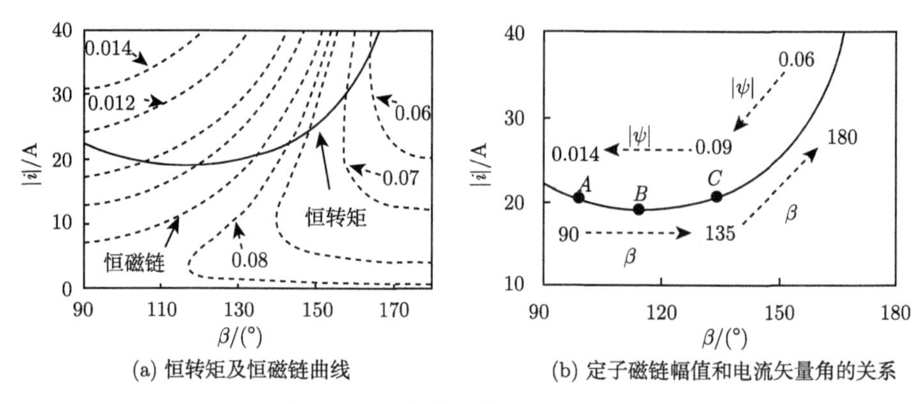

(a) 恒转矩及恒磁链曲线　　(b) 定子磁链幅值和电流矢量角的关系

图 10.3　空间矢量信号注入原理图

在 MTPA 控制的三种情况 (图 10.3(b) 中点 A、点 B、点 C) 中，电流幅值对磁链幅值的偏导可以表示为

$$\frac{\mathrm{d}|i|}{\mathrm{d}|\psi|}\begin{cases} >0, & \beta < \beta_{\mathrm{MTPA}} \\ =0, & \beta = \beta_{\mathrm{MTPA}} \\ <0, & \beta > \beta_{\mathrm{MTPA}} \end{cases} \tag{10.4}$$

下面给出公式推导。电机的输出转矩可以表示为磁链和电流的矢量乘，如下所示：

$$T_{\mathrm{e}}(\psi, i) = \psi \times i = |\psi| \cdot |i| \sin(\beta - \delta) \tag{10.5}$$

式中，$|\psi|$ 和 δ 是定子磁链的幅值和角度；$|i|$ 和 β 是电流矢量的幅值和角度。

IPMSM 可以看作感性负载，电压矢量超前电流矢量，忽略电阻上的压降，电压矢量超前磁链矢量为 90°，所以电流矢量与磁链矢量之间角度差小于 90°($\beta - \delta < 90°$)。因此，在稳态情况下，如果 β 发生变化，磁链幅值会发生相反的变化。也就是说，β 增大，$\sin(\beta - \delta)$ 随之增大，在恒负载的约束下，磁链幅值会减小；同样 β 减小，对应磁链幅值增大。与图中表现出的特性相同。

若磁链幅值中包含一个扰动信号，假设扰动表示如下：

$$\Delta\psi = A\sin(\omega_{\mathrm{h}} t) \tag{10.6}$$

受扰动的电流幅值可表示为

$$|i(\psi + \Delta\psi)| \approx |i| + A\frac{\mathrm{d}|i|}{\mathrm{d}|\psi|}\sin(\omega_{\mathrm{h}}t) \tag{10.7}$$

通过时间常数的一阶低通滤波器和一阶高通滤波器，提取出磁链和电流中特定频率 ω_{h} 的信号，将这两者相乘：

$$\begin{aligned} K\frac{\mathrm{d}|i|}{\mathrm{d}|\psi|}A\sin^2(\omega_{\mathrm{h}}t) &= K\frac{\mathrm{d}|i|}{\mathrm{d}|\psi|}A\left(\frac{1}{2}\left(\cos(0) - \cos(2\omega_{\mathrm{h}}t)\right)\right) \\ &= \frac{1}{2}KA\frac{\mathrm{d}|i|}{\mathrm{d}|\psi|} - \frac{1}{2}KA\frac{\mathrm{d}|i|}{\mathrm{d}|\psi|}\cos(2\omega_{\mathrm{h}}t) \end{aligned} \tag{10.8}$$

其中，想要的 $\mathrm{d}|i|/\mathrm{d}|\psi|$ 信号出现在等式右边，通过截止频率低于 ω_{h} 的低通滤波器将其提取出来。最终这个判据信号 (正比于 $\mathrm{d}|i|/\mathrm{d}|\psi|$) 输入一个纯积分器来调节电流矢量角。图 10.4 给出了提取 $\mathrm{d}|i|/\mathrm{d}|\psi|$ 的信号处理模块。

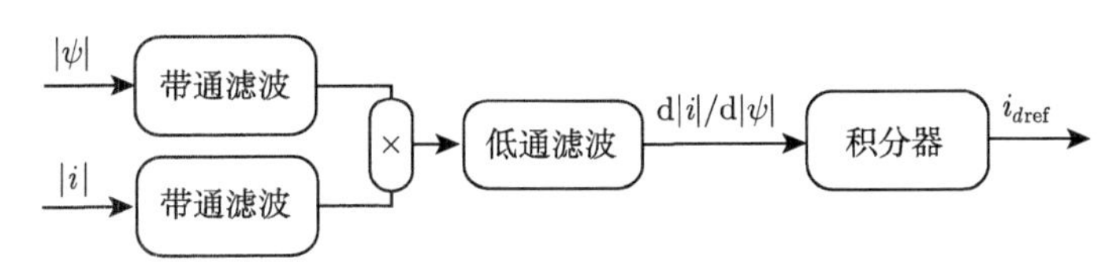

图 10.4 提取 $\mathrm{d}|i|/\mathrm{d}|\psi|$ 的信号处理模块

下面介绍空间电压矢量注入 (SVVI)MTPA 算法的具体实现过程以及一些细节特征。如图 10.5 所示，电流角注入可以理解为让电流矢量 i 发生抖动，让电流矢量包含一个额外的高频信号，而电压矢量注入同样是让电压矢量 V_{s} 发生抖动，通过改变电压驱动逆变器控制电机，而在电压中注入信号也就是在磁链中注入信号。固定频率的注入方法如下所示：

$$\begin{bmatrix} v_{\alpha\mathrm{ref}}^* \\ v_{\beta\mathrm{ref}}^* \end{bmatrix} = \begin{bmatrix} \cos\theta & \sin\theta \\ -\sin\theta & \cos\theta \end{bmatrix} \begin{bmatrix} v_{\alpha\mathrm{ref}} \\ v_{\beta\mathrm{ref}} \end{bmatrix} \tag{10.9}$$

$$\theta = A\sin(\omega_{\mathrm{h}}t) \tag{10.10}$$

式中，$(v_{\alpha\mathrm{ref}}, v_{\beta\mathrm{ref}})$ 是正常的参考电压矢量；$(v_{\alpha\mathrm{ref}}^*, v_{\beta\mathrm{ref}}^*)$ 是经过变换后的电压矢量；θ 是注入的信号；A 是注入信号的幅值；ω_{h} 是注入信号的频率。式 (10.9) 是一个旋转变换，与 Park 变换类似，不过将旋转的角度变为一个正弦信号，这样就使得变换后的电压矢量相对参考矢量在角度上呈现周期性的滞后超前，也就在电压矢量中成功注入信号。注入前后的电压矢量信号如图 10.5 所示。

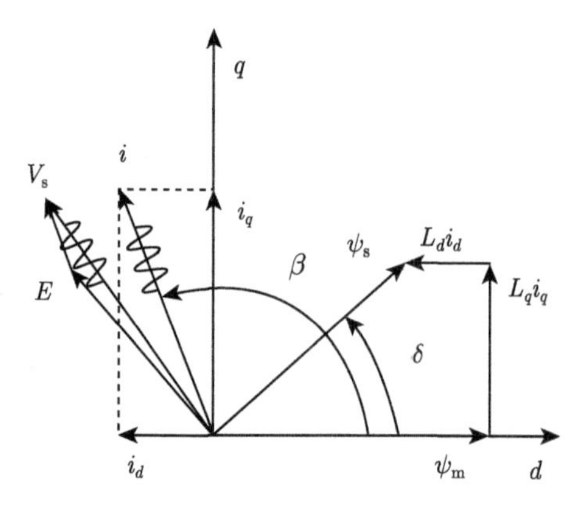

图 10.5　电压矢量注入示意图

图 10.6 中实线是注入前的 α-β 轴电压矢量，是两条标准的正弦波，互差 90°。虚线是注入信号后的电压矢量。从图中可以看出，注入后的电压矢量中包含明显的谐波。需要注意的是，注入信号的幅值 A 是电压矢量角波动的峰值，也就是偏离正常角度的最大值。为了保证注入信号不影响电机的正常运行，经过实验测试，A 在 10° 以内较为合理。

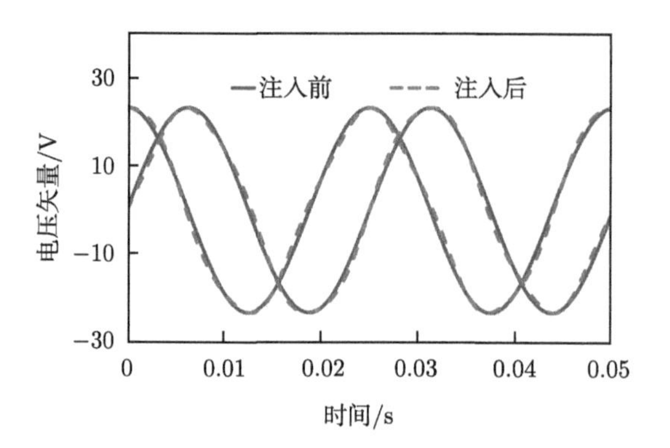

图 10.6　固定频率电压矢量注入前后对比

10.3.3　虚拟信号注入的 MTPA 控制

五相 IPMSM 稳态下的输出功率可以通过式 (10.11) 来表示，输出转矩与输出功率间的关系可以通过式 (10.12) 来表示：

$$\begin{aligned}P_m &= \frac{5}{2}\left((v_d - R_s i_d)i_d + (v_q - R_s i_q)i_q\right) \\ &= \frac{5}{2}\left((v_q - R_s i_q) + \frac{(v_d - R_s i_d)}{i_q} i_d\right) i_q \end{aligned} \tag{10.11}$$

$$\frac{P_{\mathrm{m}}}{\omega_{\mathrm{m}}}=T_{\mathrm{e}}=\frac{5}{2}\left(p\psi_{\mathrm{m1}}+p(L_d-L_q)i_d\right)i_q \tag{10.12}$$

式中，ω_{m} 是电机的机械角速度。

将式 (10.11) 代入式 (10.12)，可以得到转矩的表达式为

$$T_{\mathrm{e}}=\frac{5}{2}\left(\frac{(v_q-R_{\mathrm{s}}i_q)}{\omega_{\mathrm{m}}}+\frac{(v_d-R_{\mathrm{s}}i_d)}{i_q\omega_{\mathrm{m}}}i_d\right)i_q \tag{10.13}$$

比较式 (10.12) 和式 (10.13)，可以得到如下关系：

$$\frac{v_q-R_{\mathrm{s}}i_q}{\omega_{\mathrm{m}}}=p\psi_{\mathrm{m1}} \tag{10.14}$$

$$\frac{v_d-R_{\mathrm{s}}i_d}{i_q\omega_{\mathrm{m}}}=p(L_d-L_q) \tag{10.15}$$

将一个很小的正弦高频信号 $\Delta\beta$ 通过数学方法注入测量电流的电流角中，则相应的含高频分量的 d 轴和 q 轴电流可以表示为

$$i_d^{\mathrm{h}}=-I\sin(\beta+\Delta\beta) \tag{10.16}$$

$$i_q^{\mathrm{h}}=I\cos(\beta+\Delta\beta) \tag{10.17}$$

$$\Delta\beta=A\sin(\omega_{\mathrm{h}}t) \tag{10.18}$$

式中，A 是注入高频小信号的幅值；ω_{h} 是角频率，ω_{h} 的频率选择范围很宽，为便于提取信号，ω_{h} 的频率应比电机的低次谐波频率高，但也要考虑到控制器的最高频率。

将式 (10.16) 和式 (10.17) 代入式 (10.13)，含高频分量的转矩表达式为

$$T_{\mathrm{e}}^{\mathrm{h}}(\beta+A\sin(\omega_{\mathrm{h}}t))=\frac{5}{2}\left(\frac{(v_q-R_{\mathrm{s}}i_q)}{\omega_{\mathrm{m}}}+\frac{(v_d-R_{\mathrm{s}}i_d)}{i_q\omega_{\mathrm{m}}}i_d^{\mathrm{h}}\right)i_q^{\mathrm{h}} \tag{10.19}$$

电阻 R_{s} 对于 MTPA 点的追踪精度影响很小，因此可以被认为是一个常值甚至可以被忽略。式 (10.19) 所示的含高频分量的转矩表达式是所有阶次转矩分量的和，可以通过测量得到的 d 轴、q 轴电流，转速，d 轴、q 轴电压以及式 (10.16) 和式 (10.17) 所示含高频信号的 d 轴、q 轴电流来获得。该方法的核心在于，无须向电机的电流中注入真实的高频信号来使电机的转矩产生脉动，方法所需的高频转矩脉动是通过数学方法来实现的，因此该方法也称为虚拟信号注入法 (virtual signal injection control, VSIC)[16]。值得注意的是，在电机运行过程中，尽管电机的基波磁链 ψ_{m} 和 d-q 轴电感差 (L_d-L_q) 会随着 d 轴、q 轴电流和温

度的变化而变化，但是由于注入高频信号的周期很小，基波磁动势 $\psi_{\rm m1}$ 和 d-q 轴电感差 (L_d-L_q) 在一个周期内可以视为定值。因此，由式 (10.14) 和式 (10.15) 可知，$v_q-R_{\rm s}i_q$ 和 $(v_d-R_{\rm s}i_d)/i_q$ 在高频信号的一个周期内也可以视为定值。在虚拟信号注入法中，通过利用 $(v_q-R_{\rm s}i_q)/\omega_{\rm m}$ 和 $(v_d-R_{\rm s}i_d)/(i_q\omega_{\rm m})$ 来代替 $\psi_{\rm m}$ 和 (L_d-L_q)，从而克服了实验中难以获取准确永磁磁动势和 d 轴、q 轴电压的难点。当电机运行速度接近零速时，由于 $(v_q-R_{\rm s}i_q)/\omega_{\rm m}$ 和 $(v_d-R_{\rm s}i_d)/(i_q\omega_{\rm m})$ 都与转速相关，式 (10.19) 会因为噪声信号的引入而产生较大的偏差。因此，所测量的电流、转速和电压信号都要通过低通滤波器来抑制噪声信号的影响。同时，为了避免出现分母为零的情况，需要设定一个很小的速度阈值，当所测量的转速低于阈值时，利用阈值来代替测量的速度。

对式 (10.19) 进行傅里叶级数分解，可以得到转矩的傅里叶级数表达式为

$$T_{\rm e}^{\rm h}(\beta+A\sin(\omega_{\rm h}t))=T_{\rm e}(\beta)+\frac{\partial T_{\rm e}}{\partial\beta}A\sin(\omega_{\rm h}t)+\frac{\partial}{\partial\beta}\left(\frac{\partial T_{\rm e}}{\partial\beta}\right)A^2\sin^2(\omega_{\rm h}t)+\cdots \tag{10.20}$$

图 10.7 中展示了通过信号处理模块从转矩信号 $T_{\rm e}^{\rm h}$ 中提取 MTPA 因子 $\partial T_{\rm e}/\partial\beta$ 的过程。首先，通过一个中心频率与 $\omega_{\rm h}$ 的频率相同的带通滤波器，从 $T_{\rm e}^{\rm h}$ 中滤出 $\partial T_{\rm e}/\partial\beta A\sin(\omega_{\rm h}t)$；其次将滤出的 $\partial T_{\rm e}/\partial\beta A\sin(\omega_{\rm h}t)$ 与注入的高频信号 $\sin(\omega_{\rm h}t)$ 相乘，得到式 (10.21) 所示的信号；最后，通过一个低通滤波器从式 (10.21) 所示的信号中得到正比于 $\partial T_{\rm e}/\partial\beta$ 的信号量。

$$k\frac{\partial T_{\rm e}}{\partial\beta}A\sin^2(\omega_{\rm h}t)=\frac{1}{2}kA\frac{\partial T_{\rm e}}{\partial\beta}-\frac{\partial T_{\rm e}}{\partial\beta}kA\cos(2\omega_{\rm h}t) \tag{10.21}$$

式中，k 是带通滤波器的增益。

当实际电流角与 MTPA 点的电流角不相等时，如图 10.7 所示信号模块的输出结果为正比于 $\partial T_{\rm e}/\partial\beta$ 的信号量；当等于 MTPA 点的电流角时，输出值为零。根据这一特性，可以利用积分器来获取电机运行在 MTPA 点时的 d 轴参考电流。

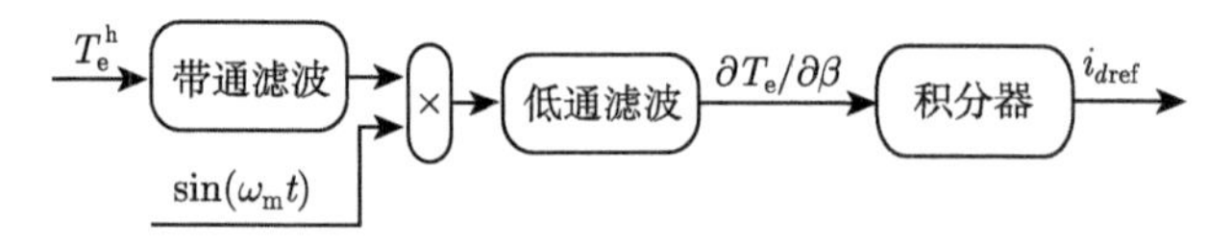

图 10.7 提取 $\partial T_{\rm e}/\partial\beta$ 的信号处理模块

10.4 容错运行 MTPA 控制策略

10.4.1 单相开路

前面内容对 SVVI 和 VSIC 两种 MTPA 控制策略进行了分析，SVVI 所需控制量为磁链 ψ 和电流 i，VSIC 所需控制量为 d-q 轴电流、d-q 轴电压以及转子角速度。其中，转子角速度可以通过位置传感器检测得到，电流则可以通过电流传感器检测并计算得到，而电压通常由开关状态和母线电压计算得到。

由电机的电压方程可知，五相 IPMSM 的相电压由定子相电阻压降和磁链变化率两部分组成，当 A 相绕组发生开路故障时，A 相电流为零，该相所在绕组的相电阻压降为零，此时，由永磁磁链引起的磁链变化率，即空载反电势部分依然存在，因此，为保证控制系统的精确度，五相 IPMSM 各相电压为

$$\begin{bmatrix} V_{\mathrm{B}} \\ V_{\mathrm{C}} \\ V_{\mathrm{D}} \\ V_{\mathrm{E}} \end{bmatrix} = \frac{U_{\mathrm{dc}}}{4} \begin{bmatrix} 3 & -1 & -1 & -1 \\ -1 & 3 & -1 & -1 \\ -1 & -1 & 3 & -1 \\ -1 & -1 & -1 & 3 \end{bmatrix} \begin{bmatrix} S_{\mathrm{B}} \\ S_{\mathrm{C}} \\ S_{\mathrm{D}} \\ S_{\mathrm{E}} \end{bmatrix} - \frac{e_{\mathrm{A}}}{4} \begin{bmatrix} 1 \\ 1 \\ 1 \\ 1 \end{bmatrix} \tag{10.22}$$

在利用开关信号和母线电压计算得到了剩余正常相电压之后，结合前面内容推导的降阶矩阵，便可以得到五相内嵌式永磁同步电机发生 A 相开路故障时基波空间下的 α-β 轴电压：

$$\begin{bmatrix} v_{\alpha} & v_{\beta} \end{bmatrix}^{\mathrm{T}} = T_{\mathrm{Clarke1}}^{\mathrm{A}} \begin{bmatrix} v_{\mathrm{B}} & v_{\mathrm{C}} & v_{\mathrm{D}} & v_{\mathrm{E}} \end{bmatrix}^{\mathrm{T}} \tag{10.23}$$

d-q 轴电压：

$$\begin{bmatrix} v_{d} & v_{q} \end{bmatrix}^{\mathrm{T}} = T_{\mathrm{Park1}}^{1} \begin{bmatrix} v_{\alpha} & v_{\beta} \end{bmatrix}^{\mathrm{T}} \tag{10.24}$$

以铜耗相等原则为例，MTPA 控制下的容错电流表达式为

$$\begin{cases} i_{\mathrm{B}} = -1.382 I_{\mathrm{m}} \cos(\theta_{\mathrm{e}} - 0.2\pi + \beta) \\ i_{\mathrm{C}} = -1.382 I_{\mathrm{m}} \cos(\theta_{\mathrm{e}} - 0.8\pi + \beta) \\ i_{\mathrm{D}} = -1.382 I_{\mathrm{m}} \cos(\theta_{\mathrm{e}} + 0.8\pi + \beta) \\ i_{\mathrm{E}} = -1.382 I_{\mathrm{m}} \cos(\theta_{\mathrm{e}} + 0.2\pi + \beta) \end{cases} \tag{10.25}$$

结合前面内容推导的降阶矩阵，便可以得到五相内嵌式永磁同步电机发生 A 相开路故障时基波空间下的 α-β 轴电流：

$$\begin{bmatrix} i_{\alpha} & i_{\beta} \end{bmatrix}^{\mathrm{T}} = T_{\mathrm{Clarke1}}^{\mathrm{A}} \begin{bmatrix} i_{\mathrm{B}} & i_{\mathrm{C}} & i_{\mathrm{D}} & i_{\mathrm{E}} \end{bmatrix}^{\mathrm{T}} \tag{10.26}$$

d-q 轴电流：

$$\left[\begin{array}{cc} i_d & i_q \end{array}\right]^{\mathrm{T}} = T_{\mathrm{Park1}}^{1}\left[\begin{array}{cc} i_\alpha & i_\beta \end{array}\right]^{\mathrm{T}} \tag{10.27}$$

由磁链和电压关系表达式 (10.28) 可以得到磁链计算图，如图 10.8 所示。

$$v_{\alpha\beta} = R_{\mathrm{s}} i_{\alpha\beta} + d\frac{\mathrm{d}\psi_{\alpha\beta}}{\mathrm{d}t} \tag{10.28}$$

两种容错 MTPA 控制下的框图如图 10.9 所示。

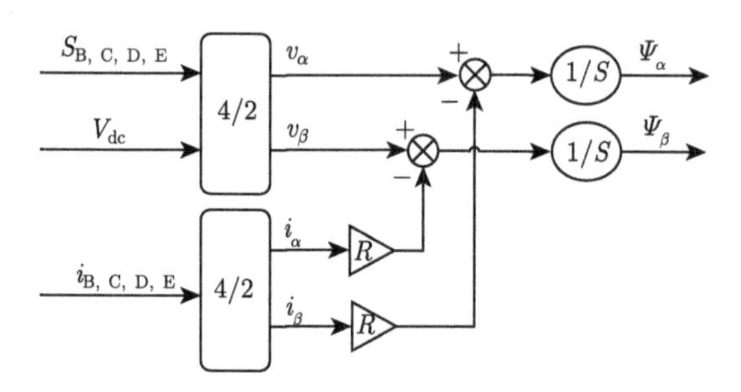

图 10.8　磁链计算示意图 (一)

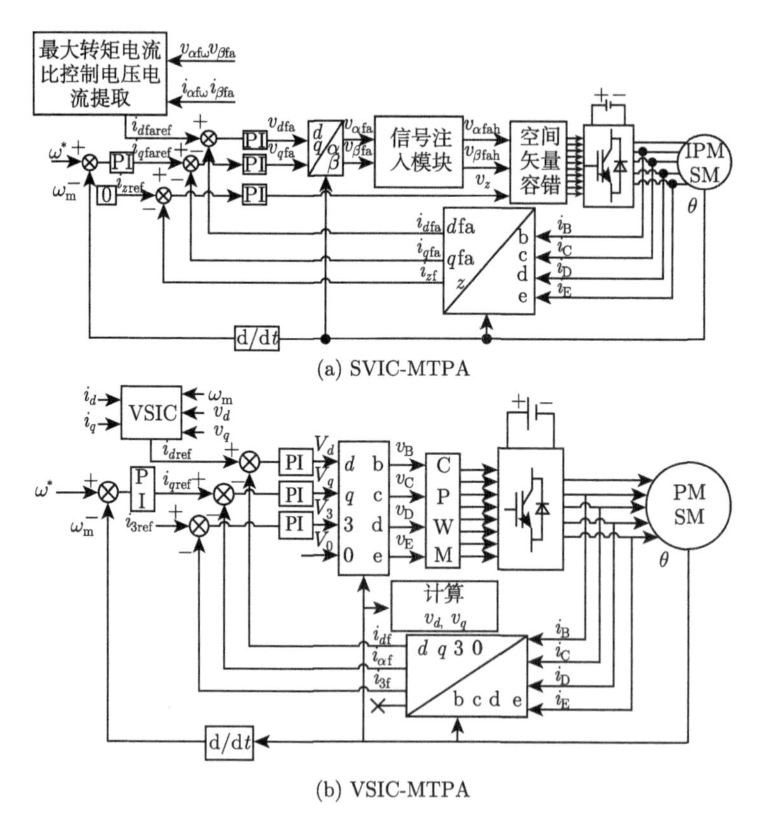

图 10.9　单相开路故障下 MTPA 容错控制框图

10.4.2 双相开路

假设当 A、B 相发生开路故障时，由于永磁磁链在 A、B 相的绕组上仍然会产生反电势 e_{A}、e_{B}，为保证故障前后电机输出功率的表达式一致，五相 IPMSM 各相电压为

$$\begin{bmatrix} v_{\mathrm{C}} \\ v_{\mathrm{D}} \\ v_{\mathrm{E}} \end{bmatrix} = \frac{V_{\mathrm{dc}}}{3}\begin{bmatrix} 2 & -1 & -1 \\ -1 & 2 & -1 \\ -1 & -1 & 2 \end{bmatrix}\begin{bmatrix} S_{\mathrm{C}} \\ S_{\mathrm{D}} \\ S_{\mathrm{E}} \end{bmatrix} - \frac{e_{\mathrm{A}}+e_{\mathrm{B}}}{3}\begin{bmatrix} 1 \\ 1 \\ 1 \end{bmatrix} \tag{10.29}$$

在利用开关信号和母线电压计算得到了剩余正常相电压之后，结合前面内容推导的降阶矩阵，便可以得到五相内嵌式永磁同步电机发生 A、B 相开路故障时基波空间下的 α-β 轴电压：

$$\begin{bmatrix} v_{\alpha} & v_{\beta} \end{bmatrix}^{\mathrm{T}} = T_{\mathrm{Clarke2}}^{\mathrm{AB}}\begin{bmatrix} v_{\mathrm{C}} & v_{\mathrm{D}} & v_{\mathrm{E}} \end{bmatrix}^{\mathrm{T}} \tag{10.30}$$

d-q 轴电压：

$$\begin{bmatrix} v_{d} & v_{q} \end{bmatrix}^{\mathrm{T}} = T_{\mathrm{Park2}}^{2}\begin{bmatrix} v_{\alpha} & v_{\beta} \end{bmatrix}^{\mathrm{T}} \tag{10.31}$$

以铜耗相等原则为例，MTPA 控制下的容错电流表达式为

$$\begin{cases} i_{\mathrm{C}} = -2.236I_{\mathrm{m}}\sin(\theta_{\mathrm{e}} - 0.4\pi + \beta) \\ i_{\mathrm{D}} = -3.618I_{\mathrm{m}}\sin(\theta_{\mathrm{e}} - 0.2\pi + \beta) \\ i_{\mathrm{E}} = -2.236I_{\mathrm{m}}\sin(\theta_{\mathrm{e}} + \beta) \end{cases} \tag{10.32}$$

结合前面内容推导的降阶矩阵，便可以得到五相内嵌式永磁同步电机发生 A 相开路故障时基波空间下的 α-β 轴电流：

$$\begin{bmatrix} i_{\alpha} & i_{\beta} \end{bmatrix}^{\mathrm{T}} = T_{\mathrm{Clarke1}}^{\mathrm{A}}\begin{bmatrix} i_{\mathrm{B}} & i_{\mathrm{C}} & i_{\mathrm{D}} & \mathrm{i}_{\mathrm{E}} \end{bmatrix}^{\mathrm{T}} \tag{10.33}$$

d-q 轴电流：

$$\begin{bmatrix} i_{d} & i_{q} \end{bmatrix}^{\mathrm{T}} = T_{\mathrm{Park1}}^{1}\begin{bmatrix} i_{\alpha} & i_{\beta} \end{bmatrix}^{\mathrm{T}} \tag{10.34}$$

由磁链和电压关系表达式 (10.28) 可以得到磁链计算图，如图 10.10 所示。

两种容错 MTPA 控制下的框图如图 10.11 所示。

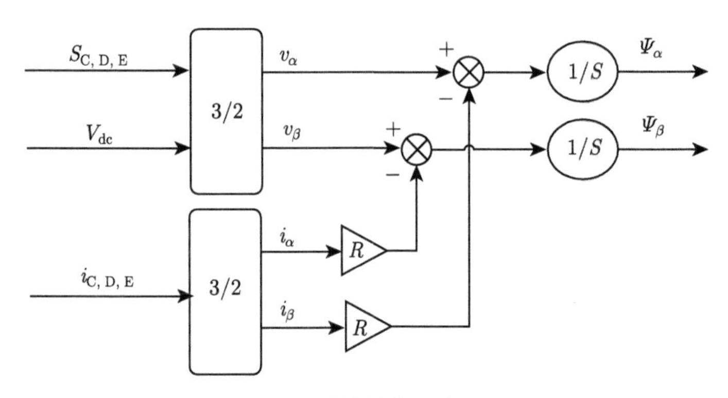

图 10.10　磁链计算示意图 (二)

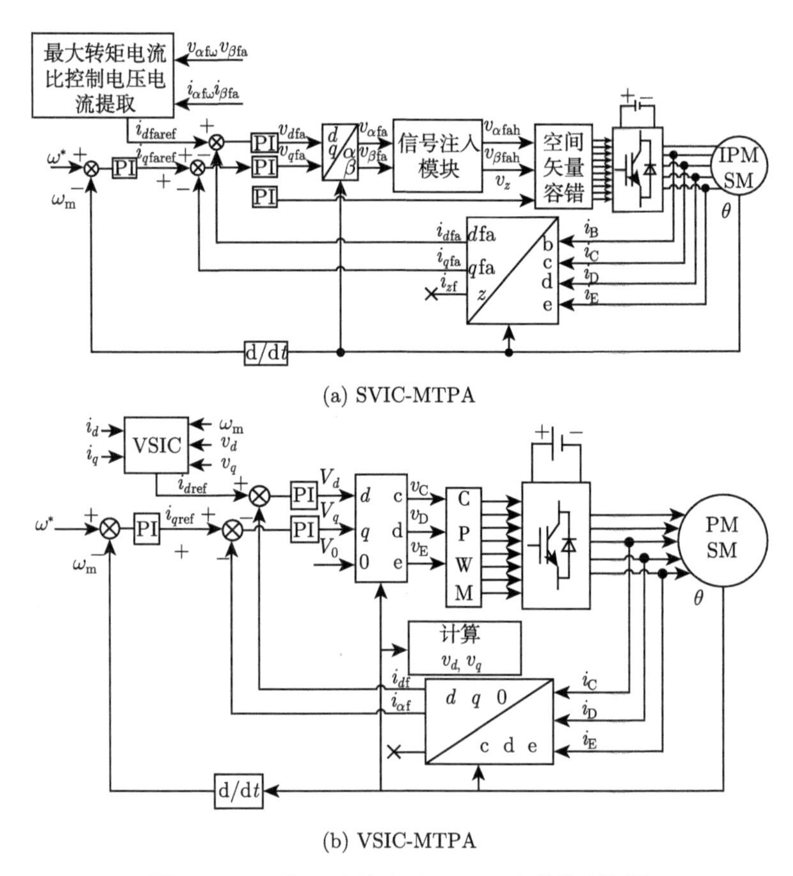

(a) SVIC-MTPA

(b) VSIC-MTPA

图 10.11　两相开路故障下 MTPA 容错控制框图

10.5 仿真分析与实验验证

考虑到两种容错 MTPA 具有同样的控制效果，因此，这里只对 VSIC-MTPA 控制进行仿真分析和实验验证。采用 MATLAB/Simulink 软件对所提容错式 MTPA 控制算法进行仿真验证。图 10.12 为不同工况下的相电流波形，在第 3 s 启动容错 MTPA 控制算法。可以看出，在保证输出转矩不变的同时，施加容错 MTPA 控制以后，不同工况下的最高相电流幅值分别下降了 1.5 A、2.1 A、5.4 A 和 2.5 A。图 10.13 为算法启动前后的 d-q 轴电流波形，此时，d 轴电流由零变为一个负值，q 轴电流也相应地下降，表明此时存在一个电流矢量角使得系统工作在 MTPA 工况。此外，不同工况下的 d-q 轴电流的数值基本一致，初步验证了所提控制算法的有效性。

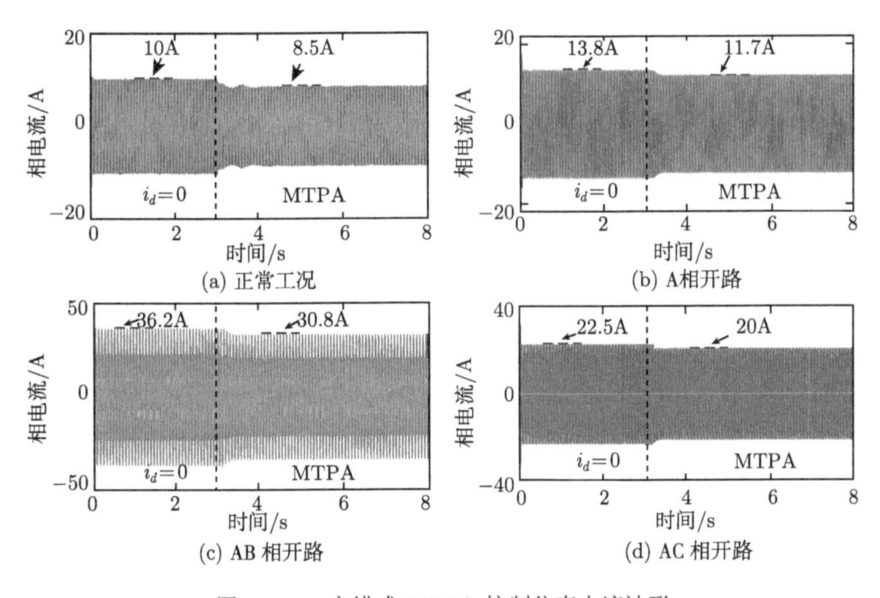

图 10.12 容错式 MTPA 控制仿真电流波形

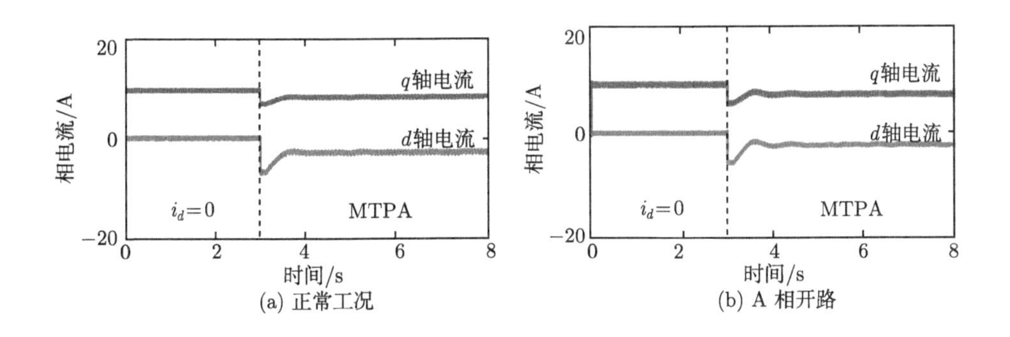

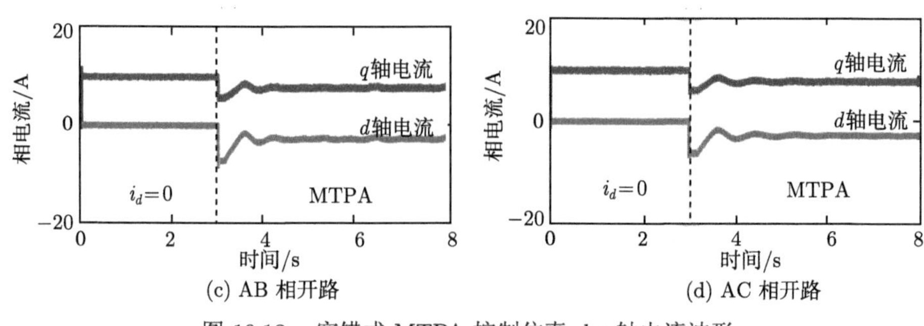

(c) AB 相开路　　　　(d) AC 相开路

图 10.13　容错式 MTPA 控制仿真 d-q 轴电流波形

图 10.14 中展示了 A 相开路故障下控制算法由传统 $i_d = 0$ 容错控制策略切换到所提 MTPA 容错控制策略时的转矩和电流波形，其中图 10.14(a) 中为采用铜耗最小容错控制原则的实验结果，图 10.14(b) 中为采用铜耗相等容错控制原

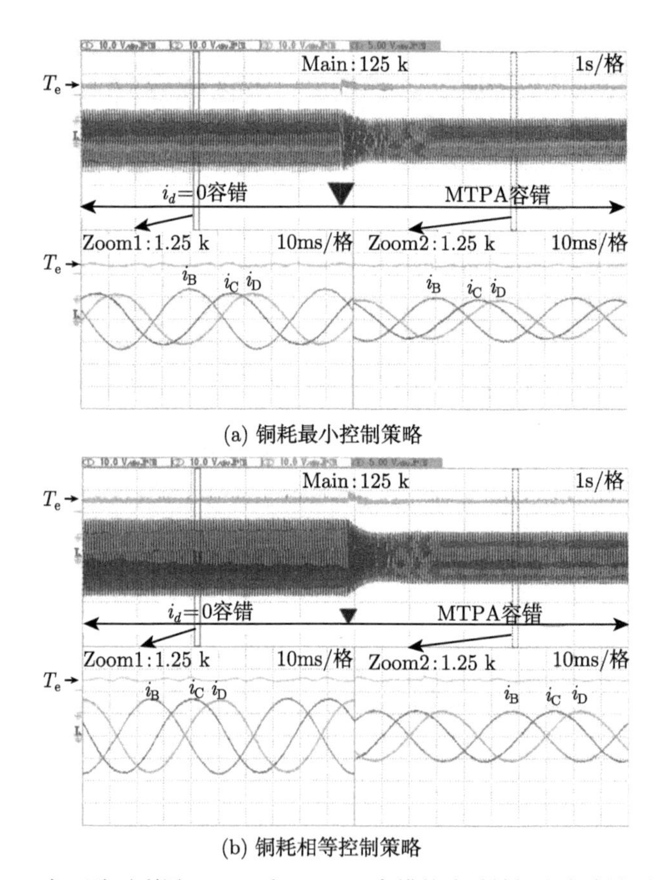

(a) 铜耗最小控制策略

(b) 铜耗相等控制策略

图 10.14　A 相开路时利用 $i_d = 0$ 和 MTPA 容错策略时转矩和电流波形 (10 A/格，20 N·m/格)

则的实验结果。该实验中，电机的运行速度为 300 r/min。采用 $i_d=0$ 容错控制策略和 MTPA 容错控制策略时的转矩和电流波形已经放大显示在 Zoom1 和 Zoom2 中。图 10.14(a) 中，电机的输出转矩为 8 N·m，$i_d=0$ 容错控制策略和 MTPA 容错控制策略所对应的基波容错电流幅值分别为 9.7 A 和 6.9 A。由 Zoom1 和 Zoom2 中放大的电流波形可以看出，B 相电流的幅值高于 C 相和 D 相的幅值，与铜耗最小容错控制原则相符。图 10.14(b) 中电机的输出转矩为 10 N·m，与传统的 $i_d=0$ 容错控制策略相比，采用所提 MTPA 容错控制策略后基波容错电流幅值由 12.8 A 变为 8.4 A，降低了 4.4 A，且剩余正常相电流幅值相同，满足铜耗相等容错控制策略。

图 10.15 中展示了 A 相发生开路故障时所提 MTPA 容错控制策略的收敛精度。实验中电机的运行转速为 400 r/min，采用铜耗相等的容错控制原则。图中 VSIC 为所提基于虚拟信号注入的 MTPA(VSIC-MTPA) 容错控制策略所收敛的结果；$i_d=0$ 点为 $i_d=0$ 容错控制策略的运行点；恒电流幅值曲线为电流幅值恒定下，改变 d-q 轴电流，得到的 d 轴电流与输出转矩的关系曲线。MTPA 点为测量到的实际 MTPA 运行点，可以通过拟合恒电流幅值曲线求取曲线的最大值点来获得。图中分别给出了容错电流幅值为 10.8 A、8 A、6 A 和 4 A 时的实验结果。以电流幅值 10.8 A 为例，传统 $i_d=0$ 容错控制策略下电机的输出转矩为 6.44 N·m，所提 MTPA 容错算法的输出转矩为 9 N·m。相同电流幅值下，因为所提算法充分利用了电机的磁阻转矩，所以多输出了 2.56 N·m 的转矩。由如图 10.15 所示的实验结果可以看出，所提 MTPA 容错控制策略的精度较高，且在不同负载条件下都能准确追踪到 MTPA 点。

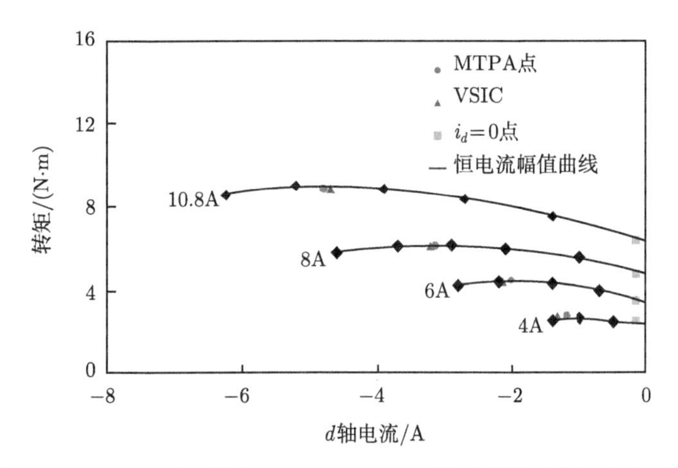

图 10.15　A 相开路时所提 VSIC-MTPA 容错算法收敛结果精度对比

图 10.16 中给出了 A 相开路故障时，样机分别在利用传统 $i_d=0$ 容错控制策略和所提 MTPA 容错控制策略下运行的效率图。本实验中的效率图利用 YOKOGAWA 公司的 WT 1800 功率分析仪和转矩传感器来测量获取。功率分析仪选用 1P2W 的接线方式来测量剩余正常相中每一相的输入功率，然后将测量的各相输入功率相加就能得到总的输入功率。电机的输出功率通过转速乘以输出转矩来获得，其中转速可以通过上位机中的反馈数据直接读取，输出转矩利用转矩传感器来测量获得。最终将输出功率除以输入功率便可求解得到电机的效率。本次试验中，电机的转速由 100 r/min 到 900 r/min，步长为 100 r/min；电机的最大输出转矩为额定电流幅值 (10.8 A) 限制下的输出转矩，因此 $i_d=0$ 容错策略下的最大输出转矩为 6.44 N·m，所提 MTPA 容错控制策略下的最大输出转矩为 9 N·m。对比图 10.16(a) 和 (b) 的实验结果可知，与传统 $i_d=0$ 容错策略相比，所提 MTPA 容错控制策略能有效提升五相内嵌式永磁同步电机容错运行时的效率。

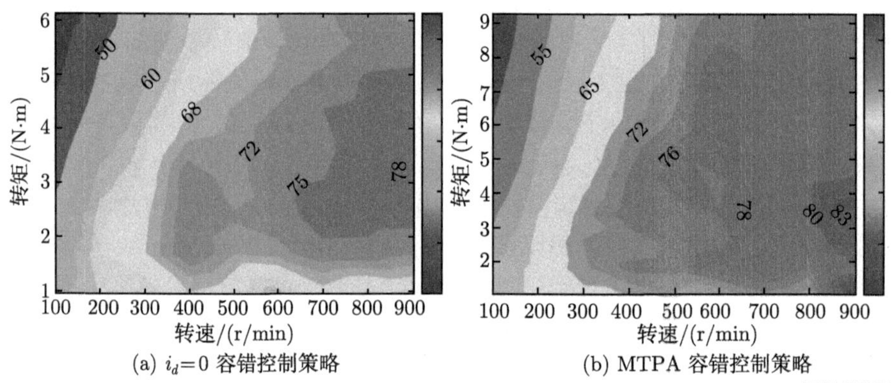

(a) i_d=0 容错控制策略　　(b) MTPA 容错控制策略

图 10.16　A 相开路时样机容错运行效率图 (彩图扫二维码)

（扫码获取彩图）

图 10.17 中展示了两相开路故障下控制算法由传统 $i_d=0$ 容错控制策略切换到所提 MTPA 容错控制策略时的转矩和电流波形。本次两相开路故障实验中，电机的运行转速为 300 r/min，负载转矩为 5 N·m。实验中，电机的平均输出转矩为 5 N·m，转速脉动为 ±7 r/min，都能满足电机容错运行的要求。图 10.17(a) 中为 AB 相开路故障下的实验结果，$i_d=0$ 容错控制策略和所提 MTPA 容错控制策略对应的基波容错电流幅值分别为 5.6 A 和 4.5 A。AC 相开路故障的实验结果如图 10.17(b) 所示，切换到所提 MTPA 容错控制策略后，基波容错电流幅值由原来的 5.5 A 降为 4.4 A。此外，$i_d=0$ 容错控制策略和所提 MTPA 容错控制策略的转矩和电流的具体波形已放大展示在 Zoom1 和 Zoom2 中，剩余正常相容错电流的幅值和相位关系都符合第 5 章中理论推导的结果。

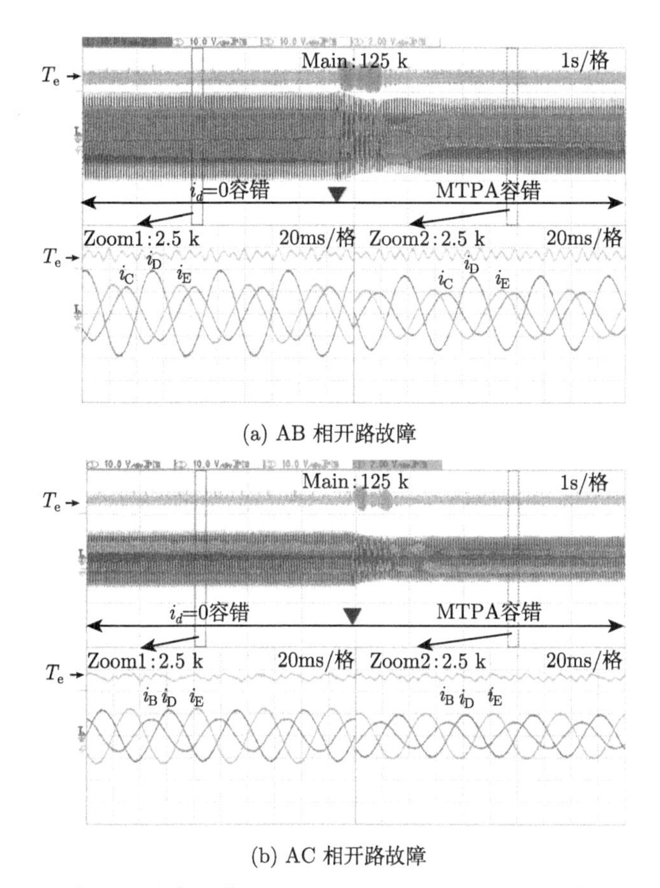

(a) AB 相开路故障

(b) AC 相开路故障

图 10.17 两相开路故障下利用 $i_d = 0$ 和 MTPA 容错策略时转矩和电流波形 (10 A/格，8 N·m/格)

上述实验结果表明所提 MTPA 容错控制算法，无论在单相开路故障还是双相开路故障时，都能充分利用内嵌式永磁同步电机的磁阻转矩，有效降低了电机的容错电流幅值，且算法精度较高，能准确追踪到容错运行下的 MTPA 点。与传统的 $i_d = 0$ 容错控制策略相比，所提 MTPA 容错控制策略也能提高电机容错运行时的效率。为进一步验证该算法的动态性能，以及在低速下的算法精度，下面将继续进行相关实验验证。

图 10.18 展示了样机在 MTPA 正常、A 相开路和 MTPA 容错运行时的输出转矩和电流波形。本实验中电机的运行速度为 300 r/min，负载转矩为 6.4 N·m，容错运行时采用铜耗相等容错控制原则。由实验结果可以看出，当发生开路故障时，电机输出转矩脉动变大，无法满足电机的运行要求，采用 MTPA 容错控制策略后有效抑制了电机的转矩脉动，符合电机的运行要求。正常运行时，VSIC-MTPA 算法收敛的电流角为 31°，容错运行时收敛的电流角为 33°。Zoom1 和 Zoom2 中分别

为正常和容错运行状况下的转矩和电流波形，正常运行时 B 相电流幅值为 5.4 A，容错运行时电流幅值为 7.6 A，容错运行时的电流幅值为正常运行时的 1.4 倍，符合铜耗相等控制原则的理论分析结果。

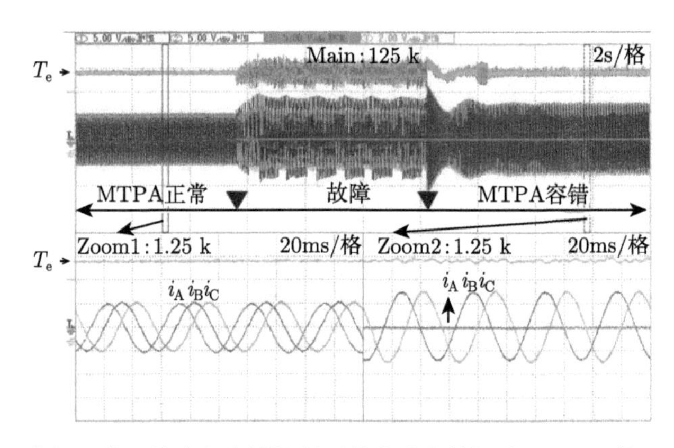

图 10.18　电机正常、故障和容错运行下的电流和转矩波形 (5 A/格，8 N·m/格)

图 10.19 中给出 A 相开路故障下，当负载发生突变时 d 轴电流的变化曲线。图中蓝色的线为 d 轴电流，它是所提 VSIC-MTPA 模块计算输出的 d 轴电流。红色的线为 MTPA d 轴电流即相应负载下测量到的实际 MTPA 点的 d 轴电流，测量方法为，在给定的负载转矩下，通过调整电流角 β 来找到使电流幅值最小点的 d 轴电流即该负载下的实际 MTPA 点的 d 轴电流。在该实验中，容错运行时和测量实际 MTPA 点的 d 轴电流采用的都是铜耗相等容错控制原则。负载转矩在 20 s 和 40 s 处分别由 5.6 N·m 变化为 9.7 N·m 又降为 7 N·m，三个负载下测量得到的 d 轴电流分别是 −2.4 A、−4.6 A 和 −3.2 A。由图 10.19 中的实验结果可以看出，

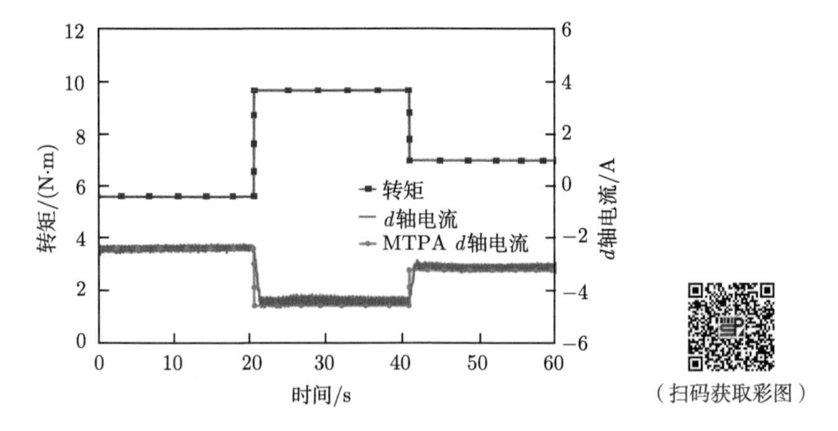

图 10.19　A 相开路故障下负载突变时 d 轴电流 (彩图扫二维码)

所提 MTPA 容错算法在不同负载下 VSIC-MTPA 模块输出的 d 轴电流均能很好地追踪到实际的 MTPA 点的 d 轴电流，证明所提容错控制算法具有良好的精度，且具有良好的动态性能。

图 10.20 中给出了 A 相开路故障下，当转速发生突变时 d 轴电流的变化曲线。实验中，电机的转速由 200 r/min 变为 400 r/min，负载转矩恒为 7 N·m。由图中结果可以看出，所提 MTPA 容错算法得到的 d 轴电流一直能够追踪上测量得到的 MTPA 点的 d 轴电流，且 d 轴电流不随转速变化而改变，仅与负载转矩大小有关。

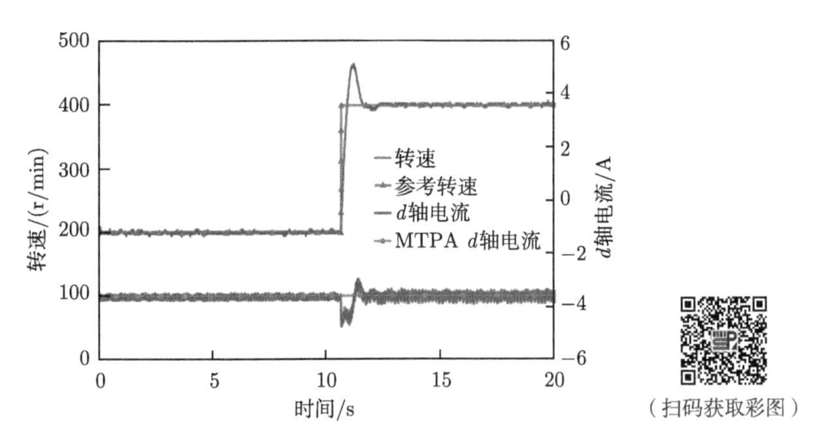

图 10.20 A 相开路故障下转速突变时 d 轴电流 (彩图扫二维码)

图 10.21 展示了 A 相开路故障下，带载启动的实验结果。电机的参考转速为 300 r/min，启动负载为 3.4 N·m。图中黑色曲线为测量得到的转速曲线，蓝色曲线为算法给出的 d 轴电流，红色曲线为 3.4 N·m 负载所对应的实际测量得到的

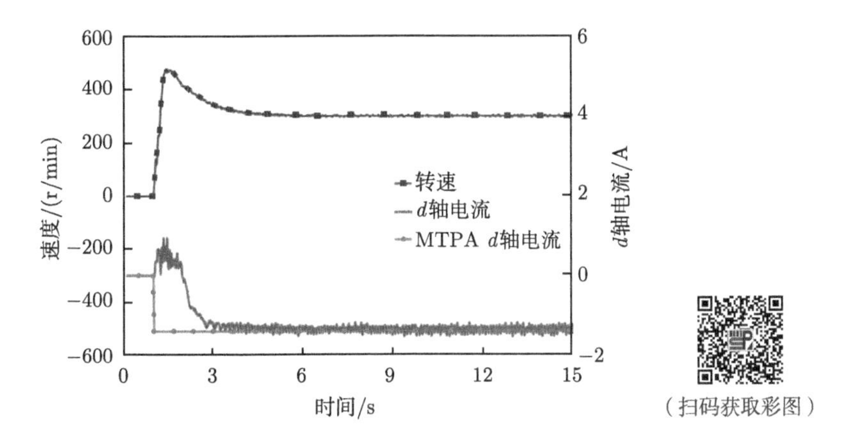

图 10.21 A 相开路故障下带载启动时 d 轴电流 (彩图扫二维码)

MTPA 点的 d 轴电流。由实验结果可知，所提算法能够实现故障状态下的带载启动，且能够很快地寻找到 MTPA 工作点，能有效降低电机容错下启动电流的幅值。

图 10.22 中给出了 A 相开路故障下，低速运行时的实验结果。该实验中，电机的运行速度为 20 r/min，在 15 s 处负载转矩由 7 N·m 降为 3 N·m。从实验结果可以看出，在两种负载转矩下所提 MTPA 容错控制算法都能准确追踪到实际的 MTPA 点，具有较高的精度。

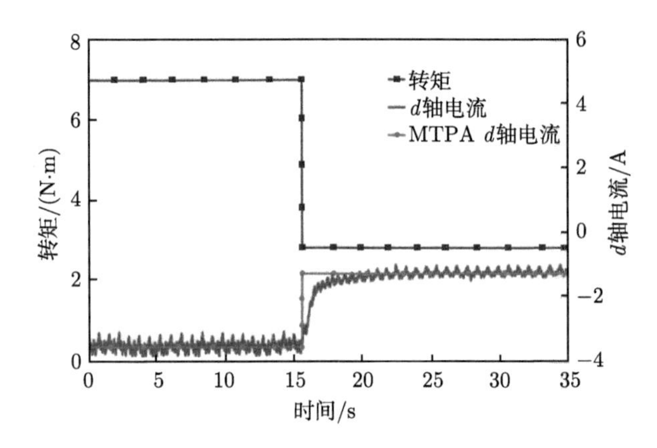

图 10.22　A 相开路故障下低速运行时 d 轴电流

上述实验结果表明，所提 MTPA 容错控制算法在容错运行时具有良好的动态性能，且在低速运行时仍具有较高的算法精度，满足五相内嵌式永磁同步电机在各类工况下的容错运行需求，都能充分利用其磁阻转矩，降低电机的容错电流幅值，提升电机容错运行时的效率。

10.6　本章小结

本章针对传统 $i_d = 0$ 容错控制策略仅考虑永磁转矩忽略了磁阻转矩，在容错运行时无法充分利用内嵌式永磁同步电机输出转矩的问题，提出了基于 SVVI 和 VSIC 注入法的五相内嵌式永磁同步电机 MTPA 容错控制方法。首先，本章简要介绍了两种 MTPA 控制的实现原理，并分析出在容错状态下运行时所需要的控制量。其次，针对 MTPA 容错运行时所需要的控制量，给出了开路故障下 d-q 轴电压的计算方法，保障了 MTPA 法在开路容错下应用的可行性。最后，将 MTPA 与基于磁场定向的容错控制相结合，最终实现了五相内嵌式永磁同步电机的 MTPA 容错控制。

参考文献

[1] Morimoto S, Sanada M, Takeda Y. Wide-speed operation of interior permanent magnet synchronous motors with high-performance current regulator[J]. IEEE Transactions on Industry Applications, 1994, 30(4): 920-926.

[2] Inoue T, Inoue Y, Morimoto S, et al. Mathematical model for MTPA control of permanent-magnet synchronous motor in Stator flux linkage synchronous frame[J]. IEEE Transactions on Industry Applications, 2015, 51(5): 3620-3628.

[3] Chen Q, Zhao W X, Liu G H, et al. Extension of virtual-signal-injection-based MTPA control for five-phase IPMSM into fault-tolerant operation[J]. IEEE Transactions on Industrial Electronics, 2019, 66(2): 944-955.

[4] Chen Q, Gu L C, Lin Z P, et al. Extension of space-vector-signal-injection-based MTPA control into SVPWM fault-tolerant operation for five-phase IPMSM[J]. IEEE Transactions on Industrial Electronics, 2020, 67(9): 7321-7333.

[5] Shinohara A, Inoue Y, Morimoto S, et al. Direct calculation method of reference flux linkage for maximum torque per ampere control in DTC-based IPMSM drives[J]. IEEE Transactions on Power Electronics, 2016, 32(3): 2114-2122.

[6] Stumberger B, Stumberger G, Dolinar D, et al. Evaluation of saturation and cross-magnetization effects in interior permanent-magnet synchronous motor[J]. IEEE Transactions on Industry Applications, 2003, 39(5): 1264-1271.

[7] Niazi P, Toliyat H A, Goodarzi A. Robust maximum torque per ampere (MTPA) control of PM-assisted SynRM for traction applications[J]. IEEE Transactions on Vehicular Technology, 2007, 56(4): 1538-1545.

[8] Inoue Y, Kawaguchi Y, Morimoto S, et al. Performance improvement of sensorless IPMSM drives in a low-speed region using online parameter identification[J]. IEEE Transactions on Industry Applications, 2011, 47(2): 798-804.

[9] Yang N F, Luo G Z, Liu W G, et al. Interior permanent magnet synchronous motor control for electric vehicle using look-up table[C]. Proceedings of the 7th International Power Electronics and Motion Control Conference, Harbin, 2012: 1015-1019.

[10] Calligaro S, Olsen C, Petrella R, et al. Automatic MTPA tracking in IPMSM drives: loop dynamics, design, and auto-tuning[C]. 2016 IEEE Energy Conversion Congress and Exposition , Micwaukee, 2016: 1-8.

[11] Lee K W, Lee S B. MTPA operating point tracking control scheme for vector controlled PMSM drives[C]. Symposium Power Electronics, Electrical Drives, Automation and Motion, Pisa, 2010: 24-28.

[12] Dianov A, Young-Kwan K, Sang-Joon L, et al. Robust self-tuning MTPA algorithm for IPMSM drives[C]. 2008 34th Annual Conference of IEEE Industrial Electronics, Orlando, 2008: 1355-1360.

[13] Kim S, Yoon Y D, Sul S K, et al. Maximum torque per ampere (MTPA) control of an IPM machine based on signal injection considering inductance saturation[J]. IEEE Transactions on Power Electronics, 2013, 28(1): 488-497.

[14] Wang J, Huang X Y, Yu D, et al. An accurate virtual signal injection control of MTPA for an IPMSM with fast dynamic response[J]. IEEE Transactions on Power Electronics, 2018, 33(9): 7916-7926.

[15] Liu G H, Wang J, Zhao W X, et al. A novel MTPA control strategy for IPMSM drives by space vector signal injection[J]. IEEE Transactions on Industrial Electronics, 2017, 64(12): 9243-9252.

[16] Sun T F, Wang J B, Chen X. Maximum torque per ampere (MTPA) control for interior permanent magnet synchronous machine drives based on virtual signal injection[J]. IEEE Transactions on Power Electronics, 2014, 30(9): 5036-5045.

索 引